高等学校高职高专教学用书

化工原理

（第3版）

上　册

姚玉英　陈常贵　柴诚敬　**编著**

天津大学出版社
TIANJIN UNIVERSITY PRESS

内 容 提 要

本书重点介绍化工单元操作的基本原理、典型设备及其计算。全书共10章，分上、下两册出版。上册除绪论和附录外，包括流体流动、流体输送机械、非均相物系的分离、传热和蒸发等5章。下册有蒸馏、气体吸收、蒸馏和吸收塔设备、液—液萃取及干燥等5章。每章均编入较多具有工程背景的例题，章末有习题，习题后附有参考答案。本书配套出版教学参考书《化工原理学习指南——问题与习题解析》(天津大学出版社)。同时，本书配套有电子教案，符合化工原理课程的一些共性，又能为教师个性化的教学需要提供参考。需要时，请以电子邮件联系：zhaosm 999@sohu.com。

本书按照科学发展和认识规律，循序渐进，深入浅出，理论联系实际，力求突出工程观点，启迪创新意识。

本书可作为高等院校化工、生物、制药、石化、环保等专业高职高专(也包括高自考、成人教育)的教材，也可供设计及生产单位科技人员参考。

图书在版编目(CIP)数据

化工原理.上册/姚玉英，陈常贵，柴诚敬编著.—3版.—天津：天津大学出版社，2010.7 (2025.1 重印)
ISBN 978-7-5618-3379-7

Ⅰ.①化… Ⅱ.①姚… ②陈… ③柴… Ⅲ.①化工原理-高等学校-教材 Ⅳ.①TQ02

中国版本图书馆CIP数据核字(2010)第096339号

出版发行	天津大学出版社
地　　址	天津市卫津路92号天津大学内(邮编:300072)
电　　话	发行部:022-27403647
网　　址	publish. tju. edu. cn
印　　刷	天津泰宇印务有限公司
经　　销	全国各地新华书店
开　　本	185mm×260mm
印　　张	20
字　　数	512千
版　　次	2010年7月第3版
印　　次	2025年1月第8次
印　　数	19 001-21 000
定　　价	37.80 元

第3版说明

本书于1996年出版以来，得到同行和读者的热情支持和肯定，总体评价良好。特别是出版的与本套教材配套的辅导书《化工原理学习指南——问题与习题解析》受到广泛的欢迎。根据高职高专层次化工类有关专业的培养目标和教学特点，本着“加强应用，注重工程能力培养，启迪创新意识”的原则，在保持原书总框架体系的前提下，进行了第2次修订（即第3版），对部分内容做了删简、调整和更新。

第3版教材主要修订的内容如下。

(1)对个别内容进行了删简和精选，介绍了本学科领域的新进展，以体现教材的先进性。

(2)加强了对“过程强化”内容的介绍，以利于提高学生的工程能力，培养创新意识。

(3)调换和补充了一些有工业背景的例题，以利于学生加深对基础理论的理解，提高解题技能。

本次修订工作由原各章执笔者分别负责完成，即姚玉英（上册：绪论、第1章、第5章及附录；下册：第3章及第5章）、陈常贵（上册：第2章及第4章；下册：第1章）、柴诚敬（上册：第3章；下册：第2章及第4章）。

在本书修订过程中，得到贾绍义、夏清、王军等老师的支持，特表示感谢。

本书配套有电子教案，符合化工原理课程的一些共性，又能为教师个性化的教学需要提供参考。需要时，请以电子邮件联系：zhaosm 999@sohu.com。

编者

2010年1月

第2版说明

本书是1996年天津大学出版社出版的《化工原理》(上、下册)的第2版。第2版紧跟科技发展的步伐,反映了本学科领域的新理论、新技术和新设备,更新了离心泵、换热器及管子规格等新系列标准。为适应高等职业技术教育蓬勃发展的新形势,本书更注重学生工程能力的培养和创新意识的提高。同时,为了帮助学生加深对基础理论、基本概念的理解,提高解题技巧和自学能力,增强工程观点,同时出版了本套教材配套辅导书《化工原理学习指南——问题与习题解析》。

本书重点介绍化工单元操作的基本原理、典型设备及其计算。对基本概念的阐述力求严谨,注重理论联系实际。本书编写按照科学发展和认识规律,循序渐进,深入浅出,难点分散,例题丰富,启迪思维,便于自学。

全书按上、下两册出版。上册除绪论、附录外,包括流体流动、流体输送机械、非均相物系的分离、传热及蒸发等5章。下册有蒸馏、吸收、蒸馏和吸收塔设备、液—液萃取及干燥等5章。每章均编入较多的例题,章末附有习题。书末配有各章习题的参考答案。

本书可作为高等院校化工、生物、环保、制药等各专业的大专层次(包括高职、高自考、成人教育)的教材,也可供科研、设计及生产单位技术人员参考。

参加本书编写的人员有姚玉英(上册:绪论、第1章、第5章及附录;下册:第3章及第5章)、陈常贵(上册:第2章及第4章;下册:第1章)、柴诚敬(上册:第3章;下册:第2章及第4章)。

在本书编写过程中,得到贾绍义、夏清、王军的支持,在此表示感谢。

编者

2003年12月

目　录

绪 论

用化工手段将原料加工成产品的生产过程统称为化工生产过程。例如高压聚乙烯生产过程是将常温、常压下的乙烯气体加压并升温达到反应时所需的状态,然后在催化剂的作用下进行聚合反应,即将单体乙烯聚合成聚乙烯,从反应产物中分离出其中未反应的乙烯及其他副产品后,余下的聚乙烯在粒化器中成型即为粒状产品聚乙烯。该过程是以化学反应,即聚合反应为核心,其他步骤只起到为化学反应准备必要的反应条件以及进一步将产品提纯的作用,而且这些步骤全是物理操作。化工产品有千千万万种,都是由不同的原料、使用不同的化工工艺方法和设备制成的,但归纳起来,各个产品的工艺生产过程都是由类似上述的化学反应和若干个物理操作步骤组合而成的。化工原理就是研究除化学反应以外的诸物理操作步骤的原理和所用设备的课程。这些物理操作步骤称为化工单元操作,简称单元操作。单元操作可从不同角度加以分类,本教材按所遵循的基本原理将单元操作分为以下几类。

(1)遵循流体动力规律的单元操作:包括流体输送、沉降、过滤、搅拌等单元操作。

(2)遵循传热基本规律的单元操作:包括传热(加热、冷却、冷凝)、蒸发等单元操作。

(3)遵循传质基本规律的单元操作:包括蒸馏、吸收、液—液萃取、固—液萃取、吸附、离子交换及膜分离等单元操作。因为这些操作的最终目的是将混合物中的组分分开,故又称为分离操作。

(4)同时遵循传热、传质基本规律的单元操作:包括空气增湿与减湿、干燥、结晶等操作。

单元操作包括“过程”和“设备”两个内容,所以本课程曾被称为“化工单元操作和设备”。同一单元操作在不同的工艺生产中既有共性也有各自的特性。例如前述的高压聚乙烯生产过程,要将 15×10^4 kPa 的常温乙烯气体加热到 200 ℃;用发酵法制造工业酒精时,要将低浓度的常温酒精加热到 60 ℃左右后送入精馏塔内提纯。两种操作都采用换热器这样的设备将流体温度升高,这就是传热单元操作在两种不同工业生产中的共性。但是在高压聚乙烯生产过程中是加热高压、常温的气体,而在酒精生产过程中是加热常压、常温的液体,两者所用的换热器在类型和结构上均有差异,而且两者在工艺方面的要求也有所不同,这就是传热操作在两种不同生产过程中的特殊性。本课程只介绍单元操作的共性。

化工原理是实践性很强的工科课程,是化工类和相近专业学生必修的重要技术基础课。主要介绍单元操作的基本原理及所用典型设备的结构、计算和选用。计算包括设计型计算和操作型计算两种。设计型计算是指对给定的任务计算出设备的工艺尺寸;操作型计算是指对已有的设备进行查定计算。

学生学完本课程后应初步具有以下各种能力:

(1)能理论联系实际,用工程和经济观点处理遇到的各种化工单元操作的问题;

(2)会筛选恰当的单元操作去完成给定的生产任务;

(3)在设计设备计算工作中能寻求出所需的经验数据以及适宜的公式;

(4)能管理设备的正常运转,找出故障的原因并及时排除;

(5)应具有强化设备与初步创新的能力。

各单元操作原理及设备的计算都是以物料衡算、能量衡算、传递速率和平衡关系的概念为依据，在以后各章中将陆续介绍这些概念。

以上 4 种概念都涉及各种物理量，而任何物理量的数量均要用数字和单位联合表达。故在绪论中介绍单位制度与单位换算。

一、单位制度

通过任意选择几个独立物理量，如长度、时间等作为基本量，并根据使用方便的原则定出这些基本量的单位，称为基本单位。其他的物理量，如速度、加速度等物理量的单位便可根据它们与基本量之间的关系来确定，这些物理量称为导出量，其单位称为导出单位。根据基本量及其单位的选择不同，产生了不同的单位制度，如重力单位制度和绝对单位制度。两种单位制度又分为英制和米制两种。重力单位制度以长度、时间及力为基本单位；绝对单位制度以长度、时间及质量为基本单位。重力单位制度与绝对单位制度的主要区别在于：前者以力为基本量，其单位为基本单位，质量为导出量，其单位为导出单位；后者以质量为基本量，其单位为基本单位，力为导出量，其单位为导出单位。根据牛顿第二力学定律，力与质量间的关系为：

$$F = ma \tag{0-1}$$

式中 F——作用于物体上的力；

m——物体的质量；

a——物体在作用力方向上的加速度。

应用式 0-1 时，各物理量单位可任选一种单位制度，算出的结果是一致的，但绝对不允许同时采用两种不同的单位制度。因此式 0-1 称为单位一致性方程。

两种不同单位制度中基本量的米制单位列于下表中。

两种不同单位制度中基本量的米制单位

单位制度 \ 基本量		长度	时间	质量	力(或重力)
绝对单位制	cgs 制（物理单位制）	cm	s	g	—
	mks 制	m	s	kg	—
重力单位制（工程单位制）		m	s	—	kgf

目前，国际上各科学领域所采用的单位制度已改为国际单位制度（简称 SI）。我国从 1990 年开始采用《中华人民共和国法定单位制度》（简称《法定单位制度》），它是在国际单位制度的基础上，加上若干个由我国指定的国际单位制度以外的单位。

法定单位制与 SI 一样，具有高度的统一性，包括了所有领域中的计量单位，其中任何物理量只有一个单位，使科学技术、工业生产、经济贸易甚至日常生活都统一用一种单位制度。本教材采用法定单位制度，但在少数例题、习题中有意识地编入一些非法定制单位，有助于读者熟悉新旧单位间的关系。

化工领域中常用法定计量单位制度中的有关内容列于本教材的附录一中。

二、单位换算

目前国际上虽基本采用国际单位，但旧有文献资料中的数据是多种单位制度并存，使用这些数据时应将它们换算到所需的单位制度，所以读者应掌握物理量的单位换算方法。

1.物理量的单位换算

同一种物理量用不同单位制度的单位表示时，其数值不同。例如：重力加速度在法定单位制中的单位为 m/s^2，数值为 9.81；在 cgs 制中的单位为 cm/s^2，数值为 981。二者包括单位在内的数值比称为单位换算因子，例如重力加速度在法定单位制与 cgs 制中的单位换算因子为：

$$\frac{9.81\ m/s^2}{981\ cm/s^2}=\frac{1}{100}\ m/cm$$

任何单位换算因子都是两个相等量之比，所以包括单位在内的任何换算因子在本质上都是纯数 1，故任何物理量乘以或除以单位换算因子，都不会改变原量的大小。化工领域中常用的单位换算因子列于附录二中。

［例 0-1］　从旧有资料中查出常温下水的密度 $\rho=62.43\ [lb/ft^3]$ * （磅/英尺^3），试将水的密度单位换算成法定单位制，即 kg/m^3。

解：单位换算时，一般先从附录二查出原单位与要换算的新单位间的关系，即单位换算因子，由附录二查出：

$$1\ [lb]=0.453\ 6\ kg$$

$$1\ [ft]=0.304\ 8\ m$$

所以 kg 与[lb]、[ft]与 m 间的换算因子分别为：0.453 6 kg/[lb]及[ft]/(0.304 8 m)。因此算出法定单位制中的密度为：

原有的数值与单位

引入 kg，消去 lb，括号内为纯数 1

引入 m，消去 ft，括号内为纯数 1

$$\rho=62.43\ [lb/ft^3]=\left[62.43\ \frac{lb}{ft^3}\right]\left[\frac{0.453\ 6\ kg}{lb}\right]\left[\frac{ft}{0.304\ 8\ m}\right]^3=1\ 000\ kg/m^3$$

［例 0-2］　cgs 制中黏度的单位为 g/(cm·s)，简写为[P]（泊），[P]的单位比较大，用它来表示物质黏度时数值就很小，所以通常用 cP（厘泊）作为黏度的单位，而 1[P] = 100 [cP]。SI 中黏度的单位为 Pa·s。试从基本量的单位换算开始，找出 cgs 制与 SI 制的黏度关系，并与附录二中的黏度单位换算关系进行比较。

解：为了使初学者便于学习，下面将过程写得比较仔细。

$$1\ [cP]=1\times10^{-2}[P]=1\times10^{-2}\frac{g}{cm\cdot s}=1\times10^{-2}\frac{g}{cm\cdot s}\times\frac{kg}{1\times10^3\ g}\times\frac{1\times10^2\ cm}{m}$$

$$=1\times10^{-3}\frac{kg}{m\cdot s}=1\times10^{-3}\frac{kg}{m\cdot s}\cdot\frac{m}{m}\cdot\frac{s}{s}=1\times10^{-3}\frac{\frac{kg\cdot m}{s^2}}{m^2}\cdot s=1\times10^{-3}\frac{N}{m^2}\cdot s=1\times10^{-3}\ Pa\cdot s$$

与附录单位换算表中列的数值完全相同。

以上两个例题是为了教会读者掌握物理量单位换算的原则而编入的，在以后计算中遇到类似例题中的简单换算，可以从附录中直接查出单位换算因子，对一些复杂的导出量若查

---

* 绪论中非法定单位均加方括号。

不出换算因子,则可仿照例题方法换算,但不必在式中写出单位。

2.经验公式(数字公式)的单位变换

前已述及式 0-1 是根据物理规律建立起来的物理方程,具有单位一致性,其中各符号单位必须采用同一单位制。

此外,在工程上还有根据大量实验数据整理成的经验公式,它只反映各有关物理量数字之间的关系,所以又称为数字公式。经验公式中每个符号只代表物理量中的数字部分,而数字又与特定单位相对应,因此在使用经验公式时各物理量必须采用指定的单位。

若已知物理量的单位与经验公式中指定的单位制度不相同时,则需换算成经验公式规定的单位,再分别代入经验公式进行运算。若经验公式要经常使用,可将整个公式加以变换,使其中各符号都采用所希望的单位,这就是经验公式的单位变换。下面通过例题说明。

[例 0-3] 水分自静止的水面向空气中蒸发的速度可用下面经验公式计算:

$$G = 2.45u^{0.8}\Delta p$$

式中 G——水分蒸发速度,[磅/(英尺²·时)];

u——水分上方空气的流速,[英尺/秒];

Δp——在空气温度下水的饱和蒸汽压和空气中水汽分压之差,[大气压]。

试将上式加以变换,使各物理量用法定单位制表示,即 G 为 kg/(m²·s)、u 为 m/s 及 Δp 为 Pa。

解:

(1)流速 u 的变换　从附录查出:

1[英尺] = 0.304 8 m

或　1[英尺/秒] = 0.304 8 m/s

令 u 表示以[英尺/秒]为单位的流速、u' 表示以 m/s 为单位的流速,则 u 与 u' 的关系为:

$$u = \frac{u'}{0.3048} \tag{1}$$

(2)压强差 Δp 的变换　从附录查出:

1[大气压] = $1.013\ 3 \times 10^5$ Pa

令 Δp 表示以[大气压]为单位的压强差、$\Delta p'$ 表示以 Pa 为单位的压强差,Δp 与 $\Delta p'$ 的关系为:

$$\Delta p = \frac{\Delta p'}{1.0133 \times 10^5} \tag{2}$$

(3)蒸发速度 G 的变换　先算出[磅/(英尺²·时)]与 kg/(m²·s)间的关系,即:

$$1\left[\frac{\text{磅}}{\text{英尺}^2\cdot\text{时}}\right] = 1\left(\frac{\text{磅}}{\text{英尺}^2\cdot\text{时}}\right)\left[\frac{0.4536\ \text{kg}}{1\ \text{磅}}\right]\left[\frac{1\ \text{英尺}}{0.3048\ \text{m}}\right]^2\left[\frac{1\ \text{时}}{3600\ \text{s}}\right] = 1.356 \times 10^{-3}\ \text{kg/(m}^2\cdot\text{s)}$$

令 G 表示以[磅/(英尺²·时)]为单位的蒸发速度、G' 表示以 kg/(m²·s)为单位的蒸发速度,G 与 G' 的关系为:

$$G = \frac{G'}{1.356 \times 10^{-3}} \tag{3}$$

将式(1)、式(2)及式(3)代入题给的经验公式中,即:

$$\frac{G'}{1.356 \times 10^{-3}} = 2.45\left(\frac{u'}{0.3048}\right)^{0.8}\left(\frac{\Delta p'}{1.0133 \times 10^5}\right)$$

略去各物理量的上标,并整理得:

$$G = 8.482 \times 10^{-8}\ u^{0.8}\Delta p$$

由换算结果看出,变换后式中各物理量的指数没有改变,因为指数是表明该物理量对过程的影响程度。

第 1 章　流体流动

本章符号说明

英文字母

a——加速度，m/s^2；质量分数；
A——截面积，m^2；
C_o、C_v——流量系数；
d、d_e——分别为圆管直径及非圆管的当量直径，m；
e——涡流黏度，Pa·s；
E——1 kg 流体具有的总机械能，J/kg；
Eu——欧拉准数，量纲为 1；
F——流体的内摩擦力，N；
g——重力加速度，m/s^2；
G——质量速度，$kg/(m^2 \cdot s)$；
h——高度，m；
h_f——1 kg 流体流动时因克服摩擦阻力而损失的能量，简称能量损失，J/kg；
h'_f——局部能量损失，J/kg；
l、l_e——分别为直管的长度及管件的当量长度，m；
m——质量，kg；
M——摩尔质量，kg/kmol；
N——输送设备的轴功率，kW；
N_e——输送设备的有效功率，kW；
p——压强，Pa；
$\triangle p_f$——因克服流动阻力而引起的压强降，Pa；
P——压力，N；
r——半径，m；
r_H——水力半径，m；
R——液柱压差计读数，m；气体常数，J/(kmol·K)；
S——两流体层间的接触面积，m^2；
T——热力学温度，K；
u——速度，m/s；
u_{max}——流动截面上的最大速度，m/s；
u_r——流动截面上某点的局部速度，m/s；
U——1 kg 流体的内能，J/kg；
v——比容，m^3/kg；
V——体积，m^3；
V_s——体积流量，m^3/s；
w_s——质量流量，kg/s；
W_e——1 kg 流体通过输送设备获得的能量，或输送设备对 1 kg 流体作的有效功，J/kg；
y——气体的摩尔分数，即物质的量分数；
z——相对高度，m。

希腊字母

ε——绝对粗糙度，m 或 mm；
ε'——体积膨胀系数；
ζ——阻力系数；
η——效率；
μ——黏度，Pa·s；
ν——运动黏度，m^2/s；
ρ——密度，kg/m^3；
τ——内摩擦应力，Pa。

下标

1、2——截面序号；
f——摩擦的；
s——秒的；
m——平均。

在化工厂内，不论是待加工的原料或是已制成的产品，常以液态或气态存在。各种工艺生产过程中，往往需要将液体或气体输送至设备内进行物理处理或化学反应，这就涉及选用什么类型、多大功率的输送机械，如何确定管道直径及如何控制物料的流量、压强、温度等参数，以保证操作或反应能正常进行，这些问题都属于流体输送操作，而流体流动的原理是输送操作的理论依据。

流体是液体和气体的统称。流体具有流动性，其形状随容器的形状而变化。液体有一定的液面，气体则无。液体几乎不具压缩性，受热时体积的膨胀不显著，所以一般将液体视为不可压缩的流体。与此相反，气体的压缩性很强，受热时体积膨胀很大，所以气体是可压缩的流体。如果在操作过程中气体的温度和压强改变很小，气体也可近似地按不可压缩的流体来处理。

流体是由大量的不断作不规则运动的分子组成，各个分子之间以及分子内部的原子之间均保留着一定的空隙，所以流体内部空隙是不连续的，因此要从单个分子运动出发来研究整个流体平衡或运动的规律，既困难也不现实。所以在流体力学中，不研究个别分子的运动，只研究由大量分子组成的分子集团。设想整个流体由无数个分子集团组成，每个分子集团称为“质点”。质点的大小与它所处的空间相比是微不足道的，但比分子自由程要大得多。这样可以设想在流体的内部各个质点相互紧密排列，它们之间没有任何空隙而成为连续体。用这种处理方法就可以不研究分子间的相互作用以及复杂的分子运动，主要研究流体的宏观运动规律即可。把流体模化为连续介质，并不是所有情况都是如此的，极高真空度下的气体就不能视为连续介质了。

由于连续介质的质点间无任何空隙而是连续的，故在研究流体流动各项内容时可以应用连续函数这一工具。

第1节　流体静力学

流体静力学是研究处于静止或相对静止状态下的流体在外力作用下的规律，即流体平衡规律。在实际生产中，流体平衡规律的应用面很广，如管道或设备内压强的测量、贮槽内液面的测量以及为了防止气体从设备内逸出时液封高度的计算，都是以流体平衡规律为依据的。

1.1.1　流体的密度

单位体积流体具有的质量称为密度，其表达式为：

$$\rho = \frac{\Delta m}{\Delta V} \tag{1-1}$$

式中　ρ——流体的密度，kg/m^3；

m——流体的质量，kg；

V——体积，m^3。

当 ΔV 趋近于零时，$\Delta m/\Delta V$ 的极限值为流体内部某点的密度，可以写成：

$$\rho = \lim_{\Delta V \to 0} \frac{\Delta m}{\Delta V} \tag{1-1a}$$

各种流体的密度可以从物理化学手册和有关资料中查得，本教材附录三、四及十四均列出某些流体在给定条件下的密度，供做习题时查用。

气体具有可压缩性及膨胀性，故其密度随温度及压强而变化，因此对气体密度必须标出其所处的状态。从手册中查出的气体密度是某指定状态下的数值，应用时一定要换算到操作条件的数值。当气体的压强不太高、温度不太低时，可按理想气体来处理，即热力学温度、压强和体积间具有如下关系：

$$\frac{p_0 V_0}{T_0}=\frac{pV}{T}$$

上式等号两侧除以一定质量 m 后，变为：

$$\frac{p_0}{\rho_0 T_0}=\frac{p}{\rho T}$$

或

$$\rho=\rho_0\frac{pT_0}{p_0 T} \tag{1-2}$$

式中 p——气体的压强，Pa；

T——气体的热力学温度，K；

下标 0 表示由手册中查得的条件。

在某指定的温度和压强下，理想气体的密度也可以直接用气体状态方程来求算，即：

$$pV=nRT=\frac{m}{M}RT$$

或

$$\rho=\frac{m}{V}=\frac{pM}{RT} \tag{1-3}$$

式中 R——气体常数，$R=8.315\times10^3$ J/(kmol·K)；

M——气体的摩尔质量，kg/kmol；

n——气体的物质的量，kmol。

若气体为混合气体，计算其密度的最简单方法是将式 1-3 中的气体摩尔质量 M 换以混合气体的平均摩尔质量 M_m。混合气体的平均摩尔质量可由加和规则求得，即：

$$M_m=M_1 y_1+M_2 y_2+\cdots+M_n y_n \tag{1-4}$$

式中 y——混合气体中组分的摩尔分数，即物质的量分数；

下标 m 表示平均，下标 1、2、……、n 表示组分的序号。

液体的密度基本上不随压强而变（极高压强除外），随温度略有变化，在工程计算中，常将液体密度视为常数。

化工厂中所处理的液体经常是混合液体，是若干单纯液体的混合物。从手册中难于查到混合液体的密度，但可近似由计算求得。液体混合时体积略有变化，为了便于计算，一般忽略这种体积变化，认为各纯液体混合后总体积为各纯液体体积之和。以 1 kg 混合液为基准，混合液的平均密度可近似地用下式计算：

$$\frac{1}{\rho_m}=\frac{a_1}{\rho_1}+\frac{a_2}{\rho_2}+\cdots+\frac{a_n}{\rho_n}$$

或

$$\rho_m=\frac{1}{\dfrac{a_1}{\rho_1}+\dfrac{a_2}{\rho_2}+\cdots+\dfrac{a_n}{\rho_n}} \tag{1-5}$$

式中　ρ_m——混合液的平均密度，kg/m^3；

a——混合液中各纯组分的质量分数。

应指出：同一物质在不同单位制中，密度的单位与数值均不同，应用时需密切注意。

还应指出：在化工计算中常采用密度的倒数，称为比容，其定义为单位质量物质具有的体积，以 v 表示，单位为 m^3/kg。

［例 1-1］　标准状况下某烟道气的密度为 1.338 kg/m^3，试求该烟道气在 2×10^5 Pa 及 50 ℃状况下的密度。

解：2×10^5 Pa 及 50 ℃时烟道气的密度为：

$$\rho=\rho_0\frac{pT_0}{p_0T}=1.338\times\frac{2\times10^5}{1.013\ 3\times10^5}\times\frac{273}{273+50}=2.232\ kg/m^3$$

［例 1-2］　求 20 ℃乙醇质量分数为 0.4 的乙醇水溶液的平均密度。

解：由附录四查得 20 ℃时乙醇和水的密度分别为 789 kg/m^3 及 998 kg/m^3，故乙醇水溶液的平均密度为：

$$\rho_m=\frac{1}{\dfrac{a_1}{\rho_1}+\dfrac{a_2}{\rho_2}}=\frac{1}{\dfrac{0.4}{789}+\dfrac{1-0.4}{998}}=902.4\ kg/m^3$$

1.1.2　流体的静压强

在静止流体中，取通过某点的任意截面积为 ΔA，垂直作用于该面上的压力为 ΔP，单位截面上所受的压力为：

$$p=\frac{\Delta P}{\Delta A}$$

式中 p 称为静压力强度，简称压强，俗称压力。当 $\Delta A\rightarrow0$ 时，$\Delta P/\Delta A$ 的极限值即为该点的压强，即：

$$p=\lim_{\Delta A\to0}\frac{\Delta P}{\Delta A} \tag{1-6}$$

式中　p——流体的静压强，Pa；

A——作用面的面积，m^2；

P——垂直作用于流体表面 A 上的压力，N。

在化工生产中操作压强的高低相差悬殊。有的工艺过程的压强很高，如生产高压聚乙烯时反应器内的绝对压强为 15×10^7 Pa；有的工艺过程却在负压（真空）条件下操作，如蒸发 $NaNO_3$ 水溶液时，冷凝器内的绝对压强约为 15×10^3 Pa。为了各行各业使用方便，除采用统一的法定计量单位制中规定的压强单位 Pa 外，还采用历史上沿用的 atm（大气压）、kgf/cm^2（千克力/厘米^2）、mmHg（毫米汞柱）、mH_2O（米水柱）、bar（巴）等压强单位，它们间的关系为：

$$1\ atm=1.033\ kgf/cm^2=760\ mmHg=10.33\ mH_2O=1.013\ 3\ bar=1.013\ 3\times10^5\ Pa$$

工程上为了使用和换算方便，常将 1 kgf/cm^2 近似地作为 1 个工程大气压，以 at 表示，于是：

$$1\ at=1\ kgf/cm^2=735.6\ mmHg=10\ mH_2O=0.980\ 7\ bar=0.980\ 7\times10^5\ Pa$$

流体的压强用测压仪表测量，当被测流体的压强大于外界大气压强时，所用的仪表称为压强表，俗称压力表。压强表上的读数称为表压强，它不是流体的真正压强，因为校正压强表零点时，是以外界大气压强作为零点，所以被测流体的实际压强（又称绝对压强）等于外界大气压强与表压强之和，即：

绝对压强（实际压强）= 当地外界大气压强 + 表压强（表上读数）

当被测流体的实际压强小于外界大气压强时，所用的测压仪表称为真空表，真空表上的读数称为真空度，它也不是流体的真正压强。同压强表一样，校正真空表时也是以外界大气压强作为零点，真空表测出的数值代表实际压强低于外界大气压强的数值，即：

绝对压强（实际压强）= 当地外界大气压强 − 真空度（表上读数）

大气压强和绝对压强、表压强（或真空度）间的关系可以用图 1-1 表示。

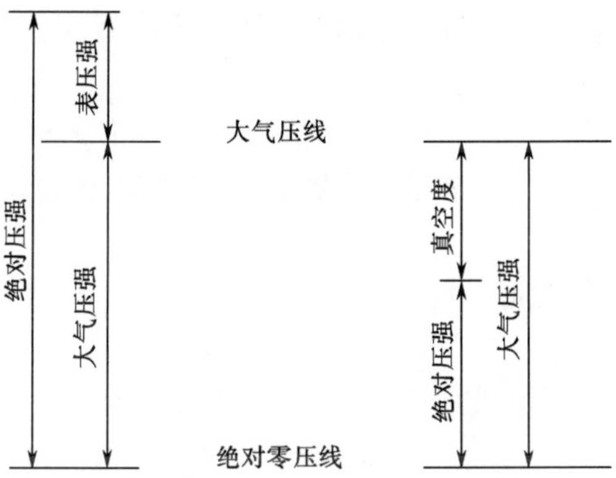

图 1-1　大气压强和绝对压强、表压强（或真空度）之间的关系

外界大气压强随温度、空气中的湿度和所在地区的海拔而改变。如北京地区大气压强为 $1.013\ 3\times10^5$ Pa，兰州地区约为 0.853×10^5 Pa，西藏地区海拔 4 500 m，大气压强约为 0.6×10^5 Pa。本书如不特别指明，大气压强的数值都是指北京地区（$1.013\ 3\times10^5$ Pa）而言的。

为了避免绝对压强、表压强、真空度三者间相互混淆，规定在以后的讨论中对表压强和真空度均加以标注，如 2×10^3 Pa（表压）、4×10^3 Pa（真空度）等。

[例 1-3]　用多效蒸发设备蒸发 $NaNO_3$ 水溶液，规定末效的绝对压强为 0.15×10^5 Pa，问在北京地区和兰州地区操作时真空表上读数各为若干（Pa）?

解：北京地区大气压强为 $1.013\ 3\times10^5$ Pa，故在该地区操作时，真空表上读数即真空度为：

$$1.013\ 3\times10^5 - 0.15\times10^5 = 0.863\ 3\times10^5 \text{ Pa（真空度）}$$

兰州地区大气压强为 0.853×10^5 Pa，故在该地区操作时，真空表上读数即真空度为：

$$0.853\times10^5 - 0.15\times10^5 = 0.703\times10^5 \text{ Pa（真空度）}$$

1.1.3　流体平衡时的规律——流体静力学基本方程式

本节只介绍流体在重力和压力作用下的平衡。重力就是地心引力，可以看做是不变的，起变化的是压力，故研究流体平衡规律的实质是研究处于相对静止状态下流体内部压力变化的规律。为了便于讨论，先介绍静止液体内部压力变化的规律，然后推广到气体。

图 1-2 所示容器中的液体是静止的，于其中任意分割出底面积为 A 的垂直液柱，以容器底为基准水平面，液柱在容器中的相对位置已标于图中。作用于液柱上、下底的力必是垂直于表面，否则产生与底面平行的分力，使液柱不能维持平衡。作用于液柱上、下底的力有：①作用于上底的压力 P_1；②作用于下底的压力 P_2；③作用于整个液柱的重力 W。设液柱质量为 m、密度为 ρ，则：

$$W = mg = \rho(z_1 - z_2)Ag = \rho zAg$$

式中 W——重力，N，即 $kg·m/s^2$；

m——质量，kg；

z——相对位置，m；

A——底面积，m^2。

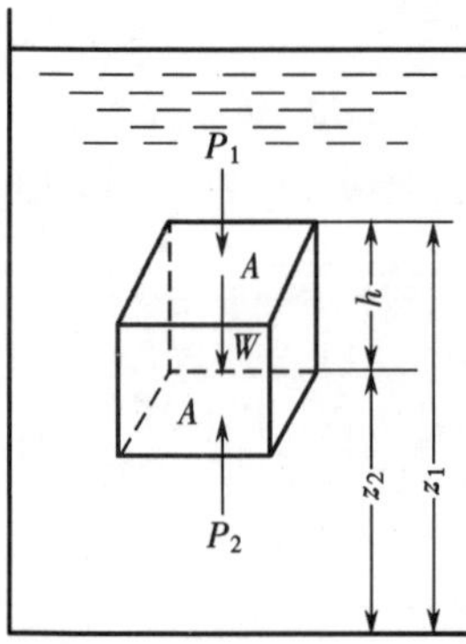

图 1-2 静止液体内部力的平衡情况

维持液柱的静止条件是：作用于其上力的代数和为零。若取向上方向的作用力为正值，则上述三个力的代数和可以写成：

$$P_2 - P_1 - \rho(z_1 - z_2)Ag = 0$$

上式各项除以底面积 A，并将 $P/A = p$ 的关系代入，则得：

$$p_2 - p_1 - \rho(z_1 - z_2)g = 0$$

或

$$p_2 = p_1 + \rho(z_1 - z_2)g \tag{1-7}$$

经整理得：

$$\frac{p_2 - p_1}{\rho g} = z_1 - z_2 = h \tag{1-8}$$

式中 p——压强，Pa；

h——液柱高度，m。

式 1-7 及式 1-8 均称为液体静力学基本方程式，它说明静止液体内部压强变化的规律。

式 1-7 及式 1-8 是以液体为介质推导出来的。液体的特点是不可压缩，可以视其密度为常数，而气体的密度除随温度变化外还随压强变化，因此也随它所在容器内的位置高低而变，但在化工容器内这种变化一般可以忽略。因此式 1-7 及式 1-8 也适用于气体，所以这两个式子又统称为流体静力学基本方程式。要特别强调的是：上述两个方程式只适用于静止的、连通的同一种连续流体。

通过式 1-7 和式 1-8 可以得出以下论点。

（1）式 1-7 说明，当流体内任一点 z_1 上的压强 p_1 有任何大小改变时，流体内部其他各点上的压强也有同样的改变。这一结论还可以引申为：当作用于流体面上方的压强有任何大小改变时，流体内部各点上的压强也有同样的改变。

（2）式 1-7 还说明，静止的同一种连续流体内部某水平面上压强的大小只与所在位置有关。因此，在静止的同一连续流体内，处于同一水平面上各点的压强都相等。

（3）式 1-8 说明，压强差的大小可以用一定高度的流体柱来表示，由此可以引申为压强也可以用一定高度的流体柱来表示，这就是压强或压强差可以用 mmHg、mH_2O 来表示的依据。当用流体柱高度来表示压强或压强差时，必须注明是何种流体，如 10 mH_2O、760 mmHg，若写成 10 m、760 mm 则失去意义。

［例 1-4］ 求相当于绝对压强 2×10^5 Pa 的水柱、汞柱及四氯化碳柱的高度，并将水柱与汞柱的计算结果与由附录二查出的数据经单位换算而获得的结果相比较。水的密度 $\rho_1=1\ 000\ \text{kg/m}^3$、汞的密度 $\rho_2=13\ 600\ \text{kg/m}^3$、四氯化碳的密度 $\rho_3=1\ 594\ \text{kg/m}^3$。

解：将式 1-8 改写成 $h=p/\rho g$，故：

水柱高度 $h_1=\dfrac{p}{\rho_1 g}=\dfrac{2\times10^5}{1\ 000\times9.81}=20.4\ \text{mH}_2\text{O}$

汞柱高度 $h_2=\dfrac{p}{\rho_2 g}=\dfrac{2\times10^5}{13\ 600\times9.81}=1.5\ \text{mHg}$

四氯化碳柱高度 $h_3=\dfrac{p}{\rho_3 g}=\dfrac{2\times10^5}{1\ 594\times9.81}=12.8\ \text{mCCl}_4$

由附录二、(四)查出：

$$1\ \text{Pa}=0.102\ \text{mmH}_2\text{O}=0.102\times10^{-3}\ \text{mH}_2\text{O}$$

及 $1\ \text{Pa}=0.007\ 5\ \text{mmHg}=0.007\ 5\times10^{-3}\ \text{mHg}$

所以 $2\times10^5\ \text{Pa}=2\times10^5\times0.102\times10^{-3}=20.4\ \text{mH}_2\text{O}$

及 $2\times10^5\ \text{Pa}=2\times10^5\times0.007\ 5\times10^{-3}=1.5\ \text{mHg}$

两者计算结果完全一致。

由以上计算结果看出：同一压强用不同流体柱高度表示时，其数值随流体的密度而有显著的差别。用流体高度表示压强或压强差时，一定要注明是什么流体柱。此外还应注意，不同流体的流体柱高度不能相加或相减。

1.1.4 流体静力学基本方程式的应用

流体静力学基本方程式可以应用于以下三个方面：①测量两截面间的压强差或任意截面上的压强；②测量容器内的液面位置；③计算液封高度。

一、测量压强差与压强

测量压强差与任意截面上压强的仪表种类很多，此处仅介绍以流体静力学基本方程式为依据的测压仪表，这种仪表称为液柱压差计（或 U 管压差计）。

（一）U 管压差计

U 管压差计是一根如图 1-3 所示的 U 形玻璃管，内装有指示液 A，它与被测流体 B 不能互溶也不能起化学作用，其密度 ρ_A 大于被测流体密度 ρ_B。将 U 管两端与管道上两截面 1—1′与 2—2′的测压口用软管相连，如果作用于两截面上的静压强不等（图中 $p_1>p_2$），则指示液在 U 管两侧便出现高度差 R，R 称为压差计读数，其值反映 1—1′与 2—2′两截面间压强的差别，即 p_1-p_2。R 与 p_1-p_2 的关系可以通过流体静力学基本方程式求得。

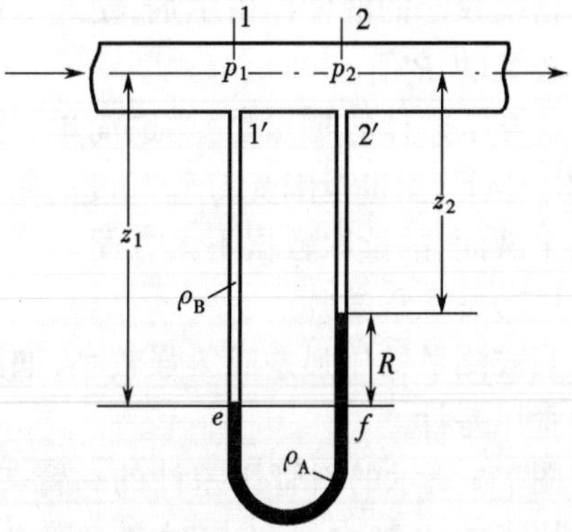

图 1-3 液柱（或 U 管）压差计

图中 e 及 f 两点（或过两点的水平面）都在连通着的同一种静止流体内，且在同一水平面上，故 p_e 与 p_f 相等，根据流体静力学基本方程式可得：

$$p_e = p_1 + z_1 \rho_B g$$

$$p_f = p_2 + z_2 \rho_B g + R\rho_A g$$

将 $z_1 = z_2 + R$ 的关系代入上式，整理得：

$$p_1 - p_2 = (\rho_A - \rho_B) Rg \tag{1-9}$$

若管道中流过的是气体，因气体密度远小于指示液的密度，式 1-9 可以简化为：

$$p_1 - p_2 \approx \rho_A Rg \tag{1-9a}$$

由式 1-9 知，$p_1 - p_2$ 仅与读数 R 及两流体密度差有关，与 U 管的粗细及 z_1 段高度无关。

若要求测量管道中某截面上的静压强时，可用开口 U 管压差计，如图 1-4 所示，测出的是该截面上的表压强或真空度。

若开口压差计中的指示液是汞，则应于开口支管的汞面上注入一小段水，以防有毒的汞蒸气扩散到周围环境中。

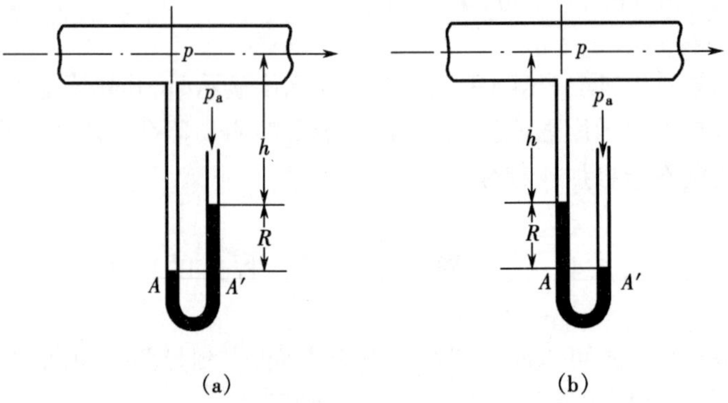

图 1-4 测量管道某截面上的静压强

(a)测量表压强 (b)测量真空度

测量液体压强时，常采用四氯化碳、汞等密度大的液体作指示液；测量气体时只要被测气体不溶于水，一般用水作指示液，有时于水中加一点染料，使便于观看液面高度来读取数据。

若被测流体的压强差或压强较小时，U 管压差计读数就小，不易准确读取数据，此时可采用密度较小的液体作指示剂，使式 1-9 中的 $\rho_A - \rho_B$ 值变小，则测同样压强差或压强时，可以有较大的 R 值。

U 管压差计的特点是：构造简单，比弹簧压强表准确，造价低，但易于破碎，不能用于较高的压强下，测量范围受 U 管长度的限制，所测的压强范围不大，取值时要同时兼顾指示液的两个液面，故读取数据不太方便。

（二）斜管压差计

当被测量的压强差或压强较小，如测量气体压强时，除用密度较小的指示液外，还可采用斜管压差计。

图 1-5 所示的斜管压差计的一臂与水平面成 α 角，由图看出，玻璃管经斜放后，可使读数由原来的 R 加大到 R'，放大的倍数为：

$$\frac{R'}{R} = \frac{1}{\sin \alpha} \tag{1-10}$$

α 越小，放大的倍数就越大。

(三)微差压差计

若斜管压差计读数仍然很小，则可采用图 1-6 所示的微差压差计。U 管的两臂各与起“水库”作用的扩张室相连，于 U 管内装两种互不相溶、不起化学作用的指示液 A 和 C。若 $p_1 \neq p_2$，不但指示液 A 的两液面有高差 R，指示液 C 也出现高差 R'，但因水库的截面很大，细管内的液面即使有很大的变化，“水库”内的液面变化甚微，故图中没有标出 R'。利用静力学基本方程式可以导出：

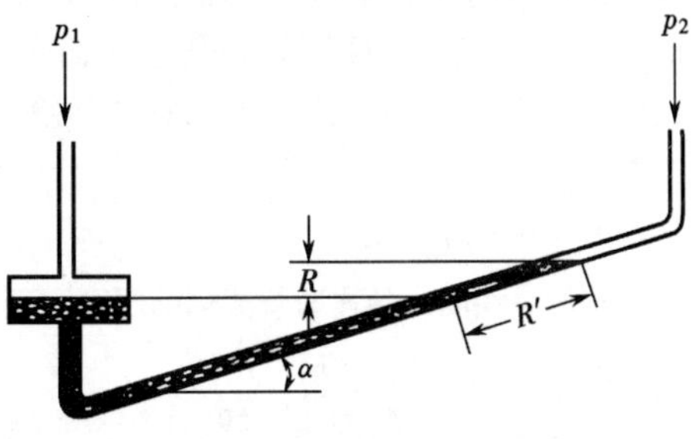

图 1-5　斜管压差计

$$p_1 - p_2 = (\rho_A - \rho_C)Rg + (\rho_C - \rho_B)R'g \tag{1-11}$$

一般微差压差计用于测量气体管道中的压强差，因气体的密度 ρ_B 远小于液体密度 ρ_C，式(1-11)可以简化为：

$$p_1 - p_2 \approx (\rho_A - \rho_C)Rg + \rho_C R'g \tag{1-11a}$$

当两“水库”内液面高度差 R' 甚小时，上式又可简化为：

$$p_1 - p_2 \approx (\rho_A - \rho_C)Rg \tag{1-11b}$$

只要适当地选用 A 和 C 两种指示液，使它们密度差别很小，指示液 A 的读数可以比普通 U 管压差计的大几倍甚至几十倍。

生产中经常配套使用的两种指示液有：石蜡油和乙醇水溶液、苯甲基醇和氯化钙盐水。用水溶液的浓度来调整两种指示液间的密度差异。

欲使读数误差不超过 1% ~ 2%，“水库”直径 D 与 U 形玻璃管直径 d 之比不应大于 1∶10。

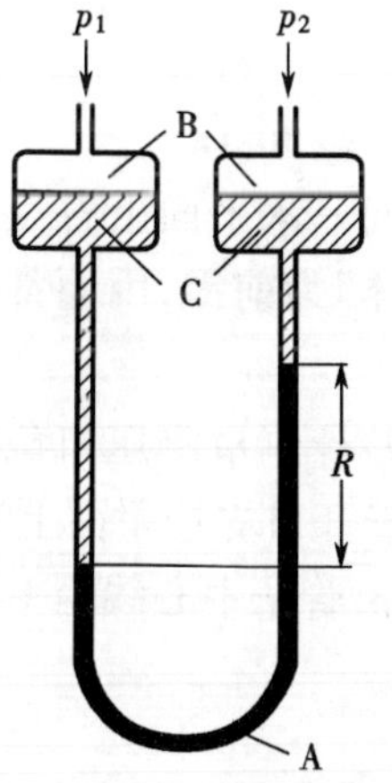

图 1-6　微差压差计

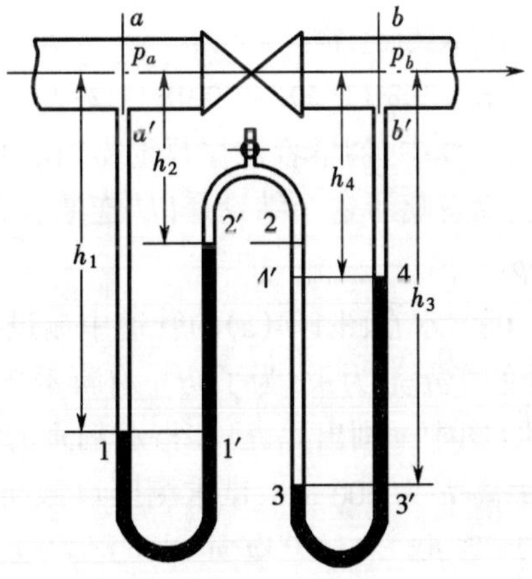

例 1-5 附图

［例 1-5］　常温的水在本例附图所示的管道中流过，为了测量 $a—a'$ 与 $b—b'$ 两截面间的压强差，安装了两个串联的 U 管压差计，压差计中的指示液为汞。两 U 管间的连接管内充满了被测流体，本例为水，指示液的各个液面与管道中心线的垂直距离为：$h_1 = 1.2$ m、$h_2 = 0.3$ m、$h_3 = 1.3$ m、$h_4 = 0.35$ m。试根据以上数据计算 $a—a'$ 及 $b—b'$ 两截面间的压强差。

解:任何静力学系统采用U管压差计测量压强差或压强时,都可遵循以下步骤进行计算:选静止的、连通着的、同一连续流体的两个等高面作参考面或参考点,如本例附图中的1—1′、2—2′、3—3′及4—4′诸面;利用流体静力学基本方程式从系统的一端开始,逐面(或点)计算其上的静压强,最后可以求出所需的数值。本例先从4—4′面开始计算。

$$p_4 = p_b + \rho_{H_2O} h_4 g \qquad \text{或} \ p_4 - p_b = \rho_{H_2O} h_4 g \tag{1}$$

点3与点3′在同一种连通着流体的同一水平面上,故 $p_3 = p_3'$,于是:

$$p_3 = p_3' = p_4 + \rho_{Hg}(h_3 - h_4)g \qquad \text{或} \ p_3 - p_4 = \rho_{Hg}(h_3 - h_4)g \tag{2}$$

同理

$$p_2 = p_3 - \rho_{H_2O}(h_3 - h_2)g \qquad \text{或} \ p_2 - p_3 = -\rho_{H_2O}(h_3 - h_2)g \tag{3}$$

$$p_1 = p_1' = p_2' + \rho_{Hg}(h_1 - h_2)g = p_2 + \rho_{Hg}(h_1 - h_2)g \qquad \text{或} \ p_1 - p_2 = \rho_{Hg}(h_1 - h_2)g \tag{4}$$

$$p_a = p_1 - \rho_{H_2O} h_1 g \qquad \text{或} \ p_a - p_1 = -\rho_{H_2O} h_1 g \tag{5}$$

上面5个式子相加,得:

$$p_a - p_b = \rho_{H_2O} h_4 g + \rho_{Hg}(h_3 - h_4)g - \rho_{H_2O}(h_3 - h_2)g + \rho_{Hg}(h_1 - h_2)g - \rho_{H_2O} h_1 g$$

整理得:

$$p_a - p_b = g(\rho_{Hg} - \rho_{H_2O})[(h_1 - h_2) + (h_3 - h_4)] \tag{6}$$

令各U形管内指示液读数用 R 表示,即:

$$R_1 = h_1 - h_2 \ \text{及} \ R_2 = h_3 - h_4$$

故式(6)变为:

$$p_a - p_b = g(\rho_{Hg} - \rho_{H_2O})(R_1 + R_2)$$

推广之,若为 n 个U管压差计串联,则计算两个测压口之间压强差的通式为:

$$\Delta p = g(\rho_A - \rho)(R_1 + R_2 + \cdots + R_n) \tag{7}$$

式中 ρ_A——指示剂的密度,kg/m³;

ρ——被测流体的密度,kg/m³。

应指出:用式(7)计算压强差时,两串联压差计的连接管内必须充满被测液体,如本题中连接管内充满了水。

将已知值代入式(6),得:

$$p_a - p_b = 9.81(13\,600 - 1\,000)[(1.2 - 0.3) + (1.3 - 0.35)] = 2.29 \times 10^5 \ \text{Pa}$$

在上面计算中,初学者往往只记得"在静止流体内,处于同一水平面上各点的压强都相等"的结论,而忽略了这个结论是以"连通着且为同一连续流体"为前提,因而常误认为在本题附图中 $p_4 = p_4'$。

[例1-6] 水在图1-4(a)的管道中流过,用开口U管压差计测量测压口截面上的压强 p。压差计的指示剂为汞,为了防止有毒蒸气扩散至大气中,于开口支管汞面上灌一段 R' 为20 mm的水(图中未画出)。已知指示剂汞的读数 R 为200 mm,管子中心线至U管右侧汞面间的垂直距离 h 为500 mm,试求测压口截面上的压强 p。

解:汞的密度 ρ_{Hg} 为13 600 kg/m³,水的密度 ρ_{H_2O} 为1 000 kg/m³。

开口支管水面上承受大气压强 p_a。

图中 A 与 A' 面为同一种连续静止流体(汞)的两个等高面,故:

$$p_A = p_A'$$

其中

$$p_A' = p_a + R'\rho_{H_2O} g + R\rho_{Hg} g$$

及

$$p_A = p + (h + R)\rho_{H_2O} g$$

联立以上二式并整理得:

$$p = p_a + R(\rho_{Hg} - \rho_{H_2O})g - (h - R')\rho_{H_2O}g$$

将已知值代入上式：

$$p = 101.33\times10^3 + 0.2\times(13\,600-1\,000)\times9.81-(0.5-0.02)\times1\,000\times9.81 = 121.34\times10^3\ \text{Pa}$$

或改以表压计：

$$p' = 121.34\times10^3 - 101.33\times10^3 = 20\times10^3\ \text{Pa(表压)}$$

由以上看出，计算 p'_A 时若不将 p_a 计入，则可直接算出测压面上的表压强。

[例 1-7] 本题附图所示的压差计中以油和水为指示液，其密度分别为 920 kg/m^3 及 998 kg/m^3，U 管中油、水交界面高度差 $R = 300$ mm。两扩大室的内径 D 均为 60 mm，U 管的内径 d 为 6 mm。试分别用式 1-11a 及式 1-11b 计算与微差压差计相连接的管截面上气体的表压强。

解：图示压差计右侧扩大室与大气相通，故当管道与压差计相连的截面上气体的绝对压强为 1 大气压时，两种指示液的液面高度均各自相等。当 U 管中油、水交界面高度差为 300 mm 时，两扩大室出现高度差为 R'（图中没有标出 R'），R 与 R' 的关系为：

$$\frac{\pi}{4}d^2R = \frac{\pi}{4}D^2R'$$

或 $(6)^2\times0.3 = (60)^2R'$

解得 $R' = 0.003$ m

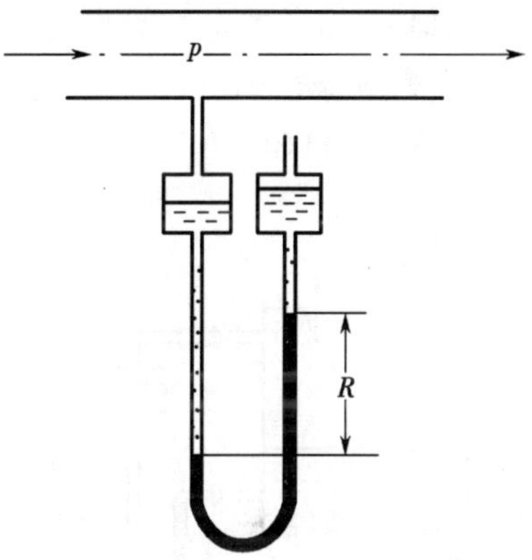

例 1-7 附图

右侧扩大室与大气相通，故式 1-11a 及式 1-11b 的 $p_1 - p_2$ 应改为 $p_1 - p_a$，而算出的 $p_1 - p_a$ 即为要求的表压强。用式 1-11a 计算：

$$\begin{aligned} p_1 - p_a &= (\rho_A - \rho_C)Rg + \rho_C R'g \\ &= (998-920)\times0.3\times9.81 + \\ &\quad 920\times0.003\times9.81 = 256.6\ \text{Pa(表压)} \end{aligned}$$

用式 1-11b 计算：

$$\begin{aligned} p_1 - p_a &\approx (\rho_A - \rho_C)Rg \\ &= (998-920)\times0.3\times9.81 = 229.6\ \text{Pa(表压)} \end{aligned}$$

两种计算的相对误差为：

$$\frac{256.6-229.6}{256.6}\times100\% = 10.5\%$$

两种计算方法结果的相对误差较大，故本题宜采用式 1-11a 进行计算，即算出的气体表压强应为 256.6 Pa。若加大两扩大室直径，使其内两指示液的液面相差很小，用式 1-11b 计算的误差就可以减小。

二、测量液面位置

化工厂中经常要了解容器内液体的贮存量，或者要控制设备内的液面，因此要测量液面位置。大多数测液面位置的液面计作用原理都遵循静止液体内部压力变化规律。最原始的液面计是于容器底部及液面上方空间的器壁上各开一个小孔，用玻璃管将两孔相连，玻璃管中所示的液面即为容器内的液面。这种液面计易损坏，且不便于远距离观察。图 1-7 所示的液面计是在连接容器 1 的下部与液面上方空间的 U 管中灌有比待测液体密度大的指示液，且在 U 管上方装有平衡小室 2，小室内的液体即为容器内的液体，其液面高度维持在容器液面允许到达的最大高度处。根据静力学基本方程式即可算出容器内液面的高度。它与压差计读数的关系为：

$$h=\frac{\rho_A-\rho}{\rho}R \tag{1-12}$$

显然 $R=0$ 时，容器内液面可以达到最高高度。

若要测量离操作室较远或埋在地下的容器内液面时，可采用例 1-8 附图所示的装置。

[例 1-8] 远距离测量液面位置的装置如本例附图所示。自管口通入压缩氮气，用调节阀 1 调节其流量。管内氮气的流速控制得很小，只要在鼓泡观察器 2 内看到有气泡缓慢逸出即可。因此，气体通过吹气管 4 的流动阻力可以忽略不计。管内某截面压强用 U 管压差计 3 来测量。压差计读数 R 的大小可以反映贮槽 5 内液面的高低。

已知贮槽内盛有密度为 1 300 kg/m³ 某种易燃溶液，用本例附图所示液面计测量其液位。压差计中的指示液为汞。当进行测量时，压差计上读数 R 为 120 mm。贮槽与大气相通，试求贮槽内液面与吹气管出口间的垂直距离 h。

解：由于吹气管内氮气的流速很小，且管内不存留液体，故可认为管子出口 a 处与压差计 b 处的压强近似相等，即 $p_a \approx p_b$。若 p_a 与 p_b 均用表压强表示，根据流体静力学方程式知：

$$\rho g h=\rho_{Hg} g R$$

或 $$1\,300h=13\,600\times 0.12$$

解得 $$h=1.26\text{ m}$$

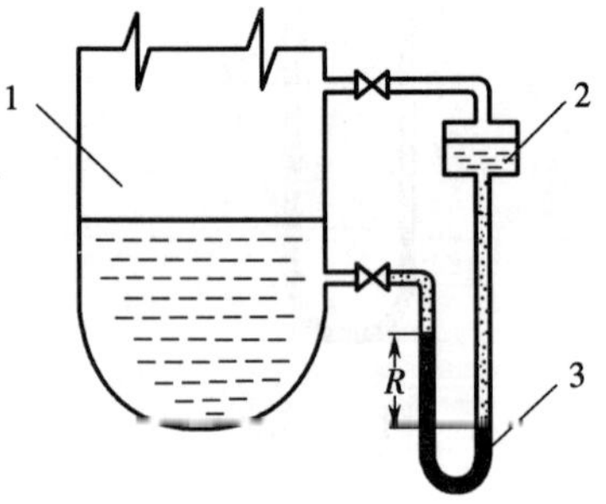

图 1-7 液面计

1—容器 2—平衡小室 3—U 管

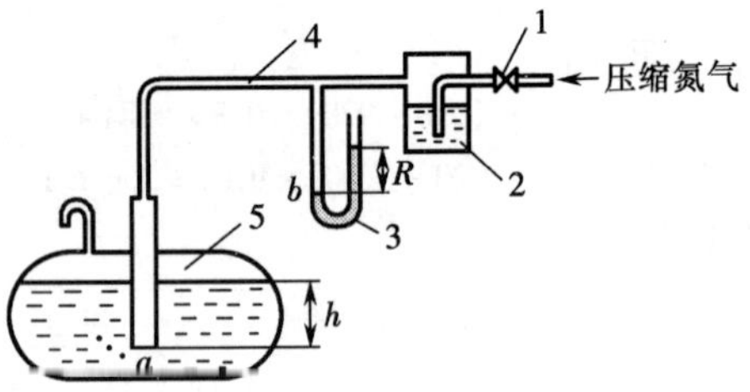

例 1-8 附图

1—调节阀 2—鼓泡观察器 3—U 管压差计
4—吹气管 5—贮槽

三、计算液封高度

化工厂中为了控制设备内气体压强不超过某规定值，常于设备外装有如图 1-8 所示的装置。当气体压强超过规定时，气体就冲出液层而逸出，这种装置称为液封，化工厂中常用水作介质，故又称水封。液封管插在液封槽中的深度 h 可根据设备内的压强值由静力学基本方程式求得。

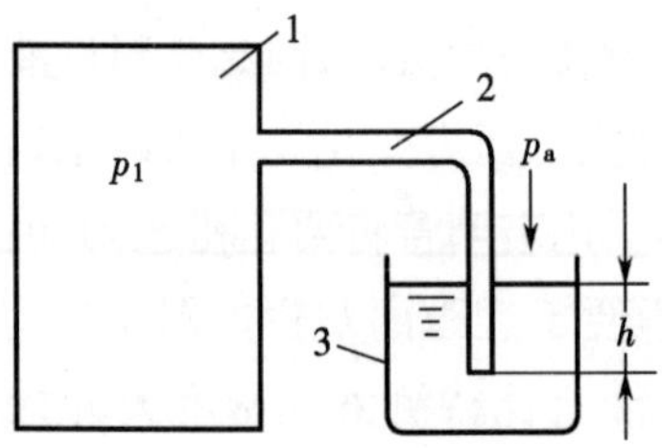

图 1-8 安全液封装置

1—容器或设备 2—液封管 3—液封槽

此外，在化工厂中，经常要将真空系统中的液体排至大气中，又不允许外界空气漏入系统内，这时也要采用液封装置。图 1-9 为与减压系统配套使用的冷凝装置。减压冷凝器 4 中的冷凝水靠重力作用通过气压管 5

排出，气压管下端插在水封槽 6 中，在排除冷凝液的同时又可防止外界空气漏入设备内，全套装置称为气压冷凝器，实际上它的下部也是一种水封装置。至于气压管应插入水面多深才能保证外界空气不漏入设备内，也是通过流体静力学基本方程式求算。

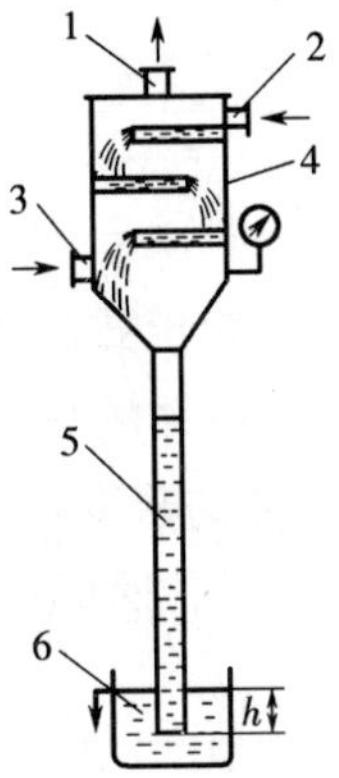

图 1-9　防止外界空气漏入减压设备的水封装置

1—与真空泵相通的管口　2—冷水进口　3—来自减压装置的蒸汽入口　4—冷凝器　5—气压管　6—水封槽

［例 1-9］　某厂为了控制乙炔发生炉内的表压强不超过 10 670 Pa，于炉外装了如图 1-8 所示的水封装置，试求此炉的水封管应插入水面下多少米才能保证气体不外逸？

解：炉内表压强超过 10 670 Pa 时气体就要逸出，故按最大压强计算水封管插入的高度。令 p_a = 外界大气压强（Pa）；h = 水封管插入水面的深度（m）。

过水封管口作水平面，于其上取点 1 及点 2（图中均未画出），点 1 位于水封槽 3 中，点 2 位于水封管管口。因点 1 与点 2 在连通着的同一静止液体内且在同一水平面上，故：

$$p_1 = p_2$$

而　$$p_1 = p_a + h\rho_{H_2O}g$$

同时　$$p_2 = p_{炉内} = p_a + 10\ 670$$

故　$$h\rho_{H_2O}g = 10\ 670$$

$$h = \frac{10\ 670}{1\ 000 \times 9.81} = 1.09\ \text{m}$$

为了安全起见，实际安装时管子插入水面下的深度应略小于 1.09 m。

第 2 节　流体在管内的流动

化工生产过程中常于密闭管道内输送流体。使流体流动的主要因素有：流体本身的位差、两截面间的压强差、输送机械向液体作的外功。本节将要讨论这些因素以及流体流动的规律。先介绍流体流动的基本概念。

1.2.1　流量和流速

单位时间内流过管子任意截面的数量称为流量。若数量以体积计，称为体积流量，以 V_s 表示，单位为 m^3/s。若数量以质量计，称为质量流量，以 w_s 表示，单位为 kg/s。V_s 与 w_s 之间的关系为：

$$w_s = V_s\rho \tag{1-13}$$

式中　V_s——体积流量，m^3/s；

w_s——质量流量，kg/s。

单位时间内流体在流动方向上流过的距离称为流速，以 u 表示，单位为 m/s。实际上流体在管道任意截面的径向各点上的速度不同，管中心速度最大，越靠近管壁流速越小，管壁处为零。在工程中为了计算方便，采用平均速度，简称速度，它等于体积流量除以管道截面，即：

$$u=\frac{V_s}{A}=\frac{w_s}{\rho A}$$

或

$$w_s=V_s\rho=uA\rho \tag{1-14}$$

式中　A——管子截面积,m^2;

u——流体的平均速度,m/s。

由于气体的密度是温度和压强的函数,因此有时采用质量速度 G 表达流体流动情况,G 的定义为:单位时间内通过单位管子截面上的质量流量,其表达式为:

$$G=\frac{w_s}{A}=\frac{V_s\rho}{A}=u\rho \tag{1-15}$$

式中　G——流体的质量速度,$kg/(m^2 \cdot s)$。

一般管道截面都是圆形,若以 d 表示管子内径,则:

$$u=\frac{V_s}{\frac{\pi}{4}d^2}=\frac{4V_s}{\pi d^2} \tag{1-16}$$

或

$$d=\sqrt{\frac{4V_s}{\pi u}} \tag{1-16a}$$

式中　d——管子内径,m。

式 1-16a 是设计管道或塔、器直径的最基本公式。流量 V_s 由生产任务规定,选择适宜的流速后就可以用式 1-16a 算出管子直径。当然,流速选得大,所需的直径就小,这样可以节省管材,但流速大时,流体在管中流动的摩擦阻力大,能量消耗得多,操作费用随之增加。因此,适宜的流速由输送设备的操作费用和管子材料费、基建费等项的经济权衡及优化来决定。表 1-1 列出某些流体在一定操作条件下适宜流速的范围。

表 1-1　某些流体在管道中的常用流速范围

流体的类别及情况	流速范围,m/s
自来水(3×10^5 Pa 左右)	1~1.5
水及低黏度液体(1×10^5~1×10^6 Pa)	0.5~1.0
高黏度液体	0.5~1.0
工业供水(8×10^5 Pa 以下)	1.5~3.0
锅炉供水(8×10^5 Pa 以下)	>3.0
饱和蒸汽	20~40
过热蒸汽	30~50
蛇管、螺旋管内的冷却水	<1.0
低压空气	12~15
高压空气	15~25
一般气体(常压)	10~20
鼓风机吸入管	10~15
鼓风机排出管	15~20
离心泵吸入管(水一类液体)	1.5~2.0
离心泵排出管(水一类液体)	2.5~3.0
往复泵吸入管(水一类液体)	0.75~1.0
往复泵排出管(水一类液体)	1.0~2.0

续表

流体的类别及情况	流速范围,m/s
液体自流速度(冷凝水等)	0.5
真空操作下气体流速	< 10

［例 1-10］ 某厂需要敷设一条输送自来水的管道,输水量为 42 000 kg/h,试设计所需的管道直径。

解:用式 1-16a 计算所需的管道直径,即:

$$d=\sqrt{\frac{4V_s}{\pi u}}$$

水的密度 ρ 约为 1 000 kg/m^3,故体积流量为:

$$V_s=\frac{42\ 000}{3\ 600\times 1\ 000}=0.011\ 7\ \mathrm{m^3/s}$$

根据表 1-1 中选取自来水时的流速 $u=1.5$ m/s,故:

$$d=\sqrt{\frac{4V_s}{\pi u}}=\sqrt{\frac{4\times 0.011\ 7}{\pi\times 1.5}}=0.099\ 7\ \mathrm{m}$$

算出的管径往往不能和管子规格中所列的标准管径相符,此时可在规格中选用和计算直径相接近的标准管子。参考附录二十三,本题选用 $\phi 108\times 4$ mm 热轧无缝钢管合适。$\phi 108\times 4$ mm 是指管子外径为 108 mm、壁厚为 4 mm。管径确定后,应重新核定流速,即:

$$u=\frac{V_s}{\frac{\pi}{4}d^2}=\frac{0.011\ 7}{\frac{\pi}{4}(0.108-0.004\times 2)^2}=1.49\ \mathrm{m/s}$$

1.2.2 定态流动和非定态流动

图 1-10(a)所示的水箱上部不断地有水由进水管注入容器内,从容器下部排水管不断地排走。进入的流量总是大于排出的流量,多余的水由容器上方溢流管溢出,以维持容器内液面高度恒定不变。若在排水管上任取两个不同截面 1—1′及 2—2′,测得两截面上流速和压强始终保持恒定,但两截面上的流速和压强各自不相等,即 $u_1\neq u_2$、$p_1\neq p_2$……这种系统的参变量不随时间改变仅随所在空间位置而变的流动称为定态流动。若取消进水管,则水位不断下降,如图 1-10(b)所示,这时测得排水管 1—1′及 2—2′两截面上各参变量随时间而改变,这种系统的参变量不但随所在空间而变化而且随时间变化,这样的流动称为非定态流动。

化工生产中的操作大多数是连续生产,属于定态过程,所以本教材只介绍定态流动。

1.2.3 流动系统中的物料衡算——连续性方程式

化工生产中经常要核算投入的原料量与收获的产品量,以及输送一定量流体要消耗多少能量,从而作为选用输送机械的依据,这些问题都是利用物料衡算与能量衡算来解决的。

图 1-11 所示为装有输送机械和换热器的某定态流动系统中的一部分。今以管道、输送机械和热交换器的壁面以及截面 1—1′及 2—2′作衡算范围。因流体为连续介质,故充满了管道和设备的空间并不断地从 1—1′面流向 2—2′面。

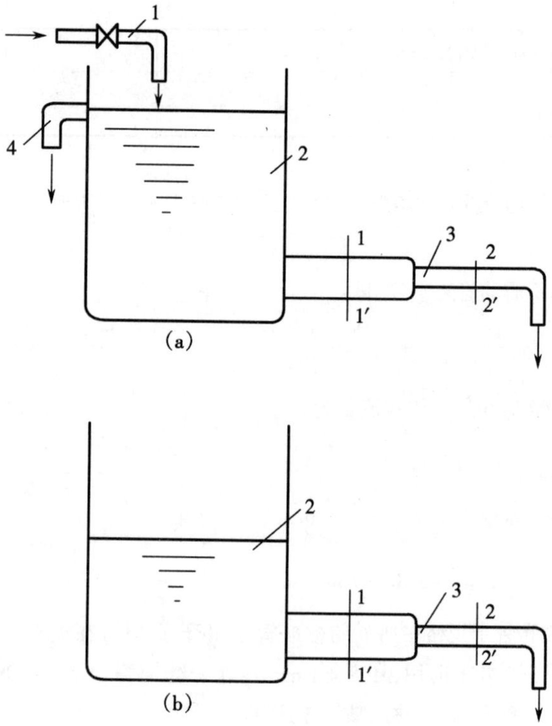

图 1-10　流动情况示意图

(a)定态流动　(b)非定态流动

1—进水管　2—贮槽　3—排水管　4—溢流管

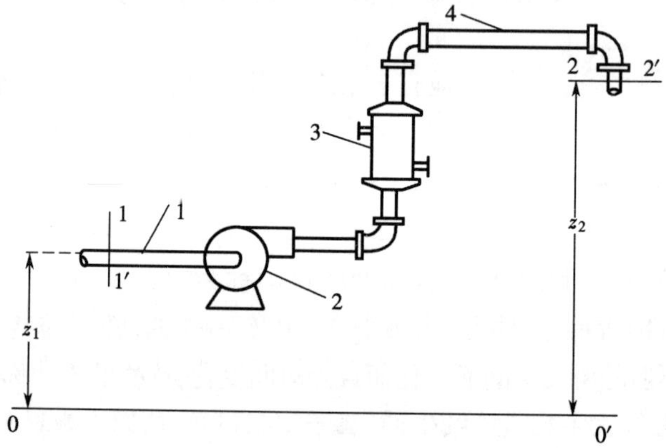

图 1-11　定态流动系统示意图

1—输送机械的吸入管　2—输送机械　3—换热器　4—系统的排出管

输送机械只向系统加入能量而不加入物料，流体在换热器内只有热量的交换而没有质量的交换，且在衡算的范围内无流体泄漏与补充。根据质量守恒定律，单位时间内进入1—1′截面的流体质量必等于由2—2′截面输出的质量，即：

$$w_1 = w_2 \tag{1-17}$$

推广之

$$w_1 = w_2 = \cdots = w_n \tag{1-17a}$$

因 $w = uA\rho$，故式 1-17a 可以写成：

$$u_1 A_1 \rho_1 = u_2 A_2 \rho_2 = \cdots = u_n A_n \rho_n \tag{1-17b}$$

式中符号的下标为截面的序号。

若输送的是不可压缩的流体，则 ρ = 常数，式 1-17b 变为：

$$u_1 A_1 = u_2 A_2 = \cdots = uA = \text{常数} \tag{1-17c}$$

或

$$V_1 = V_2 = \cdots = V = \text{常数} \tag{1-17d}$$

式 1-17c 及式 1-17d 说明输送不可压缩流体时体积流量为常数。

若输送管路直径相同，则截面积 A 为常数，式(1-17c)变为：

$$u_1 = u_2 = \cdots = u = \text{常数} \tag{1-17e}$$

上式说明在等直径的管道中输送不可压缩性流体时速度为常数。

可压缩流体在管道中的流动情况比较复杂，即使在直径不变的管道中作定态等温流动，因密度随压强而变，故体积流量和速度都不是常数，但仍然遵循质量守恒定律，即质量流量为常数，因此常采用下面关系描述可压缩流体在管道中的流动情况：

$$G = u_1 \rho_1 = u_2 \rho_2 = \cdots = u\rho = \text{常数} \tag{1-17f}$$

上式说明可压缩流体在管道中流过时质量速度 G 为常数，或速度与密度的乘积为常数，但 u 与 ρ 必须采用同一截面上的数值。

式 1-17a 称为连续性方程式，习惯上将其余诸式都称为连续性方程式。应注意：式 1-17b至式 1-17e 只运用于不可压缩流体，而式 1-17a 及式 1-17f 既适用于不可压缩流体也适用于可压缩流体。

以上诸方程反映，在定态系统中流量一定时，管路各截面上平均速度变化的规律。此规律与管路安排及管路上是否安装有管子零件及输送机械等无关。

[例 1-11] 设图 1-11 所示的系统中输送的是水。已知泵的吸入管道的直径为 $\phi108\times4$ mm，系统排出管道的直径为 $\phi76\times2.5$ mm。水在吸入管内的流速为 1.5 m/s，试求水在排出管中的流速。

解：水是不可压缩流体，故采用式 1-17c 进行计算，以下标 1、2 分别表示吸入管与排出管，即：

$$u_1 A_1 = u_2 A_2$$

或

$$\frac{u_1}{u_2} = \frac{A_2}{A_1} = \frac{\frac{\pi}{4}d_2^2}{\frac{\pi}{4}d_1^2} = \left(\frac{d_2}{d_1}\right)^2$$

上式说明不可压缩流体在管道中流过时的速度与管道的内径平方成反比。由上式得：

$$u_2 = u_1\left(\frac{d_1}{d_2}\right)^2 = 1.5\left(\frac{0.108 - 2\times0.004}{0.076 - 2\times0.002\,5}\right)^2 = 2.98 \text{ m/s}$$

1.2.4 流动系统中的能量衡算——伯努利方程式

参与衡算的能量包括流动着的流体本身具有的能量以及系统与外界交换的能量。

一、流动系统中总能量衡算式

(一)流动着的流体本身具有的能量

1.内能

内能是贮存于流体内部的能量,它是由原子和分子的运动以及彼此相互作用而产生的能量总和。从宏观的角度看,它决定于流体的状态,因此与流体的温度有关,一般忽略压强对它的影响。1 kg 流体输入和输出图 1-11 的 1—1′和 2—2′截面的内能分别为 U_1 及 U_2,其单位为 J/kg。

2.位能

流体因受重力的作用,在不同的高度处具有不同的位能。将 m kg 流体自基准水平面升举到某高度 z 所作的功为 mgz。1 kg 流体输入和输出图 1-11 的 1—1′和 2—2′截面的位能分别为 gz_1 和 gz_2,其单位为 J/kg。计算位能时应先规定一个基准水平面,如图 1-11 中的 0—0′面,在其上的位能为正值,其下的位能为负值。

3.动能

动能是流动着的流体具有的能量,其值等于从静止状态加速到流速为 u 时所需的功。质量为 m、流速为 u 的流体具有的动能为 $mu^2/2$。1 kg 流体输入和输出图 1-11 的 1—1′和 2—2′截面的动能分别为 $u_1^2/2$ 及 $u_2^2/2$,其单位为 J/kg。

4.静压能

静止或流动的流体内部任一处都具有相应的静压强。若在图 1-12 所示的管壁上开孔,于其上装一垂直于管轴的细玻璃管,管内流动的流体便会在玻璃管内升起,这就是流动着的流体具有静压强的表现。

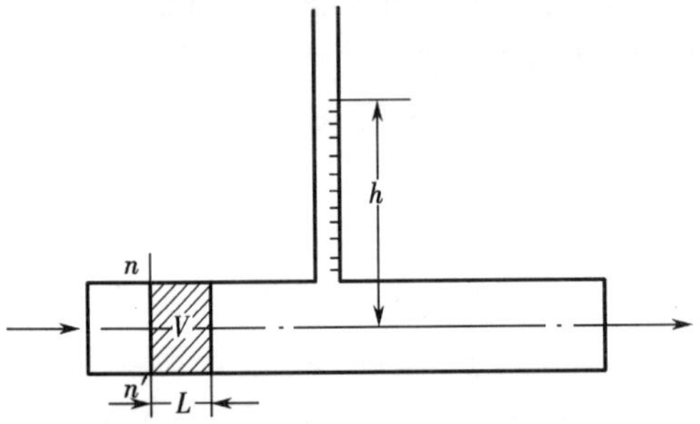

图 1-12　测量流动系统中流体的静压强

在图 1-12 中取任意截面 $n—n'$,设其上静压强为 p,它对将要越过 $n—n'$ 面的流体施出总阻拦力 $P(P = pA$, A 为管道截面积),流体必定要携带与此阻拦力相当的能量以克服阻拦作用才能越过 $n—n'$ 面向下游流动,这种能量称为流动功或静压能。

设质量为 m、体积为 V 的流体通过图 1-12 截面 $n—n'$ 时所需的作用力为 pA,而流体通过此截面所走的距离为 V/A,则流体带入 $n—n'$ 截面静压能为$(pA)(V/A) = pV$。故 1 kg 流体流入和输出图 1-11 的 1—1′和 2—2′截面的静压能分别为 p_1v_1 及 p_2v_2,单位为 J/kg,v 为流体的比容。

(二)系统与外界交换的能量

1.与换热器交换的能量

设图 1-11 中流体被加热,换热器向每千克流体输入的能量为 Q_e,其单位为 J/kg。若流体被冷却则情况相反。

2.输送机械向系统输入的功

1 kg 流体由输送机械获得的能量称为外功或净功,又称为有效功,以 W_e 表示,其单位为 J/kg。

在图 1-11 中以管道、输送机械和换热器等装置的内壁面、截面 1—1′及 2—2′的范围作衡算范围(图中没有圈出这个范围)。根据能量守恒定律知,输入的总能量等于输出的总能量,以 1 kg 流体为衡算基准,则:

$$U_1 + gz_1 + \frac{u_1^2}{2} + p_1 v_1 + W_e + Q_e = U_2 + gz_2 + \frac{u_2^2}{2} + p_2 v_2 \tag{1-18}$$

式中 U——1 kg 流体具有的内能,J/kg;

z——高度,m;

W_e——1 kg 流体从输送机械处获得的能量,称为净功或外功,又称有效功,J/kg;

Q_e——1 kg 流体与外界交换的能量,J/kg。

式 1-18 中的位能 gz、动能 $u^2/2$ 及静压能 pv(或 p/ρ)称为机械能,三者之和为 1 kg 流体具有的总机械能,以 E 表示,单位为 J/kg。

若 1—1′与 2—2′截面的参数分别以有效差值来表示,即:

$$\Delta U = U_2 - U_1$$

$$\Delta z = z_2 - z_1$$

$$\Delta u^2 = u_2^2 - u_1^2$$

$$\Delta(pv) = p_2 v_2 - p_1 v_1$$

式 1-18 可以改写为:

$$\Delta U + g\Delta z + \frac{\Delta u^2}{2} + \Delta(pv) = W_e + Q_e \tag{1-19}$$

式 1-19 为定态系统中流体的总能量衡算式,也是流动系统中热力学第一定律的表达式。这个式子从理论上说明流动系统中各种能量间的关系,式中包括各种形式的能量,其中有些能量难于求算,故应设法将这些能量用易于求算的能量替换,使式子可以直接应用。

二、流动系统中的总机械能量衡算

在生产中对流动系统感兴趣的主要是各种机械能的转换,因此应设法将式(1-19)中的 ΔU 及 Q_e 两项消去。根据热力学第一定律:

$$\Delta U = Q'_e - \int_{v_1}^{v_2} p\,\mathrm{d}v \tag{1-20}$$

式中 $\int_{v_1}^{v_2} p\,\mathrm{d}v$——1 kg 流体从图 1-11 中 1—1′面流到 2—2′面的过程中,因被加热而引起体积膨胀所作的功,J/kg;

Q'_e——1 kg 流体由 1—1′面到 2—2′面的过程中获得的总热量,J/kg。

Q'_e 由两部分组成:其一是系统与外界交换的热量,如图 1-11 中的换热器将流体加热时向每千克流体输入 Q_e 的热量(单位为 J);其二是流体在流动过程中,为了克服流动阻力而消耗一部分能量,这部分能量转变为热能使流体温度微微升高,而不能用于输送流体,实际上这部分能量是损失了,称为能量损耗,以 Σh_f 表示,故:

$$Q'_e = Q_e + \Sigma h_f \tag{1-21}$$

式中 Σh_f——1 kg 流体在流动过程中因克服摩擦阻力而消耗的能量,J/kg。

式 1-20 变为

$$\Delta U = Q_e + \Sigma h_f - \int_{v_1}^{v_2} p \mathrm{d}v \tag{1-22}$$

将式 1-22 代入式 1-19,并整理得:

$$g\Delta z + \frac{\Delta u^2}{2} + \Delta(pv) - \int_{v_1}^{v_2} p \mathrm{d}v = W_e - \Sigma h_f \tag{1-23}$$

由于 $\Delta(pv) = \int_{v_1}^{v_2} \mathrm{d}(pv) = \int_{v_1}^{v_2} p \mathrm{d}v + \int_{p_1}^{p_2} v \mathrm{d}p$,将此关系代入式 1-23,并整理得:

$$g\Delta z + \frac{\Delta u^2}{2} + \int_{p_1}^{p_2} v \mathrm{d}p = W_e - \Sigma h_f \tag{1-24}$$

式 1-24 称为定态流动时流体的机械能衡算式。

三、伯努利方程式

式 1-24 对可压缩流体和不可压缩流体均适用。对可压缩流体式中 $\int_{p_1}^{p_2} v \mathrm{d}p$ 项应视过程性质(等温、绝热或多变过程),按热力学原则处理。对不可压缩流体,其比容 v 或密度 ρ 为常数,故:

$$\int_{p_1}^{p_2} v \mathrm{d}p = \frac{1}{\rho}\int_{p_1}^{p_2} \mathrm{d}p = \frac{p_2 - p_1}{\rho} = \frac{\Delta p}{\rho}$$

将以上关系代入式 1-24,得

$$g\Delta z + \frac{\Delta u^2}{2} + \frac{\Delta p}{\rho} = W_e - \Sigma h_f \tag{1-25}$$

或

$$gz_1 + \frac{u_1^2}{2} + \frac{p_1}{\rho} + W_e = gz_2 + \frac{u_2^2}{2} + \frac{p_2}{\rho} + \Sigma h_f \tag{1-25a}$$

在流体力学中,常设想有一种流体,它在流动时没有摩擦阻力,这种流体称为理想流体。自然界中是不存在理想流体的,但理想流体的概念可使流动问题的处理变得简便。对不可压缩理想流体,式 1-25 变为:

$$g\Delta z + \frac{\Delta u^2}{2} + \frac{\Delta p}{\rho} = W_e \tag{1-26}$$

对不可压缩理想流体,在流动过程中若无外功加入,则式 1-26 变为:

$$g\Delta z + \frac{\Delta u^2}{2} + \frac{\Delta p}{\rho} = 0 \tag{1-27}$$

展开上式并引申之:

$$gz_1 + \frac{u_1^2}{2} + \frac{p_1}{\rho} = gz_2 + \frac{u_2^2}{2} + \frac{p_2}{\rho} = \cdots = gz + \frac{u^2}{2} + \frac{p}{\rho} = \text{常数} \tag{1-27a}$$

式 1-27a 称为伯努利方程式,而式 1-25 及式 1-26 是它的引申,习惯上也称为伯努利方程式。

四、伯努利方程的讨论

(1)式 1-27a 说明不可压缩理想流体作定态流动时,管道中各截面上流体的总机械能为常数，而每一种机械能不一定相等，但可以相互转换。图 1-13 所示为不可压缩理想流体在异径管道中作定态流动的情况，截面 1—1′及截面 2—2′处的管径分别为 d_1 及 d_2，而 $d_1 > d_2$。因两截面的中心点都在同一水平面，即管中心线上，故 $z_1 = z_2$，因此式 1-27a 简化为：

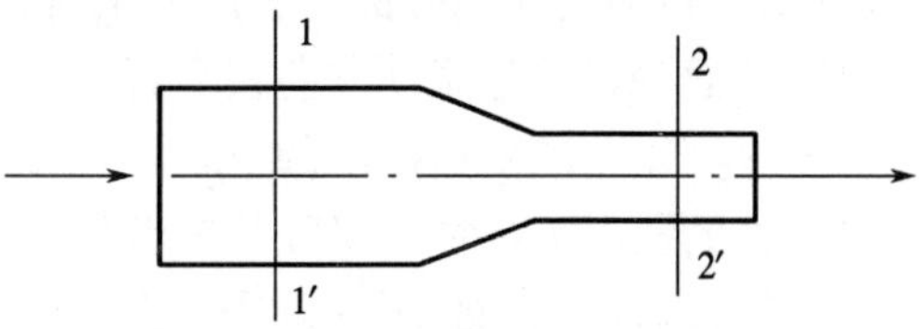

图 1-13　机械能的转换

$$\frac{u_1^2}{2} + \frac{p_1}{\rho} = \frac{u_2^2}{2} + \frac{p_2}{\rho}$$

因 $d_1 > d_2$，且流体作定态流动，体积流量恒定，故 $u_1^2/2 < u_2^2/2$，将此关系代入上式，知 $p_1/\rho > p_2/\rho$。这说明了理想流体从 1—1′面流到 2—2′面时动能加大，而两截面间无外功加入，动能加大只有由 1—1′面上的静压能转换而来。

（2）静止流体的速度为零，此时式 1-27a 变为：

$$gz_1 + \frac{p_1}{\rho} = gz_2 + \frac{p_2}{\rho}$$

或
$$\frac{p_2 - p_1}{\rho g} = z_1 - z_2$$

上式即前述的流体静力学基本方程式 1-8，由此可知伯努利方程式不但说明流体的运动规律，也说明静止时的规律。流体静力学基本方程式是伯努利方程式的一个特例。

（3）对不可压缩流体，若过程的压强变化与初始绝对压强之比小于 20%，即 $(p_1 - p_2)/p_1 \times 100\% < 20\%$ 时仍可用式 1-25、式 1-26 及式 1-27a 进行计算，但式中的 ρ 应取两截面上的算术均值，这种处理方法引起的误差一般为工程计算可以允许的。

（4）应清楚了解式 1-25a 中 gz、$u^2/2$、p/ρ 与 W_e 及 Σh_f 的区别。前三项是指在某截面上流体本身所具有的能量，后两项是流体在 1—1′与 2—2′面间流动时从外界获得的能量以及消耗的能量。式中 W_e 是输送机械对单位质量流体所作的有效功，是选用流体输送机械的重要依据。单位时间内输送机械所作的有效功称为有效功率，以 N_e 表示，即：

$$N_e = W_e w \tag{1-28}$$

式中　w——流体的质量流量，kg/s；

N_e——有效功率，J/s 或 W。

若泵的效率为 η，则泵的轴功率为：

$$N = \frac{N_e}{\eta} \tag{1-29}$$

（5）式 1-25a 是以 1 kg 流体为衡算基准的，此外还可以分别以 1 N 和 1 m^3 的流体为衡算基准，详细情况将在下章介绍。

五、应用伯努利方程式的要点

应用伯努利方程式的要点可以归纳为以下几方面。

（一）基准水平面

基准水平面是作为计算位能时的参考，而且式中涉及的是 $\Delta z = z_2 - z_1$，所以基准水平面可以任意选取，计算出的 Δz 都是一样的，但习惯上总是取衡算开始或终了的截面，这样两个 z 中必有一个为零，可使计算简化。

(二)衡算范围

选择衡算范围的两个截面时有以下原则。

(1)两截面一定要与流动方向相垂直。

(2)流体必须充满衡算范围的空间。

(3)所选的截面上各物理量除待求者外,必定是已知或可以算出的。一般选择流体开始流动和终结流动两个截面,因这两个截面上已知数最多。有时截面选择受系统条件所限,若总能量损失 Σh_f 不包括管道出口损失,则 2—2′面应选在管子出口内侧。这里还要指出,截面如选在管口时,一定要标明是管口的内侧还是外侧。

(4)计算输送机械提供的能量时,所选的两个截面应在输送机械的两侧。

(三)静压强的计算

伯努利方程式中出现的是 Δp,它等于 $p_2 - p_1$,所以静压强 p 既可以用表压强计算也可以用绝对压强计算,计算结果是一样的,但选用时一定要一致,表压强与绝对压强不能同时并用。

(四)物理量的单位

伯努利方程式中各物理量应采用同一单位制中的单位,两种单位制不能同时并用。

六、伯努利方程式的应用举例

下面通过例题来说明伯努利方程的应用。

(一)确定管道中流体的流量

[例 1-12] 常温的水在本题附图所示的管道内由下向上作定态流动。管道内径由 300 mm 逐渐缩至 150 mm。已测得图中 1—1′及 2—2′面上静压强分别为 1.69×10^5 Pa 及 1.5×10^5 Pa(均为表压),两测压面间的垂直距离为 1.5 m。流动过程中的能量损失很小,可以略去不计,试求水在该管道中流动时的质量流量(kg/h)。

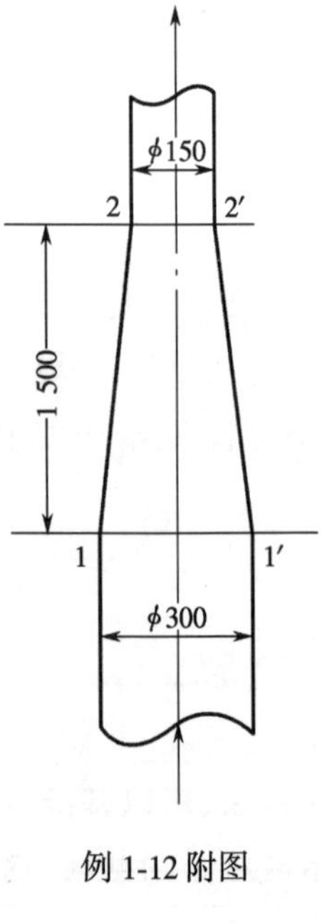

例 1-12 附图

解:取 1—1′面为基准面,在 1—1′及 2—2′面间列伯努利方程式。图示 1—1′及 2—2′面间无外功加入,且可忽略其间的能量损失,故:

$$gz_1 + \frac{u_1^2}{2} + \frac{p_1}{\rho} = gz_2 + \frac{u_2^2}{2} + \frac{p_2}{\rho}$$

取水的密度 $\rho \approx 1\,000$ kg/m³。式中各物理量的数值为:

$$z_1 = 0$$

$$z_2 = 1.5 \text{ m}$$

$$p_1 = 1.69\times10^5 \text{ Pa(表压)}$$

$$p_2 = 1.5\times10^5 \text{ Pa(表压)}$$

u_1 及 u_2 均为待求值,但从连续性方程式出发,已于例 1-11 中导出不可压缩流体在管道中作定态流动时,其速度与管内径的平方成反比,即:

$$\frac{u_1}{u_2} = \left(\frac{d_2}{d_1}\right)^2$$

或
$$u_1 = u_2\left(\frac{d_2}{d_1}\right)^2 = \left(\frac{150}{300}\right)^2 u_2 = 0.25u_2$$

将以上诸值代入伯努利方程式

$$0 + \frac{(0.25u_2)^2}{2} + \frac{1.69\times10^5}{1\,000} = 9.81\times1.5 + \frac{u_2^2}{2} + \frac{1.5\times10^5}{1\,000}$$

解得
$$u_2 = 3.02 \text{ m/s}$$

质量流量 $=3.02\times\frac{\pi}{4}(0.15)^2\times3\,600\times1\,000=192\times10^3$ kg/h

(二)确定设备的相对位置

［例 1-13］ 常温的水从本例附图中所示的水塔经 $\phi114\times4$ mm 的管道输送至车间。水由水塔液面流至管出口内侧的能量损失为 143 J/kg。若要求水在管中的流速为 2.9 m/s,试求水塔内的液面与水管出口间的垂直距离。设水塔内的液面维持恒定。

解:水塔内水位恒定,故本题属于定态流动。

取常温下水的密度 $\rho\approx1\,000$ kg/m³。

以本题附图中管子出口的中心线为基准面。在 1—1′(水塔内液面)及 2—2′面(管出口内侧)间列伯努利方程式,因 1—1′与 2—2′面间无外功加入,故:

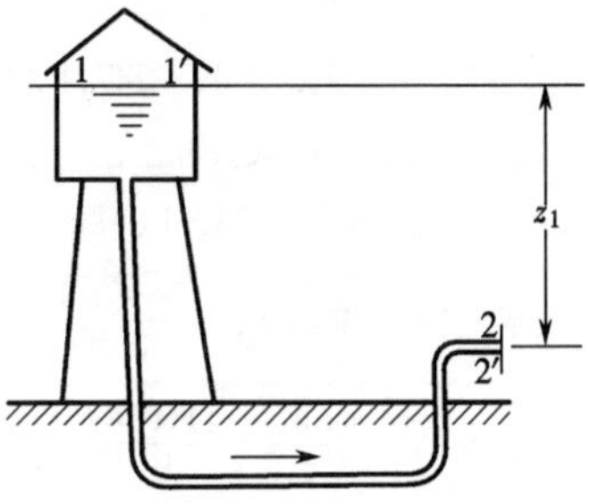

例 1-13 附图

$$gz_1+\frac{u_1^2}{2}+\frac{p_1}{\rho}=gz_2+\frac{u_2^2}{2}+\frac{p_2}{\rho}+\Sigma h_f$$

其中 z_1 = 待求值

$u_1\approx0$(因水塔截面积很大,水在其中流速很小,与在管道中的流速相比可以认为 $u_1\approx0$)

$p_1=0$(表压)(因水塔与大气相通)

$z_2=0$

$u_2=2.9$ m/s

$p_2=0$(表压)

$\Sigma h_f=143$ J/kg

所以 $9.81z_1+0+0=0+\frac{2.9^2}{2}+0+143$

解得 $z_1=15$ m

即水塔内的液面应高于排水管出口中心线 15 m 才能保证水在管道中流速为 2.9 m/s。

应指出:本题的总能量损失是指从水塔液面至管出口内侧的,故截面 2—2′应取在管出口内侧,两者才一致,相应的速度 u_2 为 2.9 m/s。若总能量损失包括流体由管子流至管外的出口损失,此时截面 2—2′应选在管出口外侧,因出口外侧为空间,其截面很大,故此时 $u_2\approx0$。

(三)确定输送机械功率

［例 1-14］ 如本题附图所示,冷冻盐水用泵 1 输送至冷却器 2,在其中放出热量后温度下降,然后送至物品贮存柜(图中没有画出),从物品中吸收热量后温度又上升,再返回泵的入口处作循环流动。盐水循环量为 36 m³/h、密度为 1 100 kg/m³。在泵的出口及冷却器的出口分别装有压强表 A 及 B。沿流动方向由 A 处至 B 处的摩擦阻力为 98.1 J/kg,由 B 处至 A 处的摩擦阻力为 49 J/kg。泵的效率为 0.75,求泵的轴功率。

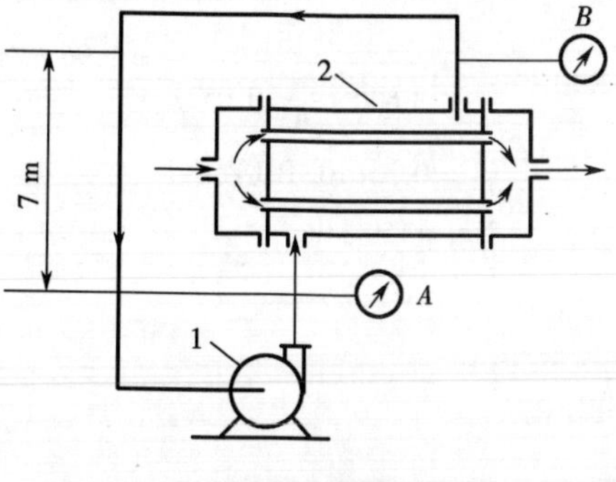

例 1-14 附图

1—泵 2—冷却器

解:在循环管路中应用伯努利方程式时,可以任选某截面为 1—1′面,并兼作 2—2′面,即流体由 1—1′面出发经过一个循环达到 2—2′面。在该两面间列伯努利方程式,得:

$$gz_1+\frac{p_1}{\rho}+\frac{u_1^2}{2}+W_e=gz_2+\frac{p_2}{\rho}+\frac{u_2^2}{2}+\sum h_{f,1\text{-}2}$$

因 1—1′面与 2—2′面重合，故：

$$z_1=z_2$$

$$p_1=p_2$$

$$u_1=u_2$$

而 $\sum h_{f,1\text{-}2}=h_{f,A\text{-}B}+h_{f,B\text{-}A}$

$$=98.1+49=147.1\ \text{J/kg}$$

将以上值代入伯努利式，得：

$$W_e=\sum h_{f,1\text{-}2}=147.1\ \text{J/kg}$$

盐水的质量流量 $w_s=\frac{36\times 1\,100}{3\,600}=11\ \text{kg/s}$

轴功率 $N=\frac{w_sW_e}{\eta}=\frac{11\times 147.1}{0.75}=2\,157\ \text{W}\approx 2.16\ \text{kW}$

［例 1-15］ 某化工厂的开口贮槽内盛有密度为 1 100 kg/m³ 的溶液，用泵将溶液从贮槽输送至常压吸收塔 1 的顶部，经喷头 2 喷到塔内以吸收某种气体，如附图所示（图中没有画出气体流动路线）。已知输送管与喷头连接处的表压强为 0.3×10^5 Pa，连接处高于贮槽内液面 20 m。输送管的尺寸为 $\phi 57\times 2.5$ mm，送液量为 15 m³/h。已测得溶液流经管路的能量损失为 150 J/kg（不包括流经喷头的能量损失）。泵的效率为 0.7，求泵的轴功率。贮槽液面维持恒定。

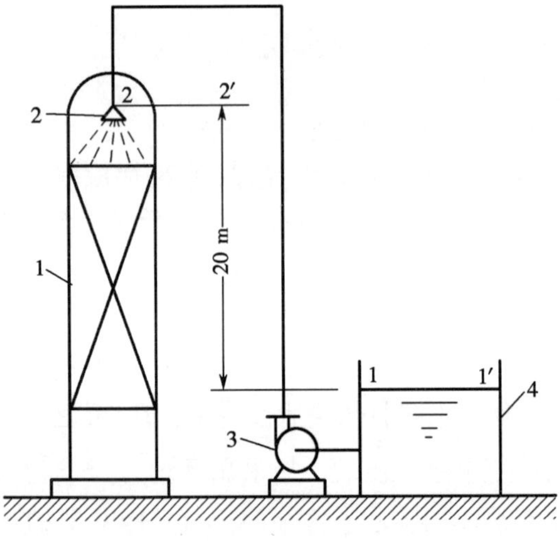

例 1-15 附图

1—吸收塔 2—喷头 3—泵 4—开口贮槽

解：贮槽液面维持恒定，故本题属于定态流动。

取 1—1′面（贮槽的液面）为基准面，在 1—1′与 2—2′面（管道与喷头连接处）间列伯努利方程，即：

$$gz_1+\frac{u_1^2}{2}+\frac{p_1}{\rho}+W_e=gz_2+\frac{u_2^2}{2}+\frac{p_2}{\rho}+\sum h_f$$

其中 $z_1=0$

$u_1\approx 0$

$p_1=0$（表压）

$W_e=$ 待求值

$z_2=20$ m

$$u_2=\frac{15}{3\,600\times\frac{\pi}{4}(0.052)^2}=1.96\ \text{m/s}$$

$p_2=0.3\times 10^5$ Pa（表压）

$\sum h_f=150$ J/kg

所以 $0+0+0+W_e=9.81\times 20+\frac{1.96^2}{2}+\frac{0.3\times 10^5}{1\,100}+150$

解得 $W_e=375.4$ J/kg

根据式（1-28）及式（1-29）知

$$N=\frac{N_e}{\eta}=\frac{W_ew_s}{\eta}$$

其中溶液的质量流量为：

$$w_s = \frac{15 \times 1\ 100}{3\ 600} = 4.58\ \mathrm{kg/s}$$

所以 $$N = \frac{375.4 \times 4.58}{0.7} = 2\ 456\ \mathrm{W} \approx 2.5\ \mathrm{kW}$$

本题2—2′截面选在管子与喷头连接处的原因是该截面处已知数最多。如:①连接处压强为已知值;②连接处与贮槽液面间的垂直距离为已知值;③贮槽液面至连接处的能量损失为已知值。

[例 1-16] 例 1-14 中全系统的管子内径相同,两测压口间的垂直距离为 7 m。压强表 A 上的读数为 244×10^3 Pa,求压强表 B 上的读数。

解:在两测压口 $A—A'$ 及 $B—B'$ 面间列伯努利方程式,以过 $A—A'$ 面测压口中心线为基准水平面,得:

$$gz_A + \frac{p_A}{\rho} + \frac{u_A^2}{2} = gz_B + \frac{p_B}{\rho} + \frac{u_B^2}{2} + \Sigma h_{f,A\text{-}B}$$

其中 $z_A = 0$

$z_B = 7$ m

$p_A = 244 \times 10^3$ Pa(表压)

p_B = 待求值

$u_A = u_B$(因是不可压缩流体,且 $d_A = d_B$)

$\Sigma h_{f,A\text{-}B} = 98.1$ J/kg

代入伯努利方程式,得:

$$\frac{244 \times 10^3}{1\ 100} = 9.81 \times 7 + \frac{p_B}{1\ 100} + 98.1$$

解得 $p_B = 60.6 \times 10^3$ Pa(表压)

[例 1-17] 水在本题附图所示的玻璃虹吸管内作定态流动,各段管路的直径均相等,水流经玻璃管路的能量损失可以略去不计。试计算管内截面 2—2′(管子进口内侧)、3—3′、4—4′及 5—5′上的压强。大气压强为 $1.013\ 3 \times 10^5$ Pa。图中所标尺寸均为 mm。

解:由图知 1—1′、3—3′及 5—5′面为等高截面。

例 1-17 附图

为计算管内各截面的压强,应首先计算管内的流速。在贮槽水面 1—1′及管子出口内侧 6—6′面间列伯努利方程式,并以截面 6—6′为基准面。由于管路的能量损失可以忽略,即 $\Sigma h_f = 0$,故伯努利方程式可以写成:

$$gz_1 + \frac{u_1^2}{2} + \frac{p_1}{\rho} = gz_6 + \frac{u_6^2}{2} + \frac{p_6}{\rho}$$

其中 $z_1 = 1$ m

$z_6 = 0$

$p_1 = 0$(表压)

$p_6 = 0$(表压)

$u_1 \approx 0$

u_6 = 待求值

所以 $$9.81 \times 1 + 0 + 0 + 0 = 0 + \frac{u_6^2}{2} + 0$$

解得 $u_6 = 4.43$ m/s

由于管路直径没有变化,故管路各段的截面积相等,且水为不可压缩流体,根据连续方程式(1-17e)知,流体在各段管道内的流速相等,即:

$$u_2 = u_3 = u_4 = u_5 = u_6 = 4.43\ \mathrm{m/s}$$

因流动系统中的能量损失可以略去不计,在此条件下的水可视为理想液体,故系统内各截面上流体的总机械能 E 相等,即:

$$E = gz + \frac{u^2}{2} + \frac{p}{\rho} = 常数 \tag{1}$$

可以用系统内任意截面上的数值计算总机械能 E,但根据本题条件,以计算贮槽水面 1—1′上的总机械能 E 最为方便。现取 2—2′面(管口内侧)为基准面,则上式中 $z_1 = 3\ \text{m}$、$p_1 = 101\ 330\ \text{Pa}$、$u_1 \approx 0$,所以总机械能为:

$$E = 9.81 \times 3 + 0 + \frac{101\ 330}{1\ 000} = 130.8\ \text{J/kg}$$

计算各截面的压强时,仍应取截面 2—2′(管口内侧)为基准水平面,则 $z_2 = 0$、$z_3 = 3\ \text{m}$、$z_4 = 3.5\ \text{m}$、$z_5 = 3\ \text{m}$。

根据式(1)可算出各截面上的压强为:

(1)截面 2—2′的压强

$$p_2 = \left(E - \frac{u_2^2}{2} - gz_2\right)\rho = \left(130.8 - \frac{4.43^2}{2} - 9.81 \times 0\right) \times 1\ 000 = 120\ 990\ \text{Pa}$$

(2)截面 3—3′的压强

$$p_3 = \left(E - \frac{u_3^2}{2} - gz_3\right)\rho = \left(130.8 - \frac{4.43^2}{2} - 9.81 \times 3\right) \times 1\ 000 = 91\ 560\ \text{Pa}$$

(3)截面 4—4′的压强

$$p_4 = \left(E - \frac{u_4^2}{2} - gz_4\right)\rho = \left(130.8 - \frac{4.43^2}{2} - 9.81 \times 3.5\right) \times 1\ 000 \approx 86\ 660\ \text{Pa}$$

(4)截面 5—5′的压强

$$p_5 = \left(E - \frac{u_5^2}{2} - gz_5\right)\rho = \left(130.8 - \frac{4.43^2}{2} - 9.81 \times 3\right) \times 1\ 000 = 91\ 560\ \text{Pa}$$

从以上计算结果可以看出:$p_2 > p_3 > p_4$,而 $p_4 < p_5 < p_6$,这是由于流体在管内流动时位能与静压能反复转换的结果。

第 3 节　流体在管内流动时的摩擦阻力

前面说明伯努利方程式应用的例题中都回避了摩擦阻力(即能量损失或流动阻力)。在这些例题中或是将流体当做理想的来处理,使 Σh_f 为零;或是在例题中给出能量损失的数值。实际上,流体流动时产生的摩擦阻力是不可忽略的,它与流动时流体内部的结构有关,是一个涉及面较广的问题。

1.3.1　产生流动阻力的原因——内摩擦

为了更好地了解流动阻力的来源及其性质,可以先用两个固体间的相对运动来说明。设于圆管内放一根直径与管内径十分接近的圆木杆,在杆的一端施以一定的推力来克服杆的表面与管子壁面间的摩擦力,木杆才能在管内通过,这种摩擦力就是两个固体壁面间发生相对运动时出现的阻力。又如,水在圆管内流过时也有类似现象,但也有不同之处,木杆是作为一个不可分割的整体向前滑动,杆内部各点的速度都相同,摩擦阻力作用于木杆的外周与管内壁接触的表面上。水在管内流过时,由实测知任一截面上各点水流速度并不相同,管子中心速度最大，越接近管壁速度就越小，在贴近管壁处速度为零。所以，流体在管内流动时，实际上被分割成无数极薄的一层套着一层的“流筒”，各层以不同速度向前流动，如图1-14所示。速度快的“流筒”对慢的起带动作用，而速度慢的“流筒”对快的起拉曳作用，“流筒”间的相互作用形成了流动阻力。因为它发生在流体内部，故称为内摩擦力。内摩擦力是流体黏性的表现，所以又称为黏滞力或黏性摩擦力。由于流体流动时要克服这种内摩擦力，从而消耗一部分机械能并转为热能而损失。

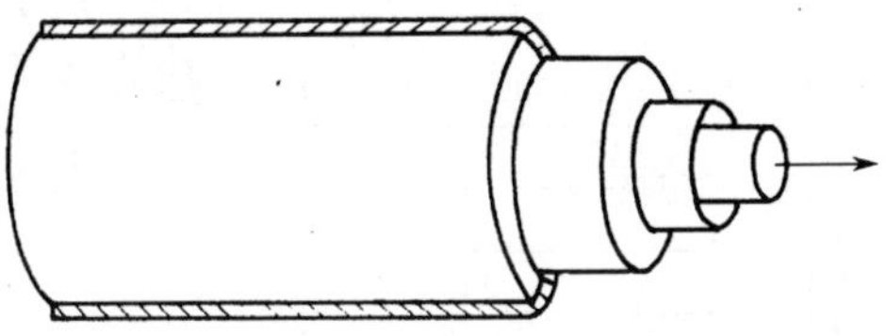

图 1-14　流体在管内分层流动示意图

1.3.2　牛顿黏性定律与流体的黏度

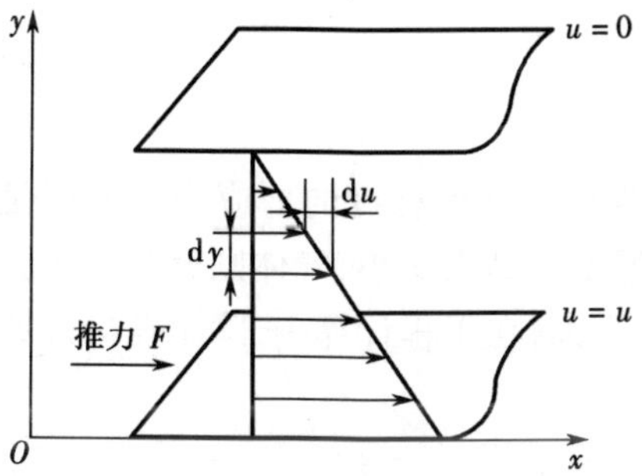

图 1-15　平板间液体速度变化图

黏性是流动性的反面，衡量黏性大小的物理量是黏度。设想有两块面积很大、相距很近的平板，中间夹着某种液体，如图1-15所示。若令上面平板固定，以恒定的力 F 推动下板，使它以速度 u 向 x 方向运动，此时两板间的液体也分为无数薄层向 x 方向运动，附在下层板表面的一薄层液体以同样速度 u 随下板运动，其上各层液体的速度依次减慢，到上层板底面时速度降为零。

实际上图中作用力 F 相当于内摩擦力，又称剪力，单位接触面上的剪力称为剪应力。实验证明，作用力 F 与两层板间的速度差 Δu 及表面积 S 成正比，与两板间的垂直距离 Δy 成反比，即：

$$F \propto \frac{\Delta u}{\Delta y} S$$

式中　F——剪力，N；

u——速度，m/s；

y——垂直距离，m；

S——接触面积，m^2。

写成数学表达式：

$$F = \mu \frac{\Delta u}{\Delta y} S \tag{1-30}$$

或

$$\tau = \frac{F}{S} = \mu \frac{\Delta u}{\Delta y} \tag{1-31}$$

式中　τ——剪应力，Pa；

μ——比例系数。

比例系数 μ 随流体性质而异，流体黏性越大，μ 值就越大，所以 μ 又称为流体的绝对黏度，简称黏度。

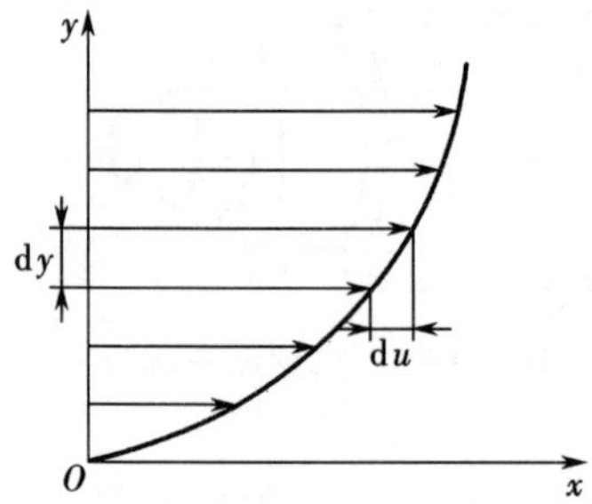

图 1-16　一般速度分布示意图

式 1-30 或式 1-31 只适用于如图 1-15 所示的 u 与 y 成直线关系的场合，当流体在管内流动时的速度分布如图 1-16 所示的曲线关系时，则式 1-31 应改写成：

$$\tau = \mu \frac{du}{dy} \tag{1-31a}$$

式中 du/dy 称为速度梯度，即在与流动方向垂直的 y 方向上流体速度的变化率。

式 1-31 及式 1-31a 均称为牛顿黏性定律，说明流体黏度越大，流动时产生一定速度梯度的剪应力就越大。

凡是服从牛顿黏性定律的流体均称为牛顿型流体，所有的气体和大多数液体都属于牛顿型流体。凡不服从牛顿黏性定律的流体均称为非牛顿型流体，例如某些高分子溶液、胶体溶液、油漆以及泥浆状液体都属于这一类。本教材只限介绍牛顿型流体。

将式 1-31a 改为：

$$\mu = \frac{\tau}{\frac{du}{dy}} \tag{1-32}$$

由上式看出，黏度的物理意义是促使流体流动产生单位速度梯度的剪应力。黏度是流体的物理性质之一，其值由实验测定。液体的黏度随温度升高而减小，气体则反之。压强变化时，液体的黏度基本不变，气体的黏度随压强的变化不大，在工程计算中，除了在极高或极低的压强下，都不考虑压强对黏度的影响。

法定单位制中黏度的单位为：

$$[\mu] = \frac{\tau}{\frac{du}{dy}} = \frac{\text{Pa}}{\frac{\text{m/s}}{\text{m}}} = \text{Pa·s}$$

而 Pa·s 可以进一步分解为 kg/(m·s)。

某些常遇到的流体黏度可以从物理化学手册或有关资料中查得，本教材附录十四和十五分别列出液体和气体的黏度随温度变化的共线图。手册中查得的黏度有时用法定单位制度以外的单位表示，例如常用 cP(厘泊)表示黏度，1 cP = 0.01 P(泊)。

P 是黏度在 cgs 制中的导出单位，根据式 1-32 可以写出：

$$[\mu] = \frac{\tau}{\frac{du}{dy}} = \frac{\text{dyn/cm}^2}{\frac{\text{cm/s}}{\text{cm}}} = \frac{\text{dyn·s}}{\text{cm}^2} = \frac{\text{g(cm/s}^2\text{)s}}{\text{cm}^2} = \frac{\text{g}}{\text{cm·s}} = \text{P(泊)}$$

因 P 的单位比较大，用 P 表示黏度时数值就很小，所以在 cgs 制中常用 cP 作为黏度的单位。cP、P 与 Pa·s 的关系为：

$$1\ \text{cP} = 1 \times 10^{-2}\text{P} = 1 \times 10^{-3}\ \text{Pa·s}$$

也有时用运动黏度 ν 来衡量流体的黏性，它与 μ 的关系为：

$$\nu = \frac{\mu}{\rho} \tag{1-33}$$

式中　ν——运动黏度，m^2/s；

ρ——密度，kg/m^3。

法定单位制中运动黏度的单位为 m^2/s。cgs 制中运动黏度的单位为 cm^2/s，称为斯托克斯，简称斯，以 St 表示，1St = 100 cSt(厘斯) = $1\times10^{-4}\ m^2/s$。

工业上遇到的多半是混合流体，它们的黏度可以通过近似计算求得。

一、组分互溶的混合液体

互溶混合液体的黏度计算式为：

$$\mu_m^{1/3}=\sum_{i=1}^{n}x_i\mu_i^{1/3} \tag{1-34}$$

式中 μ_m——混合液体的黏度，Pa·s；

x_i——组分 i 的摩尔分数；

μ_i——在液体混合物的温度下，纯组分 i 的黏度，Pa·s。

式 1-34 适用于非电解质、非缔合性液体的互溶混合液体。

二、混合气体

常压下混合气体的平均黏度计算式为：

$$\mu_m=\frac{\sum_{i=1}^{n}y_i\mu_iM_i^{1/2}}{\sum_{i=1}^{n}y_iM_i^{1/2}} \tag{1-35}$$

式中 μ_m——常温下混合气体的平均黏度，Pa·s；

y_i——纯组分 i 的摩尔分数；

μ_i——在混合气体的温度下纯组分 i 的黏度，Pa·s；

M_i——组分 i 的摩尔质量，kg/kmol。

最后应指出，在推导伯努利方程式时曾假设有一种理想流体，它在流动时没有摩擦阻力，换言之就是这种流体的黏度为零。实际上自然界中没有黏度为零的流体，但为了简化所分析的问题，先按理想流体来考虑，得出结果后加以修正再应用于实际流体，这对解决工程上流体流动中各项问题起了巨大作用。

[例 1-18] 苯和甲苯混合液中含苯的质量分数为 0.30，试求 20 ℃时该混合液的黏度。

解：从附录四查出 20 ℃时，苯和甲苯的黏度分别为 $\mu_1=0.737$ mPa·s 及 $\mu_2=0.675$ mPa·s(下标 1 表示苯、下标 2 表示甲苯)。苯和甲苯的摩尔质量分别为 $M_1=78$ kg/kmol 及 $M_2=92$ kg/kmol。

先将组分的质量分数换算为摩尔分数：

$$x_1=\frac{a_1/M_1}{\frac{a_1}{M_1}+\frac{a_2}{M_2}}=\frac{0.30/78}{0.30/78+0.70/92}=0.335\ 8$$

$$x_2=1-x_1=1-0.335\ 8=0.664\ 2$$

用式 1-34 求混合液的黏度 μ_m：

$$\mu_m^{1/3}=\sum_{i=1}^{2}x_i\mu_i^{1/3}=x_1\mu_1^{1/3}+x_2\mu_2^{1/3}$$

$$=0.335\ 8(0.737\times10^{-3})^{1/3}+0.664\ 2(0.675\times10^{-3})^{1/3}=0.088\ 62$$

$$\mu_m=0.696\times10^{-3}\ \text{Pa·s}$$

[例 1-19] 空气的组成为 $\varphi(O_2)=0.21$，$\varphi(N_2)=0.78$ 及 $\varphi(Ar)=0.01$，试利用本教材附录三中 O_2、N_2 及 Ar 的黏度数据，计算常压下 20 ℃时空气的黏度，并将计算结果与直接从

附录三查出的空气黏度相比较，然后再从基本单位开始将黏度单位换成 cP。

解：常压下空气可视为理想气体，故各组分的体积分数等于摩尔分数，O_2、N_2 及 Ar 的摩尔质量分别为 32、28 及 39.9，单位均为 kg/kmol。从附录三查得常压下 20 ℃时各组分的黏度为：

O_2　2.03×10^{-5} Pa·s

N_2　1.7×10^{-5} Pa·s

Ar　2.09×10^{-5} Pa·s

利用式 1-35 计算空气的黏度，即：

$$\mu_m=\frac{\sum_{i=1}^{n}y_i\mu_iM_i^{\frac{1}{2}}}{\sum_{i=1}^{n}y_iM_i^{\frac{1}{2}}}$$

$$=\frac{0.21\times2.03\times10^{-5}\times32^{\frac{1}{2}}+0.78\times1.7\times10^{-5}\times28^{\frac{1}{2}}+0.01\times2.09\times10^{-5}\times39.9^{\frac{1}{2}}}{0.21\times32^{\frac{1}{2}}+0.78\times28^{\frac{1}{2}}+0.01\times39.9^{\frac{1}{2}}}$$

$$=1.78\times10^{-5}\,\text{Pa·s}$$

由附录三直接查出常压下空气的黏度为 1.73×10^{-5}Pa·s，与计算结果基本相符。

Pa·s 及 cP 都是导出单位，前面已介绍了组成 Pa·s 及 P 的基本单位分别为：

$$\text{Pa·s}=\frac{\text{kg}}{\text{m·s}}$$

$$\text{P}=\frac{\text{g}}{\text{cm·s}}$$

所以　$1.78\times10^{-5}\ \text{Pa·s}=1.78\times10^{-5}\frac{\text{kg}}{\text{m·s}}=1.78\times10^{-5}\frac{\text{kg}}{\text{m·s}}\times\frac{1\ 000\ \text{g}}{\text{kg}}\times\frac{\text{m}}{100\ \text{cm}}$

$$=1.78\times10^{-4}\frac{\text{g}}{\text{cm·s}}=1.78\times10^{-4}\text{P}=0.017\ 8\ \text{cP}$$

1.3.3　流动类型与雷诺数

前面只就黏度一个方面讨论流体流动的情况，下面将讨论影响流体流动的其他因素。

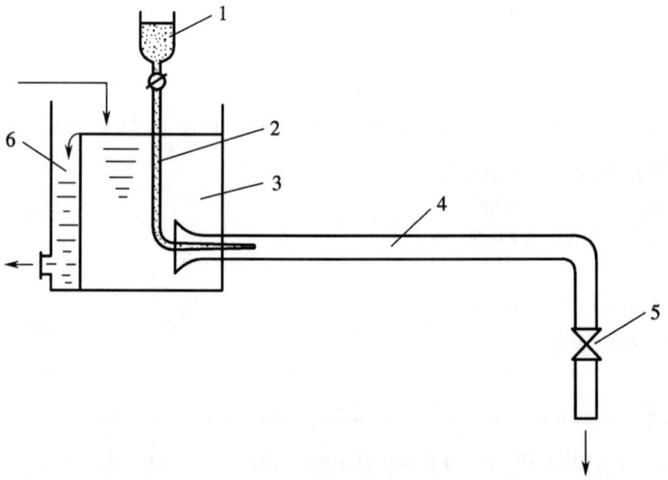

图 1-17　雷诺实验装置

1—小瓶　2—细管　3—水箱　4—水平玻璃管　5—阀门　6—溢流装置

为了直接观察流体流动时的内部特性以及各种因素的影响，可安排如图 1-17 所示的实验。在水箱 3 的底部接一段直径不变的水平玻璃管 4，管出口处装有调节流量的阀门 5，玻璃管的另一端的中心处有细管 2 插入，其上端与盛有带色液体的小瓶 1 相连。实验时采用溢流装置 6 维持箱内液面恒定，水流经玻璃管的同时也将有色液体通入玻璃管的中心位置上。实验观察到：当水在玻璃管内流速不大时，有色液体呈直线在整个管子中心线位置上流过，与水不相混淆，如图 1-18(a)所示。这种现象表明，玻璃管内水的质点彼此作平行于管中心线的直线运动。若将水的速度逐渐提高，有色液体由直线运动慢慢变成波浪运动，当水的流速达到某一数值后，有色液体的细线完全消失，与水混为一体，如图 1-18(b)所示。这种现象说明水的质点彼此不再成平行的直线运动，而是向流动总方向流动的同时作不规则的杂乱流动，且彼此相互撞碰并相互混合，质点的流速大小与方向随时发生变化。

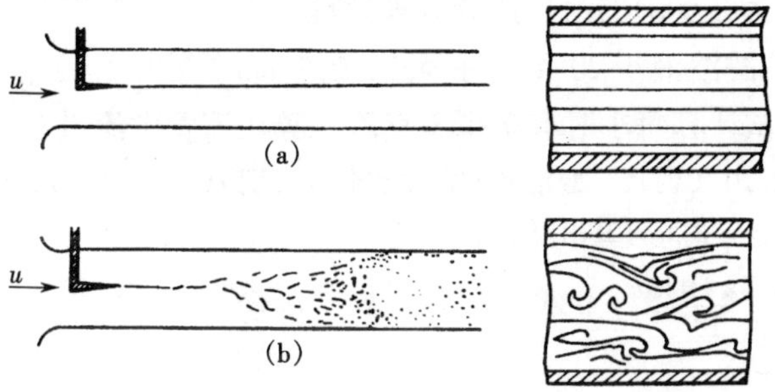

图 1-18　两种流动类型

(a)层流(滞流)　(b)湍流(紊流)

上面的实验是著名的雷诺实验，它揭示了流体流动时存在两种截然不同的流型。图 1-18(a)的流型称为层流或滞流，(b)的流型称为湍流或紊流。

进一步实验发现，除了流速 u 影响运动情况外，管子直径 d、流体的黏度 μ 和密度 ρ 也都对质点流动情况有影响。通过对实验数据的整理，归纳出以下的结论：若将这 4 个物理量组成 $du\rho/\mu$ 的形式，则可以用它的数值大小来判断流体流动类型。$du\rho/\mu$ 称为雷诺数，用符号 Re 表示。

Re 数的量纲为：

$$[Re] = \left[\frac{du\rho}{\mu}\right] = \frac{L(L/\theta)(M/L^3)}{M/(L\theta)} = L^0 M^0 \theta^0$$

上式中 L、θ、M 分别为长度、时间和质量的因次。由此看出：雷诺数是量纲为 1 数群，俗称无单位。计算时各物理量单位必须采用一致单位，不管采用什么单位制度，计算结果都是相同的。

凡是由若干个有内在联系的物理量按量纲为 1 组合起来的数群，统称为准数或量纲为 1 数群。这种组合不是任意拼凑出来的，一般都是在大量实验数据的基础上，对影响某些现象或过程的因素有了一定认识之后，再用物理分析或数学推演或二者相结合的方法归纳出来的。无因次数群既反映所包括的物理量间的内在关系，并能揭示所研究的现象或过程的本质，故每个准数都具有一定的物理意义。如将 Re 数改写为：

$$Re=\frac{du\rho}{\mu}\cdot\frac{u}{u}=\frac{\rho u^2}{\frac{\mu u}{d}}$$

ρu 代表单位时间通过单位截面的流体质量，则上式中的分子 ρu^2 表示单位时间通过单位截面积流体的动量，它与单位截面积上的惯性力成正比。u/d 反映流体内部速度梯度，将上式中分母 $\mu u/d$ 与式 1-31 相比较，可以分析出 $\mu u/d$ 与流体内部的黏滞力成正比。所以 Re 数为惯性力与黏性力之比。

流体流动的类型可以用 Re 数的数值大小来判断。根据实验知道，若流体在圆形直管中流过，当 $Re\leqslant 2\,000$ 时，流动总是滞流(即层流)；当 $Re\geqslant 4\,000$ 时，流动属于湍流(即紊流)；当 $Re=2\,000\sim4\,000$ 时，流型可能是层流也可能是湍流。受外界条件所影响，如流动方向改变、管径突然变大或缩小、外界轻微的振动等都易促使湍流的发生。在生产操作中，常将 $Re>2\,000$(有的资料中为 3 000)的情况按湍流来处理。

［例 1-20］ 乙二醇溶液于 20 ℃下在 $\phi 57\times2.5$ mm 的管中作定态、等温流动，已测知该条件下 $Re=1\,300$。试计算每小时有多少千克乙二醇在该管中流过？

解：从附录四中查出 20 ℃时乙二醇溶液的密度和黏度分别为：$\rho=1\,113$ kg/m^3 及 $\mu=23\times10^{-3}$ Pa·s。将各物理量代入雷诺数定义式即可算出流量：

$$Re=\frac{du\rho}{\mu}=\frac{0.052\times1\,113u}{23\times10^{-3}}=1\,300$$

解得 $u=0.516\,6$ m/s

$$w=\frac{\pi}{4}d^2u\rho\times3\,600=3\,600\times\frac{\pi}{4}(0.052)^2\times0.516\,6\times1\,113=4\,394\ \text{kg/h}$$

［例 1-21］ 每小时有 36 m^3 的空气于 2.2×10^5 Pa(绝对压强)、30 ℃的条件下进入 $\phi180\times5$(mm)的水平管道内，空气在管道内的流动可按等温流动处理，试求流动类型。

解：根据雷诺数的数值来判断流型。

本题虽为等温流动，但压强改变，而气体为可压缩流体，同一直径管道各截面上流速 u 及密度 ρ 均不是常数。在这种情况下，可利用 $G=u\rho$(式 1-15)的关系将 Re 数群变换一下，即：

$$Re=\frac{du\rho}{\mu}=\frac{dG}{\mu}$$

质量速度 G 是单位时间内通过管道单位截面积上流体的质量，可压缩流体在等径管道中流动时 G 也为定值。本题进口状态为已知，故可根据进口状态用上式计算 Re 值。这里应指出：计算 G 时，u 与 ρ 应取同一管道截面的数值。

忽略压强对气体黏度的影响，从附录三和附录六分别查出：

标准状况下 $\rho_0=1.293$ kg/cm^3

进口状态(30 ℃)下 $\mu=1.86\times10^{-5}$ Pa·s

进口状态下的密度 $\rho=1.293\times\frac{2.2\times10^5}{1.013\,3\times10^5}\times\frac{273}{273+30}=2.53$ kg/m^3

质量速度 $G=\frac{36\times2.53}{3\,600\times\frac{\pi}{4}(0.17)^2}=1.115$ kg/(m^2·s)

$$Re=\frac{dG}{\mu}=\frac{0.17\times1.115}{1.86\times10^{-5}}\approx10\,190$$

所以流动类型属于湍流。

一般气体流动的流型多为湍流。

1.3.4 层流和湍流的比较

一、流体质点运动的方式

层流与湍流的根本区别在于内部质点运动情况各异。层流时，流体质点作平行于管轴的直线运动，各质点互不干扰。湍流时，流体质点作不规则的杂乱运动、迁移和碰撞，沿管轴向前运动的同时还有附加的脉动运动。质点相互碰撞后产生大量的漩涡，由此而产生的阻力要比由黏性产生的阻力大得多。应指出：湍流时质点运动方向和速度随时改变，因此湍流实质上是非定态流动，但实验发现管截面上任一点速度和压强等总是在一个“平均值”上下变动，这个平均值称为时均值，而时均值不随时间变化，因此仍然将湍流看做是定态流动，以简化湍流的计算。

二、流体在圆管内的速度分布

无论是层流还是湍流，流体在管内流过时各截面上任意点的速度随该点与管中心的距离而变化，这种变化关系称为速度分布。一般在固体壁面处质点速度为零，向管中心逐渐加大，到管中心处速度最大。因层流流动时，流体层之间的剪应力服从牛顿黏性定律，根据这个定律可从理论上推导出层流时速度沿管径按抛物线规律而变化，如图 1-19(a)所示。质点在径向上任意点的速度称为局部速度。前已述及，将流体体积流量除以管子截面得到的速度称为平均速度。层流时平均速度与管中心最大速度之比 u/u_{max} 等于 0.5。湍流时质点运动情况非常复杂，目前尚不能完全由理论推出速度分布规律，实验测得的湍流速度分布曲线如图 1-19(b)所示。由于质点作强烈的漩涡运动，速度分布曲线在管中心部分较平坦，Re 数越大，平坦范围越宽，但靠近管壁处速度仍然为零，所以速度分布曲线在靠近管壁处很陡。u/u_{max} 值随 Re 或 Re_{max} 值而变，如图 1-20 所示。图 1-20 的坐标称为半对数坐标，y 轴与普通直角坐标的无异，按等分划分，x 轴按对数划分，但图上仍标以真数，这样可使横坐标 Re_{max} 的范围加大，以便使用。因湍动时在管壁处速度为零，故离管壁很近一薄层的流体运动必然是层流，这层流体称为层流内层或滞流内层，它的厚度随 Re 值加大而减薄，自该层向管中心推移速度逐渐增大，出现了介于层流和湍流间的过渡流，称为过渡层或缓冲层，再向管中心移动才是湍流主体。

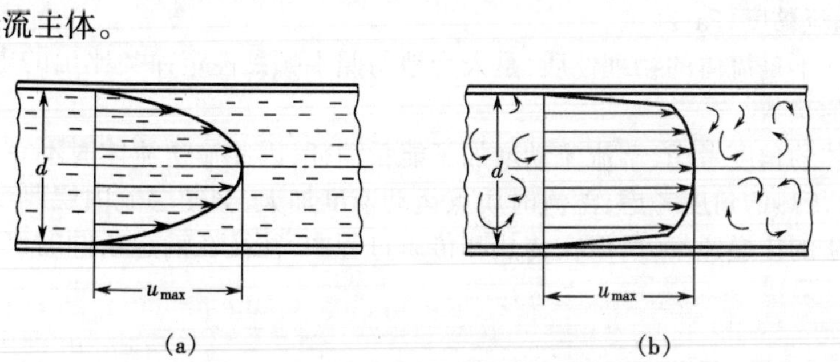

图 1-19 圆管内速度的分布

(a)层流 (b)湍流

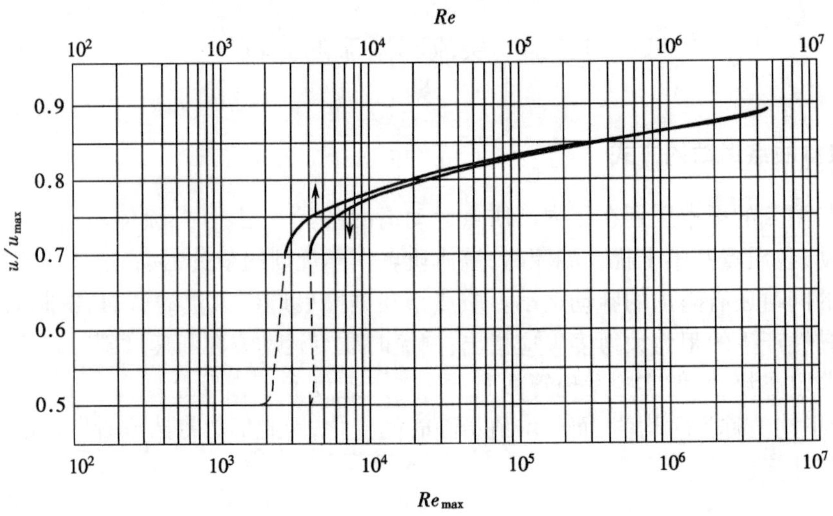

图 1-20 u/u_{max}分别与 Re_{max}及 Re 的关系

图中 Re_{max}——按管中心最大速度 u_{max}计算的雷诺数；

Re——按平均速度计算的雷诺数。

三、流体的摩擦阻力

层流时流动阻力是来自流体本身黏性而引起的内摩擦力。对于牛顿型流体，内摩擦力的大小由前述的牛顿定律确定，即：

$$\tau = \mu \frac{du}{dy} \tag{1-31a}$$

湍流时流动阻力除来自内摩擦力外，还由于质点相互碰冲产生大量漩涡，沿管轴向前运动的同时还有附加的脉动运动，结果使流动阻力加大。所以湍流时的总摩擦力应为内摩擦力与附加应力之和，而且后者大于前者。湍流时总摩擦力不服从牛顿定律，但可仿照式1-31a 写出类似的关系式：

$$\tau_e = (\mu + e)\frac{du}{dy} \tag{1-36}$$

式中 τ_e——湍流时的总摩擦应力，Pa；

e——涡流黏度，Pa·s。

涡流黏度 e 不是流体的物理性质，是人为地仿照牛顿黏性定律类比出的虚拟物理量，是说明湍流程度的系数。

从输送流体的角度考虑，湍流流动增加了能量消耗，因此输送流体时不宜采用太高的流速。但从传质、传热的角度考虑，湍流时质点运动速度加大，会使层流内层厚度减薄，有利于加大传热和传质的传递速率，所以在传热和传质过程中，往往在输送条件的许可下尽可能提高流体的速度。

1.3.5 流体在圆形直管内流动时的摩擦阻力

流体在圆形直管内流动时的摩擦阻力分为直管阻力和局部阻力两种。直管阻力又称沿程阻力，以 h_f 表示。局部阻力是流体流经管路中的管件（如弯头、管接头等）、阀门、截面突然扩大或缩小等局部部位而引起的阻力。局部阻力又称形体阻力，以 h'_f 表示。所以流体在圆管内流动时的总阻力为：

$$\Sigma h_f = h_f + h'_f \tag{1-37}$$

习惯上常用压强降 $\triangle p_f$ 表示流动阻力，即：

$$h_f = \frac{\triangle p_f}{\rho} \tag{1-38}$$

式中 $\triangle p_f$(Pa)为克服摩擦阻力而引起的压强降，换言之，是将摩擦阻力换算成压强降的形式来表示。

式 1-38 中，"△"不代表数学上的增量，只是一个符号。$\triangle p_f$ 与伯努利方程式中的 Δp 是两个不同的概念。只有当液体在一段无外功加入、直径不变的水平管中流过时，可以推导出在这段管路中因克服流动阻力而引起的压强降 $\triangle p_f$ 正好与这段管子流动开始与终了截面间的压强差 Δp 的绝对值相等，但两者概念仍然不同。

一、直管摩擦阻力

式 1-31a 与式 1-36 分别为求层流和湍流时的摩擦应力的公式，由于剪应力难于求算，故以此二式为基础来寻求便于计算摩擦阻力的式子。

设想某流体在图 1-21 所示的水平管内 1—1′与 2—2′截面间流过，这时有两个相抗衡着的力。一是推动流体向前流动的推动力 $P_1 - P_2$，它的方向与流动方向一致，大小为：

$$P_1 - P_2 = \frac{\pi}{4} d^2 (p_1 - p_2)$$

另一个是因流动而引起的摩擦阻力 F，它阻止流体向前运动，故方向与流体流动的方向相反，其大小为：

$$F = \pi \tau d\, l$$

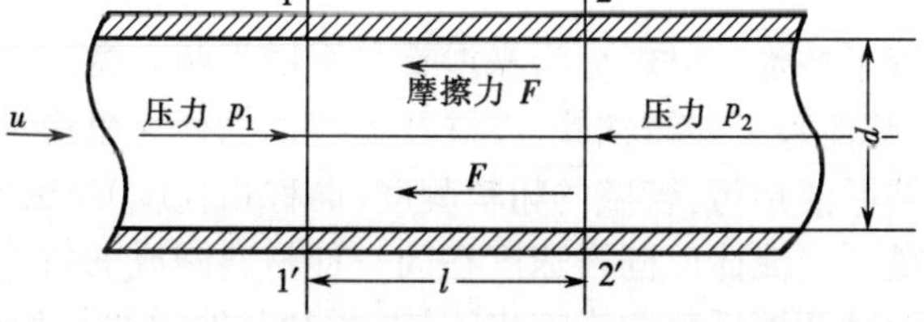

图 1-21　摩擦力与推动力相抗衡的情况

根据牛顿第二定律，只有当作用于管内流体的推动力与摩擦阻力大小相等、方向相反时，流体才能以匀速向前运动，即：

$$\frac{\pi}{4} d^2 (p_1 - p_2) = \tau \pi d\, l$$

或

$$p_1 - p_2 = \frac{4 l \tau}{d} \tag{1-39}$$

再在图 1-21 的 1—1′与 2—2′面间列伯努利方程式，以管子中心线为基准面，即：

$$g\Delta z + \frac{\Delta p}{\rho} + \frac{\Delta u^2}{2} + h_f = 0$$

将 1—1′及 2—2′面间的条件代入上式，并整理得：

$$p_1 - p_2 = \rho h_f$$

将上式代入式 1-39,并整理得:

$$h_f = \frac{4l\tau}{\rho d} \tag{1-40}$$

上式虽为直管内摩擦阻力的式子,但其中还含有难于求算的摩擦应力 τ,故应进一步设法将 τ 从式中消去。由实践经验知,在流体物理性质、管径、管长及管壁粗糙度不变的情况下,摩擦阻力只与流体的速度有关,而且摩擦阻力 h_f 与动能的单位均为 J/kg(以 1 kg 流体为基准),因此可假设摩擦阻力 h_f 是动能 $u^2/2$ 的函数,故可将式 1-40 改为:

$$h_f = \frac{4l\tau}{\rho d}\frac{u^2}{2}\frac{2}{u^2} = \frac{8\tau}{\rho u^2}\frac{l}{d}\frac{u^2}{2}$$

令 $$\lambda = \frac{8\tau}{\rho u^2} \tag{1-41}$$

故 $$h_f = \lambda\frac{l}{d}\frac{u^2}{2} \tag{1-42}$$

或 $$\triangle p_f = \rho h_f = \lambda\frac{l}{d}\frac{\rho u^2}{2} \tag{1-42a}$$

式中 λ 为摩擦系数,量纲为 1。

式 1-42 称为范宁公式,是计算直管摩擦阻力的基本公式,适用于湍流和层流。该式避开了难于求算的摩擦应力 τ,引入了便于求算的摩擦系数 λ。

二、摩擦系数

由式 1-41 知摩擦系数是摩擦应力 τ 的函数,所以凡是影响摩擦应力 τ 的因素都影响摩擦系数。流型为层流和湍流时,分别用式 1-31a 和式 1-36 计算摩擦应力,故摩擦系数也应分开讨论。

(一)管壁粗糙度

化工厂中所用的管子按加工材料分为光滑管与粗糙管两大类。通常将玻璃管、黄铜管、塑料管等列为光滑管,其他管子如铸铁管、有缝及无缝钢管列为粗糙管。同一种材料的管子在使用后,由于腐蚀、结垢或玷污,管壁的粗糙程度(简称粗糙度)也会发生变化,而且随着使用时间加长变得更粗糙。当流体以同样速度在同一种材料制成的新管(即粗糙度一样)内流过,若管径不同,粗糙度对摩擦系数的影响也不同,管径越小这种影响就越大。所以综合粗糙度对摩擦系数的影响时考虑了直径这一因素,一般以 ε/d 来说明粗糙度对 λ 的影响。ε 为管壁突出部分的平均高度,称为绝对粗糙度,d 为管子内径,ε/d 称为相对粗糙度。表 1-2 列出若干工业管道的绝对粗糙度的数值。

表 1-2 某些工业管道的绝对粗糙度

	管道类别	绝对粗糙度 ε,mm
金属管	无缝黄铜管、铜管及铝管	0.01~0.05
	新的无缝钢管或镀锌铁管	0.1~0.2
	新的铸铁管	0.3
	具有轻度腐蚀的无缝钢管	0.2~0.3
	具有显著腐蚀的无缝钢管	0.5 以上
	旧的铸铁管	0.85 以上

续表

	管 道 类 别	绝对粗糙度 ε,mm
非金属管	干净玻璃管	0.001 5 ~ 0.01
	橡皮软管	0.01 ~ 0.03
	木管道	0.25 ~ 1.25
	陶土排水管	0.45 ~ 6.0
	很好整平的水泥管	0.33
	石棉水泥管	0.03 ~ 0.8

管壁粗糙度对摩擦系数 λ 的影响也随流型而异。流体作层流流过粗糙管时,管壁上凹凸不平的地方被作平静直线流动的流体层所覆盖,好像是流过光滑管一样。所以在计算层流摩擦阻力或摩擦系数时可以不考虑管壁粗糙度的影响。流体作湍流流过粗糙管时,若层流内层厚度 δ_b 大于绝对粗糙度 ε,即 $\delta_b > \varepsilon$,如图 1-22(a)所示,这时凸出部分埋在作直线运动的层流内层,其情况与层流时类似。若 $\delta_b < \varepsilon$,如图 1-22(b)所示,这时凸出部分暴露于湍流区内,流体质点与凸出部分发生冲撞,使湍流加剧,因而加大流动阻力,*Re* 值越大,层流内层越薄,这种影响越大。

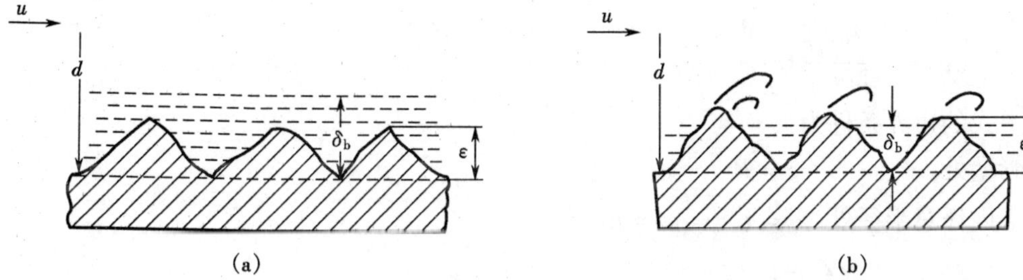

图 1-22 流体流过粗糙管壁时的情况

(a) $\delta_b > \varepsilon$ (b) $\delta_b < \varepsilon$

(二)层流时的摩擦系数

由以上分析知层流时摩擦系数与管壁粗糙度无关,仅是 *Re* 数群的函数,可通过理论分析寻求它们之间的关系。

设流体在图 1-23 所示的管道中作层流流动,于管子中心处取半径为 r、长度为 l 的流体柱来分析。流体柱上受的力有:

1)沿流动方向受的力 沿流动方向受的力为 $p_1\pi r^2$。

2)逆流动方向受的力 逆流动方向受的力为 $p_2\pi r^2$。

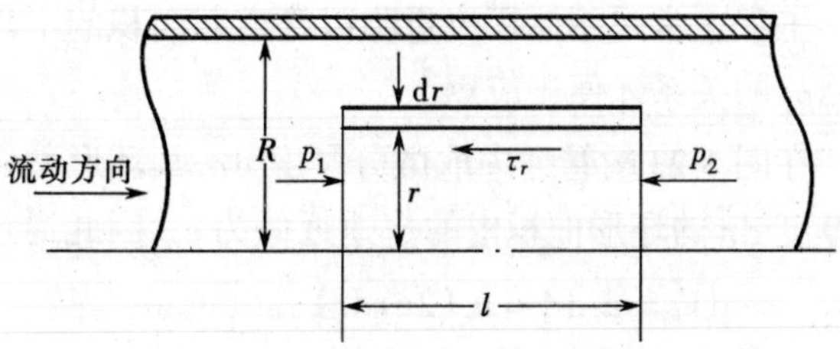

图 1-23 层流(滞流)时 λ 与 *Re* 数群关系式的推导

故作用于流体柱上的推动力为 $(p_1 - p_2)\pi r^2$。在长度为 l 等径的水平圆筒内,推动力是用来克服这段流体柱的摩擦阻力的,所以推动力可以写为:

$$\text{推动力} = (p_1 - p_2)\pi r^2 = \triangle p_f \pi r^2$$

3)摩擦阻力　流体柱与相邻流体层之间的摩擦阻力为：

摩擦阻力 $= \tau_r S$

式中　τ_r——流体柱与其相邻流体层间的内摩擦应力，Pa；

S——流体柱的表面积，m^2。

设距中心 r 处的流速为 u_r，其相邻 $r+dr$ 层处的流速为 u_r+du_r，故沿半径方向的速度梯度为 du_r/dr，两层间的内摩擦应力 τ_r 可由牛顿黏性定律描述，即：

$$\tau_r = -\mu\frac{du_r}{dr}$$

式中负号表示沿半径增加的方向速度 u_r 逐渐减小。

作用于流体柱上的总摩擦力为：

$$\tau_r S = -\mu\frac{du_r}{dr}(2\pi rl) = -2\pi l\mu r\frac{du_r}{dr}$$

前已述及，只有当作用于管内流体的推动力与阻力相等、方向相反时，流体才以匀速向前流动，即：

$$\triangle p_f \pi r^2 = -2\pi l\mu r\frac{du_r}{dr}$$

或　$$du_r = \frac{-\triangle p_f r}{2\mu l}dr$$

积分上式的边界条件为：

管壁处　$r=R$　$u_r=0$

管内任意半径处　$r=r$　$u_r=u_r$

$$\int_0^{u_r} du_r = -\frac{\triangle p_f}{2\mu l}\int_R^r r dr$$

积分上式并整理得：

$$u_r = \frac{\triangle p_f}{4\mu l}(R^2 - r^2) \tag{1-43}$$

式 1-43 为流体在圆形管内作层流流动时速度分布表达式，说明在固定的 $\triangle p_f$ 下 u_r 与 r 的关系式为抛物线方程式。

工程上常采用体积流量除以管道截面积的平均速度，故应将式 1-43 转换成平均速度 u 与 Δp_f 的关系才便于应用。

在图 1-23 的管道中取微分厚度 dr，其环形截面积 $dA \approx 2\pi r dr$。由于 dr 很薄，故可认为在厚度 dr 的环形面积内的流速近似为 u_r，因此通过厚度 dr 的流量为：

$$dV_s = u_r dA = u_r(2\pi r dr)$$

积分上式的边界条件为：

管中心处　$r=0$　$V_s=0$

管壁处　$r=R$　$V_s=V_s$

故　$$V_s = \int_0^{V_s} dV_s = 2\pi\int_0^R u_r r dr$$

将上式代入平均速度的定义式，即：

$$u=\frac{V_s}{A}=\frac{2\pi\int_0^R u_r r\mathrm{d}r}{\pi R^2}=\frac{2}{R^2}\int_0^R u_r r\mathrm{d}r$$

将式 1-43 代入上式，即：

$$u=\frac{2}{R^2}\int_0^R \frac{\triangle p_f}{4\mu l}(R^2-r^2)r\mathrm{d}r$$

积分上式

$$u=\frac{\triangle p_f}{8\mu l}R^2=\frac{\triangle p_f d^2}{32\mu l}$$

$$\triangle p_f=\frac{32\mu lu}{d^2} \tag{1-44}$$

式 1-44 称为哈根-泊肃叶公式。

比较式 1-42a 与式 1-44 知：

$$\lambda=\frac{64\mu}{du\rho}=\frac{64}{Re} \tag{1-45}$$

式 1-45 为层流时摩擦系数 λ 与 Re 数的关系，若将此关系绘在图 1-24 所示的对数坐标纸上，可得图中最左侧的直线。图 1-24 的坐标称为双对数坐标，简称对数坐标，两个坐标轴均按对数划分，但仍标以真数。

（三）湍流时的摩擦系数

前面曾介绍过湍流时摩擦应力的公式：

$$\tau=(\mu+e)\frac{\mathrm{d}u}{\mathrm{d}y} \tag{1-36}$$

式中涡流黏度 e 由流动状况决定，而湍流流动时的情况相当复杂，不能利用上式从理论上推导出计算 λ 的公式。工程上对建立不了数学公式，或建立的数学公式无法求解的复杂情况，就依据实验找出规律。先根据理论分析找出影响研究对象诸因素，例如影响湍流时摩擦阻力的因素有 l、d、u、ρ、μ 及 ε，连摩擦阻力在内共有 7 个变量。每次做实验时改变一个因素（即变量），而固定其他因素，实验工作量必然很大。于是工程上就采用因次分析的理论来指导实验，即利用物理量因次一致的原则和 π 定理，将影响因素中有内在联系的若干个物理量组成有一定物理意义的量纲为 1 数群（如前面介绍的 Re 准数），例如利用这种方法可将前述的 7 个物理量组成如下函数关系：

$$Eu=f\left(Re,\frac{l}{d},\frac{\varepsilon}{d}\right) \tag{1-46}$$

$$Eu=\frac{\triangle p_f}{\rho u}$$

式中 Eu——欧拉数，量纲为 1，其中包括待求的因摩擦阻力而引起的压强降，是说明压力影响的数；

Re——雷诺数，是表示摩擦阻力影响的数；

$\frac{l}{d}$，$\frac{\varepsilon}{d}$——均为简单的量纲为 1 数群，前者说明管子几何尺寸，后者说明管子相对粗糙度。

实验时可将每个量纲为 1 数群看做是一个变量，这样变量的数目由 7 个减至 4 个，实验工作量大为减少。至于数群之间的具体关系可以通过实验来确定。

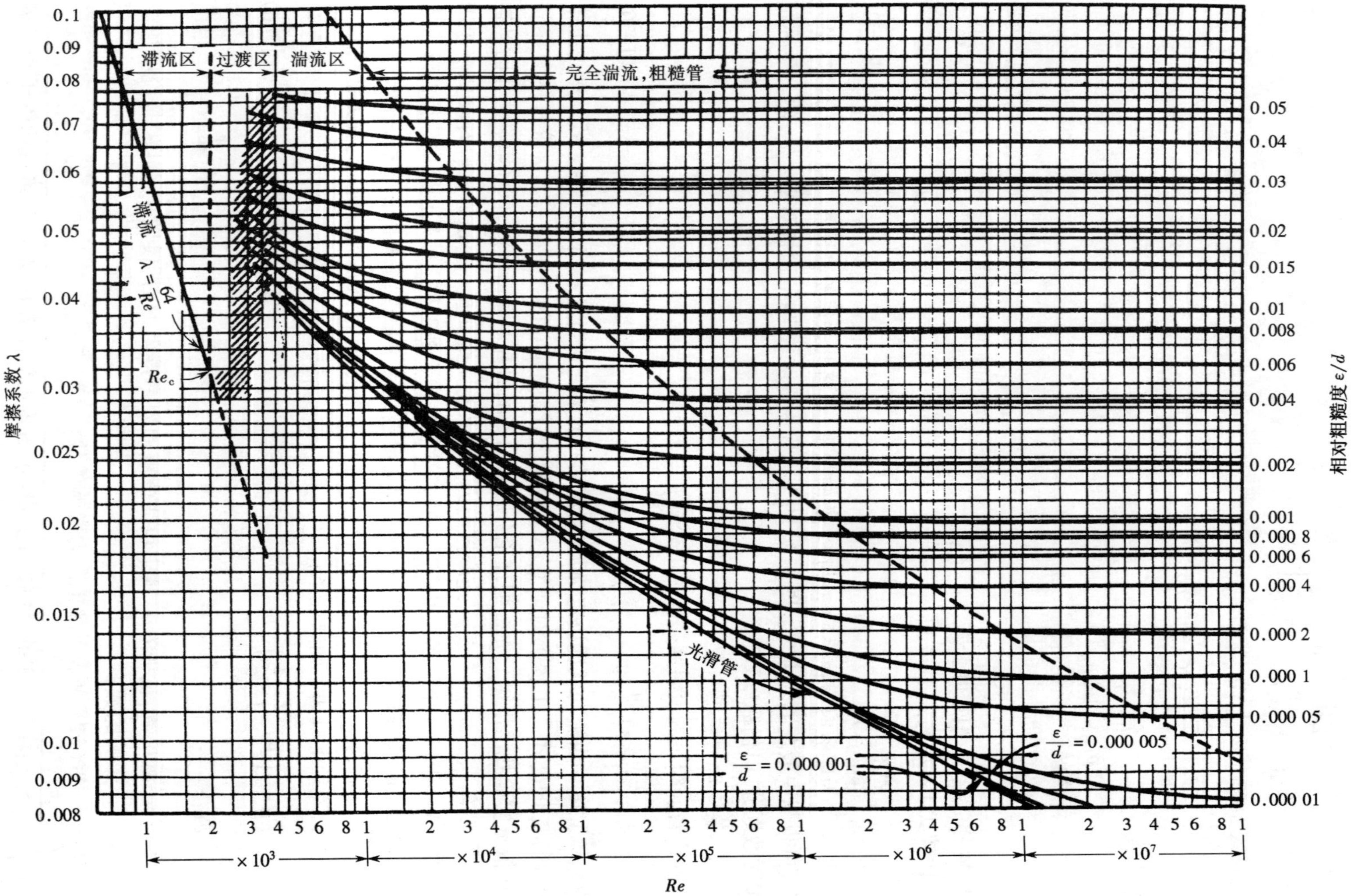

图 1-24　摩擦系数与 Re 数及相对粗糙度间的关系

将式 1-42a 代入式 1-46 的 Eu 数中，得：

$$Eu=\frac{\triangle p_f}{\rho u^2}=\frac{\lambda l}{2d}=f\left(Re,\frac{l}{d},\frac{\varepsilon}{d}\right) \tag{1-46a}$$

根据理论分析知，$\triangle p_f$ 与管长 l 一次方成正比，故上式可以改写为：

$$\lambda=f'\left(Re,\frac{\varepsilon}{d}\right) \tag{1-47}$$

式 1-47 说明湍流时摩擦系数 λ 是 Re 数和管子的相对粗糙度的函数。

有些专门书刊列出根据式 1-47 做实验而得出的适用于湍流的半经验、半理论计算 λ 的公式。例如布拉休斯计算光滑管中的 λ 公式为：

$$\lambda=\frac{0.316\,4}{Re^{0.25}} \tag{1-48}$$

上式适用于 $Re=3\times10^3\sim1\times10^5$ 范围内。

计算 λ 的半经验、半理论公式很多，但都比较复杂，应用起来也不方便。因此，工程上将根据式 1-47 做实验的数据经综合处理后，以 ε/d 为参数，将 λ 值对 Re 准数值的关系标绘在图 1-24 所示的双对数坐标上。由图看出：

(1) $Re\leqslant2\,000$ 时属于滞流（即层流）区，λ 与管壁的粗糙度无关，在对数坐标纸上 λ 与 Re 成直线关系，式 1-45 为表达这条线的方程式。

(2) $Re=2\,000\sim4\,000$ 时属于过渡区，此区内虽然可以用滞流或湍流的关系线求 λ，但一般为了安全，常将湍流时的关系线延长，以备查 λ 用。

(3) $Re\geqslant4\,000$ 及最右侧虚线以下的区域属于湍流区，此区的特点是 λ 与 Re 及 ε/d 都有关系。当 ε/d 一定时，λ 随 Re 数加大而减小，接近虚线时，λ 随 Re 数加大而减小得缓慢。当 Re 数一定时，λ 随 ε/d 减小而降低。

(4) 虚线以上的区域属于完全湍流区，该区的特点是 λ 与 Re 数的关系线趋近于水平线。当 ε/d 一定时，λ 为常数，但因摩擦阻力 h_f 与 u^2 成正比，虽然 λ 为常数，阻力仍随 Re 数加大而上升，故此区又称为阻力平方区。当 Re 一定时，λ 随 ε/d 减小而降低。

1.3.6 流体在非圆形直管内流动时的摩擦阻力

前面所涉及的管子都是圆形管道，在化工厂有时会遇到非圆形管道，例如有些气体管道是方形的，套管换热器两根同心圆管间的通道是圆环形的，而计算 Re 及 h_f 式中的 d 都是圆管的直径。对非圆形通道计算 Re 值及 h_f 时，必须找出一个与圆形管管径相当的量代替，才能算出 Re 数及 h_f，为此引入水力半径的概念。它的定义是：

$$\text{水力半径}\ r_H=\frac{\text{流通截面积}}{\text{润湿周边}} \tag{1-49}$$

圆形管道的水力半径为：

$$r_H=\frac{\frac{\pi}{4}d^2}{\pi d}=\frac{d}{4}$$

或

$$d=4r_H \tag{1-50}$$

上式说明圆形管直径等于 4 倍水力半径，把这个概念推广到非圆形管，令 d_e 代表非圆

形管的“直径”,称为当量直径,则:

$$d_e = 4r_H \tag{1-50a}$$

所以计算非圆形管的 h_f 或 Δp_f 时仍可用式 1-42 及式 1-42a 两式,但式中的 d 应改用 d_e,用图 1-24 查 λ 时,ε/d 及 Re 数中的 d 也应改用 d_e,但速度仍然要用实际流通面积计算。

有些研究结果表明,当量直径用于湍流情况下的阻力计算才比较可靠。应用于矩形管时,截面的长宽之比不能超过 3:1,用于环形截面时,可靠性较差。层流时应用当量直径计算阻力的误差就很大,必须采用式 1-50a 时,除式 1-42 及 1-42a 中的 d 换成 d_e 外,还须对层流时摩擦系数 λ 的计算式 1-45 进行修正,即:

$$\lambda = \frac{C}{Re} \tag{1-51}$$

式中 C 为量纲为 1 修正常数。一些非圆形管的常数 C 值见表 1-3。

表 1-3 某些非圆形管的常数 C 值

非圆形管的截面形状	正方形	等边三角形	环 形	长方形长:宽 = 2:1	长方形长:宽 = 4:1
常 数 C	57	53	96	62	73

应指出:不能用当量直径来计算流体通过的截面积、流速和流量,即式 1-42、式 1-42a 及 Re 数中的流速 u 是指流体的真实流速,不能用当量直径 d_e 来计算。

[例 1-22] 冷、热两流体分别在本题附图所示的列管换热器的管束内及管束外流过,以进行热量的交换。已知换热器的外壳内径为 800 mm,内装有长度为 4 000 mm、直径为 $\phi 38 \times 2.5$(mm)的钢管 211 根,管束外壁的相对粗糙度 Ra 值为 0.000 4。每小时有 800 m³、平均密度为 700 kg/m³、平均黏度为 0.7 cP 的热流体在管束外流过。试求热流体在管束外流过时因摩擦阻力而引起的压强降。

解:令 D 表示外壳内径、d_0 表示列管外径、n 表示管子根数。

管束外的流通面积 $= \frac{\pi}{4}D^2 - \frac{\pi}{4}d_0^2 n = \frac{\pi}{4}(0.8^2 - 0.038^2 \times 211) = 0.263\ \text{m}^2$

流速 $u = \frac{800}{3\,600 \times 0.263} = 0.845\ \text{m/s}$

当量直径 $d_e = \frac{4 \times 0.263}{\pi \times 0.8 + 211\pi \times 0.038} = 0.038\ \text{m}$

$$Re = \frac{d_e u \rho}{\mu} = \frac{0.038 \times 0.845 \times 700}{0.7 \times 10^{-3}} = 32\,110$$

所以流体的流型属于湍流。

已知相对粗糙度为 0.000 4,再根据 $Re = 32\,110$,从图 1-24 中查出 $\lambda = 0.025$。

$$h_f = \lambda \frac{l}{d_e}\frac{u^2}{2} = 0.025 \times \frac{4}{0.038} \times \frac{0.845^2}{2} = 0.94\ \text{J/kg}$$

$$\triangle p_f = \rho h_f = 700 \times 0.94 = 658\ \text{Pa}$$

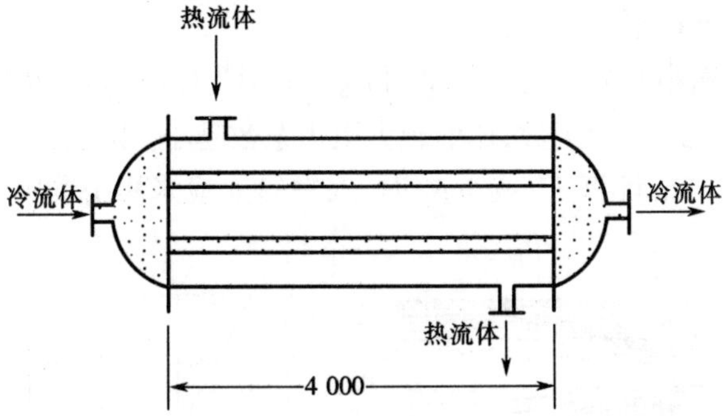

例 1-22 附图

1.3.7 管路上的局部阻力

流体流过直管时,边界层紧贴在壁面上,但流过曲面或其他几何形状物体表面时,无论流体在上游直管内作层流还是湍流流动,都会在曲面的下游不远处产生边界层与壁面分离的现象,称为边界层分离。边界层脱离固体表面后在表面与边界层间形成了空白区,于是就有一部分流体倒流回来弥补空白区,并在区内产生漩涡、质点相互碰撞,消耗大量能量。流体在阀门、管件、管子出口或进口、截面突然扩大或缩小等局部位置上都会发生上述现象。这种由于固体表面的几何形状造成边界层分离而引起的阻力称为形体阻力。所以黏性流体流过上述局部位置的阻力为摩擦阻力与形体阻力之和,总称为局部阻力。

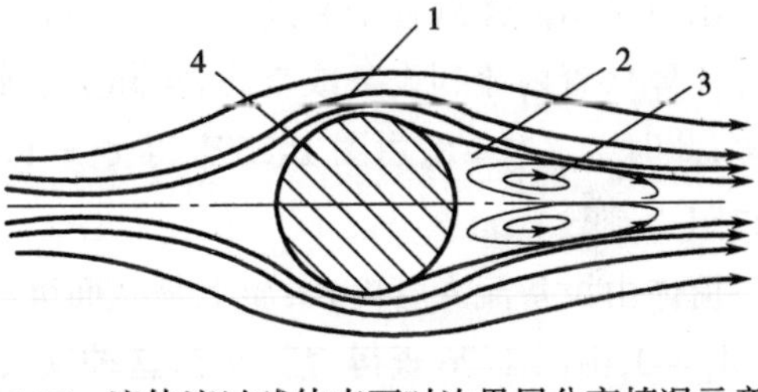

图 1-25　流体流过球体表面时边界层分离情况示意图
1—边界层　2—空白区　3—倒流的流体　4—球体

图 1-25 是流体经过球体时的边界层分离情况示意图。

由实验得知,即使流体在管道内作层流流动,但流经下游的阀门、管件等处也容易变成湍流。

局部阻力常采用以下两种方法进行计算。

一、阻力系数法

将局部阻力看做是动能的函数,即与动能成正比:

$$h'_f = \zeta \frac{u^2}{2} \tag{1-52}$$

或

$$\triangle p'_f = \zeta \frac{\rho u^2}{2} \tag{1-52a}$$

式中 ζ 为比例系数,称为阻力系数,量纲为 1。

比较式 1-52 与式 1-42 可知:

$$\zeta - \lambda \frac{l}{d} \tag{1-53}$$

阻力系数 ζ 由实验测得,可由手册及有关资料查到。下面介绍几种常遇到的局部阻力系数的求算法。

(一)突然扩大与突然缩小

突然扩大或突然缩小时的阻力系数 ζ_e 和 ζ_c 可由图 1-26 查得,由图知阻力系数 ζ 是小管截面积与大管截面积之比的函数,比值越大阻力系数越小,当比值为 1 时阻力系数为零。

用式 1-52 及式 1-52a 计算 h_f' 或 $\triangle p_f'$ 时,式中的 u 应采用小管中的流速。

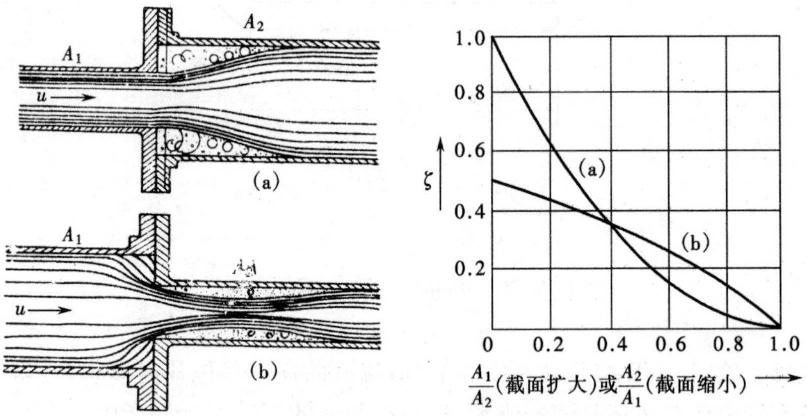

图 1-26 截面突然扩大和突然缩小的阻力系数

(a)突然扩大 (b)突然缩小

(二)出口与进口

出口是指流体从管子流到设备或空间,进口是指流体从设备进入管内。

流体从管内流到设备或空间,实际上是截面突然扩大,一般设备或空间的截面比管子大得多,此时 $A_1/A_2 \approx 0$,由图 1-26 查得 $\zeta_e = 1$,这种损失称为出口损失,相应的阻力系数称为出口阻力系数。

流体由设备流入管内,实质上是截面突然缩小,一般设备截面积比管子截面大得多,故 $A_2/A_1 \approx 0$,由图 1-26 查得 $\zeta_c = 0.5$,这种损失称为进口损失,相应的阻力系数称为进口阻力系数。若管子进口制成喇叭状或圆滑管口,阻力系数可减至 0.05 ~ 0.25。

流体由管内直接流到空间时,若出口截面积选在管口内侧,此时流体的静压强与管外空间的压强相同,流体在管口内侧有一定的动能,系统的总阻力不应包括出口损失。若出口截面选在管口外侧,该截面上的动能为零,此时系统的总阻力应包括出口损失。

(三)管件与阀门

若干种管件与阀门的阻力系数列于表 1-4 中,表中数据仅适用于湍流。

表 1-4 管件与阀门的阻力系数与当量长度数据(适用于湍流)

名称	阻力系数 ζ	当量长度与管径之比 l_e/d
弯头,45°	0.35	17
弯头,90°	0.75	35
三通	1	50
回弯头	1.5	75
管接头,活接头	0.04	2
闸阀		

续表

名　　称	阻力系数 ζ	当量长度与管径之比 l_e/d
全开	0.17	9
半开	4.5	225
标准阀		
全开	6.9	300
半开	9.5	475
角阀,全开	2	100
止逆阀		
球式	70	3 500
摇板式	2	100
水表,盘式	7	350

二、当量长度法

由式 1-52 知,求直管阻力系数的式子为 $\zeta=\lambda l/d$,故可将流体流经阀门、管件等的阻力折合为相当于 l_e 长度的直管阻力,l_e 称为阀门或管件的当量长度。这样只要将式 1-42 或式 1-42a 中的 l 换以 l_e 即可算出局部阻力 h'_f 或压强降 $\triangle p'_f$:

$$h'_f=\lambda\frac{l_e}{d}\frac{u^2}{2} \tag{1-54}$$

$$\triangle p'_f=\lambda\frac{l_e}{d}\frac{\rho u^2}{2} \tag{1-54a}$$

式中　l_e——管件、阀门的当量长度,m。

管件、阀门的当量长度也是由实验测定的。在湍流情况下,某些管件、阀门的当量长度可从图 1-27 中查出。先在图的左侧竖线上找出与工作管件或阀门对应的点,再在右侧标线上找出与安装管件或阀门的直管内径相当的点,连此二直线与中间标线相交点所示的数值,即为该管件或阀门的当量长度。有时也用管道内径的倍数来表示管件或阀门的当量长度,如全开闸阀的 l_e/d 约为 9。l_e/d 值也是由实验测得。表 1-4 中列出若干种管件与阀门的 l_e/d 值,表中的数据仅适用于湍流。

管件、阀门的构造细节与加工精度往往差别很大。表 1-4 中列出的阻力系数与 l_e/d 值只是近似值,而局部阻力的计算也只是一种粗略的估算方法。

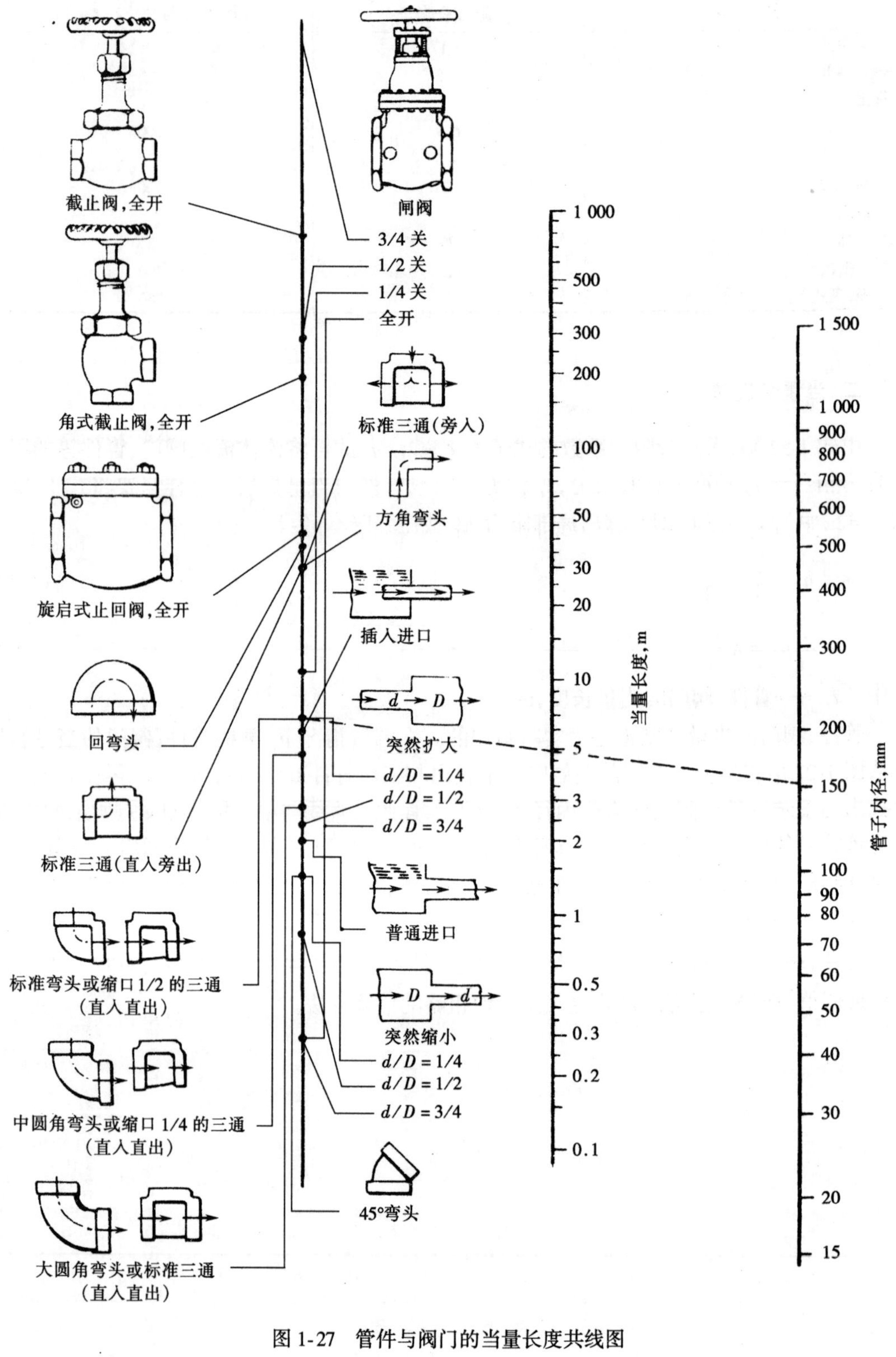

图 1-27　管件与阀门的当量长度共线图

第 4 节　管路系统的计算

1.4.1　管路系统中的总流动阻力(总能量损失)

管路系统中的计算内容很广泛,但任何计算都会涉及管路系统中的总流动阻力,即总能量损失。

总流动阻力包括直管的摩擦阻力与管件、阀门等处的局部阻力。若系统中管道尺寸不变,求总流动阻力 Σh_f 的通式为:

$$\Sigma h_f = \lambda\left(\frac{\Sigma l_i + \Sigma l_{ei}}{d} + \Sigma\zeta_i\right)\frac{u^2}{2} \tag{1-55}$$

式中　Σh_f——系统中的总流动阻力,J/kg;

Σl_i——系统中所有直管的长度之和,m;

Σl_{ei}——系统中所有管件、阀门的当量长度之和,m;

$\Sigma\zeta_i$——系统中所有的局部阻力系数之和;

u——流体在管路中的速度,m/s。

上式中的速度 u 是指流体在直管中的流速,与伯努利方程式中的 u 不同,那是指两个衡算截面上的速度。

若管路由若干直径不同的管子组成,则流体在各段管内的流速不同,故应分段用式1-55计算,各段流动阻力之和为总流动阻力。

1.4.2　管路系统的计算

管路系统的计算可以通过例题加以说明。

一、简单管路

[例 1-23]　某化工厂用泵自凉水池将平均温度为 20 ℃的凉水送至开口容器内,凉水池与容器内的水面维持恒定。水的输送量为 25 m³/h。泵的吸入口高出池内水面 4.5 m,容器内水面一直保持在泵入口以上 30 m。输送管路直径为 $\phi 83 \times 3.5$(mm),直管部分总长度为 150 m。管路上装有标准弯头 3 个,全开闸阀 1 个(图中均未标出),直入旁出三通 2 个,旋启式止回底阀 1 个。若泵的效率为 0.7,求泵的轴功率。

解:根据题意先画出如本题附图所示的流程图,图中所标的尺寸单位为 mm。

在凉水池液面 1—1′及容器液面 2—2′间列伯努利方程式,以 1—1′面为基准面,即:

$$gz_1 + \frac{p_1}{\rho} + \frac{u_1^2}{2} + W_e = gz_2 + \frac{p_2}{\rho} + \frac{u_2^2}{2} + \Sigma h_f \tag{1}$$

其中　$z_1 = 0$

$z_2 = 4.5 + 30 = 34.5$ m

$p_1 = 0$(表压)

$p_2=0$(表压)

$u_1\approx 0$

$u_2\approx 0$

于是式(1)可以整理成：

$$W_e=gz_2+\Sigma h_f \tag{2}$$

上式说明泵提供的功率消耗在将水从 1—1′面提升到 2—2′面以及克服全系统的总摩擦阻力。

先计算流体的总摩擦阻力 Σh_f，它包括直管摩擦阻力、管件及阀门的局部阻力以及进出口阻力，即：

$$\Sigma h_f=h_f+h'_f$$
$$=\left(\lambda\frac{\Sigma l_i+\Sigma l'_{ei}}{d}+\Sigma\zeta_i\right)\frac{u^2}{2} \tag{3}$$

从附录七查出 20 ℃水的 $\rho\approx 1\ 000\ \text{kg/m}^3$、$\mu\approx 1\times 10^{-3}\ \text{Pa·s}$。

水在管道中的流速 $u=\dfrac{25}{3\ 600\times\dfrac{\pi}{4}(0.076)^2}=1.53\ \text{m/s}$

$$Re=\frac{du\rho}{\mu}=\frac{0.076\times 1.53\times 1\ 000}{1\times 10^{-3}}=116\ 280$$

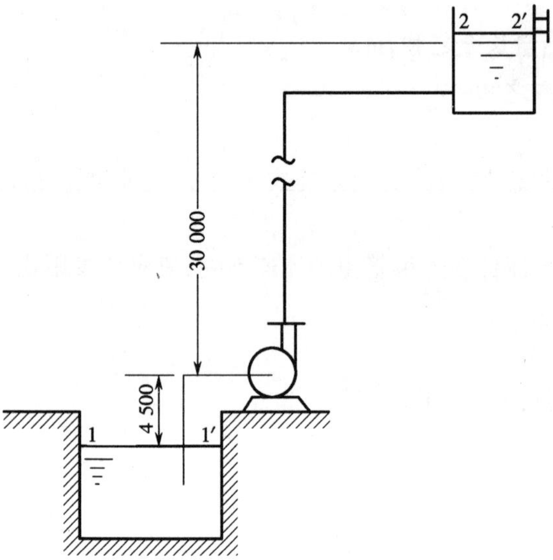

例 1-23 附图

流型属于湍流。可以利用图 1-24 查摩擦系数 λ。考虑输送管路不是新敷设的，故根据表 1-2 所列的数据选取输送管路的粗糙度 ε 为 0.3 mm，相对粗糙度为：

$$\frac{\varepsilon}{d}=\frac{0.3}{76}=0.003\ 95$$

由图 1-24 查出 $\lambda=0.029\ 5$。

下步计算阀门、管件的当量长度以及进、出口的阻力系数。从图 1-27 查得阀门、管件的当量长度为：

标准弯头	2.4 m
全开闸阀	0.5 m
直入旁出三通	5 m
止回底阀	5.8 m
总当量长度	$\Sigma l_{ei}=2.4\times 3+0.5+5\times 2+5.8=23.5$ m

进口阻力系数 $\zeta_c=0.5$

出口阻力系数 $\zeta_e=1$

直管总长度 $\Sigma l_i=150$ m

将以上诸值代入式(3)，即：

$$\Sigma h_f=\left(0.029\ 5\times\frac{150+23.5}{0.076}+1+0.5\right)\times\frac{1.53^2}{2}=80.6\ \text{J/kg}$$

用式(2)计算 W_e，即：

$$W_e=9.81\times 34.5+80.6=419\ \text{J/kg}$$

即输送 1 kg 水要消耗 419 J 的有效功。

水的质量流量 $w_s=\dfrac{25\times 1\ 000}{3\ 600}=6.94\ \text{kg/s}$

泵的轴功率 $N=\dfrac{W_e w_s}{\eta}=\dfrac{419\times 6.94}{0.7}=4\ 154\ \text{W}\approx 4.2\ \text{kW}$

［例 1-24］ 表压强为 1 060 Pa 的煤气从贮柜 1 经总长度为 40 m 的钢质水平管道输送至表压强为 100 Pa 的设备 2 内。管路上装有 $l_e/d=10$ 的全开闸阀 1 个。已知煤气在管道中流动类型为湍流。输送条件下煤气的平均密度为 0.75 kg/m^3、黏度为 0.015 cP。试问采用多大的管径才能使煤气的最大输送量达到 283 kg/h?

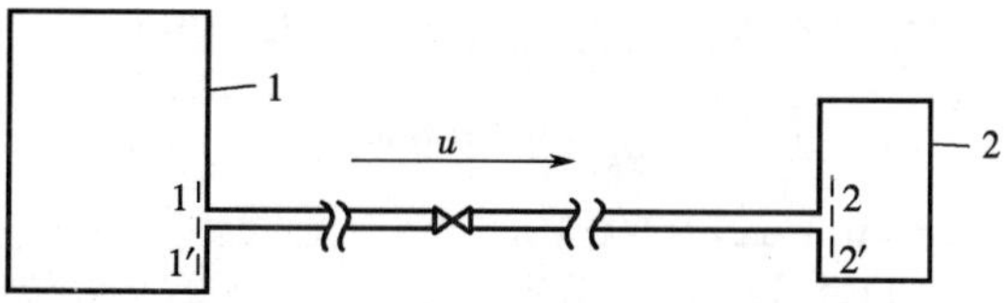

例 1-24 附图
1—煤气贮柜 2—设备

解:根据题意画出如本题附图所示的流程示意图。

煤气是可压缩气体,故应先验算在本题条件下是否能用伯努利方程式进行计算,即先检验气体压强变化的情况。

$$\frac{p_1-p_2}{p_1}\times100\%=\frac{1\ 060-100}{1\ 060+101\ 330}\times100\%=0.94\%<20\%$$

故在本题条件下可以利用伯努利方程式计算管径。

在 1—1′面(管路入口外侧)及 2—2′面(管路出口外侧)间列伯努利方程式,以管道中心线为基准面,故:

$$g\Delta z+\frac{\Delta p}{\rho}+\frac{\Delta u^2}{2}+\Sigma h_f=0$$

其中 $\Delta z=0$

$$\frac{\Delta p}{\rho}=\frac{p_2-p_1}{\rho}=\frac{100-1\ 060}{0.75}=-1\ 280\ \text{J/kg}$$

$$u_1\approx0$$

$$u_2\approx0$$

所以 $\dfrac{\Delta u^2}{2}=0$

因此 $\Sigma h_f=-\dfrac{\Delta p}{\rho}=1\ 280\ \text{J/kg}$

此外,还可用式 1-55 计算 $\Sigma h_f'$,由此可求出管径。即:

$$\Sigma h_f'=h_f+h_f'=\left(\lambda\frac{\Sigma l_i+\Sigma l_{ei}}{d}+\zeta_e+\zeta_c\right)\frac{u^2}{2}=1\ 280 \tag{1}$$

上式中有三个未知数,即 λ、d 及 u,其中 d 和 u 用流量公式关联,对湍流流动 λ、d、u 三者间的关系无适宜的关联式,只能由图 1-24 找出它们间的关系。遇到这种情况时,工程上常采用试差计算法来解决,即依据实践经验总结的数据,先假设其中任一值,此处以假设速度较方便,根据表 1-1 的流速范围选取一个合适的流速后即可算出题目要求的管径,然后再检验所假设的值是否正确。

试差计算步骤如下:

(1)根据表 1-1 选择合适的流速 u。

(2)由流量公式算出管子内径,选取标准管子,重算流速 u。

(3)校核所用的流速是否合适,校核步骤为:

①根据重算的流速 u 计算 Re 数;

②选择合适的绝对粗糙度 ε 值,算出 ε/d,查出摩擦系数 λ 值;

③根据 $\Sigma l_e=10\ d$ 式算出系统当量长度 Σl_e;

④根据式 1-55 算出系统的总流动阻力 $\Sigma h_f'$。

若由④项算出的总流动阻力 $\Sigma h_f'$ 与前面由伯努利方程算出的 Σh_f(即 1 280 J/kg)符合下式关系,则表示所设的 u 值正确,否则要另设 u 值,重复上述步骤,直至 $\Sigma h_f'$ 与 Σh_f 符合下式为止。

$$\left|\frac{\Sigma h_f - \Sigma h'_f}{\Sigma h'_f}\right| \leqslant 3\%$$

先将固定值算出,再将计算过程列于本例附表中。

$$V_s = \frac{283}{0.75 \times 3\ 600} = 0.104\ 8\ m^3/s$$

取 $\varepsilon = 0.3\ mm = 0.000\ 3\ m$

取进口阻力系数 $\zeta_e = 0.5$

取出口阻力系数 $\zeta_c = 1$

试算过程列于下表中:

例 1-24　附表

	第一次	第二次
根据表 1-1 暂设 u 值,m/s	15	14
用流量公式计算管径 d,m $d = \sqrt{\frac{4V_s}{\pi u}} = \sqrt{\frac{4 \times 0.104\ 8}{\pi u}} = 0.365\ 4\sqrt{\frac{1}{u}}$	0.094 3	0.097 7
选取标准管子,mm	$\phi 108 \times 8$	$\phi 114 \times 8$
重算流速 u,m/s $u = \frac{V_s}{\frac{\pi}{4}d^2} = \frac{0.104\ 8}{\frac{\pi}{4}d^2} = \frac{0.133\ 5}{d^2}$ 实际上此流速为假设值	15.8	13.9
计算 Re 数 $Re = \frac{du\rho}{\mu} = \frac{0.75du}{0.015 \times 10^{-3}} = 50 \times 10^3 du$	72 680	68 110
计算 ε/d $\frac{\varepsilon}{d} = \frac{0.000\ 3}{d}$	0.003 3	0.003 06
由图 1-24 查出 λ 值	0.028	0.028
由题给数据计算 Σl_e $\Sigma l_e = 10d$	0.92	0.98
由式(1)计算 $\Sigma h'_f$,J/kg $\Sigma h'_f = \left(\lambda \frac{l + \Sigma l_e}{d} + 1 + 0.5\right)\frac{u^2}{2}$ $= \left(\lambda \frac{40 + \Sigma l_e}{d} + 1.5\right)\frac{u^2}{2}$	1 742	1 276
$\left\|\frac{\Sigma h_f - \Sigma h'_f}{\Sigma h'_f}\right\| \times 100\% = \left\|\frac{1\ 280 - \Sigma h_f}{\Sigma h_f}\right\| \times 100\%$	26.5%	0.31%
结论	假设的 u 值偏大	合适

采用 $\phi 114 \times 8$(mm)的无缝钢管即可满足最大输送量达到 283 kg/h 的要求,相应的流速为 13.9 m/s。

试差计算法并不是用两个方程式解出三个未知数,它仍然遵循有几个未知数就要有相等数的方程式这一基本原则,只是其中一些方程式比较复杂或具体函数关系仅有变量关系的曲线图,这时就应借助试差法求解。试差计算法不但可以应用于管路计算,而且在以后一些章节中常会用到。

二、分支管路的计算

［例 1-25］ 如本题附图所示，用泵将水从凉水池同时送至开口高位槽 A 及 B 中。已知通往 A 槽的无缝钢管为 $\phi76\times3$(mm)，管道中各种管件与阀门的当量长度之和为 7.7 m；通往 B 槽的无缝钢管为 $\phi57\times3$(mm)，管道中各种管件与阀门的当量长度之和为 5 m。以上当量长度均包括分叉口处三通的当量长度，但不包括管子出口的当量长度。管路中的总流量为 60 m^3/h。试求通往 A 槽及 B 槽的液体量。

凉水池及贮槽的液面均恒定不变。在本题情况下两条支管中的摩擦系数均可取为 0.022。图中所示的直管长度及相对高度的单位均为 mm。

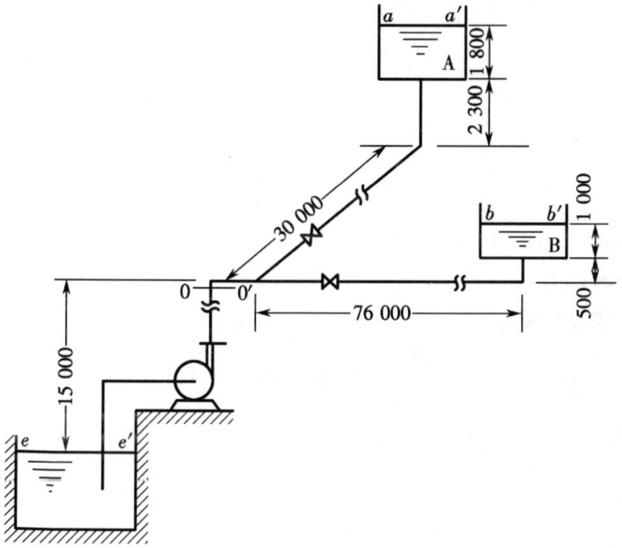

例 1-25 附图

解：下标 a 和 b 分别代表通往 A 槽和 B 槽的分支管路。

本题管路在泵下游三通处分为两支，一支通往 A 槽，另一支通往 B 槽，这种管路安排称为分支管路，化工厂中这种安排的管路比比皆是。在分支管路系统中，各支管的流量彼此约束，相互影响，流动情况比前面介绍的简单管路要复杂得多，不过仍遵循质量守恒与能量守恒定律。

(1)总流量 $w_s = w_a + w_b$ (1)

对液体 $V_s = V_a + V_b$ (1a)

(2)在三通入口 0—0′面与 A 槽液面 a—a' 间列伯努利方程式，以过 0—0′水平面为基准面：

$$gz_0 + \frac{u_0^2}{2} + \frac{p_0}{\rho} = gz_a + \frac{u_a^2}{2} + \frac{p_a}{\rho} + \Sigma h_{f,0\text{-}a}$$

同样可以写出 0—0′面与 B 槽的 b—b' 面间的伯努利方程式为：

$$gz_0 + \frac{u_0^2}{2} + \frac{p_0}{\rho} = gz_b + \frac{u_b^2}{2} + \frac{p_b}{\rho} + \Sigma h_{f,0\text{-}b}$$

上两式等号左侧均为 0—0′面上流体的总机械能，故等号右侧各项之和必相等：

$$gz_a + \frac{u_a^2}{2} + \frac{p_a}{\rho} + \Sigma h_{f,0\text{-}a} = gz_b + \frac{u_b^2}{2} + \frac{p_b}{\rho} + \Sigma h_{f,0\text{-}b} \tag{2}$$

式(1)及式(2)分别为流体在分支管路中流动时必遵循的两条原则。式(2)说明每千克流体在支管 a 流动终了时的总机械能与该支管中流动阻力之和等于另一支管 b 流动终了时的总机械能与该管路中流动阻力之和。尽管A、B两槽位置及液面上方的压强、管径、管长以及管路上管件安装的情况各异，但式(2)必然成立。当总流量一定时，若将支管 a 上的阀门关一点，通往A槽的液体必然减少，而通往B槽的液体自动加大，两条支管中的阻力也有相应的变化，最终按式(2)的关系建立新的平衡关系。

要计算通往两槽的流量，只要算出流体在两分支管路中的流速 u_a 及 u_b 即可。

将已知值代入式(1a)，即：

$$\frac{\pi}{4}(0.07)^2 u_a + \frac{\pi}{4}(0.051)^2 u_b = 60/3\,600$$

或 $$u_a = 4.333 - 0.530\,8\ u_b \tag{3}$$

再用式(2)寻求出 u_a 及 u_b 另一形式的关系，即可解出 u_a 及 u_b。式(2)中各项为：

$$z_a = 1.8 + 2.3 = 4.1\ \text{m}$$

$$p_a = 0(\text{表压})$$

$$u_a \approx 0$$

$$z_b = 0.5 + 1 = 1.5\ \text{m}$$

$$p_b = 0(\text{表压})$$

$$u_b \approx 0$$

代入式(2)，得：

$$9.81 \times 4.1 + \Sigma h_{f,0-a} = 9.81 \times 1.5 + \Sigma h_{f,0-b}$$

或 $$\Sigma h_{f,0-a} + 25.506 = \Sigma h_{f,0-b} \tag{4}$$

式中 $\Sigma h_{f,0-a}$ 及 $\Sigma h_{f,0-b}$ 的求算分别为：

$$\Sigma h_{f,0-a} = \left[\frac{\lambda(\Sigma l_i + \Sigma l_{ei})}{d} + \zeta_e\right]_a \frac{u_a^2}{2} \quad (\zeta_e\ \text{为出口阻力系数})$$

$$= \left[\frac{0.022(30 + 2.3 + 7.7)}{0.07} + 1\right]\frac{u_a^2}{2}$$

$$= 6.786 u_a^2 \tag{5}$$

同理 $$\Sigma h_{f,0-b} = \left[\frac{\lambda(\Sigma l_i + \Sigma l_{ei})}{d} + \zeta_e\right]_b \frac{u_b^2}{2}$$

$$= \left[\frac{0.022(76 + 0.5 + 5)}{0.051} + 1\right]\frac{u_b^2}{2}$$

$$= 18.08 u_b^2 \tag{6}$$

将 $\Sigma h_{f,0-a}$ 及 $\Sigma h_{f,0-b}$ 代入式(4)，得：

$$6.786\ u_a^2 + 25.506 = 18.08\ u_b^2 \tag{7}$$

联立式(3)及式(7)解得：

$$u_a = 3.133\ \text{m/s}$$

$$u_b = 2.256\ \text{m/s}$$

$$V_a = \frac{\pi}{4}(0.07)^2 \times 3.133 \times 3\,600 = 43.4\ \text{m}^3/\text{h}$$

$$V_b = \frac{\pi}{4}(0.051)^2 \times 2.256 \times 3\,600 = 16.6\ \text{m}^3/\text{h}$$

$$\Sigma V = 60\ \text{m}^3/\text{h}$$

[例1-26] 已测得前例中总管路上(即由凉水池到三通入口处)的摩擦阻力为98 J/kg，泵的效率为0.7，求泵的轴功率。取水的密度 $\rho \approx 1\,000\ \text{kg/m}^3$。

解：欲求泵的轴功率，应先利用伯努利方程式求出泵向1 kg流体提供的有效能量 W_e。在分支管路中应用伯努利方程式时遇到的难题是如何取两个截面。总管路中1 kg流体通过三通后，有 a kg流往A槽，有 $b = (1 - a)$ kg流往B槽，前例式(2)已证明：

$$gz_a + \frac{u_a^2}{2} + \frac{p_a}{\rho} + \Sigma h_{f,0\text{-}a} = gz_b + \frac{u_b^2}{2} + \frac{p_b}{\rho} + \Sigma h_{f,0\text{-}b}$$

所以下游截面可以在 $a—a'$ 与 $b—b'$ 面间任取一个，算出的结果是一致的。

今以 $e—e'$ 面(贮槽的液面)为基准面，在 $e—e'$ 与 $a—a'$ 面间列伯努利方程式，即：

$$g\Delta z + \frac{\Delta p}{\rho} + \frac{\Delta u^2}{2} + \Sigma h_f = W_e$$

其中 $\Delta z = z_a - z_e = (1.8 + 2.3 + 15) - 0 = 19.1\ \text{m}$

$$\frac{\Delta p}{\rho} = \frac{p_a - p_e}{\rho} = \frac{0-0}{\rho} = 0$$

$$\frac{\Delta u^2}{2} = \frac{u_a^2 - u_e^2}{2} \approx \frac{0-0}{2} = 0$$

$$\Sigma h_f = \Sigma h_{f,e\text{-}0} + \Sigma h_{f,0\text{-}a}$$

前例已算出 $u_a = 3.133\ \text{m/s}$，由式(5)已得出：

$$\Sigma h_{f,0\text{-}a} = 6.786\ u_a^2$$

所以 $\Sigma h_{f,0\text{-}a} = 6.786 \times 3.133^2 = 66.6\ \text{J/kg}$

因此 $\Sigma h_f = 98 + 66.6 = 164.6\ \text{J/kg}$

$$W_e = 9.81 \times 19.1 + 164.6 = 352\ \text{J/kg}$$

若将下游截面选在 $b—b'$ 面，则两截面间的伯努利方程式为：

$$g\Delta z + \frac{\Delta p}{\rho} + \frac{\Delta u^2}{2} + \Sigma h_f = W_e$$

其中 $\Delta z = z_b - z_e = (15 + 0.5 + 1) - 0 = 16.5\ \text{m}$

$$\frac{\Delta p}{\rho} = \frac{p_b - p_e}{\rho} = \frac{0-0}{\rho} = 0$$

$$\frac{\Delta u^2}{2} = \frac{u_b^2 - u_e^2}{2} \approx \frac{0-0}{2} = 0$$

$$\Sigma h_f = \Sigma h_{f,e\text{-}0} + \Sigma h_{f,0\text{-}b}$$

前例已算出 $u_b = 2.256\ \text{m/s}$，由式(6)已得出：

$$\Sigma h_{f,0\text{-}b} = 18.08\,u_b^2$$

所以 $\Sigma h_{f,0\text{-}b} = 18.08 \times 2.256^2 = 92.0\ \text{J/kg}$

$$\Sigma h_f = 98 + 92 = 190.0\ \text{J/kg}$$

$$W_e = 9.81 \times 16.5 + 190 = 352\ \text{J/kg}$$

因此看出，虽然下游选的截面位置不同，但计算结果是一致的。

水的质量流量 $w_s = \dfrac{60 \times 1\,000}{3\,600} = 16.67\ \text{kg/s}$

泵的轴功率 $N = \dfrac{W_e w_s}{\eta} = \dfrac{352 \times 16.67}{0.7} = 8\,383\ \text{W} \approx 8.4\ \text{kW}$

三、并联管路的计算

[例 1-27] 用内径为 300 mm 的钢管输送 20 ℃的水。为了测量管内的流量，采用如本例附图所示的装置。在 2 000 mm 长的一段主管路上并联了一根总长为 10 m(包括支管的直管长度、流量计及一切局部阻力的当量长度)、直径为 $\phi 60 \times 3.5$ mm 的钢管，其上装有转子流量计。由流量计上读数知支管中水的流量为 2.72 m^3/h。试求水在总管路中的流量。已知主管及支管的摩擦系数分别为 0.018 及 0.03。

解：化工厂中管路的敷设都是按工艺要求进行的。除了采用例 1-23、例 1-24 的简单管路及例 1-25、例 1-26 的分支管路外，有时还采用并联管路，即总管分为两支或多支管路，然后各分支管路又汇合为一，本题

即属于这种并联管路。并联管路除遵循质量守恒、能量守恒的原则外,还受各支管的流动阻力必相等这一条件的约束,即:

$$\Sigma h_{f,1} = \Sigma h_{f,2} = \cdots = \Sigma h_{f,n} = \Sigma h_f \tag{1}$$

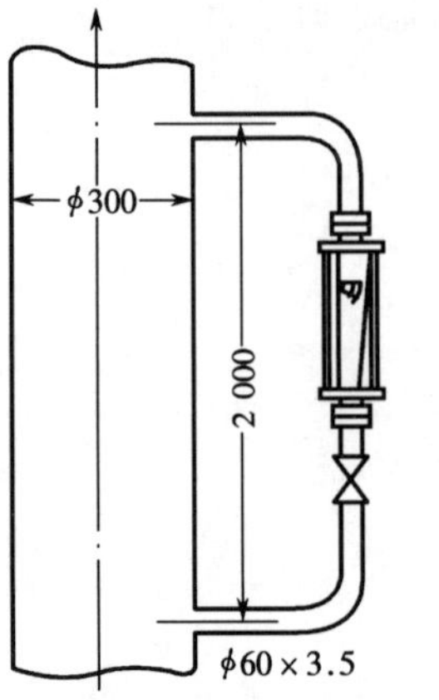

例 1-27 附图

(图中单位为 mm)

上式可仿照例 1-25 中的方法加以证明。

在并联管路中,若某支管的流量减少,这条管路的流动阻力也随之下降,由于流体有选择向阻力小的通道流动的特性,必然会有更多的流体流向这条阻力小的管路,于是这条管路的流量就加大,阻力也相应地加大了,最终自动调节成本如例式(1)所示的关系。

以下标 1 表示左侧主管、下标 2 表示右侧支管、下标 T 表示总管。

支管内流速 u_2 为:

$$u_2 = \frac{2.72}{3\ 600 \times \frac{\pi}{4}(0.053)^2} = 0.343\ \text{m/s}$$

主管及支管中的摩擦阻力必服从本例式(1)的规律,即:

$$\Sigma h_{f,1} = \Sigma h_{f,2}$$

或 $$\left(\lambda \frac{l + l_e}{d} \frac{u^2}{2}\right)_1 = \left(\lambda \frac{l + l_e}{d} \frac{u^2}{2}\right)_2$$

将已知值代入上式:

$$0.018 \times \frac{2}{0.3} \times \frac{u_1^2}{2} = 0.03 \times \frac{10}{0.053} \times \frac{0.343^2}{2}$$

主管流速　$u_1 = 2.36\ \text{m/s}$

主管流量　$V_1 = \frac{\pi}{4}(0.3)^2 \times 2.36 \times 3\ 600 = 600\ \text{m}^3/\text{h}$

总流量　$V_T = 600 + 2.72 \approx 603\ \text{m}^3/\text{h}$

第 5 节　流量的测量

在化工生产中,为了能使操作在定态状态下进行以及能对过程进行物料、能量衡算,必须要测量流体的流量。测量流量的仪表种类很多,下面介绍几种根据流体力学原理而设计的流速计和流量计。

一、测速管

测速管又称皮托管,如图 1-28 所示。它是用两根弯成直角的同心圆套管组成。为了减少流体的涡流,外管的端口制成封闭的半球体。操作时将测速管放在管道内任意位置,使内管管口与流动方向相垂直,测得该位置上的动能与静压能之和,称为冲压能,以 h_A 表示,即:

$$h_A = \frac{u_r^2}{2} + \frac{p}{\rho}$$

式中　h_A——冲压能,J/kg。

u_r——测速管所在位置上的流速,称为局部速度,m/s。

测速管的外管端四周开有许多与流动方向平行的小孔,故测得的是静压能,即:

$$h_B = \frac{p}{\rho}$$

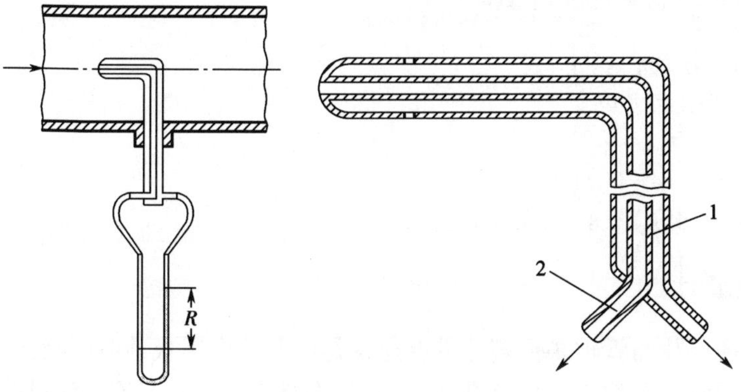

图 1-28　测速管

1—静压管　2—冲压管

以 Δh 表示测速管测得的冲压能与静压能之差，即：

$$\Delta h = h_A - h_B = \frac{u_r^2}{2}$$

或 $$u_r = \sqrt{2\Delta h} \tag{1-56}$$

测速管的内管和外管的另一端分别与 U 管压差计的两臂相连，U 管压差计读数 R 与 Δh 的关系随所采用的压差计类型而异，但都遵循流体静力学规律。

测速管测得的是流体在测速管放置位置上的局部速度，而不能测得平均速度。一般将测速管放在管中心，测得的是管内的最大速度 u_{max}，它与平均速度 u 的关系已示于前面的图 1-20 中，该图是在稳定段之后获得的。测速管适用于测量气体在管道中的局部速度，由于反映在压差计上的读数较小，所以常与微差压差计配套使用。

用测速管测量流速时应注意以下各点：

(1)内管的管口要与流动方向相垂直；

(2)测速管应安装在距任何管件有一定距离的下游稳定段之后；

(3)测速管外径不应大于管径的 1/50；

(4)不适用于含尘气体的测量。

［例 1-28］　常压下平均温度为 40 ℃的空气在 $\phi 159 \times 6$(mm)的钢管内流过，于管子中心线上装一皮托管，与皮托管相连的 U 管压差计上的读数为 25 mm，压差计的指示液为水。试求空气的质量流速 G。

解：先用式 1-56 求出空气在管子中心线上的最大速度，然后再计算空气的质量速度。式 1-56 为：

$$u_{max} = \sqrt{2\Delta h}$$

由式 1-9 知：

$$\Delta h = \frac{gR(\rho_A - \rho)}{\rho} \approx \frac{gR\rho_A}{\rho}$$

所以 $$u_{max} = \sqrt{\frac{2gR\rho_A}{\rho}}$$

式中 ρ_A——指示液水的密度，$\rho_A \approx 1\,000\ \mathrm{kg/m^3}$；

ρ——操作条件下空气的密度，$\mathrm{kg/m^3}$。

由附录六查出，常压下 40 ℃空气的物性常数为：$\rho = 1.128\ \mathrm{kg/m^3}$，$\mu = 1.91 \times 10^{-5}\ \mathrm{Pa \cdot s}$。

所以 $u_{max}=\sqrt{\dfrac{2\times9.81\times0.025\times1\ 000}{1.128}}=20.85\ m/s$

$$Re_{max}=\frac{0.147\times20.85\times1.128}{1.91\times10^{-5}}\approx181\ 000$$

从图 1-20 查出 $u/u_{max}=0.84$

所以 $u=20.85\times0.84=17.51\ m/s$

$$G=u\rho=17.51\times1.128=19.75\ kg/(m^2\cdot s)$$

二、孔板流量计

在管道内插一片与管轴相垂直并带有通常是圆孔的金属板,圆孔与管子同心,如图 1-29 所示。这样构成的装置称为孔板流量计,孔板称为节流元件。当流体流过孔板的小孔以后,由于流动的惯性作用,流动截面积不能立即扩大到与管子截面积相等,而是在一定距离内不断收缩至最小截面,然后才扩大到整个管截面积。流动截面积最小处(截面 2—2′)称为缩脉,流体在缩脉处的流速是它经过小孔后的最大流速,也就是说在缩脉处动能最大,静压强必然要相应减小。因此,当流体以一定的流量流经孔板时,在孔板的两侧就会产生一定的压强变化,流量越大,压强变化也越大。所以,可以用压强变化的大小来量度流体的流量。实际上,流体流过孔板的静压能下降,部分是由于动能加大而引起的,但这部分动能经过缩脉后会逐渐还原成静压能,其余相当大的一部分消耗于克服孔板前后的突然缩小和扩大而引起的阻力,这部分静压能在孔板下游不能恢复,变为热能使流体温度略有升高,故称为永久压强降。

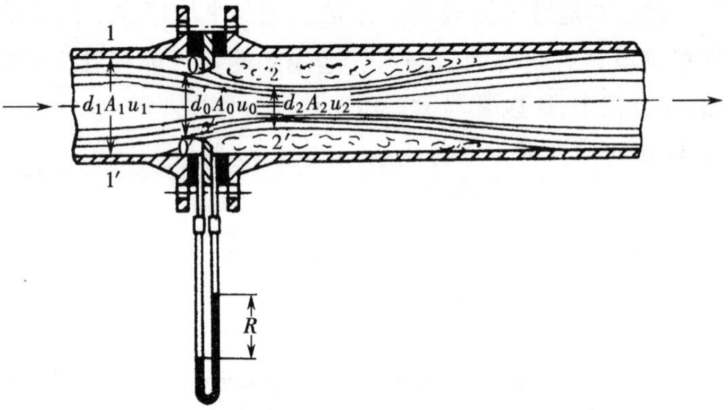

图 1-29 孔板流量计

设孔板装在某水平管内,现通过伯努利方程式来推导用孔板流量计测量流量的计算式。由于缩脉位置与其截面积的大小不易确定,而孔径为已知,故取孔板上游流体流动截面尚未收缩处为 1—1′截面及过圆孔而垂直于管轴的 0—0′为下游截面。在该两面间列伯努利方程式,以管中心线为基准面,暂且忽略这段间的摩擦阻力,于是:

$$gz_1+\frac{p_1}{\rho}+\frac{u_1^2}{2}=gz_0+\frac{p_0}{\rho}+\frac{u_0^2}{2}$$

因系水平管,$z_1=z_0$,整理上式,得:

$$u_0^2-u_1^2=\frac{2(p_1-p_0)}{\rho} \tag{1-57}$$

根据连续性方程式知：

$$\frac{u_1}{u_0}=\frac{A_0}{A_1}$$

将以上关系代入式 1-57 并整理，得：

$$u_0=\frac{1}{\sqrt{1-\frac{A_0}{A_1}}}\sqrt{\frac{2(p_1-p_0)}{\rho}} \tag{1-58}$$

推导上式时忽略了 1—1′与 0—0′面间的摩擦阻力，实际上这部分阻力是不能忽略的，故在式 1-58 中引入校正系数 C_1 以校正忽略摩擦阻力引入的误差，即：

$$u_0=\frac{C_1}{\sqrt{1-\frac{A_0}{A_1}}}\sqrt{\frac{2(p_1-p_0)}{\rho}} \tag{1-58a}$$

另外，由于孔板较薄，如标准孔板厚度$\leqslant 0.05d_1$（d_1 为管子内径），装在直径为 100 mm 管道上孔板的厚度约为 5 mm，而测压口直径一般为 6 ~ 12 mm，所以难于将测压口开在孔板上。变通的方法是将两个测压口分别放在孔板的两侧，如图 1-29 所示，这种测压方法称为角接取压法。设用角接取压法测得的压强差为 p_a-p_b，它与式 1-58a 中的 p_1-p_0 是不相等的，若以 p_a-p_b 代替式 1-58a 中的 p_1-p_0 所引入的误差以 C_2 校正，这样式 1-58a 变为：

$$u_0=\frac{C_1C_2}{\sqrt{1-\frac{A_0}{A_1}}}\sqrt{\frac{2(p_a-p_b)}{\rho}} \tag{1-58b}$$

令
$$C_0=\frac{C_1C_2}{\sqrt{1-\frac{A_0}{A_1}}} \tag{1-59}$$

所以
$$u_0=C_0\sqrt{\frac{2(p_a-p_b)}{\rho}} \tag{1-60}$$

上式即为用角接取压法测孔板前后的压强差以计算通过小孔速度 u_0 的公式。当分别采用体积流量和质量流量时，式 1-60 相应地变为：

$$V_s=A_0u_0=C_0A_0\sqrt{\frac{2(p_a-p_b)}{\rho}} \tag{1-60a}$$

$$w_s=A_0u_0\rho=C_0A_0\sqrt{2\rho(p_a-p_b)} \tag{1-60b}$$

若 p_a-p_b 由孔板前后测压孔所连的 U 管压差计测得，压差计上读数为 R，指示液密度为 ρ_A，则式 1-60、式 1-60a 及式 1-60b 变为：

$$u_0=C_0\sqrt{\frac{2gR(\rho_A-\rho)}{\rho}} \tag{1-61}$$

$$V_s=C_0A_0\sqrt{\frac{2gR(\rho_A-\rho)}{\rho}} \tag{1-61a}$$

$$w_s=C_0A_0\sqrt{2g\rho R(\rho_A-\rho)} \tag{1-61b}$$

以上诸式中：

p_a-p_b——以角接取压法测得孔板前后的压强差，Pa；

ρ——流体的密度,kg/m^3;

ρ_A——指示液的密度,kg/m^3;

A_0——小孔的截面积,m^2;

A_1——管道的截面积,m^2;

V_s——体积流量,m^3/s;

w_s——质量流量,kg/s;

C_0——总校正系数,又称流量系数或孔流系数,量纲为1。

由式1-59看出:流量系数与校正忽略摩擦阻力的校正系数 C_1、校正测压口位置的校正系数 C_2 及小孔截面与管道截面之比 A_0/A_1 有关,它们间的具体关系由实验测得。图1-30表达了用角接法取压时 C_0 与 Re 数、A_0/A_1 的关系。图中 Re 数规定由管道直径 d_1 及流体在管道中的平均速度 u_1 计算出的。由图看出:对于任一条 A_0/A_1 的关系曲线来说,都是当 Re 值较小时,C_0 随 Re 数的加大而减小;当 Re 超过某一值 Re_c 时,C_0 不随 Re 而变,只是 A_0/A_1 的函数。Re_c 称为临界雷诺值。将每条线的转折点连起来的曲线称为临界雷诺线,曲线右侧的 C_0 值近于常数。流量计所测的流量范围最好在 C_0 为定值的区域内,这时流量 V_s 或 w_s 只与压强差 p_a-p_b 或压差计读数 R 的平方根成正比。设计合适的孔板流量计的 C_0 值在0.6~0.7范围内。

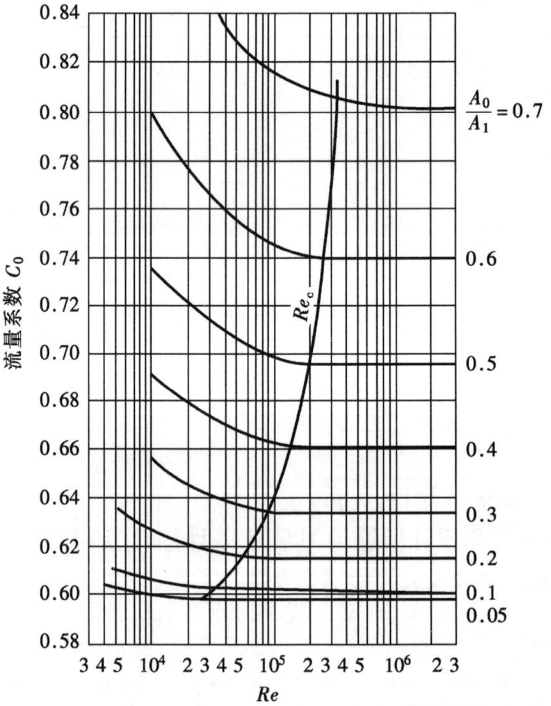

图1-30 孔板流量计的 C_0 与 Re、A_0/A_1 的关系曲线图

用方程式群1-60或方程式群1-61计算 u_0、V_s 或 w_s 时,必须先确定流量系数 C_0,而 C_0 又与 Re 数有关,此时可采用试差法。先假设 $Re \geqslant Re_c$,根据 A_0/A_1 值查出 C_0,用上面相应

式子算出流量后，再算平均速度 u_1，从而计算 Re 值以核对原先假设的 Re 值。若计算的 Re 等于或大于 Re_c，则假设合适，否则另设 Re 值，重复上面计算，直到计算的雷诺值等于或大于 Re_c 为止。

孔板流量计是按系列生产的。当有特殊要求而无合适的孔板流量计可购买时，只有自行设计加工制造，严格按标准设计、加工制得的孔板流量计而且保持清洁、不受腐蚀时，才能用相应的式子计算流量，计算误差为 1% ~ 2%，否则应用称量法或标准流量计对所设计的流量计加以校核，作出这个流量计专用的压差与流量的关系曲线——流量计校核曲线，以供使用时查用。

当流量和管路直径一定时，若选用的管径越小，测压计的读数 R 就越大，越易读取数据，同时可以达到较高的准确度；但另一方面，流体通过孔板的能量损失越大，例如当孔径为管径的 1/5 时，由实验测知流体通过孔板的永久能量损失竟占孔板前后静压能变化的 90% 左右。所以在选孔径 d_0 时，应按具体情况作决定，既要考虑测量数据的准确度，使压差计上能显出明显的读数，也应注意管路中允许的静压能损失。一般选 A_0/A_1 在 0.05 ~ 0.7 或 d_0/d_1 在 0.22 ~ 0.84 的范围内。

流体通过孔板的能量损失按下式计算：

$$h'_f = \frac{p_a - p_b}{\rho}\left[1 - 1.1\left(\frac{d_0}{d_1}\right)^2\right] \tag{1-62}$$

式中　h'_f——通过孔板的能量损失，J/kg。

安装孔板流量计时，其上、下游都应有一段直径不变的直管，以保证流体通过孔板时的速度分布合乎正常的情况。若在孔板上、下游不远处装有任何管件，读数的准确性和重现性都会受到影响。一般孔板安装位置与上游管件应相距 $50d_1$，与下游管件应相距 $10d_1$。

通常孔板由不锈钢制成，特别要求时可采用其他耐蚀、耐磨材料制造。

孔板流量计的优点是构造简单、制造方便，当流量发生变化时调换孔板比较方便；缺点是能量损失较大。目前工业上仍然广泛采用孔板流量计来测量液体或气体流量。测量气体流量时，若孔板前后的压强变化太大，譬如 $(p_a - p_b)/p_a \geqslant 20\%$（$p_a$ 及 p_b 分别为孔板前、后的绝对压强），则应考虑气体密度的变化。式 1-60 及式 1-61 方程式群中应引入另一量纲为 1 的校正系数 ε'。ε' 称为体积膨胀系数，它是绝热指数、压差比 $(p_a - p_b)/p_a$ 及 A_0/A_1 的函数，本书不作介绍。

［例 1-29］　在 $\phi 38 \times 2.5$(mm)的管路上装有标准孔板流量计，孔径为 16.4 mm，管中流动的为甲苯溶液。采用角接取压法用 U 管压差计测量孔板两侧的压强差，以汞为指示液，测压连接管中充满甲苯。现测得 U 管压差计读数为 600 mm，试计算管中甲苯的流量为若干(kg/h)。操作条件下甲苯的密度为 868 kg/m³、黏度为 0.6×10^{-3} Pa·s。

解：用式 1-61b 计算甲苯的质量流量

$$w_s = C_0 A_0 \sqrt{2gR(\rho_A - \rho)}$$

$$\frac{A_0}{A_1} = \left(\frac{d_0}{d_1}\right)^2 = \left(\frac{16.4}{33}\right)^2 = 0.247$$

设 $Re > Re_c$（$Re_c = 8 \times 10^4$），由图 1-30 查出 $C_0 = 0.626$。

$$w_s = 0.626 \times \frac{\pi}{4}(0.0164)^2\sqrt{2 \times 9.81 \times 868 \times 0.6(13\,600 - 868)} = 1.51\ \text{kg/s} = 5\,436\ \text{kg/h}$$

下面应校核 Re 值。流体在管内的流速为：

$$u_1 = \frac{1.51}{868 \times \frac{\pi}{4}(0.033)^2} = 2.03\ \text{m/s}$$

$$Re = \frac{du\rho}{\mu} = \frac{0.033 \times 2.03 \times 868}{0.6 \times 10^{-3}} = 97\ 000 > Re_c$$

故前面的计算正确。

三、文丘里流量计

为了减少能量损失，也可用一段渐缩、渐扩管代替孔板，此管称为文丘里流量计或文丘里管，如图 1-31 所示。上游测压口距管径开始收缩处的长度为 1/2 管径，下游测压口设在称为喉管(即管径最小处)的中心。由于收缩段与扩散段都是逐渐均匀地改变，流体在文丘里管内速度改变缓慢，涡流现象不显著。喉管处所增加的动能可于其后渐扩的过程中大部分转回为静压能，所以能量损失大为减少。

文丘里流量计测量流量的原理与孔板的基本相同，将孔板流量计的计算公式略加修改就可应用于文丘里流量计，即：

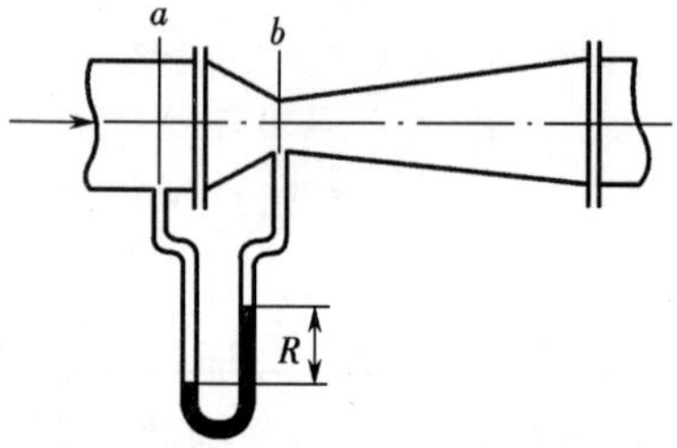

图 1-31　文丘里流量计

$$V_s = C_V A_0 \sqrt{\frac{2(p_a - p_b)}{\rho}} \tag{1-63}$$

式中　V_s——流量，m^3/s；

C_V——文丘里管流量系数，量纲为 1，由实验确定，可从专著或手册中查得，一般 $C_V \approx 0.98$；

A_0——喉管的截面积，m^2；

$p_a - p_b$——两测压面上的压强差，Pa，其值由压差计读数 R 算出；

ρ——被测流体的密度，kg/m^3。

流体通过文丘里流量计的能量损失比孔板流量计的要小得多。但文丘里流量计各部分尺寸要求严格，需要精细加工，所以售价较高。

［例 1-30］　在某水平管路上装有喉径为 60 mm 的文丘里流量计。常压下 25 ℃的空气在管中流过，其最大流量为 300 kg/h。试选择类型合适的压差计以及所采用的指示剂。

解：本题应先根据式 1-63 算出在最大流量下喉管上游与喉管间的压强差，然后再选指示剂。

由附录六查出常压下 25 ℃空气的密度为 1.185 kg/m^3。

式 1-63 为：

$$V_0 = C_V A_0 \sqrt{\frac{2\Delta p}{\rho}}$$

其中　$V_0 = \frac{300}{3\ 600 \times 1.185} = 0.070\ 3\ m^3/s$

取流量系数 $C_V = 0.98$。

$$0.070\ 3 = 0.98 \times \frac{\pi}{4}(0.06)^2 \sqrt{\frac{2\Delta p}{1.185}}$$

解得　$\Delta p = 382$ Pa

先选用普通 U 管压差计。为便于读取数据，且 U 形管也不太长，取指示剂读数 R 为 400 mm，则根据 U 管压差计的计算式 1-9a 可以算出指示剂应具备的密度值，即：

$$\Delta p \approx \rho_A Rg$$

$$382 = \rho_A \times 0.4 \times 9.81$$

解得 $\rho_A = 97.3\ \text{kg/m}^3$

即若使指示剂读数为 400 mm，则所选的指示剂的密度应为 97.3 kg/m³，实际上没有这样小密度的液体指示剂。若选用密度大的指示剂，则读数 R 变小，不易准确读取数值，所以应改用微差压差计。取配套使用的指示剂氯苯和水，两者的密度分别为 $\rho_A = 1\ 106\ \text{kg/m}^3$ 及 $\rho_C = 1\ 000\ \text{kg/m}^3$，根据微差压差计的计算式 1-11b（该式忽略了扩张室中指示剂高度差 R'）近似算出指示剂氯苯的高度：

$$\Delta p \approx (\rho_A - \rho_C) Rg$$

$$382 = (1\ 106 - 1\ 000) \times 9.81 R$$

解得 $R = 0.367\ \text{m} = 367\ \text{mm}$

若采用微差压差计，以氯苯和水作为配套使用的指示剂，在最大的空气流量下氯苯的读数为 367 mm。

四、转子流量计

转子流量计的构造如图 1-32 所示，主体玻璃管的截面积由下而上逐渐稍有扩大，管内装有一个金属或其他材料制成的转子，又称浮子，流体自下而上流过时，可以使转子浮起来。有些转子顶部边缘刻有斜槽，流体上升时，它就边旋转边垂直地向上浮起。因玻璃管是倒锥形，所以转子周边与玻璃管间的环形截面积的大小随转子所处的位置而变。当流体自下而上作用于转子上的力为转子本身的净重力（转子的重力减去浮力）所平衡时，转子即停留在某一定位置上作旋转运动，用转子的停留位置来反映流量的大小。

转子处于平衡状态时力的关系式为：

$$A_f(p_1 - p_2) = V_f(\rho_f - \rho)g$$

或

$$p_1 - p_2 = \frac{V_f(\rho_f - \rho)g}{A_f} \tag{1-64}$$

式中 p_1——流体作用于转子底面上的压强，Pa；

p_2——流体作用于转子顶面上的压强，Pa；

A_f——转子最大部分的截面积，m²；

V_f——转子的体积，m³；

ρ_f——转子材料的密度，kg/m³；

ρ——待测流体的密度，kg/m³。

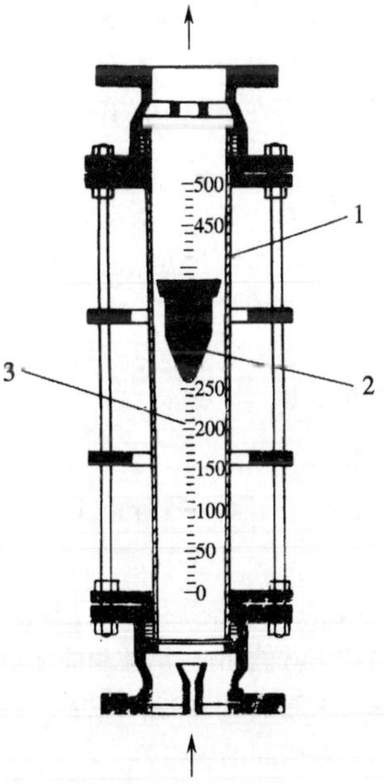

图 1-32 转子流量计

1—锥形玻璃管 2—转子 3—刻度

若转子材料及大小一定时，则 V_f、A_f 及 ρ_f 为常数，在测量期间流体密度 ρ 可视为常数，故式 1-64 等号左侧的 $p_1 - p_2$ 为恒定值，与流量大小无关。流量计的流通面积由下向上逐渐扩大，即用变动的截面积来反映流量的大小，故这种流量计称为定压差流量计。前面介绍的测速管、孔板流量计和文丘里流量计的节流面积不变，用变动的压强差来反映流量的大小，这类流量计属于定截面流量计。

转子流量计上的刻度与待测流体的密度有关。通常，流量计在出厂之前，选用通常水和空气分别作为标定液体和气体流量刻度的介质。当应用于测量其他流体时，需要对原有的刻度加以校正，作出专用的校正曲线，有时当测量水和空气以外的流体时，也可用下面式子对读得的流量加以换算。

对于液体

$$\frac{V_2}{V_1}=\sqrt{\frac{\rho_1(\rho_f-\rho_2)}{\rho_2(\rho_f-\rho_1)}} \tag{1-65}$$

对于气体

$$\frac{V_{G,2}}{V_{G,1}}=\sqrt{\frac{\rho_{G,1}}{\rho_{G,2}}} \tag{1-66}$$

式中下标 1 及 2 分别表示出厂标定时所用的流体(产品说明书上有记载,一般为空气与水)和工作流体,G 表示气体,f 表示转子材料,其他符号与前相同。

转子流量计读取数据方便,能量损失小,测量范围大,能用于腐蚀性流体的测量。但由于锥管通常是玻璃的,故不适用于高压、高温的操作,安装时也容易破碎。

习　题

1. 试用式 1-2 及式 1-3 计算 3×10^5 Pa(绝对压强)及 40 ℃时空气的密度,并比较两者的计算结果。空气的摩尔分数为:

O_2　0.21

N_2　0.78

Ar　0.01

答:用式 1-2 计算的 $\rho=3.339$ kg/m^3(40 ℃,3×10^5 Pa)。用式 1-3 计算的 $\rho_m=3.338$ kg/m^3(40 ℃,3×10^5 Pa)。两者结果一致。

2. 已知每小时进入乙苯蒸馏塔的原料液中含有 4.5 kg 苯、9 kg 甲苯、181.5 kg 乙苯及 105 kg 苯乙烯。试求该原料在 20 ℃时的密度。提示:各纯组分的密度可从附录中查得。

答:$\rho_m=882.1$ kg/m^3

3. 用饱和水蒸气消毒医用注射器时,温度不能低于 120 ℃,否则达不到消毒效果。试求在西藏地区达到消毒温度时饱和蒸汽的表压强(Pa)。

答:$1.386\,4\times10^5$ Pa(表压)

4. 两流体的密度分别为 ρ_1 及 ρ_2,当该两流体的绝对压强相同时,试推导说明两种流体的密度与流体柱高度之间的关系式。

答:$\rho_1/\rho_2=h_2/h_1$

5. 按图 1-4(b)推导求出与压差计相连的管道截面上计算真空度的公式。

答:真空度 $=p_a-p=h\rho_B g+R\rho_A g$

6. 常用本题附图所示的倒置 U 管压差计测量液体通过管道上某两截面间的压强差。U 形管两端分别与被测两截面相连,用被测液体自身作指示液,液面上方空间充满了空气,空气可通过旋塞吸入或排出,以便调节 U 形管内液面的位置。已知管道内流过密度为 850 kg/m^3 的某种液体,U 管上读数为 200 mm。试求被测两截面间的压强差。

答:$p_1-p_2=1\,668$ Pa

7. 用 U 管压差计测量气体管路上某两截面间的压强差,指示液为水,读数 R 为 12 mm。为了扩大指示液读数,改用微差压差计。指示液 A 是含40%乙醇的乙醇水溶液,其密度为 920 kg/m^3;指示液 C 是煤油,其密度为 850 kg/m^3。求微差压差计的读数为原来读数的倍数。忽略扩大室内两指示液间的液面高度差。

答:14.3 倍

8. 在本题附图所示的气体流化床反应器上装有两个 U 管压差计。当气体通过流化床时,测得 $R_1=400$ mm、$R_2=50$ mm,指示液为汞,于顶部 U 形管与大气相通的支管汞面上注入水,水层高度 $R_3=50$ mm。

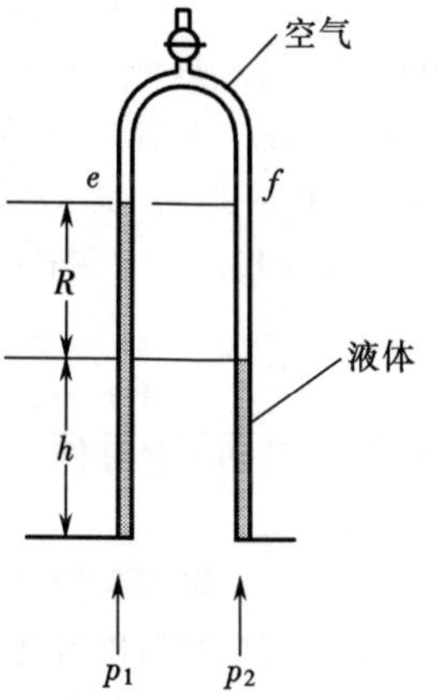

习题 6 附图

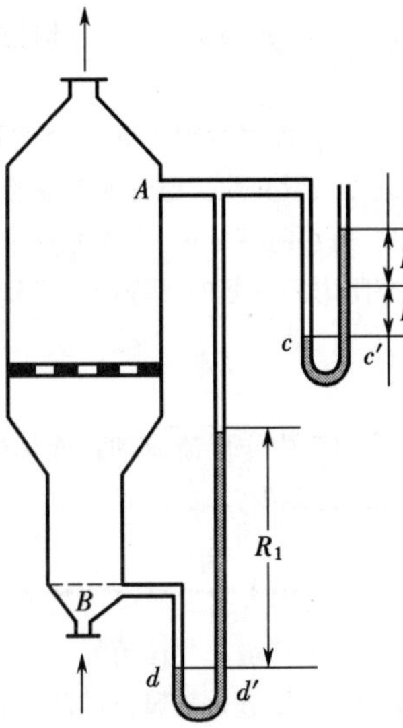

习题 8 附图

试求反应器内 A、B 两处的静压强(Pa)。

提示:因气体的密度远小于液体的密度,故气柱与液柱相比,可以忽略与气柱高度相对应的压强差。

答:$p_A = 7\ 161$ Pa(表压);$p_B = 60\ 530$ Pa(表压)

9. 流化床反应器是在圆管内装有水平的分布板,分布板上开有许多筛孔,固体物料置于分布板上,操作时指定状态的气体从分布板的底部送入,通过筛孔使其上物料不停地上下翻动并进行反应。某厂新建的流化床反应器内径为 800 mm,分布板上开有 640 个直径为 10 mm 的筛孔。操作之前,用常温、常压的空气作冷模实验,测得空气在反应器内的流速为 0.5 m/s,试求空气通过分布板筛孔的流速。常温、常压下的空气可视为是不可压缩的流体。

答:气体通过小孔的速度 = 5 m/s

10. 用清水在本题附图所示的洗涤塔内清洗某气体中的灰尘,分别用压强表及水银 U 管压差计测量底部与顶部的压强。压强表上读数为 0.5×10^5 Pa,U 管压差计上水银柱读数为 300 mm,水银柱上方水柱的读数为 40 mm,两测压口间的垂直距离为 8 000 mm。求气体在塔内两测压面间的能量损失。已知标准状态下气体的密度为 0.76 kg/m³,塔内平均温度为 30 ℃。提示:忽略气体在塔内的动能变化。

答:$\sum h_f = 9\ 602$ J/kg

11. 用泵将密度为 1 070 kg/m³ 的某种水溶液从开口贮槽送至开口高位槽内,两槽内的液面均维持恒定,其间垂直距离为 27 m。管路为 $\phi 76 \times 3$(mm),输送量为 2×10^4 kg/h。系统的全部能量损失为 35 J/kg,泵的效率为60%,试求泵的轴功率。

答:$N = 2\ 780$ W

12. 某离心泵安装于高出水井水面 5.5 m 处,吸水量为 40 m³/h。吸水管为 $\phi 114 \times 4$(mm),包括管路入口损失的吸入管路上总能量损失为 4.5 J/kg。试求泵吸入口处的真空度。当地大气压强为 $1.013\ 3 \times 10^5$ Pa。

答:泵入口处压强 = 5.93×10^4 Pa(真空度)

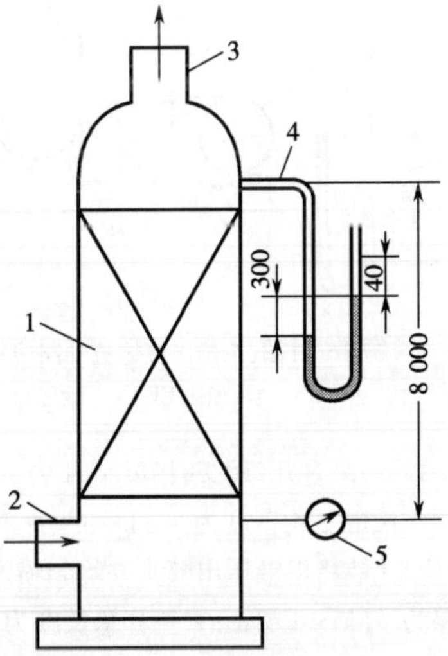

习题 10 附图

1—洗涤塔　2—进气管　3—出气管

4—水银压差计　5—压强表

13. 在操作条件下，每小时有 2 900 m^3 的某种气体在内径为 230 mm 的管中流过，管内平均温度为 50 ℃、平均压强为 $1.013\ 3\times10^5$ Pa(绝)。气体性质可按空气来处理。试判断气体流动时的流型。

答: $Re=24.9\times10^4$(湍流)

14. 套管换热器是用管件将两根不同直径的管子连接成同心圆的套管，冷、热两流体分别在内管内和环隙通道内流过而进行热量交换。已知某套管换热器的内管为 $\phi25\times2.5$(mm)、外管为 $\phi51\times3$(mm)，管壁相对粗糙度为 0.001。每小时有 3 m^3 的某种液体在环隙通道内流过进行热量交换。试求流体通过环隙通道时每米管长因摩擦阻力而引起的压强降。已知操作条件下液体的密度为 836 kg/m^3、黏度为 0.64×10^{-3} Pa·s。

答: $\triangle p_f/l=252.2$ Pa/m

15. 某液体在圆形直管内作层流流动。液体的温度、流量及管长不变，而将管径加倍。求因摩擦阻力而引起的压强降为原来的多少？

答: 压强降减至原来的 1/16

16. 从设备送出的废气中含有少量可溶物质，在放空之前令其通过一个洗涤塔，以回收这些可溶物质进行综合利用，并避免污染环境。气体流量为 3 600 m^3/h(在操作条件下)，其物理性质与 50 ℃的空气基本相同。如本题附图所示，气体进入鼓风机前的管路上安装有指示液为水的 U 管压差计，其上读数为 30 mm。输气管路与放空管的内径均为 250 mm，直管长度与管件、闸阀的当量长度之和为 50 m(不包括进、出塔及管出口阻力)。放空口与鼓风机进口中心线的垂直距离为 20 000 mm，已估计气体通过塔内填料层的压强降为 1.96×10^3 Pa。管壁的绝对粗糙度 ε 可取为 0.15 mm。大气压强为 $1.013\ 3\times10^5$ Pa。求鼓风机的有效功率。

提示：(1)忽略气体在塔内的动能变化；(2)忽略压差计右支管指示剂上方与气柱相应的压强差。

答: $N=3\ 094$ W

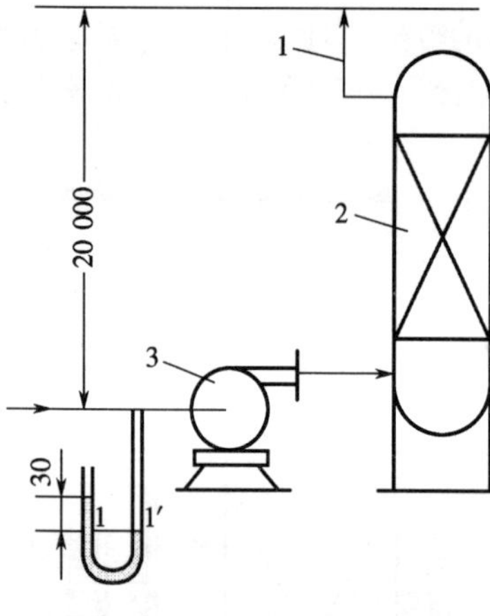

习题 16 附图(未画出液体流动路线)

1—放空管　2—填料层　3—鼓风机

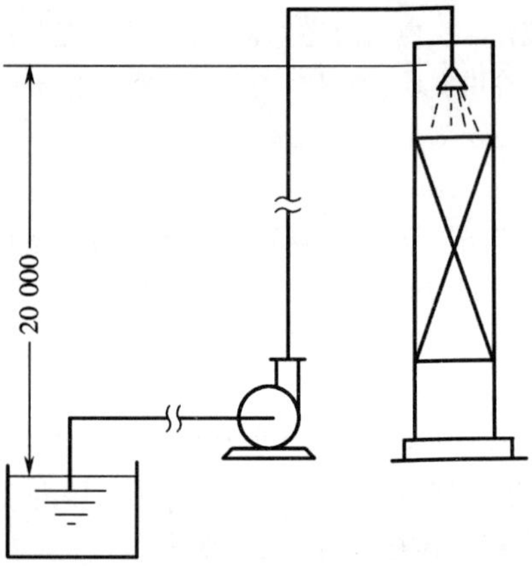

习题 17 附图

17. 用泵自开口贮槽将每小时 97 m^3 的某种水溶液输送至塔顶经喷头喷洒至填料上方。已知操作条件下水溶液的平均密度为 996 kg/m^3、黏度为 0.8×10^{-3} Pa·s。输送管路与喷头连接处的压强至少为 2×10^4 Pa(表压)才能将溶液压出喷头并均匀喷洒在填料上方。管路与喷头连接处高出贮槽液面 20 000 mm。输送管路为 $\phi140\times4.5$(mm)，直管总长度为 150 m，其上装有标准弯头 6 个、全开闸阀 1 个，当量长度与全开闸阀相当的流量计 1 个、$l_e/d\approx70$ 的摇板式单向阀 1 个。库房有一台备用的离心泵，其效率为 0.65、轴功率为 16.8 kW，试验算该泵的轴功率是否能满足要求。取管壁粗糙度为 0.3 mm。流程如本题附图所示。

答: 库存的泵合用。

18. 如本题附图所示，贮槽内水位维持恒定。槽的底部与内径为 100 mm 的钢质放水管相连，管路上装有一个闸阀。距管入口端 15 m 处装有以汞为指示液的 U 管压差计,其一臂与管道相连,另一臂通大气,压差计连接管内充满了水,测压点与管路出口端之间的直管长管为 20 m。U 管汞面上有一小段水柱,计算时可以忽略。

(1)当闸阀关闭时,测得 $R=600$ mm、$h=1\ 500$ mm;当闸阀部分开启时,$R=400$ mm、$h=1\ 400$ mm。摩擦系数 λ 可取为 0.025,管路入口处的局部阻力系数取为 0.5。试求每小时从管中流出若干立方米的水。

(2)当闸阀全开时,U 管压差计测压处的静压强为若干 Pa(表压)。闸阀全开时 $l_e/d=15$,摩擦系数仍可取为 0.025。

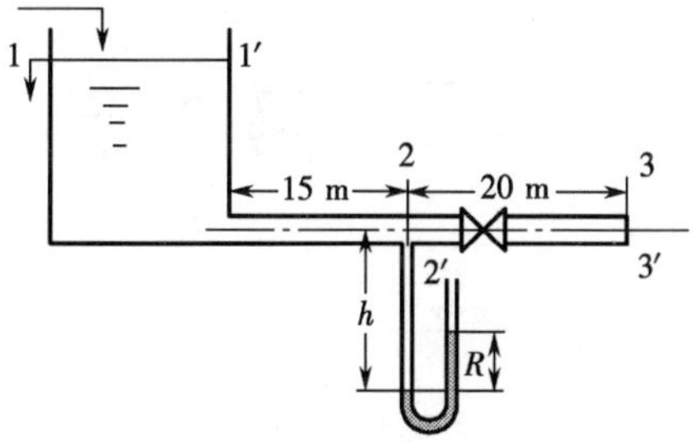

习题 18 附图

答:(1) $V=88.5\ m^3/h$;

(2) $p=32\ 970$ Pa(表压)

19. 在本题附图所示的流程中,需要将室外开口贮槽中的某种溶液送往远处 A、B 两个开口槽中,三个槽中的液面均维持恒定。要求选用合适的管径使送往 A 槽的液体为 80 m^3/h、送往 B 槽的液体为 30 m^3/h。由三通至 A 槽及 B 槽的直管总长度分别为 160 m 及 80.5 m。由贮槽至三通入口的直管总长度为 26 m。因为管路较长,为了简化计算,忽略系统中一切局部阻力。若泵的效率为 0.65,再求泵的轴功率。

溶液平均密度为 1 150 kg/m^3、黏度为 2.5×10^{-3} Pa·s。各槽的相对位置示于本题附图中,图中长度单位为 mm。

答:略

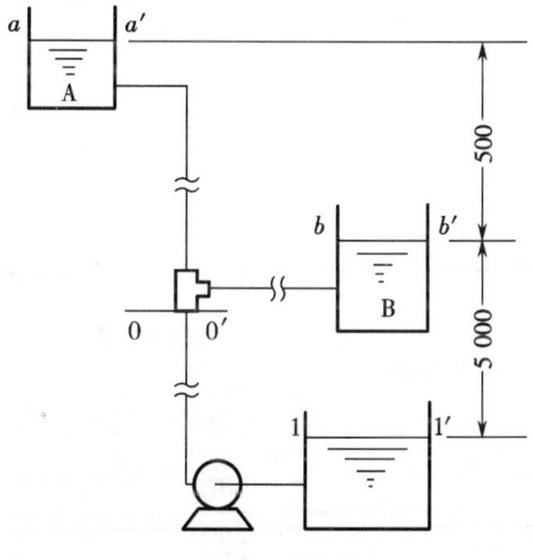

习题 19 附图

(图中没有标出阀门及管件)

20. 在 $\phi80\times2.5$(mm)的管路上装有孔径为 45 mm 的孔板流量计,以测量流经管路中溶液的流量。操作条件下,溶液的密度为 1 600 kg/m^3、黏度为 1.5×10^{-3} Pa·s。用角接取压法测量孔板前、后的压强差,压差计中指示液为汞。今因生产量加大,溶液流量最高可达 36 m^3/h,而压差计上的读数不能超过 700 mm,试判断该压差计是否合用。

答:原有压差计合用。

第 2 章 流体输送机械

本章符号说明

英文字母

a——活塞杆的截面积,m^2;

A——活塞的截面积,m^2;

c——离心泵叶轮内液体质点的绝对速度,m/s;

C_H、C_Q、C_η——压头、流量、效率的黏度换算系数;

d——管子直径,m;

D——叶轮或活塞直径,m;

g——重力加速度,m/s^2;

Δh——允许气蚀余量,m;

H——泵的压头,m;

H_c——泵的动压头;m;

H_e——管路系统所需的压头,m;

H_f——压头损失,m;

H_g——离心泵的允许安装高度,m;

H_p——泵的静压头,m;

H'_s——离心泵的允许吸上真空度,m;

H_T——全风压,Pa;

H_{st}——离心通风机的静风压,Pa;

$H_{T,\infty}$——离心泵的理论压头,m;

L——管长,m;

L_e——管路当量长度,m;

m——多变指数;

n——转速,r/min;

n——活塞往复次数,1/min;

N——轴功率,kW;

N_e——有效功率,kW;

$NPSH$——离心泵的气蚀余量,m;

p——压强,Pa;

p_a——大气压强,Pa;

p_v——液体的饱和蒸气压,Pa;

Q——流量,m^3/s;

Q_e——管路系统要求的流量,m^3/s;

Q_s——泵的额定流量,m^3/s;

Q_T——泵的理论流量,m^3/s;

R'——气体通用常数,J/(kg·K);

S——活塞的冲程,m;

t——摄氏温度,℃;

T——热力学温度,K;

u——流速或离心泵内液体质点的圆周速度,m/s;

V——体积,m^3;

V_{min}——排气量,m^3/min;

w——离心泵叶轮内液体质点的相对速度,m/s;

z——位压头,m。

希腊字母

α——绝对速度与圆周速度的夹角;

β——流动角;

ε——余隙系数;

ζ——阻力系数;

η——效率;

κ——绝热指数;

λ——摩擦系数;

λ_d——排气系数;

λ_0——容积系数;

μ——黏度,Pa·s;

ν——运动黏度,m^2/s;

ρ——密度,kg/m^3;

ω——叶轮旋转角速度,1/s。

第1节 概　　述

一、流体输送机械的作用

在化工生产过程中，流体输送是重要的单元操作之一，它遵循流体流动基本原理。流体输送机械是一种向流体作功以提高流体机械能的装置。通常，将输送液体的机械称为泵，将压送气体的机械按不同的工况分别称为通风机、鼓风机、压缩机和真空泵。

对一定的管路系统，由流体输送机械所提供的能量可由伯努利方程式求得：

$$W_e = g\Delta z + \frac{\Delta u^2}{2} + \frac{\Delta p}{\rho} + \Sigma h_f \tag{2-1}$$

上式各项的意义和单位见第1章，该式是以单位质量（1 kg）流体为衡算基准得到的伯努利方程式。但在流体输送的计算中，实际上多采用其他衡算基准。

1.输送液体

若输送的是液体（对泵），则采用以单位重量（1 N）为衡算基准。

将式2-1中各项除以 g，可得：

$$\frac{W_e}{g} = \Delta z + \frac{\Delta u^2}{2g} + \frac{\Delta p}{\rho g} + \frac{\Sigma h_f}{g}$$

令

$$H = \frac{W_e}{g}$$

$$H_f = \frac{\Sigma h_f}{g}$$

则

$$H = \Delta z + \frac{\Delta u^2}{2g} + \frac{\Delta p}{\rho g} + H_f \tag{2-2}$$

式2-2中各项的单位均为m，是长度的因次。因此通常将式中的 z、$p/\rho g$、$u^2/2g$ 分别称为位压头、静压头和动压头，H_f 称为压头损失；H 称为泵的压头，代表泵对单位重量（1 N）液体所提供的能量，J/N。

当用泵输送液体时，一般动能项 $\Delta u^2/2g$ 可忽略，液体输送机械提供的能量主要用于提高液体的位能、静压能及克服管路沿程的阻力（能量损失）。

2.输送气体

若输送的是气体（对通风机），则采用以单位体积（1 m^3）为衡算基准。

将式2-1中各项乘以气体的密度 ρ，可得：

$$W_e\rho = \rho g\Delta z + \frac{\Delta u^2}{2}\rho + \Delta p + \rho\Sigma h_f$$

令

$$H_T = W_e\rho$$

则

$$H_T = \rho g\Delta z + \frac{\Delta u^2}{2}\rho + \Delta p + \rho\Sigma h_f \tag{2-3}$$

式2-3中各项的单位为Pa，即具有压强的单位。因此通常将 p 称为静风压，$\rho u^2/2$ 称为动风压，$\rho\Sigma h_f$ 称为风压损失；而 H_T 称为全风压，代表通风机对单位体积（1 m^3）气体提供的能量，J/m^3。

在气体输送中，一般位风压 $\rho g\Delta z$ 可忽略，可见气体输送机械所提供的能量，主要用于提高气体的速度、压强及克服管路沿程的阻力(能量损失)。

二、流体输送机械的分类

化工生产中被输送流体多种多样，某些流体性质十分特殊，例如具有高黏性、强腐蚀性、毒性、易燃易爆性及含有固体粒子等等；此外在输送条件(温度和压强)和输送量等方面也有较大的差别。因此在实际工作中必须依据不同的生产条件及要求选用不同种类的流体输送机械。

流体输送机械常按照其工作原理分为以下类型。

1)动力式(又称叶轮式、非正位移式)　它是利用高速旋转的叶轮使流体获得能量。主要包括离心式、轴流式和旋涡式输送机械。

2)容积式(又称正位移式)　它是利用活塞或转子的挤压作用使流体升压排出。包括往复式、旋转式输送机械。

3)其他类型　例如流体作用式等。对气体和液体输送机械，同一类型的基本结构、工作原理、主要操作性能等大致相似，但因气体的可压缩性及其密度低，使两者在某些方面存在差异，因而将分别讨论。

本章讨论化工用的泵及气体压送机械。要求掌握典型输送机械的工作原理、基本结构及特性，以便能合理地选择和使用这些输送机械。以离心泵和离心通风机为重点。

三、对流体输送机械的基本要求

在化工生产和设计中，对流体输送机械的基本要求如下：

(1)能适应被输送流体的特性，例如它们的黏性、腐蚀性、毒性、可燃性及是否含有固体杂质等；

(2)能满足生产工艺上对流量和能量(压头)的要求；

(3)结构简单，操作可靠和高效，投资和操作费用低。

在化工生产中，选择适宜的流体输送机械类型和型号是十分重要的。

第2节　离心泵

离心泵是化工厂中最常用的液体输送机械。离心泵的特点是结构简单、流量均匀、调节控制方便、适用范围广泛，可输送腐蚀性液体及含有固体颗粒的悬浮液等。近年来，离心泵正向着大型化、高转速的方向发展。

2.2.1　离心泵的工作原理及主要部件

一、离心泵的工作原理和气缚现象

(一)离心泵的工作原理

离心泵的装置简图如图 2-1 所示。它的主要部件是旋转的叶轮和固定的泵壳。具有若干个后弯叶片的叶轮1安装在泵壳2内，并且叶轮紧固于泵轴3上。位于泵壳中央的吸入口4与吸入管路5连接，泵壳侧旁的排出口8与排出管路9连接。排出管路上装有调节阀10。

离心泵一般由电动机驱动。它在启动前需先向泵壳内充满被输送的液体。启动后泵轴带动叶轮高速旋转，叶片间的液体也随之旋转，因此在惯性离心力的作用下液体从叶轮中心向外周作径向运动，并获得了能量，即液体的静压能和动能均有所增高。液体离开叶轮进入泵壳后，由于泵壳中流道逐渐扩大，液体的流速减小，使部分动能转换为静压能。最终液体以较高的压强从泵的排出口进入排出管路，达到输送的目的。

当泵内的液体自叶轮中心甩向外周时，便在叶轮中心处形成了低压区。由于贮槽液面上方的压强大于泵吸入口处的压强，因此在该压强差的作用下，液体便经吸入管路被连续地吸入泵内。只要叶轮不断地旋转，离心泵就能不停地吸入和排出液体。

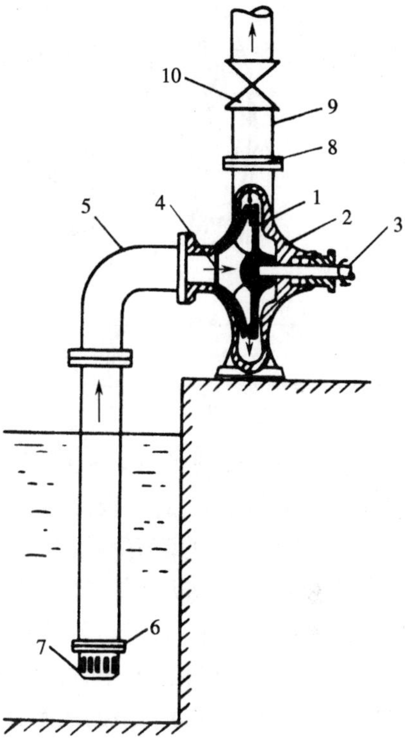

图2-1　离心泵装置简图

1—叶轮　2—泵壳　3—泵轴　4—吸入口
5—吸入管　6—单向底阀　7—滤网　8—排出口
9—排出管　10—调节阀

(二)气缚现象

当离心泵启动时，若泵内未能充满液体而存在大量空气，则由于空气的密度远小于液体的密度，叶轮旋转产生的惯性离心力很小，因而叶轮中心处形成的低压不足以形成吸入液体所需要的压强差(真空度)，这种虽启动离心泵但不能输送液体的现象称为气缚。由此可见，离心泵是一种没有自吸能力的液体输送机械，所以在启动前必须向泵壳内灌满液体。若泵的吸入口位于贮槽液面的上方，在吸入管路应安装单向底阀和滤网。单向底阀可防止启动前灌入的液体从泵内漏泄，滤网可阻挡液体中的固体物质被吸入而堵塞泵壳和管路。

二、离心泵的主要部件

离心泵主要由两部分构成：一是包括叶轮和泵轴的旋转部件；二是包括泵壳、轴封装置等静止部件。其中最主要的部件是叶轮和泵壳。以下分别简要介绍它们的结构和作用。

(一)叶轮

叶轮是离心泵的关键部件，它是由若干弯曲的叶片构成。液体从叶轮中央入口进入后，随叶轮高速旋转而获得了能量，同时由于叶片之间流道逐渐扩大，因此液体在沿叶片径向运动时，又使部分动能转换为静压能。由此可见，叶轮的作用是将原动机的机械能直接传给液体，使液体的静压能和动能均有所提高。

根据叶轮上叶片的几何形式，可将叶片分为后弯、径向和前弯叶片三种，由于后弯叶片可获得较多的静压能，故被广泛采用。

叶轮按其机械结构可分为闭式、半闭式和开式三种。在叶片的两侧带有前、后盖板的叶

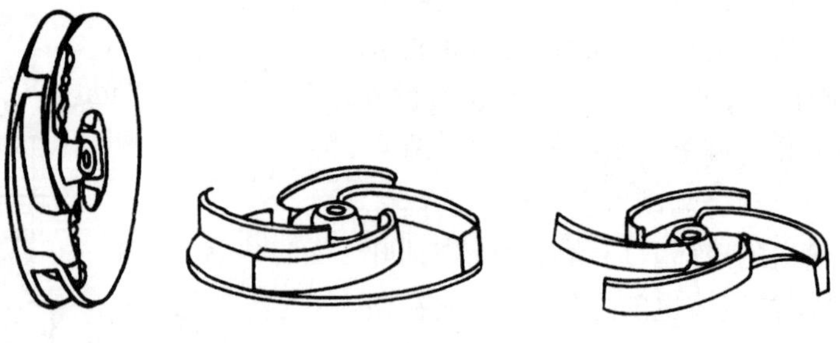

(a)　　　　(b)　　　　(c)

图 2-2　离心泵的叶轮

(a)闭式　(b)半闭式　(c)开式

轮称为闭式叶轮，如图 2-2(a)所示；在吸入口侧无盖板的叶轮称为半闭式叶轮，如图 2-2(b)所示；在叶片两侧无前、后盖板，仅由叶片和轮毂组成的叶轮，称为开式叶轮，如图 2-2(c)所示。由于后两类叶轮的流道不易被堵塞，一般用于输送含固体的悬浮液或浆液。但由于无盖板，液体在叶片间运动时易产生倒流，故这类泵的效率较低。闭式叶轮宜用于输送清洁的液体，泵的效率较高，一般离心泵多采用闭式叶轮。

当闭式或半闭式叶轮工作时，离开叶轮的部分高压液体可以由叶轮和泵壳之间的缝隙漏入两侧，这样不仅降低了泵的效率，同时因叶轮前侧吸入口为低压液体，故液体作用于叶轮前、后两侧的压力不等，使叶轮受到了指向液体吸入口的轴向推力。这种轴向推力往往会导致叶轮向吸入口侧窜动，引起叶轮与泵壳间的接触磨损，严重时可能使泵产生震动。为了消除这种影响，一般在叶轮后侧盖板上钻一些小孔(见图 2-3(a)中 1)，这些小孔称为平衡孔。它的作用是使漏入叶轮后侧的高压液体有一部分经平衡孔漏到低压区，以减小叶轮两侧的压力差，从而平衡了部分轴向推力。但平衡孔的设置会降低泵的效率。

叶轮可按吸液方式分为单吸式和双吸式两种。单吸式叶轮如图 2-3(a)所示，其结构简单。双吸式叶轮如图 2-3(b)所示，它从叶轮两侧对称地吸入液体。双吸式叶轮不仅具有较大的吸液能力，而且可基本上消除轴向推力。

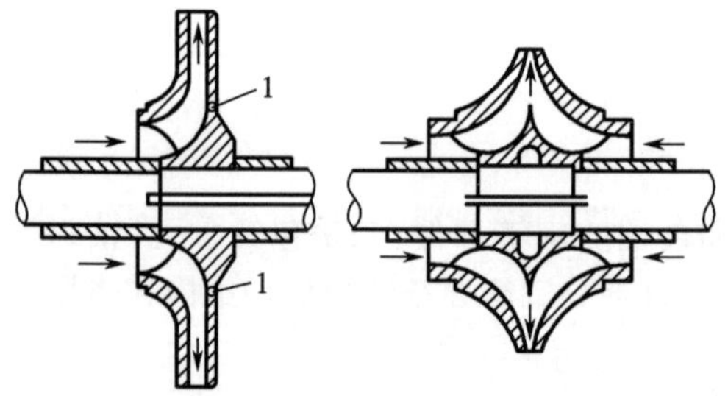

(a)　　　　(b)

图 2-3　离心泵的吸液方式

(a)单吸式　(b)双吸式

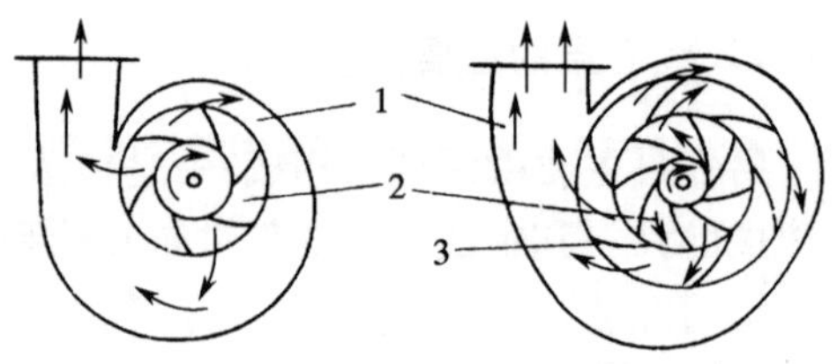

图 2-4　泵壳和导轮

1—泵壳　2—叶轮　3—导轮

(二)泵壳

离心泵的泵壳多制成蜗壳形，又称为蜗壳，壳内有一截面逐渐扩大的通道，如图 2-4 中的 1 所示。泵壳的作用有：①汇集液体，作为导出液体的通道，即从叶轮外周甩出的液体，再沿泵壳中通道流过,排出泵体;②转能装置,因壳内叶轮旋转方向与蜗壳流道逐渐扩大的方向一致,减少了流动能量损失,并且使部分动能转换为静压能。

若为了减小液体进入蜗壳时的碰撞,则在叶轮与泵壳之间还可安装一个固定不动的导轮,如图 2-4 中 3 所示。由于导轮上叶片间形成若干逐渐转向的流道,不仅可以使部分动能转换为静压能,而且还可以减小流动能量损失。

应予指出,离心泵结构上采用具有后弯叶片的叶轮、蜗牛形的泵壳及导轮,均有利于动能向静压能的转换及可以减少流体流动的能量损失。

(三)轴封装置

泵轴与泵壳之间的密封称为轴封。轴封的作用是防止高压液体从泵壳内沿间隙漏出,或外界空气漏入泵内。常用的轴封装置有填料密封和机械密封两种。

1.填料密封

填料密封装置又称填料函,如图 2-5 所示。它主要由填料函壳、软填料和填料压盖等构成。软填料一般选用浸油或涂石墨的石棉绳。用压盖将填料压紧,即将填料压紧在填料函壳和转轴之间,以达到密封的目的。填料密封装置结构简单,但需经常维修,消耗功率较大。因它不能完全避免泄漏,故不宜用于输送易燃、易爆和有毒的液体。

填料函内常装有液封圈,以防止空气从填料函不严密处漏入泵内。如图 2-5 中 3 所示,液封圈是一金属环,环上开有一些径向小孔。这些小孔通过填料函壳上的小管与泵排出口相通,故泵出口高压液体可流入液封圈内,从而防止空气漏入泵内,同时又能对填料和泵轴起到润滑和冷却的作用。

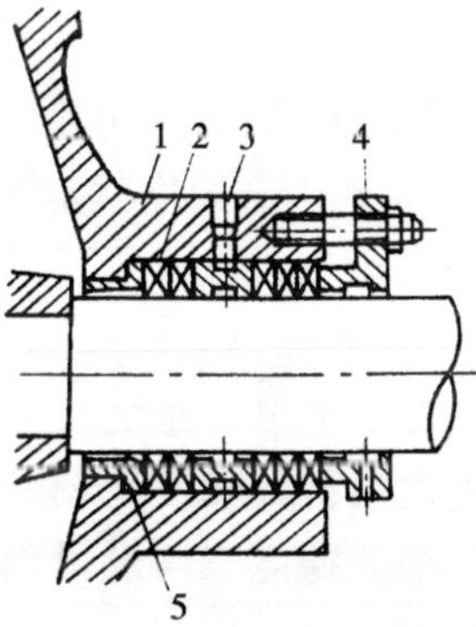

图 2-5 填料密封装置

1—填料函壳 2—软填料 3—液封圈
4—填料压盖 5—内衬套

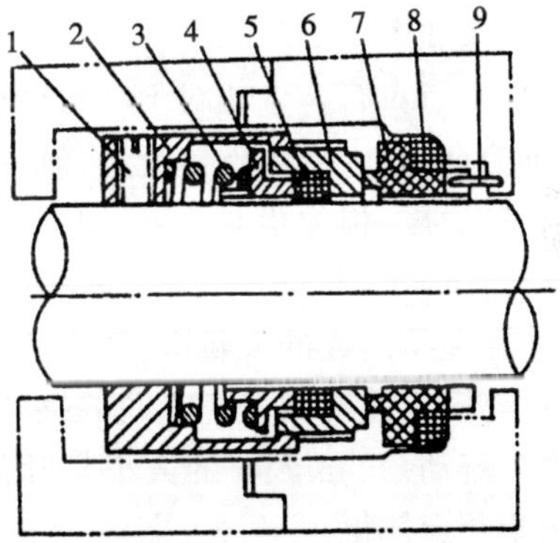

图 2-6 机械密封装置

1—螺钉 2—传动座 3—弹簧 4—锥环
5—动环密封圈 6—动 环 7—静 环
8—静环密封圈 9—防转销

2.机械密封

机械密封装置如图 2-6 所示。它主要由装在泵轴上的动环和固定在泵壳上的静环组成,两环的端面借弹力使之互相贴紧而起到密封的作用,因此机械密封又称端面密封。动环一般用硬质金属材料制成,静环用浸渍石墨或酚醛塑料等非金属材料制成。机械密封安装时,要求动环、静环与轴中心线垂直,环间摩擦面要很好地研合,并通过调整弹簧压力,于两摩擦面间形成一薄层液膜,达到较好的密封和润滑的作用。

机械密封性能优良,使用寿命长,功率消耗较小,但其部件的加工精度高,安装技术要求严格，造价也较高，适用于输送酸、碱以及易燃、易爆和有毒的液体。

2.2.2 离心泵的基本方程式

离心泵的基本方程式又称为离心泵的能量方程，它从理论上表达了在理想情况下离心泵可达到的能量(压头)与泵的转速、结构、尺寸及流体流量等因素之间的关系。

由于液体在叶轮中的运动较复杂，为便于研究，首先假设以下理想情况：

(1)离心泵叶轮的叶片数目为无限多，即叶片厚度为无限薄，因此液体质点是沿叶片表面流动，不发生环流；

(2)输送的是理想液体，即液体在叶轮中流动时不产生流动阻力。

一、液体质点在叶轮内的运动情况——速度三角形

叶轮内任一液体质点的运动情况如图 2-7 所示。图中标出的是液体进入与离开叶轮时的速度三角形。

当叶轮以角速度 ω 旋转时，叶轮中液体质点具有一个随叶轮旋转的圆周速度，以 u 表示，其方向与液体质点所在处圆周的切向方向一致，其大小为：

$$u=\frac{2\pi Rn}{60} \tag{2-4}$$

式中 u——液体质点的圆周速度，m/s；

R——液体质点所在处的半径，m；

n——叶轮的转速，r/min。

同时，液体质点具有一个相对于叶轮运动的相对速度，用 w 表示，其方向为液体质点所在处叶片切向方向，其大小与液体流量、流道的形状等有关。两者的合速度就是液体质点相对于静止泵壳的速度，称为绝对速度，用 c 表示，则：

$$\vec{c}=\vec{u}+\vec{w} \tag{2-5}$$

上述三个速度所组成的矢量图，称为速度三角形。如图 2-7 中出口速度三角形所示：α 表示绝对速度与圆周速度两矢量之间的夹角；β 表示相对速度与圆周速度反向延长线的夹角，一般称之为流动角。α 及 β 的大小与叶片的形状有关。根据速度三角形可确定各速度间关系，即由余弦定律得：

$$w_1^2=c_1^2+u_1^2-2c_1u_1\cos\alpha_1 \tag{2-6}$$

$$w_2^2=c_2^2+u_2^2-2c_2u_2\cos\alpha_2 \tag{2-6a}$$

由此可知，叶片的形状将影响液体在离心泵内的流动情况以及离心泵的性能。

二、离心泵基本方程式的推导

单位质量的理想液体通过无限多叶片的叶轮时所获得的能量，称为理论压头，用 $H_{T,\infty}$ 表示，单位为 m。根据伯努利方程式，单位质量的液体从叶轮入口处叶片上的点 1 到叶片出口处上的点 2 所获得的机械能为：

$$H_{T,\infty}=\frac{p_2-p_1}{\rho g}+\frac{c_2^2-c_1^2}{2g}=H_p+H_c \tag{2-7}$$

式中 H_p 和 H_c 分别表示单位质量液体通过叶轮后静压头的增值及动压头的增值。H_p 主要

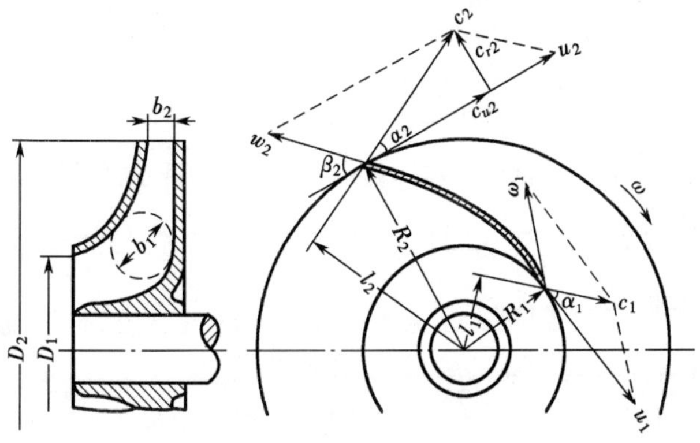

图 2-7　液体在离心泵中的流动

由以下两方面构成。

1)惯性离心力对液体作功　由于惯性离心力的作用,单位质量的液体所获得的外功为

$$\int_{R_1}^{R_2}\frac{R\omega^2}{g}\mathrm{d}R=\frac{\omega^2}{2g}(R_2^2-R_1^2)=\frac{u_2^2-u_1^2}{2g} \tag{2-8}$$

式中 R_1、R_2 分别为叶轮进、出口处圆周的半径。

2)能量转换　由于叶轮中相邻的两叶片构成由中心向外沿逐渐扩大的通道,因此液体流过时将有部分动能转换为静压能。单位质量液体所获得的静压头增值为$\frac{w_1^2-w_2^2}{2g}$。

以上两项相加,得:

$$H_{\mathrm{p}}=\frac{u_2^2-u_1^2}{2g}+\frac{w_1^2-w_2^2}{2g} \tag{2-9}$$

将式 2-9 代入式 2-7 可得:

$$H_{\mathrm{T},\infty}=\frac{u_2^2-u_1^2}{2g}+\frac{w_1^2-w_2^2}{2g}+\frac{c_2^2-c_1^2}{2g} \tag{2-10}$$

将速度三角形中各速度关系代入式 2-10,经过整理得:

$$H_{\mathrm{T},\infty}=\frac{u_2c_2\cos\alpha_2-u_1c_1\cos\alpha_1}{g} \tag{2-11}$$

一般在离心泵的设计中,为提高理论压头,让 $\alpha_1=90°$,即 $\cos\alpha_1=0$,故式 2-11 可写为:

$$H_{\mathrm{T},\infty}=\frac{u_2c_2\cos\alpha_2}{g} \tag{2-12}$$

式 2-11 或式 2-12 称为离心泵基本方程。该式表达理论压头与液体流经叶轮前、后运动参数变化之间的关系。在实际应用上,可将式 2-12 变换为离心泵理论压头和理论流量间的关系。

由图 2-7 可知,c_{r2}为在叶片出口处液体绝对速度的径向分量,与叶片通道截面相垂直,若叶轮外径为 D_2,叶轮出口处叶片宽度为 b_2,叶片厚度可忽略,则离心泵的理论流量为:

$$Q_{\mathrm{T}}=\pi D_2b_2c_{r2} \tag{2-13}$$

又从叶轮出口处的速度三角形可得:

$$c_2\cos\alpha_2=u_2-c_{r2}\cot\beta_2 \tag{2-14}$$

将式 2-13 和式 2-14 代入式 2-12,并经整理可得:

$$H_{T,\infty}=\frac{u_2^2}{g}-\frac{u_2\cot\beta_2}{g\pi D_2 b_2}Q_T$$

$$=\frac{1}{g}(R_2\omega)^2-\frac{Q_T\omega}{2\pi b_2 g}\cot\beta_2 \qquad (2\text{-}15)$$

式2-15为离心泵能量方程的又一表达式，它表达泵的理论压头与理论流量、转速、叶轮直径及叶片几何形状等的关系。

三、离心泵基本方程式的讨论

（一）离心泵的理论压头与叶轮的转速、直径的关系

由式2-15看出，当理论流量 Q_T 和叶片的几何尺寸（b_2，β_2）一定时，离心泵的理论压头随叶轮的转速、直径的增大而增高。

（二）离心泵的理论压头与叶片几何形状的关系

根据叶片的弯曲方向，即叶片出口端流动角 β_2 的大小，可将叶片分为后弯叶片、径向叶片和前弯叶片三种。不同的叶片形状，其出口端的速度三角形不同，如图2-8所示。

1.后弯叶片

因 $\beta_2<90°$，$\cot\beta_2>0$，由式2-15可知，泵的理论压头随理论流量的增大而减小，即

$$H_{T,\infty}<u_2^2/g$$

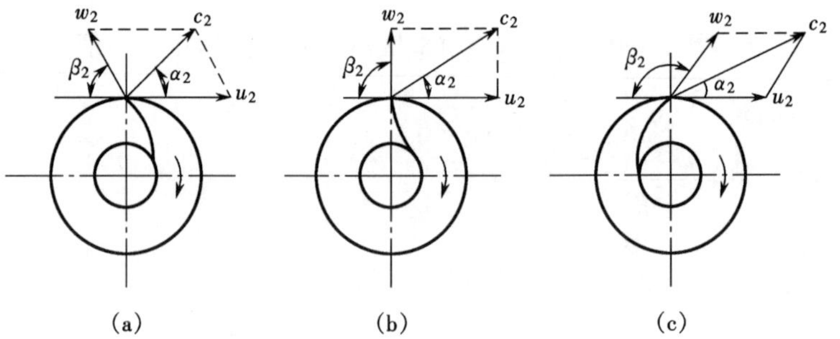

图2-8　叶片形状及出口速度三角形

(a)后弯叶片　(b)径向叶片　(c)前弯叶片

2.径向叶片

因 $\beta_2=90°$，$\cot\beta_2=0$，由式2-15可知，泵的理论压头与理论流量无关，即

$$H_{T,\infty}=u_2^2/g$$

3.前弯叶片

因 $\beta_2>90°$，$\cot\beta_2<0$，由式2-15可知，泵的理论压头随理论流量的增大而增高，即

$$H_{T,\infty}>u_2^2/g$$

当离心泵的几何尺寸、转速一定时，对不同的叶片形状，泵的理论压头和理论流量的关系如图2-9所示。

应予指出，虽然前弯叶片产生的理论压头最高，但是实际上离心泵多采用后弯叶片。其原因如下：离心泵的理论压头包括静压头 H_p 和动压头 H_c 两部分，两者的比例随 β_2 的不同而变，当 $\beta_2<90°$（后弯叶片）时，H_p 在 $H_{T,\infty}$ 中占有较大的比例；相反，当 $\beta_2>90°$（前弯叶片）时，H_p 在 $H_{T,\infty}$ 中占有比例较小，大部分是 H_c。当然通过蜗壳通道时，部分动能可转换为静

压能，但是由于液体的流速过大，在能量转换过程中必然伴有较大的能量损失。由此可见，为提高离心泵的运转经济指标，泵是多采用后弯叶片的。

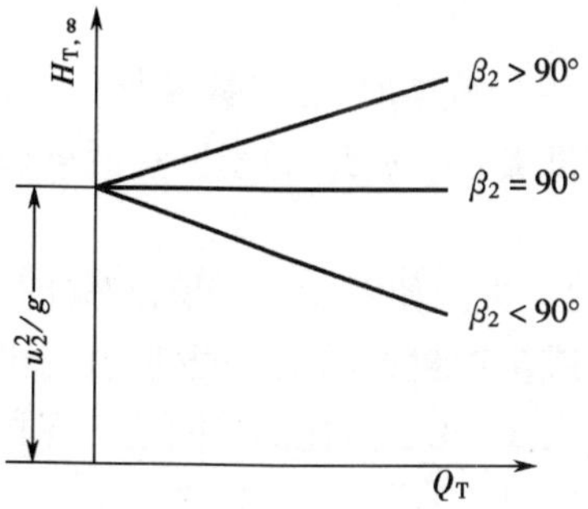

图 2-9　$H_{T,\infty}$ 与 Q_T 关系曲线

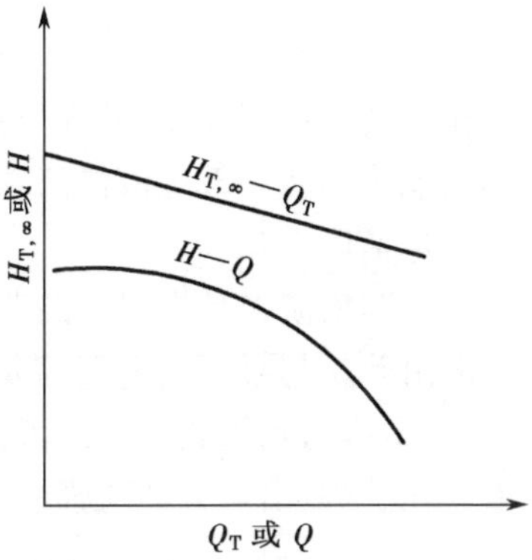

图 2-10　离心泵的 $H_{T,\infty}$—Q_T 及 H—Q 关系曲线

（三）理论压头和实际压头

前面讨论的是理想液体通过理想叶轮（即具有无限多叶片）时的 $H_{T,\infty}$—Q_T 关系曲线，称为离心泵的理论特性曲线。实际上，叶轮上叶片的数目是有限的，且输送的是实际液体。因此液体不能完全沿叶片弯曲形状运动，且在流道中存在与叶轮旋转方向不一致的旋转运动，称为轴向涡流，于是实际的圆周速度 u_2 和绝对速度 c_2 较理想叶轮的为小，致使泵的压头降低；同时实际液体在泵内流过时必有各种能量损失，因此离心泵的实际压头 H 必小于理论压头 $H_{T,\infty}$。另外由于泵内存在各种液体的泄漏，故离心泵的实际流量 Q 也低于理论流量 Q_T。所以离心泵的实际压头和实际流量（简称为离心泵的压头和流量）关系曲线应在 $H_{T,\infty}$—Q_T 关系曲线的下方，如图 2-10 所示。离心泵的 H—Q 曲线通常由实验测定，这将在后面讨论。

2.2.3　离心泵的主要性能参数

要正确地选择和使用离心泵，就必须了解泵的性能。离心泵的主要性能参数有流量、压头、轴功率、效率和气蚀余量等。

一、流量

离心泵的流量是指离心泵在单位时间内排送到管路系统的液体体积，以 Q 表示，常用的单位为 l/s 或 m^3/h。离心泵的流量大小与泵的结构、尺寸（主要为叶轮直径和宽度）及转速等有关。应予指出，离心泵总是和特定的管路相连的，因此泵的流量还与管路特性有关。

二、压头

离心泵的压头又称扬程，它是指离心泵对单位重量（1 N）液体所提供的有效能量，以 H 表示，单位为 m。离心泵的压头与泵的结构（如叶片弯曲情况、叶轮直径等）、转速及流量有关，对于一定的泵，在固定的转速下，压头与流量有一定的关系。

离心泵的理论压头可用离心泵的基本方程式计算得到。由于液体在泵内流动情况复杂,因此目前不能从理论上计算泵的实际压头,一般实际压头由实验测定。

三、效率

离心泵在输送液体过程中,当外界能量通过叶轮传给液体时,会有能量损失,即由原动机提供给泵轴的能量不能全部为液体所获得,通常用效率(以 η 表示)来反映能量损失。离心泵中能量损失包括以下几项。

1)容积损失　容积损失是指因泵的泄漏所造成的损失。如图 2-11 所示,部分获得能量的高压液体可能由叶轮与泵壳间的缝隙漏回吸入口,或从轴封处漏至泵壳外,有的由平衡孔漏回低压区,致使泵排送到管路系统的液体量小于吸入量,并多消耗部分能量。容积损失与泵的结构及液体在泵进、出口处的压强有关。容积损失可用容积效率 η_v 来表示。

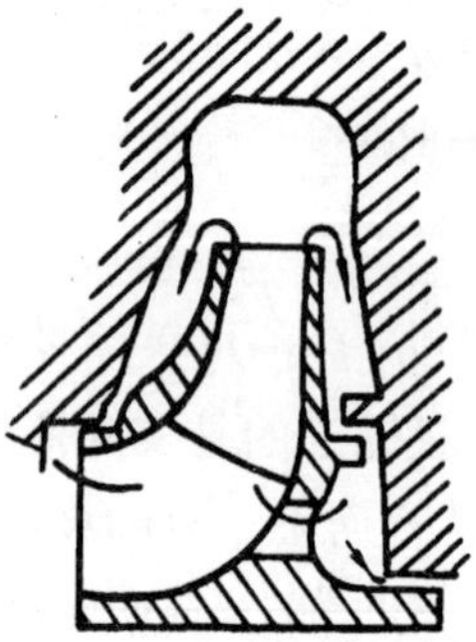

图 2-11　离心泵的泄漏损失

2)机械损失　由泵轴与轴承之间、泵轴与填料函之间以及叶轮盖板外表面与液体之间产生摩擦而引起的能量损失,称为机械损失。可用机械效率 η_m 来反映这种损失,其值一般为 0.96 ~ 0.99。

3)水力损失　由黏性液体流经叶轮通道和蜗壳而产生的摩擦阻力以及在泵局部处因流速和方向改变引起的环流和冲击而产生的局部阻力,统称为水力损失。可用水力效率 η_h 来反映这种损失。水力损失与泵的结构、流量及液体的性质等有关。

离心泵的效率反映上述三项能量损失的总和,故又称为总效率。因此总效率为上述三个效率的乘积,即:

$$\eta = \eta_v \eta_m \eta_h \tag{2-16}$$

通常,离心泵在某一流量(设计流量)下,效率为最高,而小于或大于该流量时,η 都将降低。将最高效率下的流量称为额定流量。

离心泵的效率与泵的类型、尺寸、制造精确程度、液体的流量及性质等有关。一般大型离心泵可达 90% 左右,小型泵为 50% ~ 70% 。

四、轴功率

离心泵的轴功率是指泵轴所需的功率。当泵直接由电动机驱动时,它就是电动机传给泵轴的功率,用 N 表示,单位为 W 或 kW。离心泵的有效功率是指液体从叶轮获得的能量,用 N_e 表示。由于存在上述三种能量损失,故轴功率必大于有效功率,两者关系为:

$$N = \frac{N_e}{\eta} \tag{2-17}$$

而

$$N_e = HQ\rho g \tag{2-18}$$

式中　N——轴功率,W;

N_e——有效功率,W;

Q——泵的流量,m^3/s;

H——泵的压头,m;

ρ——液体的密度,kg/m³;

g——重力加速度,m/s²;

η——效率,量纲为 1。

若离心泵的轴功率用 kW 来计量,则由式 2-17 和式 2-18 可得:

$$N = \frac{HQ\rho}{102\eta} \tag{2-19}$$

2.2.4 离心泵的特性曲线

一、离心泵的特性曲线

如前所述,离心泵的压头、效率、轴功率都与泵的流量有关,它们之间的关系难以用理论关系表达,目前都是通过实验测得,测出的一组关系曲线称为离心泵的特性曲线。通常在离心泵的样本或说明书中附有不同类型泵的主要性能参数和特性曲线,供选泵或操作时参考。

图 2-12 为某种型号离心泵在转速为 2 900 r/min 时的特性曲线。它由 $H—Q$、$N—Q$ 及 $\eta—Q$ 三条曲线所组成。各种型号的离心泵有其独自的特性曲线,但它们具有以下的共同点。

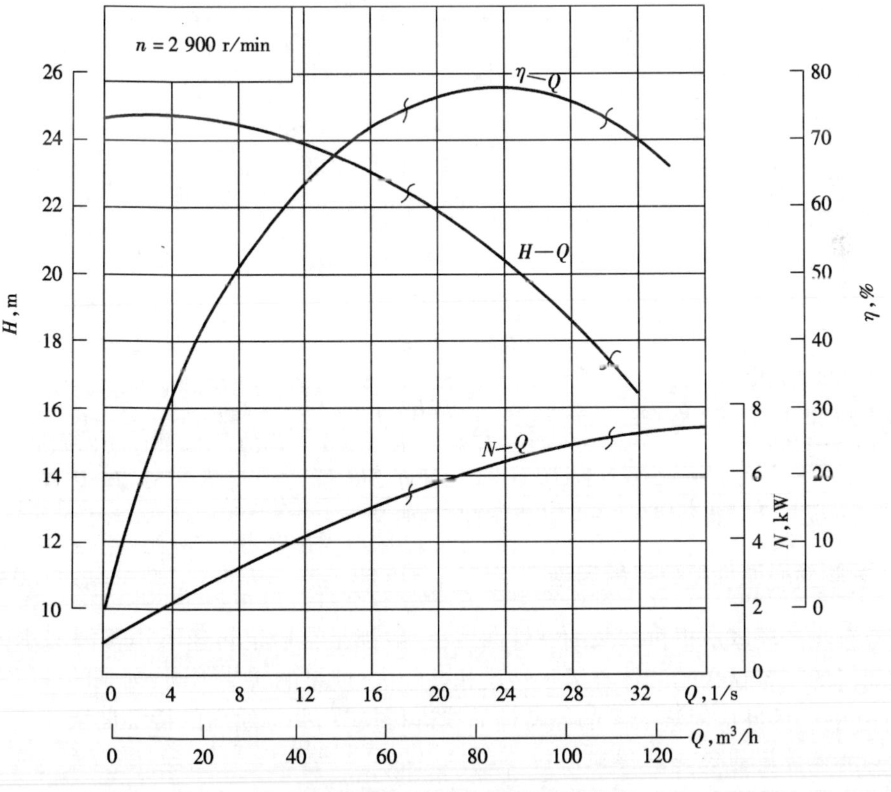

图 2-12 某种型号离心泵的特性曲线

(1) $H—Q$ 曲线,表示泵的压头和流量的关系。离心泵的压头一般随流量的增大而下降(在流量极小时可能有例外)。

(2) $N—Q$ 曲线,表示泵的轴功率与流量的关系。离心泵的轴功率随流量的增大而增大，流量为零时轴功率最小。所以离心泵启动时，应关闭泵的出口阀，使启动电流低，以保护电动机。待转动正常后再开启出口阀，调节流量。

(3) η—Q 曲线，表示泵的效率和流量的关系。当流量为零时，效率也为零；随流量增大，泵的效率也随之增大并达到一最大值；此后随流量再增大时效率便降低。这说明离心泵在一定转速下有一最高效率点，称为设计点。

应予指出，离心泵在最高效率相对应的流量(称为额定流量)下工作最为经济，因此与最高效率点对应的 Q、H、N 值为最佳工况参数。离心泵的铭牌上标出的性能参数是指该泵在运行时效率最高点的性能参数。实际生产中，离心泵往往不可能正好在最佳工况下操作，因此一般规定一个工作范围，称为泵的高效区。此区通常在最高效率的 92% 左右，如图 2-12 中曲线上波浪号所示的范围。选用离心泵时，应使该泵在此范围内工作。

[例 2-1] 离心泵性能的测定装置如附图所示。泵的转速为 2 900 r/min。以 20 ℃水为介质测得泵的流量为 26 m³/h，泵出口处压强表的读数为 0.15 MPa，泵入口处真空表读数为 0.025 MPa，轴功率为 2.45 kW。若压强表和真空表两测压口间垂直距离为 0.4 m，泵的吸入管路和排出管路直径相同，试求该泵在输送条件下的压头和效率。

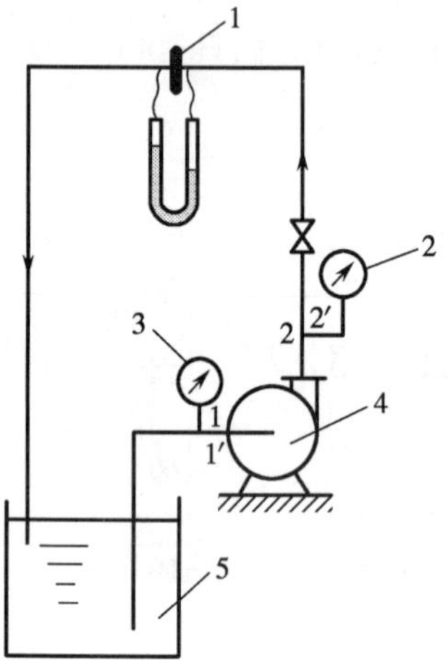

例 2-1 附图

1—流量计　2—压强表　3—真空表

4—离心泵　5—贮槽

解：(1)泵的压头

以真空表和压强表所在的截面为 1—1′和 2—2′，列以单位重量为衡算基准的伯努利方程式，即：

$$z_1 + \frac{p_1}{\rho g} + \frac{u_1^2}{2g} + H = z_2 + \frac{p_2}{\rho g} + \frac{u_2^2}{2g} + H_{f,1-2}$$

其中

$$z_2 - z_1 = 0.4 \text{ m}$$

$$u_1 = u_2$$

$$p_1 = -2.5 \times 10^4 \text{ Pa(表压)}$$

$$p_2 = 1.5 \times 10^5 \text{ Pa(表压)}$$

因测压口距离短，流动阻力可忽略，即 $H_{f,1-2} \approx 0$。故泵的压头为：

$$H = 0.4 + \frac{1.5 \times 10^5 + 2.5 \times 10^4}{1\,000 \times 9.81} = 18.24 \text{ m}$$

(2)泵的效率

由式 2-19 可知：

$$\eta = \frac{HQ\rho}{102N} = \frac{18.24 \times 26 \times 1\,000}{102 \times 3\,600 \times 2.45} \times 100\% = 52.7\%$$

在本实验中，若改变出口阀的开度，测出不同流量下的有关数据，按上述方法计算出相应的 H 及 η 值，并将 H—Q、N—Q、η—Q 关系标绘于坐标纸上，即可得到该泵在一定转速下的特性曲线。

二、影响离心泵性能曲线的因素

离心泵生产厂家所提供的泵的特性曲线，一般都是在一定转速下用常温清水为介质进行实验测得的。若输送的液体与清水性质相差较大，或泵的转速不同，则泵的性能和特性曲线将发生变化，因此应对离心泵的原特性曲线进行换算，并标绘新的特性曲线。

(一)液体性质的影响

1.液体密度的影响

由离心泵的能量方程可知，离心泵的流量及压头均与液体的密度无关，因此泵的效率也不随密度变化而变化。故当密度变化后，原特性曲线中的 H—Q、η—Q 曲线均保持不变。但是泵的轴功率与液体的密度有关，需要根据式 2-19 重新进行计算，并标绘 N—Q 曲线。

2.液体黏度的影响

若被输送液体的黏度大于常温下清水的黏度，则泵内能量损失增加，导致泵的压头、流量都要减小，效率下降，而轴功率增大，因此泵的特性曲线发生变化。通常，当液体的运动黏度 ν 大于 20 cSt(厘斯)时，离心泵的性能需按以下各式换算：

$$
\begin{aligned}
Q' &= C_Q Q \\
H' &= C_H H \\
\eta' &= C_\eta \eta
\end{aligned}
\tag{2-20}
$$

式中 Q、H、η——分别为离心泵输送清水时的流量、压头和效率；

Q'、H'、η'——分别为离心泵输送黏性液体时的流量、压头和效率；

C_Q、C_H、C_η——分别为流量、压头和效率的黏度换算系数。

式 2-20 中的换算系数可由图 2-13 及图 2-14 查得。图中的 Q_s 是输送清水时的额定流量，即最高效率下所对应的流量，单位为 m^3/min。该两图只适用于牛顿型流体，且只能在坐标范围内使用，不能采用外推法。用于多级离心泵时，应采用每一级的压头。

[例 2-2] 某离心泵输送常温清水时的性能为：最高效率点下的额定流量为 $2.84\ m^3/min$，压头为 30.5 m，效率为 82%。若用此泵输送密度为 900 kg/m^3、运动黏度为 220 cSt 油品，试求该泵在输送油品时的性能。

解：用式 2-20 计算该泵输送油品时的性能，即：

$$Q' = C_Q Q$$

$$H' = C_H H$$

$$\eta' = C_\eta \eta$$

式中各换算系数由图 2-13 查取。查图方法如图中虚线所示。自横坐标 $Q = 2.84\ m^3/min$ 的点向上作垂线与压头 $H = 30.5$ m 的斜线相交，由交点作水平线与黏度为 220 cSt 的黏度线相交，从此交点再垂直向上作直线，分别与 C_η、C_Q 及 $Q - 1.0\ Q_s$ 所对应的 C_H 曲线相交，各交点的纵坐标为相应的黏度换算系数，即

$$C_H = 0.92$$

$$C_Q - 0.95$$

$$C_\eta = 0.635$$

于是可计算出输送油品时的性能为：

$$Q' = 0.95 \times 2.84 = 2.7\ m^3/min$$

$$H' = 0.92 \times 30.5 = 28.1\ m$$

$$\eta' = 0.635 \times 0.82 = 0.521 = 52.1\%$$

输送油品时的轴功率可按式 2-19 计算：

$$N' = \frac{Q'H'\rho'}{102\eta'} = \frac{2.7 \times 28.1 \times 900}{102 \times 0.521 \times 60} = 21.4\ kW$$

(二)离心泵转速的影响

离心泵的特性曲线是在固定转速的条件下测定的。在改变转速的情况下，泵内液体运动的速度三角形将发生变化，因此泵的压头、流量、轴功率和效率也随之改变，泵的特性曲线也将发生变化。若离心泵的转速变化不大，则可以假设：①转速改变前后液体离开叶轮处的出口速度三角形相似；②转速改变前后离心泵的效率不变。这样根据离心泵的能量方程，可以导出以下关系：

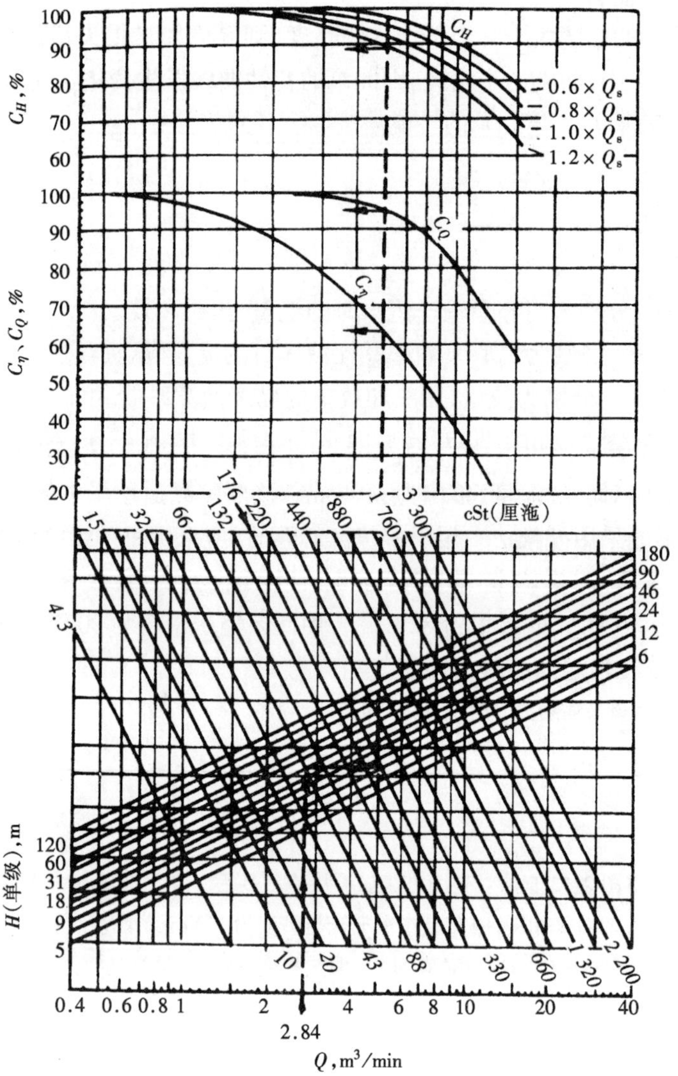

图 2-13　大流量离心泵的黏度换算系数

$$\left.\begin{aligned}\frac{Q_1}{Q_2}&=\frac{n_1}{n_2}\\ \frac{H_1}{H_2}&=\left(\frac{n_1}{n_2}\right)^2\\ \left(\frac{N_1}{N_2}\right)&=\left(\frac{n_1}{n_2}\right)^3\end{aligned}\right\}\tag{2-21}$$

式中　Q_1、H_1、N_1——转速为 n_1 时泵的性能；

Q_2、H_2、N_2——转速为 n_2 时泵的性能。

式 2-21 称为离心泵的比例定律。当泵转速变化小于 20% 时，即基本符合上述泵效率可视为不变和出口速度三角形相似的假设，用上式进行换算偏差不大。

若在转速为 n_1 的特性曲线上多选若干点，利用比例定律算出转速为 n_2 时的相应性能，并将结果标绘，即可得到转速为 n_2 时泵的特性曲线。

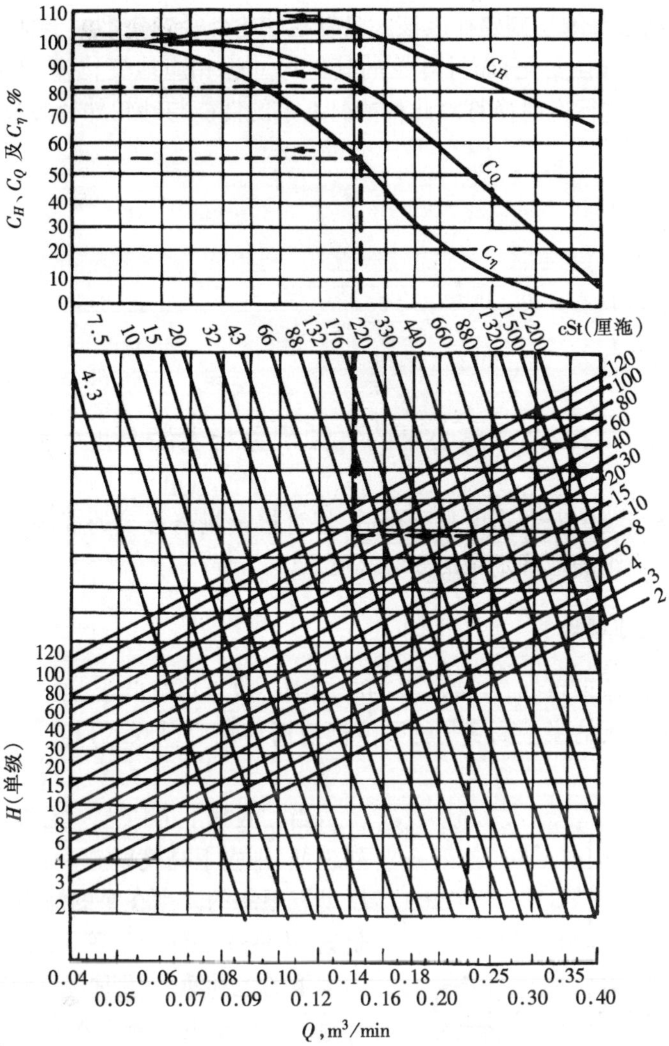

图 2-14　小流量离心泵的黏度换算系数

(三)离心泵叶轮外径的影响

由离心泵的能量方程可知，当泵的转速一定时，压头、流量与叶轮的外径有关。对于某同一型号的离心泵，若对其叶轮的外径进行"切削"而其他尺寸不变时，在叶轮外径的减小变化不超过 5% 的情况下，离心泵的性能可进行近似换算。此时可以假设：①叶轮外径变化前后，叶轮出口速度三角形相似；②叶轮外径变化前后，离心泵的效率不变；③叶轮外径变化前后，叶轮出口截面积(Db)基本不变。这样依据离心泵基本方程式可导出以下关系：

$$\left.\begin{aligned}\frac{Q'}{Q}&=\frac{D'_2}{D_2}\\ \frac{H'}{H}&=\left(\frac{D'_2}{D_2}\right)^2\\ \frac{N'}{N}&=\left(\frac{D'_2}{D_2}\right)^3\end{aligned}\right\}\tag{2-22}$$

式中　Q、H、N——叶轮外径为 D_2 时泵的性能；

Q'、H'、N'——叶轮外径切削为 D_2' 时泵的性能。

式 2-22 称为离心泵的切割定律。该式只有在叶轮外径变化不大于 5% 才适用。

若不仅泵的叶轮外径变化，而且叶轮的其他尺寸也相应地变化，对于这种几何相似的泵，不能应用式 2-22 进行性能换算。此种情况下泵的性能与叶轮外径的关系为：

$$\left.\begin{aligned} \frac{Q'}{Q} &= \left(\frac{D_2'}{D_2}\right)^3 \\ \frac{H'}{H} &= \left(\frac{D_2'}{D_2}\right)^2 \\ \frac{N'}{N} &= \left(\frac{D_2'}{D_2}\right)^5 \end{aligned}\right\} \qquad (2\text{-}23)$$

2.2.5 离心泵的气蚀现象与安装高度

离心泵在管路系统中安装高度是否合适，将直接影响离心泵的性能、运行及使用寿命，因此在管路计算中应正确地确定泵的安装高度。

一、离心泵的气蚀现象

由离心泵的工作原理可知，在离心泵的叶轮中心附近形成低压，这一压强的高低与泵的吸上高度密切相关。泵的吸上高度是指贮液槽液面与离心泵吸入口之间的垂直距离，如图 2-15 所示。

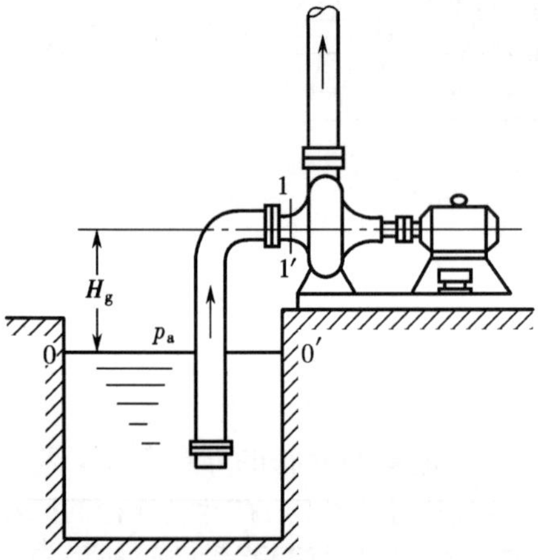

图 2-15 离心泵的吸液示意图

当贮液槽上方压强一定时，若泵吸入口的压强越低，则吸上高度就越高。但是泵吸入口的低压是有限制的。当在泵的流道(一般在叶轮入口附近)中液体的静压强等于或低于该液体在工作温度下的饱和蒸气压时，液体将部分汽化，产生气泡。含气泡的液体进入高压区后，气泡就急剧凝结或破裂。因气泡的消失而产生了局部真空，周围的液体就以极高的速度流向原气泡中心，瞬间产生了极大的局部冲击压力，造成对叶轮和泵壳的冲击，使材料受到破坏。通常把泵内气泡的形成和破裂而使叶轮材料受到损坏的过程，称为气蚀现象。它具有以下危害性。

(1)离心泵性能下降。由于在生成气泡的同时，液体的连续性遭到破坏，因而离心泵的性能下降，即泵的流量、压头和效率均显著降低。若生成大量的气泡，则可能出现气缚现象，迫使离心泵停止工作。

(2)金属材料遭受损坏。在发生气蚀的过程中，液体对金属材料表面剧烈地冲击，冲击压强可高达几万 kPa，冲击频率可高达每分钟几万次，致使叶轮表面被冲蚀，即从开始的点蚀到形成蜂窝状空洞，叶轮遭受破坏。

(3)产生噪声和振动。气蚀是一种反复冲击、凝结的过程，同时将产生剧烈的振动和噪声，直接影响泵的正常运行和工作环境。

由此可见，泵在正常运行时，必须避免发生气蚀现象。为此，叶轮入口附近处液体的绝对压强必须高于该液体在工作温度下的饱和蒸气压，这就要求离心泵有适宜的安装高度。通常由离心泵的抗气蚀性能(又称吸上性能)来确定其安装高度。

二、离心泵的抗气蚀性能

一般采用两种指标来表示离心泵的抗气蚀性能(即吸上性能)，下面分别讨论它们的意义和计算方法。

(一)离心泵的气蚀余量

为防止气蚀现象的发生，在离心泵的入口处液体的静压头和动压头之和($p_1/\rho g+u_1^2/2g$)必须大于操作温度下的液体饱和蒸气压头($p_v/\rho g$)某一数值，此数值即定义为离心泵的气蚀余量。气蚀余量的定义式为：

$$\frac{p_1}{\rho g}+\frac{u_1^2}{2g}=\frac{p_v}{\rho g}+\Delta h \tag{2-24}$$

或

$$\Delta h=\frac{p_1-p_v}{\rho g}+\frac{u_1^2}{2g} \tag{2-24a}$$

式中 p_v——在操作温度下液体的饱和蒸气压，Pa；

Δh——离心泵的气蚀余量，m。

应指出，在国产泵样本的性能表中，离心油泵中的气蚀余量用符号 Δh 表示，离心水泵的气蚀余量用 *NPSH* 表示，本节中为简化均用 Δh 表示。

前已指出，离心泵内发生气蚀的临界条件是叶轮入口附近(截面 $k—k'$，图 2-15 中未绘出)的最低压强等于液体的饱和蒸气压 p_v，此时泵入口处(截面 1—1′)的压强必等于某确定的最小值 $p_{1,\min}$。在泵入口 1—1′和叶轮入口 $k—k'$ 两截面间列伯努利方程式，可得：

$$\frac{p_{1,\min}}{\rho g}+\frac{u_1^2}{2g}=\frac{p_v}{\rho g}+\frac{u_k^2}{2g}+H_{f,1\text{-}k} \tag{2-25}$$

比较式 2-24a 和式 2-25 可得：

$$\Delta h_c=\frac{p_{1,\min}-p_v}{\rho g}+\frac{u_1^2}{2g}-\frac{u_k^2}{2g}+H_{f,1\text{-}k} \tag{2-26}$$

式中 Δh_c——临界气蚀余量，m。

由上式可看出，当流量一定且流体流动进入阻力平方区时，气蚀余量 Δh 仅与泵的结构及尺寸有关，它是泵的抗气蚀性能参数。

离心泵的临界气蚀余量由泵制造厂实验测定，其值随流量增加而加大。为确保离心泵的正常操作，将所测得的临界气蚀余量 Δh_c 加上一定的安全量后称为必需气蚀余量 Δh_r，并列入泵产品样本性能表中。离心水泵用 $(NPSH)_r$ 表示，离心油泵用 Δh_r 表示。在一些离心泵的特性曲线图上，也绘出 $\Delta h_r—Q$ 曲线，如图 2-16 所示。由图可见，随 Q 增加 Δh 也增大，因此在确定离心泵安装高度时，应取操作中可能出现的最高流量为计算依据。

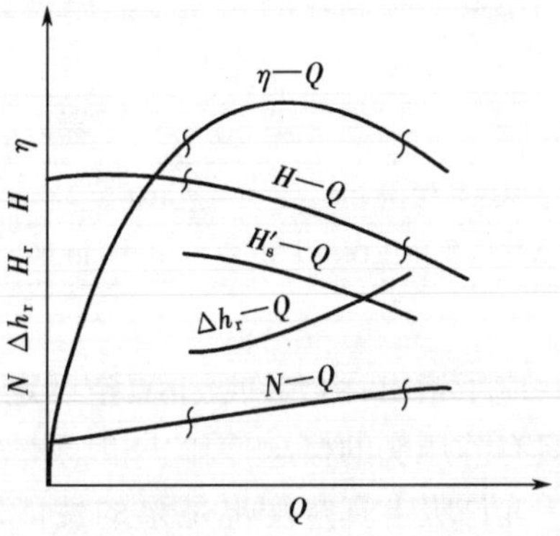

图 2-16 $\Delta h_r—Q$、$H_s'—Q$ 曲线示意图

(二)离心泵的允许吸上真空度

允许吸上真空度是指为避免发生气蚀现象,离心泵入口处允许达到的最高真空度(即最低的绝对压强),其值通过实验测定。由于在实验中不易测出叶轮入口附近处的最低压强的位置,因此以测定泵入口处的压强代替。

如图 2-15 所示,假设大气压强为 p_a,泵入口处的液体静压强为 p_1,则允许吸上真空度的定义为:

$$H'_s = \frac{p_a - p_1}{\rho g} \tag{2-27}$$

式中 H'_s——离心泵的允许吸上真空度,m 液柱;

p_a——当地大气压,若贮槽为密封槽,则应为槽内液面上方的压强,Pa;

p_1——泵入口处的静压强,Pa;

ρ——液体的密度,kg/m^3。

应予指出,离心泵的允许吸上真空度 H'_s 值愈大,表示该泵在一定操作条件下抗气蚀性能愈好。H'_s 值大小与泵的结构、流量、被输送液体的性质及当地大气压等因素有关,通常由泵的制造工厂实验测定。实验值列在泵的样本或说明书的性能表上。应注意,该实验是在大气压为 10 mH_2O(9.81×10^4 Pa)下,以 20 ℃清水为介质进行的。因此若输送其他液体,或操作条件与上述的实验条件不同时,应按下式进行换算:

$$H_s = \left[H'_s + (H_a - 10) - \left(\frac{p_v}{9.81\times10^3} - 0.24\right)\right]\frac{1\,000}{\rho} \tag{2-28}$$

式中 H_s——操作条件下,输送液体时允许吸上真空度,m 液柱;

H'_s——实验条件下,输送清水时的允许吸上真空度,m 水柱;

H_a——当地大气压,mH_2O;

p_v——操作温度下液体的饱和蒸气压,Pa;

ρ——操作温度下液体的密度,kg/m^3;

10——实验条件下的大气压强,mH_2O;

0.24——实验条件下水的饱和蒸气压,mH_2O;

1 000——实验条件下水的密度,kg/m^3。

不同海拔高度的大气压强见表 2-1。

表 2-1 不同海拔高度的大气压强

海拔高度,m	0	100	200	300	400	500	600	700	800	1 000	1 500	2 000	2 500
大气压强,mH_2O	10.33	10.2	10.09	9.95	9.85	9.74	9.6	9.5	9.39	9.19	8.64	8.15	7.62

应予指出,由允许吸上真空度定义可知,它不仅具有压强的意义,此时单位为 m 液柱,又具有静压头的概念,因此一般泵性能表中把它的单位写成 m,两者数值相等。

允许吸上真空度也是泵的性能之一。一些离心泵的特性曲线图中也画出 H'_s—Q 曲线,如图 2-16 所示。它表示 H'_s 随 Q 变化情况,即随 Q 增大 H'_s 减小,因此在确定离心泵安装高度时应按泵最大流量下的 H'_s 值来进行计算。

三、离心泵的允许安装高度

在图 2-15 中，于贮槽液面 0—0′和泵入口处 1—1′两截面间列伯努利方程式，可得：

$$H_g = \frac{p_a - p_1}{\rho g} - \frac{u_1^2}{2g} - H_{f,0\text{-}1} \tag{2-29}$$

式中 H_g——离心泵的允许安装高度，m；

$H_{f,0\text{-}1}$——液体流经泵的吸入管路的压头损失，m；

p_1——泵入口处可允许的最低压强，决定于泵的抗气蚀性能，Pa。

若已知离心泵的必需气蚀余量，则由式 2-24a 和式 2-29 可得：

$$H_g = \frac{p_a - p_v}{\rho g} - \Delta h_r - H_{f,0\text{-}1} \tag{2-30}$$

若已知离心泵的允许吸上真空度，则由式 2-27 和式 2-29 可得：

$$H_g = H'_s - \frac{u_1^2}{2g} - H_{f,0\text{-}1} \tag{2-31}$$

根据泵性能表上所列的是必需气蚀余量或是允许吸上真空度，相应地选用式 2-30 或式 2-31 来计算离心泵的允许安装高度。通常为安全起见，离心泵的实际安装高度应比允许安装高度低 0.5 ~ 1 m。

［例 2-3］ 用 IS80—65—125 型离心泵从常压贮槽中将温度为 50 ℃的清水输送到他处，槽内水面恒定，输送量为 50 m^3/h。已知泵吸入管路的压头损失为 2 m，动压头可忽略。试求离心泵的安装高度。当地大气压为 9.81×10^4 Pa。

解：由附录二十四查得：对 IS80—65—125 型离心泵，转速为 2 900 r/min、流量为 50 m^3/h 时的必需气蚀余量为：$\Delta h_r = 3.0$ m。

由附录七查得 50 ℃水的物性为：$\rho = 988.1\ kg/m^3$，$p_v = 1.234 \times 10^4$ Pa。

离心泵的允许安装高度可用式 2-30 计算：

$$H_g = \frac{p_0 - p_v}{\rho g} - \Delta h_r - H_{f,0\text{-}1} = \frac{98\ 100 - 12\ 340}{988.1 \times 9.81} - 3 - 2 = 3.85\ \text{m}$$

离心泵的实际安装高度应较允许安装高度 H_g 低 0.5 ~ 1 m。

［例 2-4］ 对上例中的液体输送系统，改用 3B57A 型离心泵，其他条件相同，试求泵的安装高度。

已知 3B57A 型离心泵在转速为 2 900 r/min 下，输送 20 ℃清水时的允许吸上真空度为 6.4 m。

解：因本题为输送 50 ℃清水，应对允许吸上真空度 H'_s 按式 2-28 进行校正，即：

$$H_s = \left[H'_s + (H_a - 10) - \left(\frac{p_v}{9.81 \times 1\ 000} - 0.24 \right) \right] \frac{1\ 000}{\rho}$$

$$= \left[6.4 + (10 - 10) - \left(\frac{1.234 \times 10^4}{9.81 \times 10^3} - 0.24 \right) \right] \times \frac{1\ 000}{988.1}$$

$$= 5.45\ \text{m}$$

离心泵的允许安装高度按式 2-31 计算，且将式中的 H'_s 换以 H_s，可得：

$$H_g = H_s - \frac{u_1^2}{2g} - H_{f,0\text{-}1} = 5.45 - 0 - 1 = 4.45\ \text{m}$$

为安全起见，离心泵的实际安装高度应低于 4.45 m。

［例 2-5］ 用某离心油泵从贮槽抽送液态异丁烷，贮槽液面恒定，液面上方压强为

650 kPa(绝压),泵安装于槽液面以下 1.5 m 处。吸入管路的压头损失为 1.5 m。在输送条件下异丁烷的密度为 530 kg/m³,饱和蒸气压为 635 kPa。输送流量下泵必需气蚀余量为 3.5 m,试问该泵能否正常操作?

解:本题为核算离心油泵的安装高度是否合适,即能否避免气蚀现象的发生。先用式 2-30 计算允许安装高度,再与已知的安装高度进行比较。

$$H_g = \frac{p_a}{\rho g} - \frac{p_v}{\rho g} - \Delta h_r - H_{f,0\text{-}1}$$

其中:$p_a = 650$ kPa,$p_v = 635$ kPa,$\Delta h_r = 3.5$ m,$H_{f,0\text{-}1} = 1.5$ m。

故 $$H_g = \frac{(650 - 635) \times 10^3}{530 \times 9.81} - 3.5 - 1.5 = -2.11 \text{ m}$$

已知泵的实际安装高度为 -1.5 m,大于允许安装高度,即表明离心泵的实际安装高度偏高,可能发生气蚀现象,泵不能正常操作。

由以上例子可看出,当液体的操作温度较高或其沸点较低时,因液体的饱和蒸气压较高,就应特别注意离心泵安装高度的计算和确定。为此应注意以下几点:

(1)离心泵的允许吸上真空度和气蚀余量均与流量有关,流量较大时 H_s' 较小而 Δh 较大,因此计算时应选取最大流量下的 Δh 和 H_s' 值;

(2)尽量减小吸入管路的压头损失,可选用较大的吸入管径,减少管件和阀门,缩短管长等;

(3)将离心泵安装在贮槽液面以下,使液体利用位差自动流入泵体内,凡输送高温或低沸点液体,一般都将泵安装于液面下方。

2.2.6 离心泵的工作点与流量调节

一、管路特性曲线

前面介绍的离心泵特性曲线,表示一定转速下泵的压头、功率、效率与流量的关系。在特定管路中运行的离心泵,其实际工作的压头和流量不仅取决于离心泵本身的特性,而且还与管路特性有关。即在泵输送液体的过程中,泵和管路是互相联系和制约的。因此在讨论泵的工作情况前,应先了解管路特性。

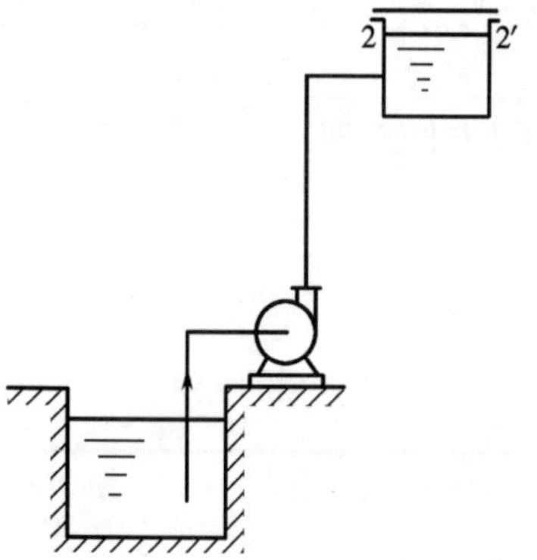

图 2-17 管路输送系统示意图

管路特性曲线表示液体通过特定管路系统时所需的压头与流量的关系。如对图 2-17 所示的送液系统,若液体贮槽与受液槽的液面均维持恒定,输送管路的直径均一,在图中截面 1—1′和 2—2′间列伯努利方程式,则可求得液体流过管路系统所需的压头(即要求离心泵提供的压头),即:

$$H_e = \Delta z + \frac{\Delta p}{\rho g} + H_f \tag{2-32}$$

该管路输送系统的压头损失可表示为:

$$H_f = \left(\lambda \frac{L + \Sigma L_e}{d} + \Sigma \zeta\right) \frac{u^2}{2g}$$

因 $$u=\frac{Q_e}{\frac{\pi}{4}d^2}$$

故 $$H_f=\left(\frac{8}{\pi^2 g}\right)\left(\lambda\frac{L+\Sigma L_e}{d^5}+\frac{\Sigma\zeta}{d^4}\right)Q_e^2 \tag{2-33}$$

式中 Q_e——管路中液体流量，m^3/s；

d——管路内径，m；

L——管路长度，m；

λ——摩擦系数，量纲为 1；

L_e、ζ——分别表示局部阻力的当量长度和阻力系数。

对特定的管路系统，式 2-33 中等式右边各物理量中，除了 λ 和 Q_e 外，其他各量均为定值，且

$$\lambda=f(Q_e)$$

则 $$H_f=f'(Q_e) \tag{2-34}$$

将式 2-34 代入式 2-32 中，可得：

$$H_e=\Delta z+\frac{\Delta p}{\rho g}+f'(Q_e) \tag{2-35}$$

式 2-35 即为管路特性方程。

对特定的管路，且于一定条件下操作，则 Δz 和$\frac{\Delta p}{\rho g}$均为定值，并令：

$$\Delta z+\frac{\Delta p}{\rho g}=K$$

若液体在管路中的流动已进入阻力平方区，则此时 λ 与 Q_e 无关，并令：

$$\left(\frac{8}{\pi^2 g}\right)\left(\lambda\frac{L+\Sigma L_e}{d^5}+\frac{\Sigma\zeta}{d^4}\right)=B$$

则式 2-35 可写为：

$$H_e=K+BQ_e^2 \tag{2-35a}$$

式 2-35 也是特定管路的特性方程。它表示在特定管路中输送液体时，在管内流动处于高度湍流状态下，管路所需的压头 H_e 随液体流量 Q_e 的平方而变。将此关系方程标绘在相应的坐标图上，即可得到如图 2-18 中所示的 $H_e—Q_e$ 曲线。这条曲线称为管路特性曲线。此线的形状由管路布置和操作条件确定，与离心泵的性能无关。

二、离心泵的工作点

离心泵总是安装在一定管路上工作的，泵所提供的压头和流量应与管路所需要的压头和流量相一致。

若将离心泵特性曲线 $H—Q$ 与其所在的管路特性曲线 $H_e—Q_e$ 标绘于同一坐标图上，如图 2-18 所示，两曲线交点 M 即为离心泵在该管路的工作点。M 点表示离心泵在该管路中运行时，泵所提供的压头和流量恰为管路系统所要求的压头和流量，即 $Q=Q_e$，$H=H_e$。换言之，对选定的离心泵，以一定的转速在该特定管路中运行时，只能在 M 点工作。

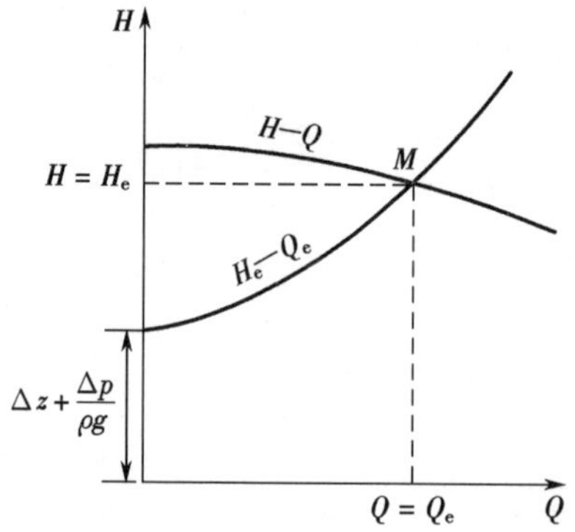

图 2-18 管路特性曲线和泵的工作点

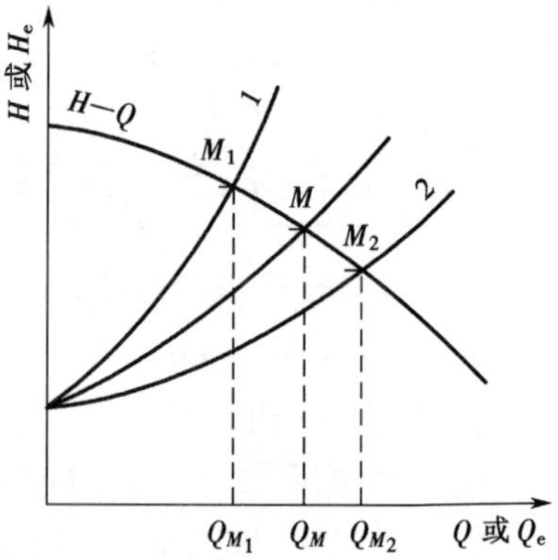

图 2-19 改变阀门开度时工作点变化

三、离心泵的流量调节

当离心泵在特定的管路上工作时,若工作点的流量与生产要求的输送量不一致时,就应设法改变离心泵工作点的位置,即进行流量调节。由于泵的工作点是由离心泵特性曲线和管路特性曲线所决定,因此改变两特性曲线之一即可达到调节流量的目的。

(一)改变阀门的开度

通常,生产中多用改变离心泵出口阀门开度的方法来改变管路特性曲线。如图 2-19 所示,离心泵的原工作点为 M,相应的流量为 Q_M。若关小阀门,管路的局部阻力变大,管路特线曲线变陡,如图中曲线 1 所示,工作点由 M 移至 M_1,流量由 Q_M 降低到 Q_{M_1}。若开大阀门,管路局部阻力减小,管路特性曲线变得平坦,如图中曲线 2 所示,工作点由 M 移至 M_2,流量由 Q_M 增大到 Q_{M_2}。

采用阀门调节流量快速简便,且流量可连续变化,适合化工连续生产的要求,因此应用很广泛。其缺点是当关小阀门时,管路阻力增加,消耗部分额外的能量,且在调节幅度较大时,往往离心泵不在高效区下工作,不是很经济。

(二)改变泵的转速

通常,采用改变泵的转速方法来改变离心泵的特性曲线。如图 2-20 所示,原转速为 n 时泵的工作点为 M,相应的流量为 Q_M。若把转速提高到 n_1,泵的特性曲线 $H—Q$ 线上移,如图中上曲线所示,工作点由 M 移至 M_1,流量由 Q_M 增加到 Q_{M_1}。若把转速降为 n_2,$H—Q$ 曲线下移,如图中下曲线所示,工作点由 M 移至 M_2,流量由 Q_M 减小到 Q_{M_2}。这种调节方法可保持管路特性曲线不变。工作点流量随转速下降而减小,动力消耗也相应减低,因此经济上较合理。但该法需要变速装置,且难以连续地调节流量,因此目前化工生产中较少采用。

此外,减小叶轮直径也可改变离心泵的特性曲线。但调节流量的范围不大,且叶轮直径减小不当还可能降低离心泵的效率,因此生产上很少采用。

在生产中当单台离心泵不能满足输送任务要求时,可采用离心泵并联或串联操作。

[例 2-6] 某离心泵的特性曲线方程为 $H = 20 - 2.0Q^2$,式中 H 单位为 m,Q 单位为 m^3/min。若用该泵将 20 ℃清水从贮水槽输送到某设备,已知管路系统中 $\left(\Delta z + \dfrac{\Delta p}{\rho g}\right)$ 为

16 m,管路直径为 $\phi 140\times 4.5$ mm,管路总长为 200 m(包括所有局部阻力的当量长度,但调节阀为全开),摩擦系数为定值,可取为 0.02。试求离心泵的工作流量和压头。

解:依据管路系统情况,可写出管路特性曲线方程,即:

$$H_e = \Delta z + \frac{\Delta p}{\rho g} + \frac{8\lambda}{\pi^2 g}\left(\frac{L+\Sigma L_e}{d^5}\right)\left(\frac{Q_e}{60}\right)^2$$

$$= 16 + \frac{8\times 0.02}{\pi^2\times 9.81}\times\frac{200}{0.131^5}\left(\frac{Q_e}{60}\right)^2 = 16 + 2.38Q_e^2$$

离心泵特性曲线方程为:

$$H = 20 - 2.0Q^2$$

联立以上两个方程,求得泵工作流量和压头为:

$$Q = 0.956\ \text{m}^3/\text{min} = 57.4\ \text{m}^3/\text{h}$$

$$H = 18.2\ \text{m}$$

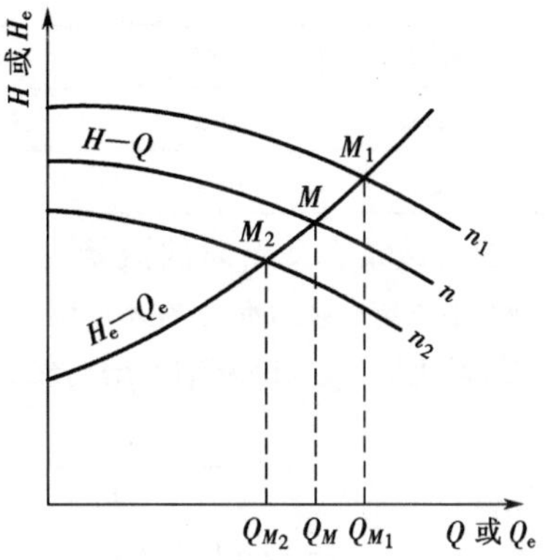

图 2-20 改变泵转速时工作点变化

求解本题时要注意离心泵特性方程和管路特性方程中流量的单位,两者必须一致。

[例 2-7] 对例 2-6 中的管路输送系统,若工作点的流量变至 $50\text{m}^3/\text{h}$,试求:

(1)因关小阀门需多消耗的压头,m;

(2)关小阀门后的管路特性方程。

解:(1)关小阀门多消耗的压头

由离心泵特性方程求得工作点下的压头,即:

$$\text{H} = 20 - 2.0Q^2 = 20 - 2.0\times\left(\frac{50}{60}\right)^2 = 18.61\ \text{m}$$

在流量为 $50\text{m}^2/\text{h}$ 时原管路所要求的压头为:

$$H_e = 16 + 2.38Q_e^2 = 16 + 2.38\times\left(\frac{50}{60}\right)^2 = 17.65\ \text{m}$$

故关小阀门多消耗的压头为:

$$\Delta H = H - H_e = 18.61 - 17.65 = 0.96\ \text{m}$$

(2)关小阀门后的管路特性方程

管路特性方程通式为

$$H_e = K + BQ_e^2$$

在本例条件下 K(即 $\Delta z + \Delta p/\rho g$)不发生变化,而 B 值因关小阀门而变大。关小阀门后离心泵特性不变,前面已求得流量为 50 m^3/h 时泵的压头为 18.61 m,将上面的 K、Q、H 值代入管路特性方程,即:

$$18.61 = 16 + B\left(\frac{50}{60}\right)^2$$

解得:$B = 3.76$

故关小阀门后管路特性方程为:

$$H_e = 16 + 3.76Q_e^2$$

[例 2-8] 用某离心泵将 20 ℃清水从贮水池输送到某设备。已知输送管出口端与贮水池液面垂直距离为 8.75 m,输水管为直径是 $\phi 120\times 3$ mm 的光滑管,管长为 60 m(包括所有局部阻力的当量长度),贮水池与输水管出口端均与大气相通,贮水池液面保持恒定。该离心泵的特性列于附表 1。水的物性:$\rho = 999\ \text{kg/m}^3$,$\mu = 1.109\times 10^{-3}$ Pa·s。

例 2-8 附表 1

Q, m^3/s	0.00	0.01	0.02	0.03	0.04	0.05
H, m	20.63	19.99	17.80	14.46	10.33	5.71
η, %	0.00	36.1	56.0	61.0	54.1	37.0

试求该泵在运行时的流量、压头、轴功率和效率(假设水在管中作湍流流动)。

解:根据离心泵的特性,在本题附图上绘出泵的 $H—Q$ 和 $\eta—Q$ 曲线。

管路特性曲线应根据管路条件,先求出管路特性方程,再在本题附图上标绘管路特性曲线。

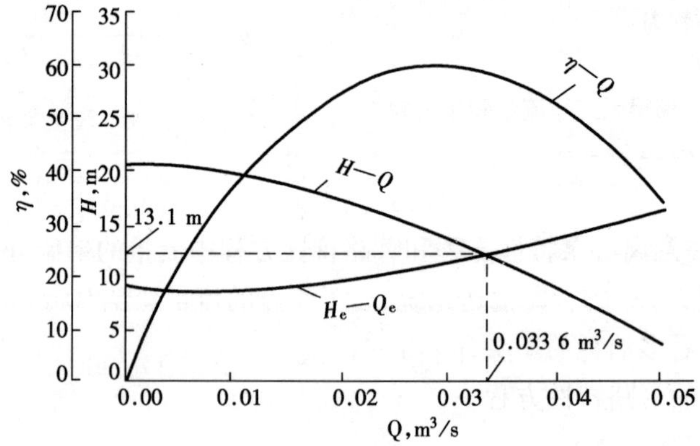

例 2-8 附图

(1)管路特性方程

在贮水池液面和输水管出口端内侧列伯努利方程,得:

$$H_e = \Delta z + \frac{\Delta p}{\rho g} + \frac{\Delta u^2}{2g} + \lambda \frac{L+L_e}{d}\frac{u_2^2}{2g}$$

其中 $u_1 = 0$

$$\frac{\Delta p}{\rho g} = 0$$

即 $$H_e = \Delta z + \left(1 + \lambda \frac{L+L_e}{d}\right)\frac{u_2^2}{2g}$$

而 $$u_2 = \frac{4Q_e}{\pi d^2}$$

$$Re = \frac{du\rho}{\mu} = \frac{4\rho Q_e}{\pi d\mu}$$

对光滑管 $\lambda = 0.316\,4\ Re^{-0.25} = 0.316\,4\left(\frac{4\rho Q_e}{\pi d\mu}\right)^{-0.25}$

故 $$H_e = \Delta z + \frac{8Q_e^2}{\pi^2 d^4 g}\left[1 + 0.316\,4\left(\frac{4\rho Q_e}{\pi d\mu}\right)^{-0.25}\left(\frac{L+L_e}{d}\right)\right]$$

$$= 8.75 + \frac{8Q_e^2}{\pi^2(0.114)^4 \times 9.81}\left[1 + \frac{60}{0.114} \times 0.316\,4\left(\frac{4 \times 999}{\pi \times 0.114 \times 1.109 \times 10^{-3}}\right)^{-0.25} Q_e^{-0.25}\right]$$

$$= 8.75 + 489.2(1 + 2.96Q_e^{-0.25})Q_e^2$$

(2)标绘管路特性曲线

根据上面求得的管路特性方程,算出管路系统若干流量下所需压头值,计算结果列于附表 2 中。由此即可在本题附图上绘出管路特性曲线 $H_e—Q_e$。

例 2-8　附表 2

Q_e,m^3/s	0.00	0.01	0.02	0.03	0.04	0.05
H_e,m	8.75	9.26	10.49	12.32	14.71	17.63

(3)泵运行时的性能

本题附图中泵的特性曲线 $H—Q$ 与管路特性曲线 $H_e—Q_e$ 的交点即是工作点,该点所对应的各性能数值即为泵运行时的流量、压头和效率。由图中工作点读得:$Q=0.033\,6\ m^3/s$, $H=13.1\ m$, $\eta=0.599$。

轴功率由下式求得:

$$N=\frac{QH\rho g}{\eta}=\frac{0.033\,6\times13.1\times999\times9.81}{0.599}=7.20\ kW$$

2.2.7　离心泵的类型与选用

一、离心泵的类型

由于化工生产中输送的液体是多种多样的,工艺要求提供的流量和压头差别很大。为了适应各种不同的需要,离心泵的种类很多。按叶轮吸入方式可分为单吸泵和双吸泵;按叶轮数目可分为单级泵和多级泵;按泵送液体的性质可分为清水泵、油泵、耐腐蚀泵、杂质泵等。以下介绍几种主要类型的离心泵。

(一)清水泵(IS 型、D 型、Sh 型)

凡是输送清水及物理、化学性质类似于水的清洁液体,可选用清水泵。

IS 型清水泵为单级单吸悬臂式水泵的代号,它的应用最为广泛。其结构如图 2-21 所示。该系列泵的扬程范围为 8 ~ 98 m,流量范围为 4.5 ~ 360 m^3/h。

若要求压头较高而流量并不太大时,可采用多级泵,其系列代号为“D”,称为 D 型离心泵。其结构示意图如图 2-22 所示。多级泵即在一根轴上串联多个叶轮,液体在几个叶轮中多次接受能量,故可达到较高的压头。D 型离心泵的扬程范围为 14 ~ 351 m,流量范围为 10.8 ~ 850 m^3/h。

若输送液体流量较大而压头并不高时,可以选用双吸泵,其系列代号为“Sh”。双吸式叶轮的厚度较大,且有两个吸入口,故输液量较大。全系列扬程范围为 9 ~ 140 m,流量范围为 120 ~ 12 500 m^3/h。

应指出,工业中仍广泛使用清水泵系列代号为 B 型,与 IS 型泵相对应。

(二)耐腐蚀泵(F 型)

输送酸、碱等腐蚀性液体时,可选用耐腐蚀泵,其系列代号为“F”。耐腐蚀泵与液体接触的部件是用耐腐蚀材料制造的。在 F 后面加一个字母表示材料的代号,以示区别。F 型泵另一特点是密封要求高,多采用机械密封装置。

F 型泵全系列扬程范围为 15 ~ 105 m,流量范围为 2 ~ 400 m^3/h。

(三)油泵(Y 型)

输送石油产品的离心泵称为离心油泵。对油泵的一个重要要求是密封性能良好,以防易燃、易爆油品的泄漏。输送高温(200 ℃以上)油品的泵还需要有良好的冷却系统,一般在轴承和轴封装置上装有冷却夹套,油泵代号为“Y”。

Y 型泵全系列扬程范围为 60 ~ 600 m,流量范围为 6.25 ~ 500 m^3/h。

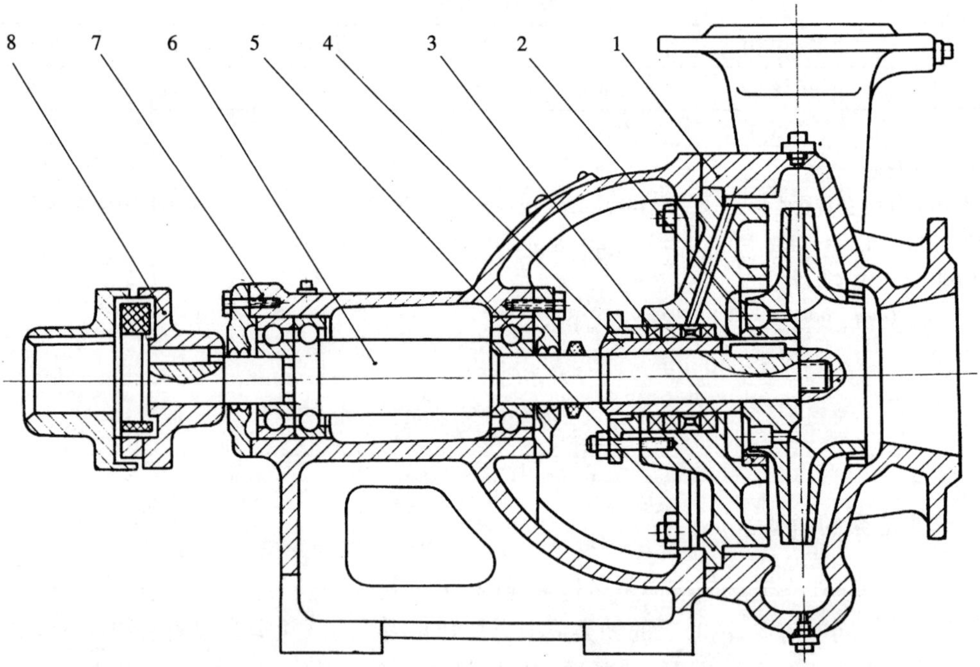

图 2-21　IS 型水泵结构图

1—泵体　2—叶轮　3—密封环　4—护轴套　5—后盖　6—泵轴　7—托架　8—联轴器部件

(四)杂质泵(P 型)

杂质泵用于输送悬浮液和浆液等，其系列代号为"P"，又分为污水泵"PW"、泥浆泵"PN"等。对这类泵的要求是：不易被杂质堵塞、耐磨及易拆洗等。因此这类泵的叶轮流道宽、叶片数目少，常用开式或半闭式叶轮。

在离心泵的产品目录或样本中，泵的型号是由英文字母和数字组合而成，代表离心泵的类型和规格等，下面举例说明。

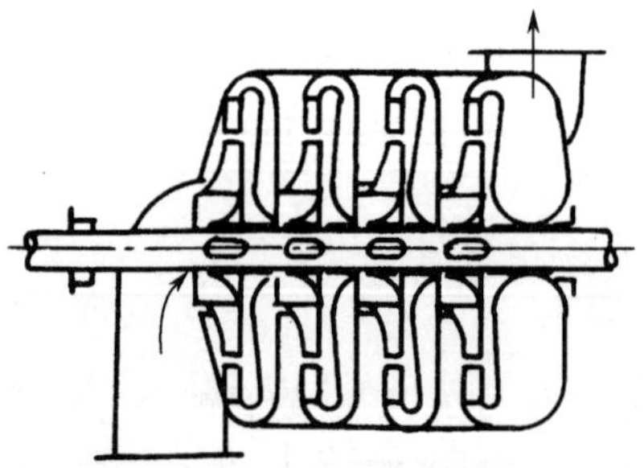

图 2-22　多级泵示意图

(1)IS100—80—160

其中　IS——单级单吸悬臂式离心水泵；

100——泵的吸入管内径，mm；

80——泵的排出管内径，mm；

160——泵的叶轮直径，mm。

(2)8B29A

其中　8——泵吸入口直径，in(英寸)；

B——单级单吸悬臂式离心水泵；

29——泵的扬程，m；

A——该型号泵的叶轮直径较基本型号小一级(一次切削)。

(3)40FMI—26

其中　40——泵吸入口直径，mm；

F——悬臂式耐腐蚀离心泵；

M——与液体接触部件的材料代号(M 代表铬镍钼钛合金钢)；

I——轴封型代号(I 表示单端面密封);

26—泵的扬程,m。

(4)100Y—120×2

其中　100——泵吸入口直径,mm;

Y——单吸式离心油泵;

120——泵的单级扬程,m;

2——叶轮级数。

二、离心泵的选用

离心泵的选用,一般可按下述步骤进行。

(1)根据输送液体的性质和操作条件,确定离心泵的类型。

(2)确定输送系统的流量和压头。液体的流量一般由生产任务规定,若流量在一定范围内变动,则选泵时应按最大流量考虑。根据输送系统管路的安排,利用伯努利方程计算在最大流量下管路所需的压头。

(3)选择泵的型号。根据输送流量和设计管路所要求的压头,从泵样本或产品目录中选出合适的型号。泵的流量和压头应留有余地,即稍大于管路需要的流量和压头,且应保持离心泵在高效区工作。泵的型号选出后,应列出该泵的各种性能参数。

为了选泵方便,泵的生产厂家提供的泵样本中附有各类型离心泵的系列特性曲线,即将同一类型的各种型号泵与较高效率范围相对应的 $H—Q$ 曲线绘在一个总图上。图 2-23 是 IS 型水泵的系列特性曲线图。曲线上的点是额定参数,以便于泵的选用。

(4)核算泵的轴功率。当输送液体的密度大于水的密度时,可按式 2-19 核算泵的轴功率。

[例 2-9] 若输水管路系统要求流量为 100 m^3/h,压头为 30 m,试选择一台合适的离心泵,并列出主要性能。再估算采用阀门调节流量而多消耗的轴功率。

解:

(1)泵的型号

由于本题要求输送清水,故选用 IS 型离心水泵。

按管路要求 $Q_e = 100\ m^3/h$、$H_e = 30$ m,在 IS 型水泵的系列特性曲线图 2-23 上标出相应的坐标点,该点靠近 IS100—80—160 字样曲线的下方,所以宜选用 IS100—80—160 型离心水泵,转速为 2 900 r/min。

于附录二十四中查得 IS100—80—160 型离心水泵性能如下:

$Q = 100\ m^3/h$

$H = 32$ m

$N = 11.2$ kW

$\eta = 78\%$

$\Delta h_r = 4.0$ m

(2)因所选泵的压头大于管路所需的压头,故应采用阀门调节。由于阀门调节多消耗的压头为:

$\Delta H = 32 - 30 = 2$ m

故多消耗的轴功率为:

$$\Delta N = \frac{\Delta HQ\rho g}{\eta} = \frac{2\times100\times1\ 000\times9.81}{3\ 600\times0.78} = 698.7\ W \approx 0.7\ kW$$

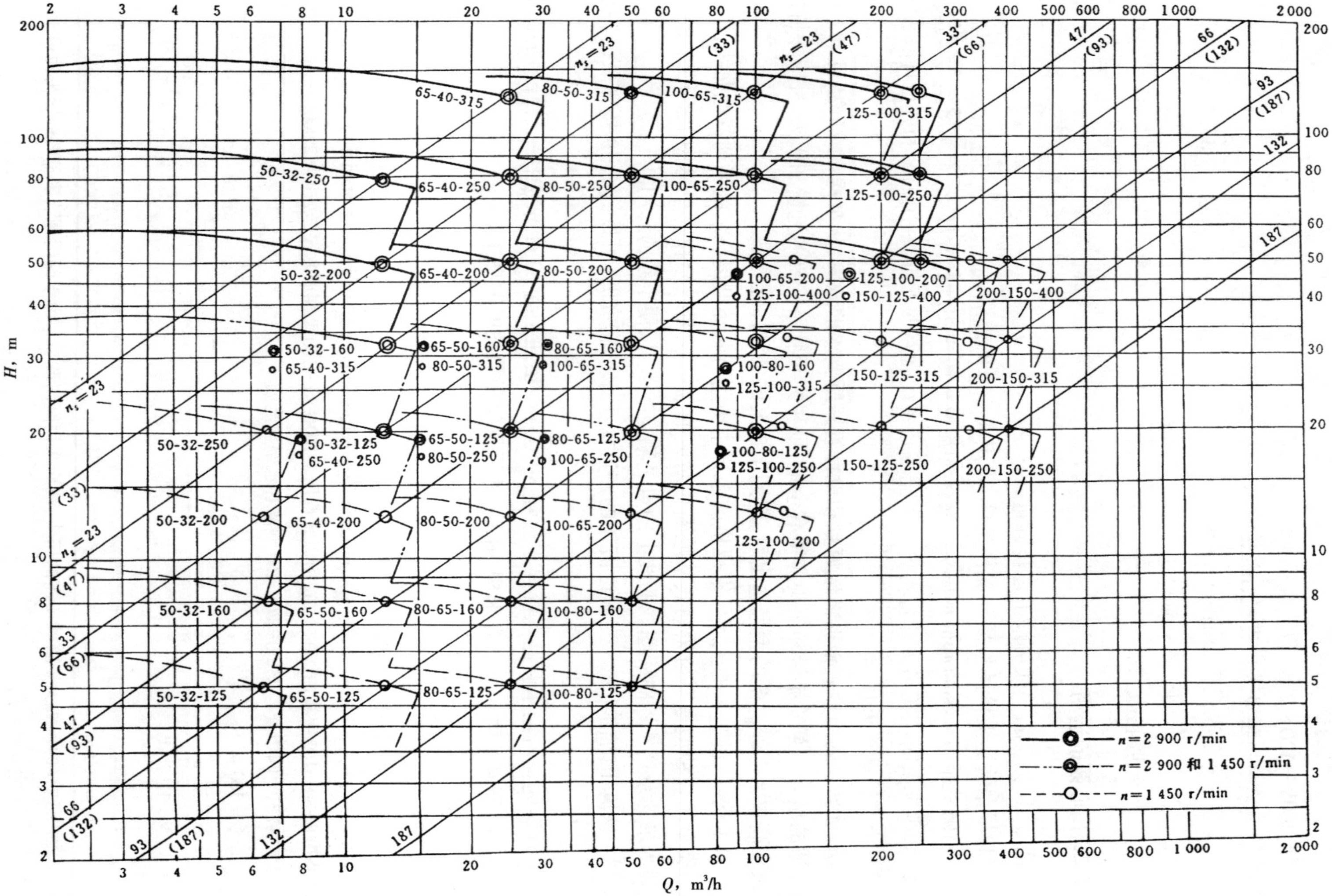

图 2-23 IS 型离心水泵系列特性曲线

三、离心泵的安装和使用

离心泵的安装和使用一般应注意以下问题：

(1)泵的安装高度应稍大于允许吸上高度；

(2)泵启动前必须向泵内灌满被输送的液体；

(3)泵启动时应关闭出口阀门,使启动功率最小；

(4)停泵前一般应先关闭出口阀门,以免排出管路的液体倒流入泵内,使叶轮受损；

(5)泵运转中应定时检查、维修等。

第3节　其他类型化工用泵

2.3.1　往复泵

一、往复泵的工作原理

往复泵是一种容积式泵。图2-24是往复泵的装置简图,它主要由泵缸、活塞、活塞杆、吸入单向阀和排出单向阀构成。活塞杆与传动机械相连接而使其在泵缸内作往复运动。泵缸内活塞与单向阀间的空隙为工作室。当活塞自左向右运动时,工作室容积增大,形成低压。此时因受排出管内压力的作用,排出阀关闭;吸入阀则受贮池液体压强的作用而被顶开,液体流入泵缸内。当活塞移至最右端时,工作室容积最大,吸入的液体量最多。此后,活塞自右向左运动,缸内液体被挤压,吸入阀关闭,液体被排入压出管道。活塞移至左端,排液完毕,完成一个工作循环。

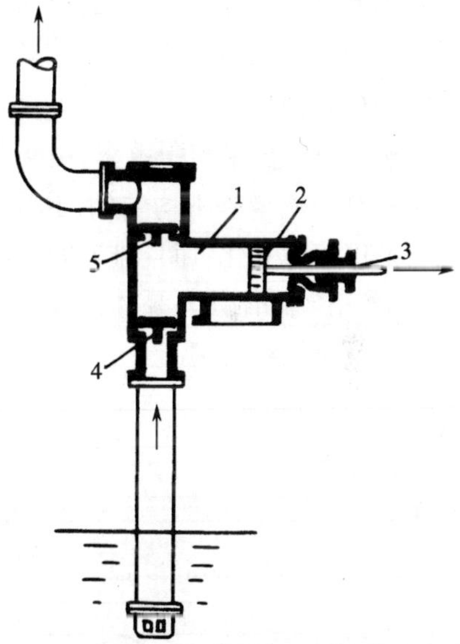

图2-24　往复泵装置简图

1—泵缸　2—活塞　3—活塞杆

4—吸入阀　5—排出阀

由此可见,往复泵是靠活塞在泵缸的左右两端点间作往复运动而吸入和排出液体的。通常把活塞在缸内移动的距离称为冲程。若在一次工作循环中,吸液和排液各为一次,且交替地进行,这类泵称为单动泵。它不是连续地输送液体。若在活塞两侧的泵体内都装有吸入阀和排出阀,则活塞无论向左还是向右运动,吸液和排液均同时进行,这类往复泵称为双动泵。双动泵示意图如图2-25所示。

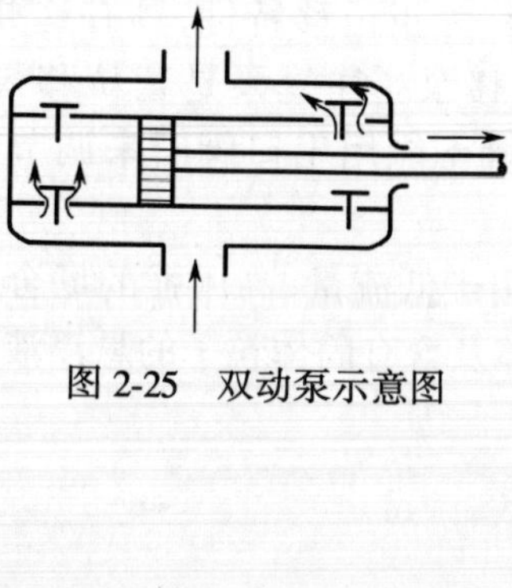

图2-25　双动泵示意图

由往复泵的工作原理可知,往复泵内的低压是靠工作室的扩张形成的,因此往复泵启动前无需向泵体内灌满液体,即往复泵具有自吸作用。但是,和离心泵相似,由于它们都是依靠外界和泵内的压强差吸入液体的，因此往复泵的吸上高度也受到限制，即随泵安装地区的大气压强、输送液体的性质及温度等条件而变化。

二、往复泵的性能

(一)往复泵的流量

往复泵的理论平均流量可按下式计算。

对单动泵

$$Q_T = ASn \tag{2-36}$$

对双动泵

$$Q_T = (2A - a)Sn \tag{2-37}$$

式中　Q_T——往复泵理论流量，m^3/min；

A——活塞截面积，m^2；

S——活塞冲程，m；

n——活塞往复频率，1/min；

a——活塞杆截面积，m^2。

实际上，由于阀门不能及时启闭，阀门、填料函等处存在泄漏等原因，往复泵的实际平均流量 Q 小于理论流量，即：

$$Q = \eta_v Q_T \tag{2-38}$$

式中　η_v——往复泵容积效率，由实验测定。

往复泵的流量是不均匀的，其流量曲线如图 2-26 所示。由图可以看出，单动泵在排液过程中不仅流量变化，而且排液间断进行；双动泵虽然排液是连续的，但是流量仍是不均匀的；只有采用多缸体往复泵才可改善往复泵的流量不均匀性，例如三联泵(由三台单动泵并联构成)，其流量较均匀。

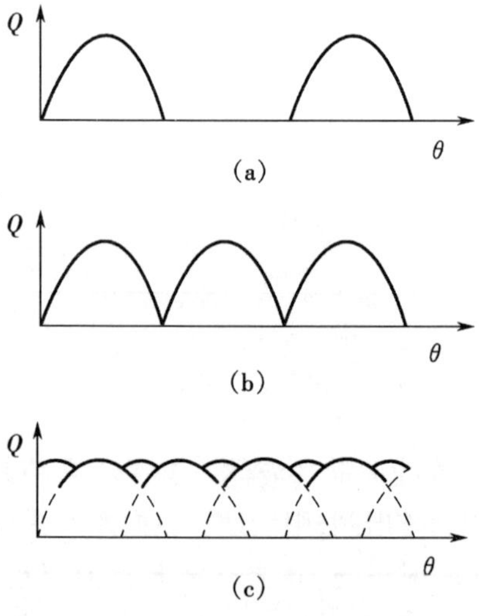

图 2-26　往复泵的流量曲线

(a)单动泵　(b)双动泵　(c)三联泵

(二)往复泵的压头

往复泵的压头与泵的几何尺寸无关，只要泵的力学强度及原动机的功率允许，理论上往复泵的压头可以不受限制，即输送系统要求多高的压头，往复泵就可提供多高的压头。实际上由于活塞环、轴封及阀门等处的泄漏，降低了往复泵可能达到的压头。可见往复泵的压头是与流量无关的。

如上所述，往复泵的排液能力与活塞位移有关，但与管路情况无关；而压头则受管路的承压能力限制。这种性质称为正位移特性，具有这种特性的泵统称为正位移泵。往复泵是正位移泵之一。正位移泵的流量不能用出口阀门来调节，一般调节方法见下节。

往复泵主要适用于低流量、高压强的场合，输送高黏度液体时效果也较离心泵好，但它不宜输送腐蚀性液体及含有固体粒子的悬浮液。

2.3.2 旋转泵

旋转泵又称转子泵，它是靠泵体内一个或一个以上的转子的旋转来吸入和排出液体的。旋转泵的形式很多，但工作原理基本相同。它们也是正位移泵之一。

一、齿轮泵

齿轮泵的结构如图 2-27 所示。泵壳内有两个齿轮，其中主动轮靠电动机带动旋转，从动轮靠与主动轮相啮合而转动。当齿轮按图中所示的方向转动时，在泵的吸入端，两个齿轮的齿互相拨开，形成低压而将液体吸入；然后随齿轮转动，液体分两路封闭于齿穴和壳体之间，并被压向排出端，在排出端两齿轮的齿互相合拢，形成高压而将液体排出。

齿轮泵压头高而流量小，它适用于输送黏稠液体，但不能输送含有固体粒子的悬浮液。

二、螺杆泵

螺杆泵主要由泵壳和一根或多根螺杆构成。图 2-28 所示为双螺杆泵，其工作原理与齿轮泵十分相似。它是利用互相啮合的螺杆来排送液体的，当所需的压头较高时，可采用较长的螺杆。

螺杆泵的特点是压头高、效率高和噪声低，它适宜于输送高黏度的液体。

三、正位移泵的流量调节

以上讨论的往复泵和旋转泵都是容积式泵，又称为正位移泵。对这类泵，只要活塞往复频率一定或转子以一定的转速旋转，就能输送一定体积流量的液体。若把这类泵的出口阀门关闭而让泵继续运转，泵内压强将急剧增高，可能导致泵体、管路和电动机损坏。因此正位移泵不能采用出口阀门调节流量，此时多采用旁路调节流量。图 2-29 是旁路调节流量的示意图。液体经吸入管进入泵内，从排出管路上排出，并有部分液体经支路阀门 3 流回吸入管路。排出液体流量由阀门 2 和 3 配合调节，若排出管路下游压强超过规定值时，安全阀 4 自动开启，泄回部分液体，以保证操作安全。

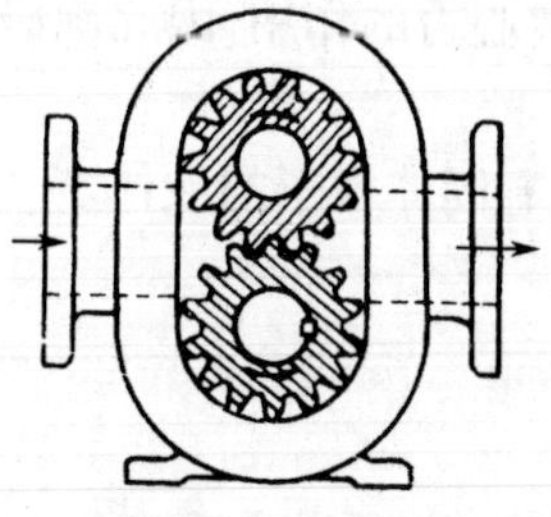

图 2-27 齿轮泵

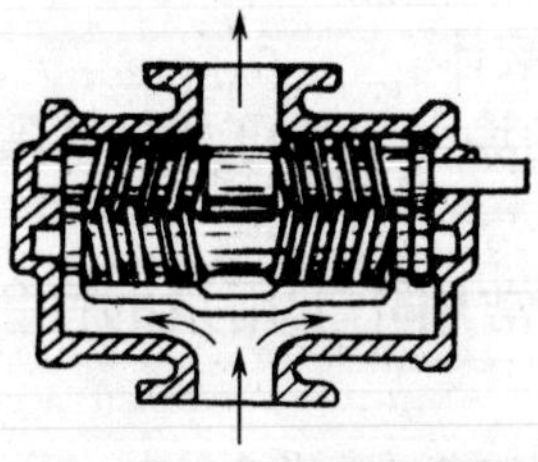

图 2-28 双螺杆泵

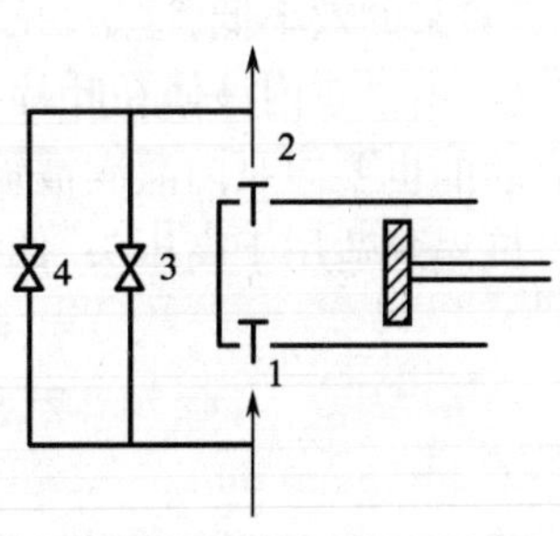

图 2-29 正位移泵流量调节

1—吸入阀 2—排出阀

3—支路阀 4—安全阀

应予指出，旁路调节流量的方法并不能改变泵的总流量，因此这种调节方法增加功率消耗，不太经济。它适用于流量变化不太大时的经常性调节。

2.3.3 旋涡泵

旋涡泵是一种特殊类型的离心泵，主要由泵壳和叶轮构成。其叶轮如图 2-30(a)所示，是一个圆盘，盘四周由凹槽构成叶片，并呈辐射状排列。叶片数目可多达几十片。泵内结构如图 2-30(b)所示，叶轮 1 上有叶片 2，叶轮在泵壳 3 内旋转，泵壳内有引液道 4，吸入口和排出口之间有间壁 5。间壁与叶轮间的缝隙很小，使吸入腔和排出腔分开。旋涡泵运行时泵内液体随叶轮旋转的同时，又在引液道与各叶片之间作反复迂回运动，因而液体可获得较高的能量。

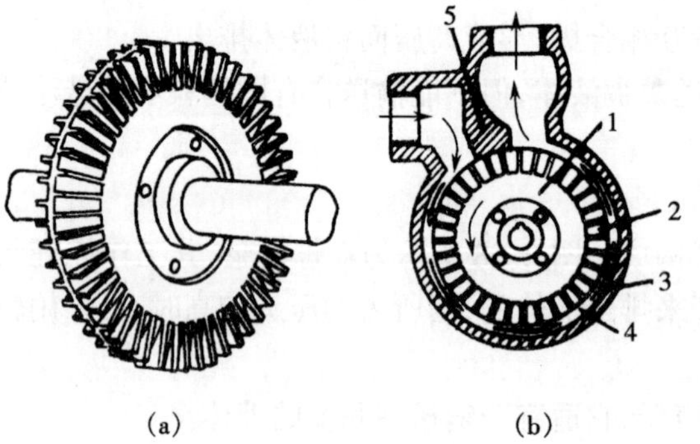

图 2-30　旋涡泵

(a)叶轮　(b)泵内结构

1—叶轮　2—叶片　3—泵壳　4—引液道　5—间壁

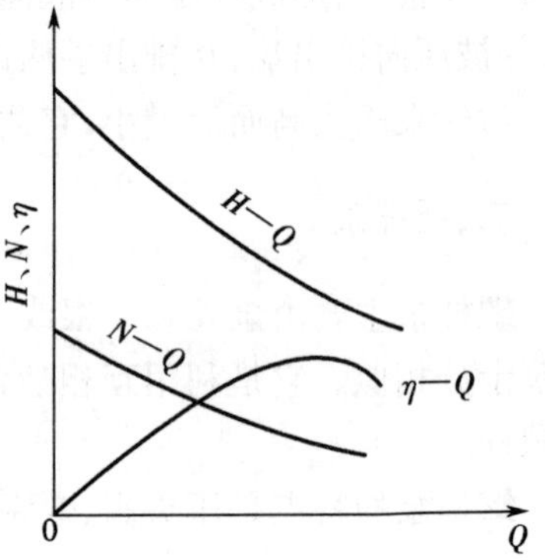

图 2-31　旋涡泵的特性曲线

旋涡泵的特性曲线如图 2-31 所示。

旋涡泵的操作和特性具有以下特点：

(1)泵的压头随流量减小而增加很高，即低流量时压头很高，因此该泵宜用旁路调节流量；

(2)泵的轴功率随流量增加而减小，因此泵启动时出口阀应全开，以保护电动机；

(3)泵的效率低，这是由于泵内液体剧烈的旋涡运动使能量损失增大所致；

(4)由于泵内液体在叶片和引液道间的反复迂回运动是依靠离心力的作用，因此旋涡泵在启动前也要向泵内灌满被输送的液体。

旋涡泵适用于高压头、低流量的场合，不宜于输送高黏度或含有固体粒子的液体。

2.3.4 常用化工用泵的性能比较

化工生产中几种常用泵的性能比较列于表 2-2 中。

表 2-2　几种常用泵的性能比较

泵的类型		非正位移泵		正位移泵	
		离心泵	旋涡泵	往复泵	旋转泵
流量	均匀性	均匀	均匀	脉动	尚均匀
流量	恒定性	随管路特性而变		恒定	恒定
流量		广,易达大流量	小流量	较小流量	小流量
压头		不易达到高压头	低压头	高压头	较高压头
效率		稍低	低	高	较高
操作	流量调节	出口阀调节	旁路调节	旁路或转速、行程调节	旁路调节
操作	自吸作用	无	部分型号有自吸力	有	有
操作	启动	出口阀门关闭	出口阀门全开	出口阀门全开	出口阀门全开
操作	维修	简便	简便	麻烦	较简便
适用场合		流量和压头适用范围广,尤适宜于大流量、中压头;不太适合高黏度液体	小流量、较高压头、低黏度清洁液体	小流量、高压头、不含杂质的黏性液体	小流量、较高压头、高黏度的液体

第4节　气体输送机械

气体输送机械的结构和工作原理与液体输送机械的基本相同,它们的作用都是对流体作功以提高其机械能。但是,由于气体的可压缩性,即当气体的压强变化时,其体积和温度随之发生变化,这对气体输送机械的结构、形状产生较大的影响;同时由于气体的密度小,相应的体积流量较大,因此一般气体输送机械的体积较大。

气体输送机械除了可按工作原理及其结构来分类外,通常按输送机械的压强(终压)或压缩比(出口与进口气体压强之比)来分类。即:

(1)通风机,终压不大于 15×10^3 Pa,压缩比为 1 ~ 1.5;

(2)鼓风机,终压为 15×10^3 ~ 294×10^3 Pa,压缩比小于 4;

(3)压缩机,终压大于 294×10^3 Pa,压缩比大于 4;

(4)真空泵,用于产生真空,出口压强为大气压。

2.4.1　离心式通风机

离心式通风机按其产生风压的大小可以分为:

(1)低压离心通风机,风压低于 1×10^3 Pa(表压);

(2)中压离心通风机,风压为 1×10^3 ~ 3×10^3 Pa(表压);

(3)高压离心通风机,风压为 3×10^3 ~ 15×10^3 Pa(表压)。

一、离心式通风机的结构和工作原理

离心式通风机的结构和工作原理与离心泵的大致相同。它主要是由蜗形机壳和多叶片的叶轮组成。图 2-32 所示的为低压离心通风机的示意图。

离心式通风机的结构特点如下。

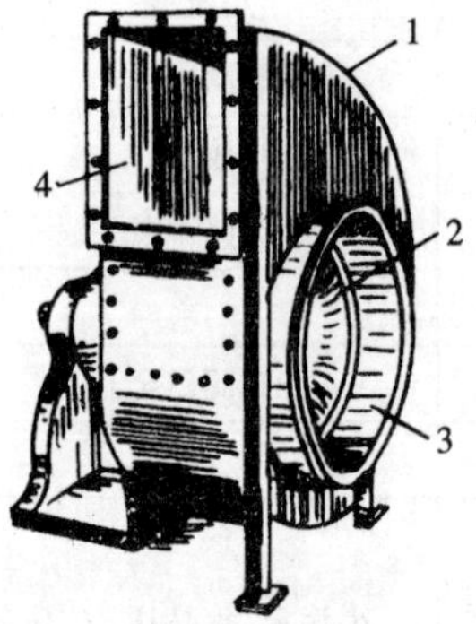

图 2-32　低压离心通风机
1—机壳　2—叶轮
3—吸入口　4—排出口

(1)叶轮直径较大,叶片数目多且较短。叶片有平直状、前弯状和后弯状。若通风机要求风量大,可选用前弯片,但其效率较低。高效通风机的叶片通常是后弯片。

(2)蜗壳的气体流道一般为方形截面,但高压通风机则一般为圆形截面。所以高压通风机的外形、结构与单级离心泵更为相似。

二、离心通风机的性能和特性曲线

离心通风机的主要性能有风量、风压、轴功率和效率。由于气体通过风机的压强变化不大,在风机内运动的气体仍可视为不可压缩的,因此离心泵能量方程也可用来分析通风机的性能及其关系。

(一)风量

离心通风机的风量是指单位时间内从风机出口排出的气体体积,并按风机进口处的气体状态计,以 Q 表示,单位为m^3/s 或 m^3/h。

风量大小与风机的结构、尺寸及转速等有关。

(二)风压

离心通风机的风压是单位体积的气体流过风机时所获得的能量,以 H_T 表示,单位为 J/m^3(即 Pa)。H_T 的单位与压强的单位相同。

风压的大小与风机的结构、尺寸、转速及气体的密度有关。风压一般由实验测定。设风机进口为截面 1—1′,出口为截面 2—2′,根据以单位体积气体为基准的伯努利方程式 2-3 可知,由于式中 ρ 及 $z_2 - z_1$ 值都较小,故$(z_2 - z_1)\rho g$ 项可忽略;因风机进、出口间管段很短,故 $\rho\Sigma h_{f,1\text{-}2}$项也可忽略;又当风机进口处与大气直接相通时,且截面 1—1′位于进口外侧,则 $u_1 = 0$。因此式 2-3 可简化为:

$$H_T = (p_2 - p_1) + \frac{u_2^2}{2}\rho \tag{2-39}$$

式中:$p_2 - p_1$ 称为静风压,以 H_{st}表示;$\rho u_2^2/2$ 称为动风压。离心通风机的风压为静风压与动风压之和,称为全风压。通风机性能表上所列的风压为全风压。

离心通风机的风压随进入风机气体密度而变。风机性能表上的风压一般都是在 20 ℃、常压($1.013\,3 \times 10^5$ Pa)下以空气为介质测定得到的,该条件下空气的密度为 1.2 kg/m^3。若实际的操作条件与上述的实验条件不同,则应按下式进行换算:

$$H_T = H'_T \frac{\rho}{\rho'} = H'_T \frac{1.2}{\rho'} \tag{2-40}$$

式中　H_T——实验条件下的风压,Pa;

H'_T——操作条件下的风压,Pa;

ρ'——操作条件下气体的密度 kg/m^3。

(三)轴功率与效率

离心通风机的轴功率为:

$$N = H_T \frac{Q}{1\,000\eta} \tag{2-41}$$

式中 N——离心通风机的轴功率,kW;

H_T——风压,Pa;

Q——风量,m^3/s;

η——效率,因按全风压定出,又称全压效率。

用式 2-41 计算时,Q 和 H_T 必须是同一状态下的数值。风机性能表上轴功率为实验条件(空气密度为 1.2 kg/m^3)下的数值。若所输送气体的密度与此不同,可用下式进行换算:

$$N' = N \frac{\rho'}{1.2} \tag{2-42}$$

式中 N'——气体密度为 ρ' 时的轴功率,kW;

N——气体密度为 1.2 kg/m^3 时的轴功率,kW。

离心通风机的特性曲线如图 2-33 所示。它表示某种型号的风机在一定转速下,以 20 ℃空气为介质测得的风量 Q 与风压 H_T、静风压 H_{st}、轴功率 N、效率 η 之间的关系。

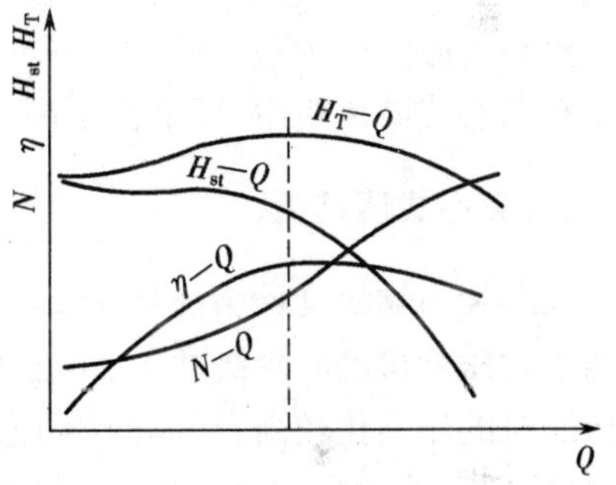

图 2 33 离心通风机特性曲线示意图

三、离心通风机的选择

离心通风机选择的一般步骤如下。

(1)根据管路布置和工艺条件,计算输送系统所需风压 H'_T,并按式 2-40 换算为风机实验条件下的 H_T。

(2)根据气体的种类(如清洁空气、易燃气体、腐蚀性气体及含尘气体等)和风压范围,确定风机的类型。若输送的是空气或与其相似的气体,可选用一般类型的离心通风机,常用的有 4—72 型、8—18 型和 9—27 型。后两类为高压通风机,4—72 型为中、低压通风机。

(3)根据以风机进口状态计的实际风量和实验条件下的风压,从风机样本的性能表或特性曲线中查得适宜的风机型号。选择原则与离心泵的相同。

[例 2-10] 已知空气的最大输送量为 1.6×10^4 kg/h,在最大风量下输送系统所需风压为 2 100 Pa,空气进口温度为 40 ℃。试选择一台合适的离心通风机。当地大气压强为 98.7×10^3 Pa。

解:按式 2-40 将输送系统的风压换算为实验条件下风压,即:

$$H_T = H'_T \frac{1.2}{\rho'}$$

输送条件下空气的密度为:

$$\rho' = \rho_0 \frac{T_0}{T'} \frac{p'}{p_0} = 1.293 \times \frac{273}{313} \times \frac{98.7}{101.33} = 1.1\ kg/m^3$$

故 $$H_T = 2\,100 \times \frac{1.2}{1.1} = 2\,290\ Pa$$

风量(按进口状态计)为:

$$Q=\frac{1.6\times10^4}{1.1}=1.46\times10^4\ m^3/h$$

根据风量 $Q=1.46\times10^4\ m^3/h$ 和风压 $H_T=2\ 290$ Pa,在附录二十五中查得 4—72N06C 离心通风机可满足要求。该机性能为:

转速,r/min	2 240
风压,Pa	2 432.1
风量,m^3/h	1.58×10^4
轴功率,kW	14.1

2.4.2 离心式鼓风机和压缩机

一、离心式鼓风机

离心式鼓风机又称透平鼓风机,工作原理与离心通风机的相同,结构类似于多级离心泵。由于单级风机产生的风压较低,故一般风压较高的离心式鼓风机都是多级的。气体由吸入口进入后,依次通过各级的叶轮和导轮,最后由排气口排出。

离心式鼓风机的送气量大,但所产生的风压不高,出口表压强一般不超过 294×10^3 Pa。由于在离心式鼓风机中,压缩比不高,所以无需冷却装置,各级叶轮的直径也大致相同。

二、离心式压缩机

离心式压缩机又称为透平压缩机,它的主要结构、工作原理都与离心式鼓风机的相似。但离心式压缩机的叶轮级数多,可在 10 级以上,且转速较高,因此它可产生更高的压强。由于压缩机的压缩比较高,气体的体积变化大,温度升高也较显著,故离心式压缩机常分成几段,每段包括若干级。叶轮直径和宽度逐渐减小。段与段间设置中间冷却器,以免气体温度过高。

离心式压缩机的特点是:流量大,供气均匀,体积小,可连续运转且安全可靠,机体内易损部件少,维修方便,机体内无润滑油和污染气体等。所以近年来除压强要求很高外,离心式压缩机的应用日趋广泛。

2.4.3 旋转鼓风机和压缩机

旋转鼓风机、压缩机与旋转泵相似,机壳内有一个或两个旋转的转子。它们的特点是:构造简单、紧凑,体积小,排气连续均匀,适用于所需压强不高、流量较大的场合。

一、罗茨鼓风机

旋转式鼓风机的类型很多,罗茨鼓风机是最常见的一种,其工作原理和齿轮泵的相似。罗茨鼓风机的结构如图 2-34 所示。在机壳内有两个特殊形状(如腰形或三星形)的转子,两转子之间、转子与机壳之间的缝隙很小,转子可自由旋转而无过多气体泄漏。两个转子的旋转方向相反,气体从机壳一侧吸入,从另一侧排出。

罗茨鼓风机的主要特点是风量与转速成正比,当转速一定时,流量与风机出口压强无关。罗茨鼓风机的风量范围为 $2\sim500\ m^3/min$。操作时流量一般用旁路调节。出口压强不超过 80 kPa(表压),过高将导致泄漏增多,降低效率。

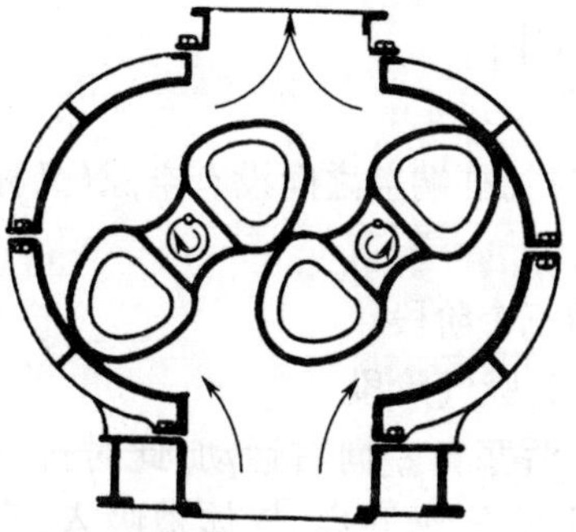

图 2-34　罗茨鼓风机

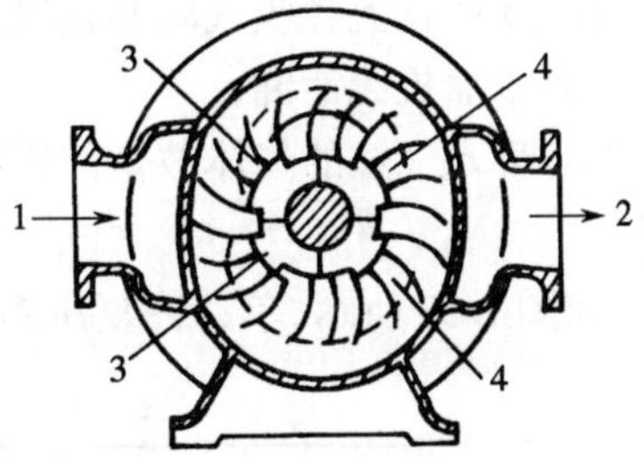

图 2-35　液环压缩机

1—进口　2—出口　3—吸气口　4—排出口

罗茨鼓风机的出口应安装气体稳压罐和安全阀,其操作温度不能超过 85 ℃,以防转子受热膨胀而卡住,影响正常运动。

二、液环压缩机

液环压缩机又称纳氏泵,其结构如图 2-35 所示。它主要由一个略似椭圆的外壳和旋转的叶轮构成。壳中盛有适量的液体。当叶轮旋转时,叶片带动液体旋转,由于离心力的作用,液体被抛向壳体,周边形成椭圆形的液环,椭圆长轴处则形成两个月牙形空隙,供气体吸入和排出。当叶轮旋转一周时,在液环和叶片间形成的密闭空间逐渐变大和变小各二次,气体从两个吸气口进入机内,从两个排出口排出。

液坏压缩机中的液体将被压缩的气体与外壳隔开,气体仅与叶轮接触,宜用于输送腐蚀性气体。壳内液体应与气体不起作用,例如压送氯气时,壳内液体可采用硫酸。

液环压缩机所产生的表压强可高达 500 ~ 600 kPa(表压),一般在 150 ~ 180 kPa(表压)间工作效率最高。

2.4.4　往复压缩机

一、往复压缩机的基本结构和工作原理

往复压缩机的基本结构、工作原理与往复泵比较相似。它依靠活塞的往复运动将气体吸入和压出,主要部件有气缸、活塞、吸气阀和排气阀。

图 2-36 所示为立式单动双缸压缩机,在机体内装有两个并联的气缸,两个活塞连于同一个曲轴上,吸气阀和排气阀都在气缸的上部。曲柄连杆机构推动活塞在气缸中作往复运动。气缸壁上装有散热翅片以冷却缸内气体。

因往复压缩机处理的是可压缩气体,压缩后气体的压强增高,体积缩小而温度升高,所以它的工作过程与往复泵的不同,结构也更为复杂。

二、往复压缩机的理想压缩循环

以单动往复压缩机为例,说明压缩机的工作过程。若它为理想压缩循环过程,则必须满足以下条件：

(1)被压缩的气体为理想气体；

(2)气体在流经吸气阀和排气阀时，流动阻力可忽略不计；

(3)压缩机无泄漏；

(4)吸入气缸的气体被全部排出，即排气终了时活塞与气缸端盖之间没有空隙(又称余隙)。

如图2-37所示，单动往复压缩机的理想压缩循环分为三个阶段。

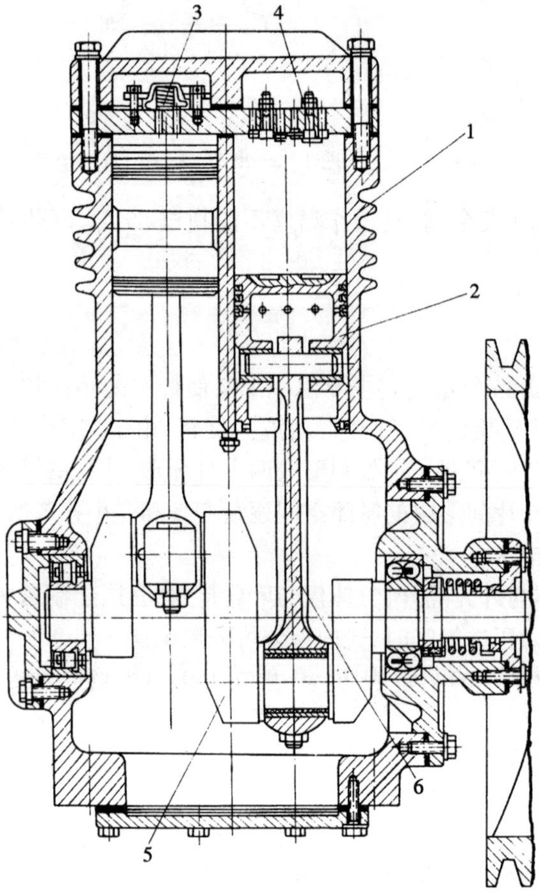

图2-36　立式单动双缸压缩机

1—气缸　2—活塞　3—排气阀　4—吸气阀　5—曲轴　6—连杆

1.吸气阶段

活塞自左向右运动，此时排气阀关闭，吸气阀开启，气体被吸入，直到活塞移到最右端，缸内气体压强为 p_1、体积为 V_1。气体状态沿 p—V 图上水平线4—1而变化。

2.压缩阶段

活塞自最右端向左运动，体积逐渐减小，压强不断升高，此时吸气阀和排气阀均被关闭，直至气缸内气体压强升高到排气阀外的气体压强 p_2 为止。若压缩过程为等温过程，则气体状态变化如 p—V 图中曲线1—2所示；若压缩过程为绝热过程，则气体状态变化如 p—V 图中曲线1—2a 所示。

3.排气阶段

当气缸内气体压强达到 p_2 时，排气阀被顶开，随着活塞继续向左运动，气体在压强 p_2 下被完全排出。气体状态变化如 p—V 图中水平线2—3所示。当活塞再从最左端开始运动时，因气缸内无气体，活塞稍向右运动，缸内压强即降至 p_1，从而开始下一个工作循环。

理想压缩循环所需外功与气体压缩过程有关，根据理想气体的 p—V 关系，对于等温压缩可导得：

$$W = p_1 V_1 \ln \frac{p_2}{p_1} \tag{2-43}$$

式中　W——等温压缩过程所需外功，J；

V_1——吸入气体的体积，m^3；

p_1、p_2——分别为吸入、排出气体压强，Pa。

对于绝热压缩可导得：

$$W = p_1 V_1 \frac{\kappa}{\kappa - 1}\left[\left(\frac{p_2}{p_1}\right)^{\frac{\kappa-1}{\kappa}} - 1\right] \tag{2-44}$$

式中　κ——气体的绝热指数。

绝热压缩时排出气体的温度为：

$$T_2 = T_1\left(\frac{p_2}{p_1}\right)^{\frac{\kappa-1}{\kappa}} \tag{2-45}$$

式中　T_1、T_2——分别为吸入、排出气体的温度，K。

若气体压缩过程为介于等温和绝热过程间的多变过程，则式 2-44 和式 2-45 仍可使用，仅将各式中的绝热指数 k 用多变指数 m 代替即可。

理想压缩循环所需外功 W 也可由 p—V 图求得。对于等温压缩过程，W 值等于图 2-37 中 p—V 图上 1—2—3—4—1 所包围的面积。由图可见，等温压缩过程所需外功最少，绝热压缩过程消耗外功最多。

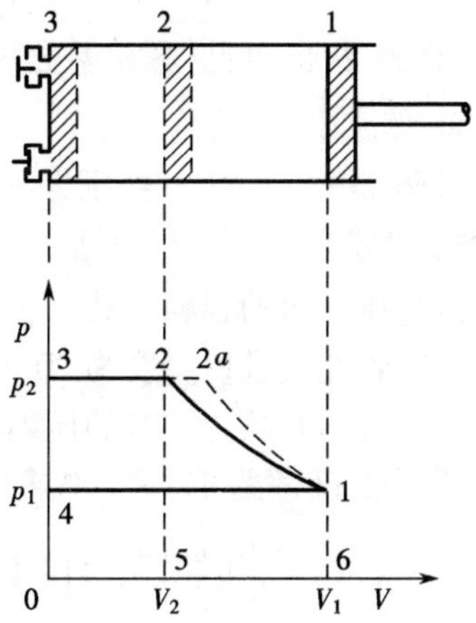

图 2-37　理想压缩循环的 p—V 图

三、有余隙存在的压缩循环

实际上在排气终了时，活塞端面与气缸盖之间留有空隙，此空隙称为余隙。有余隙的理想气体压缩循环，又称为实际压缩循环。

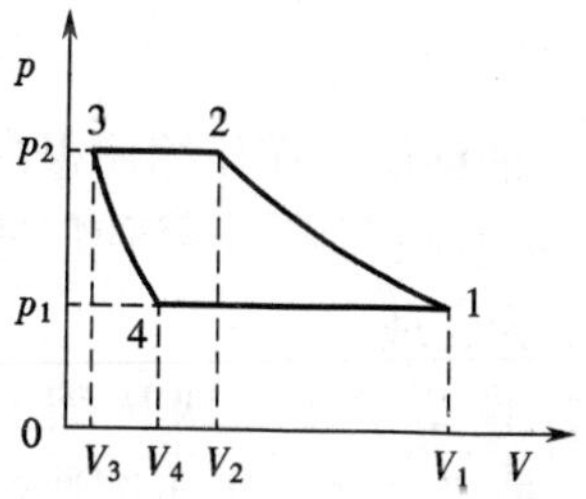

图 2-38　实际压缩循环

实际压缩循环过程如图 2-38 所示。它与理想压缩循环的区别是，由于有余隙的存在，排气终了时使气缸内存在压强为 p_2、体积为 V_3 的气体，因此当活塞向右运动时，残留在余隙中的气体将不断膨胀，直到压强降到吸入压强 p_1 为止，气体状态变化如图中曲线 3—4 所示。这一过程称为余隙气体的膨胀阶段。因此实际压缩循环是由吸气、压缩、排气和膨胀 4 个阶段组成。在一个实际压缩循环中，活塞一次扫过的体积为 $V_1 - V_3$，吸入气体的体积为 $V_1 - V_4$。余隙的存在减小了每一次工作循环的吸气量。

（一）余隙系数

余隙系数是指气体中余隙体积 V_3 与活塞一次扫过的体积 $V_1 - V_3$ 之比，用 ε 表示，即：

$$\varepsilon = \frac{V_3}{V_1 - V_3} \times 100\% \tag{2-46}$$

一般大、中型压缩机的低压气缸 ε 约为 8%，高压气缸约为 12%。

（二）容积系数

容积系数是指压缩机一次循环吸入气体体积 $V_1 - V_4$ 与活塞一次扫过体积 $V_1 - V_3$ 之比，以 λ_0 表示，即：

$$\lambda_0 = \frac{V_1 - V_4}{V_1 - V_3} \tag{2-47}$$

对于多变压缩过程，容积系数 λ_0 与余隙系数 ε 之间的关系为：

$$\lambda_0 = 1 - \varepsilon\left[\left(\frac{p_2}{p_1}\right)^{\frac{1}{m}} - 1\right] \tag{2-48}$$

由式 2-48 可见,容积系数与余隙系数 ε 及压缩比 p_2/p_1 有关,ε 愈大,λ_0 愈小;p_2/p_1 愈大,λ_0 也愈小。

[**例** 2-11] 有一台压缩机,余隙系数为 0.03,压缩比为 10,压缩过程的多变指数为 1.25。试求:

(1)压缩机的容积系数;

(2)若空气进口温度为 20 ℃,则压缩终了时温度为多少度?

(3)容积系数为零时的压缩比。

解:(1)容积系数可由式 2-48 求得:

$$\lambda_0 = 1 - \varepsilon\left[\left(\frac{p_2}{p_1}\right)^{\frac{1}{m}} - 1\right] = 1 - 0.03[(10)^{\frac{1}{1.25}} - 1] = 0.841$$

(2)压缩终了温度可按式 2-25 求得:

$$T_2 = T_1\left(\frac{p_2}{p_1}\right)^{\frac{m-1}{m}} = (273+20)(10)^{\frac{1.25-1}{1.25}} = 464.4\ \text{K} = 191.4\ ℃$$

(3)将 $\lambda_0 = 0$ 代入式 2-48,得:

$$\lambda_0 = 1 - 0.03\left[\left(\frac{p_2}{p_1}\right)^{\frac{1}{1.25}} - 1\right] = 0$$

故 $$\frac{p_2}{p_1} \approx 83$$

四、多级压缩

多级压缩就是使气体通过多个气缸经多次压缩才达到所需要的终压。在压缩比很高的情况下,采用多级压缩可以避免气体温度过高,减少功耗,提高气缸容积利用率,并使压缩机的结构更为合理。

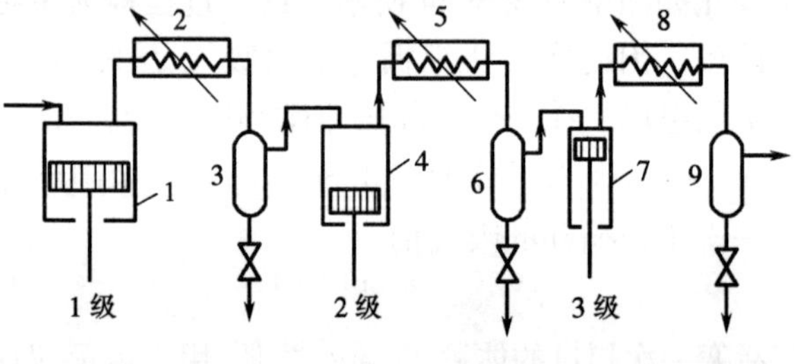

图 2-39 三级压缩示意图

1、4、7—气缸 2、5—中间冷却器 8—出口气体冷却器

3、6、9—油水分离器

图 2-39 是一个三级压缩的流程图。气体经过每一级压缩通过中间冷却器和油水分离器后,再进入下一级压缩机。每一级压缩比仅占总压缩比的一部分。多级压缩时级间设置中间冷却器,可使进入每一级气缸的气体温度降低,从而可减少功耗,提高压缩机的经济性。

压缩机的级数愈多,则所需外功愈少,即愈接近于等温压缩过程。但是整个压缩机系统结构复杂,冷却器、油水分离器等辅助设备也相应增多,克服系统的流动阻力的能耗也增加,因此,必须根据具体情况确定适当的级数。

五、往复压缩机的主要性能

（一）排气量

往复压缩机的排气量又称为压缩机的生产能力，它是指单位时间排出的气体体积，其值按吸入状态计算。

若无余隙存在，压缩机的理论吸气量分别为：

对单动压缩机 $V'_{min}=ASn$ (2-49)

对双动压缩机 $V'_{min}=(2A-a)Sn$ (2-50)

式中 V'_{min}——理论吸气量，m^3/min；

A——活塞截面积，m^2；

a——活塞杆截面积，m^2；

S——活塞的冲程，m；

n——活塞往复次数，1/min。

由于余隙的存在，实际吸气量少于理论吸气量，并且压缩机还存在多种泄漏，故实际排气量又少于实际吸气量。实际排气量为：

$$V_{min}=\lambda_d V'_{min} \quad (2\text{-}51)$$

式中 V_{min}——实际排气量，m^3/min；

λ_d——排气系数，其值约为$(0.8\sim0.95)\lambda_0$。

（二）轴功率和效率

若以绝热压缩过程为例，压缩机的理论功率为：

$$N_d=p_1 V_{min}\frac{\kappa}{\kappa-1}\left[\left(\frac{p_2}{p_1}\right)^{\frac{\kappa-1}{\kappa}}-1\right]\Big/60 \quad (2\text{-}52)$$

式中 N_d——按绝热压缩的压缩机理论功率，W；

V_{min}——压缩机排气量，m^3/min。

实际所需的轴功率比理论功率大，原因如下：

(1)实际吸气量大于排气量，因吸入气体都要经过压缩，需多耗能量；

(2)气体在气缸内湍动及通过阀门等的流动阻力，需消耗能量；

(3)压缩机部件的摩擦，也要消耗能量。

所以压缩机的轴功率为：

$$N=\frac{N_d}{\eta_d} \quad (2\text{-}53)$$

式中 N——压缩机的轴功率，W；

η_d——绝热总效率。

[例 2-12] 某单级双动空气压缩机，活塞直径为 0.3 m，活塞杆直径为 0.04 m，冲程为 0.2 m，每分钟往复 480 次。压缩机进口气体压强为 9.81×10^4 Pa，出口压强为 3.4×10^5 Pa。试求压缩机的排气量和轴功率。假设气缸的余隙系数 ε 为 8%，排气系数 λ_d 为 $0.85\lambda_0$，绝热总效率为 0.7。空气的绝热指数为 1.4。

解：

(1)压缩机的排气量

双动压缩机的理论吸气量为：

$$V'_{min} = (2A - a)Sn$$

其中 $A = \frac{\pi}{4}D^2 = \frac{\pi}{4} \times 0.3^2 = 0.070\ 7\ m^2$

$$a = \frac{\pi}{4}d^2 = \frac{\pi}{4} \times 0.04^2 = 0.001\ 3\ m^2$$

$$S = 0.2\ m$$

$$n = 480\ 1/min$$

所以 $V'_{min} = (2 \times 0.070\ 7 - 0.001\ 3) \times 0.2 \times 480 = 13.45\ m^3/min$

压缩机的容积系数为：

$$\lambda_0 = 1 - \varepsilon\left[\left(\frac{p_2}{p_1}\right)^{\frac{1}{\kappa}} - 1\right] = 1 - 0.08\left[\left(\frac{3.4 \times 10^5}{9.81 \times 10^4}\right)^{\frac{1}{1.4}} - 1\right] = 0.886$$

往复压缩机的排气量为：

$$V_{min} = \lambda_d V'_{min}$$

其中 $\lambda_d = 0.85\lambda_0 = 0.85 \times 0.886 = 0.753$

所以 $V_{min} = 0.753 \times 13.45 = 10.13\ m^3/min$

(2)轴功率

压缩机的理论功率为：

$$N_d = p_1 V_{min}\frac{\kappa}{\kappa - 1}\left[\left(\frac{p_2}{p_1}\right)^{\frac{\kappa-1}{\kappa}} - 1\right]\Big/60$$

$$= 9.81 \times 10^4 \times 10.13 \times \frac{1.4}{1.4 - 1}\left[\left(\frac{3.4 \times 10^5}{9.81 \times 10^4}\right)^{\frac{1.4-1}{1.4}} - 1\right]\Big/60$$

$$= 24\ 900\ W = 24.9\ kW$$

压缩机的轴功率为：

$$N = \frac{N_d}{\eta_d} = \frac{24.9}{0.7} = 35.6\ kW$$

六、往复压缩机的类型和选用

往复压缩机分类方法很多，常用的有：

(1)按吸排气方式分为单动式、双动式；

(2)按气体受压次数分为单级和多级往复压缩机；

(3)按产生的终压分为低压(1 000 kPa 以下)、中压(10^3 ~ 10^4 kPa)和高压(10^4 ~ 10^5 kPa)往复压缩机；

(4)按排气量大小分为小型(10 m^3/min 以下)、中型(10 ~ 30 m^3/min)和大型(30 m^3/min 以上)压缩机；

(5)按气体种类分为空气压缩机、氨压缩机、氢压缩机和石油气压缩机等；

(6)按气缸放置方式分为立式、卧式、角式(L 型、V 型和 W 型)往复压缩机。

选择压缩机时，应先根据气体的性质，确定压缩机的种类；其次根据生产任务及厂房具体条件选定压缩机的结构型；最后根据排气量和排气压强，从压缩机样本查出合适的型号。

2.4.5 真空泵

从设备或系统中抽出气体，使其中的绝对压强低于大气压强，所用的抽气机械称为真空泵。本质上真空泵也是气体压送机械，只是它的进口压强低，出口为常压。真空泵的型很多，下面仅介绍较常用的型。

一、水环真空泵

水环真空泵如图 2-40 所示，它的外壳 1 内偏心地装有叶轮，叶轮上有辐射状叶片 2。泵壳内约充有一半容积的水，当叶轮旋转时形成水环 3。水环具有密封作用，使叶片之间形成大小不同的密封小室。当小室增大时，气体从吸入口 4 吸入；当小室变小时，气体由排出口 5 排出。

水环真空泵可产生的最大真空度为 83 kPa 左右。当被抽吸的气体不宜与水接触时，泵内可充以其他液体，故又称为液环真空泵。

水环真空泵的特点是结构简单、紧凑，易于制造和维修，使用寿命长，操作可靠。它适用于抽吸含有液体的气体。但是它的效率很低，约为 30% ~ 50%，所产生的真空度受泵内水温的限制。

二、喷射泵

喷射泵是利用流体流动时静压能转换为动能而造成的真空来抽送流体的。它既可用来抽送气体，也可用来抽送液体。在化工生产中，喷射泵常用于抽真空，故它又称为喷射真空泵。

喷射泵的工作流体可以是蒸汽，也可以是液体。图 2-41 所示的是单级蒸汽喷射泵。工作蒸汽以很高的速度从喷嘴 3 喷出，在喷射过程中，蒸汽的静压能转变为动能，产生低压，而将气体吸入。吸入的气体与蒸汽混合后进入扩散管 4，使部分动能转变为静压能，而后从压出口 5 排出。

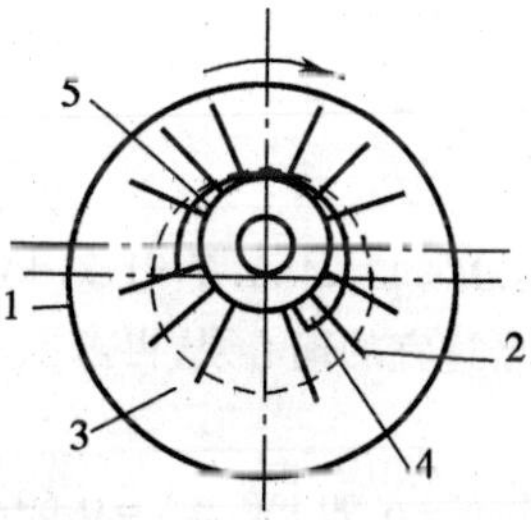

图 2-40　水环真空泵简图

1—外壳　2—叶片　3—水环
4—吸入口　5—排出口

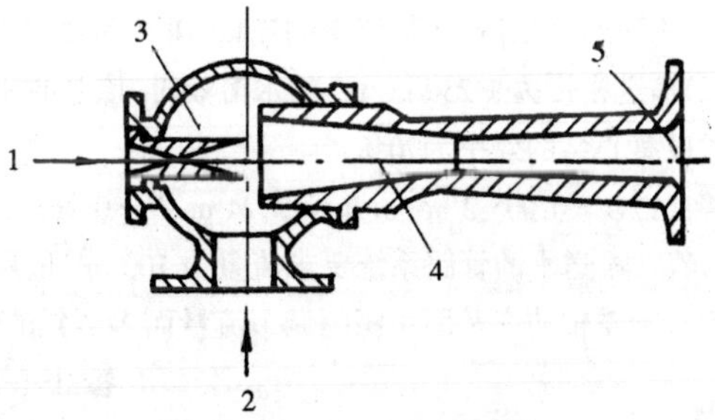

图 2-41　单级蒸汽喷射泵

1—工作蒸汽入口　2—气体吸入口　3—喷嘴
4—扩散管　5—压出口

喷射泵结构简单，无运动部件，但效率很低，工作流体消耗很大。由于抽送流体与工作流体混合，其应用范围受到一定的限制。单级蒸汽喷射泵可达到 90% 的真空度，若要获得更高的真空度，可以采用多级蒸汽喷射泵。

习　　题

1. 某离心泵用 20 ℃清水进行性能测定实验。在转速为 2 900 r/min 下测得泵的流量为 15 l/s,泵出口处压强表读数为 2.6×10^5 Pa,泵入口处真空表读数为 2.7×10^4 Pa,泵的轴功率为 5.77 kW。两测压口间垂直距离为 0.4 m,泵吸入管内径为 100 mm,排出管内径为 80 mm。试计算该泵的效率,并列出泵在该效率下的性能。

答: $\eta=76.3\%$

2. 某离心水泵在转速为 1 450 r/min 下测得流量为 65 m^3/h,压头为 60 m。若将转速调节为 1 200 r/min,试估算此转速下泵的流量和压头。

答: $Q=53.8\ m^3/h$, $H=41.1$ m

3. 用 2B33 型离心泵从敞口水槽中将水输送到他处,其流量为 55 m^3/h,吸入管路的压头损失为 1.5 m,动压头可忽略。已知该泵在操作流量下,允许吸上真空度为 3 m。试求:

(1)输送 20 ℃清水时,泵的允许安装高度;

(2)输送 60 ℃清水时,泵的允许安装高度。

当地大气压为 9.81×10^4 Pa。

答: (1) $H_g=1.5$ m;(2) $H_g=-0.27$ m

4. 将 20 ℃的清水从敞口水池输送到高位槽。两槽液面间的垂直距离为 15 m,液面保持恒定。输水管直径为 $\phi140\times4.5$(mm),管总长为 200 m(包括所有局部阻力的当量长度)。摩擦系数可取为 0.02。若高位槽液面上方的压强分别为常压和 4.5×10^4 Pa(表压)时,试分别写出两种情况下的管路特性方程。

答: $H_e=15+8.57\times10^3Q_e^2$, $H_e=19.6+8.57\times10^3Q_e^2$

5. 某离心泵在一定输送流量范围和转速下,压头和流量间关系可表示为 $H=20-2.5\times10^5Q^2$(式中 H 的单位为 m,Q 的单位为 m^3/s)。若将该泵安装在特定管路内,该管路特性方程可表示为 $H_e=5+3\times10^5Q_e^2$(式中 H_e 单位为 m,Q_e 单位为 m^3/s)。试求:

(1)输送常温下清水时,该泵的流量、压头和轴功率;

(2)输送密度为 1 250 kg/m^3 的水溶液时,该泵的流量、压头和轴功率。

假设离心泵的效率为70%。

答: (1) $Q=0.005\ 2\ m^3/s$, $H=13.24$ m, $N=0.965$ kW;(2) $Q=0.005\ 2\ m^3/s$, $H=13.24$ m, $N=1.21$ kW

6. 若某输送水的管路系统要求流量为 100 m^3/h,压头为 18 m,试选择一台适宜的离心泵,再求该泵实际运行时所需轴功率及因用阀门调节流量而多消耗的轴功率。

答: IS—100—80—125 型离心泵, $N=6.99$ kW, $\Delta N=0.699$ kW

7. 用离心油泵从常压贮槽向表压强为 170 kPa 的设备内输送油品。已知输送条件下油品的密度为 750 kg/m^3,运动黏度小于 20 cSt,饱和蒸汽压为 80 kPa。设备的油品入口管端比贮槽液面高 5 m。输送管的直径为 $\phi57\times2$(mm),贮槽液面维持恒定。油品的流量为 18 m^3/h,吸入管路和压出管路的压头损失分别为 1.5 m 和 4.5 m。试选择一台合适的离心油泵,并确定允许安装高度。

答: 65Y—60B 型离心泵, $H_g=-1.5$ m

8. 某输送空气系统,要求最大风量为 $1.2\times10^4\ m^3/h$,在该风量下输送系统所需风压为1 400 Pa。空气的进口温度为 30 ℃,当地大气压为 98.7 kPa。试选择一台合适的离心通风机。

答: 4—72—116C 型离心通风机

9. 用离心通风机将大气中的空气(20 ℃、101.33 kPa)通过内径为 0.6 m、长度为 100 m(包括所有局部阻力的当量长度)的水平管道送到某设备。设备的表压强为 1×10^4 Pa。管道的管壁绝对粗糙度可取为 0.3 mm。空气的输送量为 $1.5\times10^4\ m^3/h$(按入口状态计)。现库存一台离心通风机,性能如下:

转速,r/min　1 450

风量,m^3/h　16 000

风压,Pa　11 000

试核算此风机是否适用。

答:合适

10. 采用单级往复压缩机(压缩比为 9)压缩空气到指定的终压,空气的初温为 20 ℃。压缩机的余隙系数为8%。试计算压缩机的容积系数、空气经绝热压缩后的温度及压缩机所消耗的理论功(以 1 kg空气计)。空气的绝热指数为1.4。

答:$\lambda_0 = 0.696$, $t_2 = 276$ ℃, $W = 257\ 200$ J

第 3 章　非均相物系的分离

本章符号说明

英文字母

a——颗粒比表面积，m^2/m^3；加速度，m/s^2；常数；
A——截面积，m^2；
b——降尘室宽度，m；常数；
B——旋风分离器的进口管宽度，m；
C——悬浮物系中分散相浓度，kg/m^3；
d——颗粒直径，m；
d_c——旋风分离器的临界粒径，m；
d_{50}——旋风分离器的分割粒径，m；
d_e——当量直径，m；
D——设备直径，m；
D_i——旋液分离器的进口管直径，m；
D_1——旋风(旋液)分离器排出管直径，m；
D_2——旋风(旋液)分离器底流排出管直径，m；
F——作用力，N；
g——重力加速度，m/s^2；
h——旋风分离器的进口管高度，m；
H——设备高度，m；
H_e——旋液分离器排出管插入筒体的深度，m；
k——滤饼的特性常数，$m^4/(N \cdot s)$；
K——过滤常数，m^2/s；量纲为 1 数群；
K_C——分离因数，量纲为 1；
l——降尘室长度，m；
L——滤饼厚度，m；
L_e——过滤介质的当量滤饼厚度，m；
n——转速，r/min；
N_e——旋风分离器内气体的有效回转圈数；
Δp——压强降或过滤推动力，Pa；
Δp_W——洗涤推动力，Pa；
q——单位过滤面积获得的液体体积，m^3/m^2；
q_e——单位过滤面积上的当量滤液体积，m^3/m^2；
Q——过滤机的生产能力，m^3/h；
r——滤饼的比阻，$1/m^2$；
r'——单位压强差下滤饼的比阻，$1/m^2$；
R——滤饼阻力，1/m；
Re——雷诺数；
Re_t——等速沉降时的雷诺数；
R_m——过滤介质阻力，1/m；
s——滤饼的压缩性指数，量纲为 1；
S——表面积，m^2；
T——操作周期或回转周期，s；
u——流速，过滤速度，m/s；
u_i——旋风分离器的进口气速，m/s；
u_T——切向速度，m/s；
u_r——离心沉降速度或径向速度，m/s；
v——滤饼体积与滤液体积之比；
V——滤液体积或每个操作周期所得滤液体积，m^3；
V_e——过滤介质的当量滤液体积，m^3；
V_S——含尘气体的体积流量，m^3/s；滤饼体积，m^3。

希腊字母

α——转筒过滤机的浸没角度数；
ε——床层空隙率；
η——分离效率；
θ——通过时间或过滤时间，s；
θ_D——辅助操作时间，s；

θ_e——过滤介质的当量过滤时间,s;
θ_t——沉降时间,s;
θ_W——洗涤时间,s;
μ——流体黏度或滤液黏度,Pa·s;
μ_W——洗水黏度,Pa·s;
ρ——流体密度,kg/m^3;
ρ_S——分散相或固相密度,kg/m^3;
ϕ_S——颗粒的球形度,量纲为1;
ψ——转筒过滤机的浸没度。

下标

b——浮力的;
c——离心的、临界的;
d——阻力的;
D——辅助操作的;
e——当量的、有效的、与过滤介质阻力相当的;
g——重力的;
i——进口的;
i——第 i 分段的;
m——介质的;
O——总的;
p——部分的、粒级的、颗粒的;
r——径向的;
S——固相的、分散相的或滤饼的;
t——终端的;
T——切向的;
W——洗涤的;
1——进口的;
2——出口的。

由具有不同物理性质(如密度差)的分散相和连续介质组成的物系称为非均相物系或非均相混合物。在非均相物系中,处于分散状态的物质(如分散于流体中的固体颗粒、液滴或气泡)称为分散物质或分散相;包围着分散物质而处于连续状态的流体称为分散介质或连续相。根据连续相的状态,非均相物系分为两种类型:

(1)气态非均相物系,如含尘气体、含雾气体等;

(2)液态非均相物系,如悬浮液、乳浊液及泡沫液等。

由于非均相物系中分散相和连续相具有不同的物理性质,故工业上一般都采用机械方法将两相进行分离。要实现这种分离,必须使分散相与连续相之间发生相对运动。因此,非均相物系的分离操作遵循流体力学的基本规律。

根据两相运动方式的不同,机械分离大致按两种操作方法进行。

(1)颗粒相对于流体(静止或运动)而运动的过程称为沉降。实现沉降操作的作用力可以是重力,也可以是惯性离心力,因此,沉降过程有重力沉降与离心沉降两种方式。

(2)流体相对于固体颗粒层而运动的过程称为过滤。实现过滤操作的外力可以是重力、压强差或惯性离心力。因此,过滤操作又有重力过滤、加压过滤、真空过滤和离心过滤之分。

气态非均相物系的分离,工业上主要采用重力沉降和离心沉降的方法。在某些场合,还可采用惯性分离器、袋滤器、静电除尘器或湿法除尘设备等。

对于液态非均相物系,根据工艺过程要求可采用不同的分离操作。若不要求两相彻底分离,而仅要求悬浮液在一定程度上增浓,则可采用重力沉降和离心沉降设备;若要求固、液较彻底地分离,则可通过过滤操作达到目的。

化工生产中,经常要求将非均相混合物进行分离。其目的如下。

(1)收集分散物质。例如,从催化反应器出来的气体往往夹带着催化剂颗粒,必须将这些有价值的颗粒加以回收,循环使用。

(2)净化分散介质。例如某些催化反应的原料气中夹带的灰尘杂质,往往会影响触媒的效能,因此,在气体进入反应器之前必须除去其中的尘粒,以保证触媒的活性。

(3)保护环境。为了保护人类的健康,应有良好的社会环境,故要求企业对排出的废气、废液中的有害物质加以处理,使其浓度符合规定的标准。

本章重点介绍沉降和过滤两种机械分离操作的原理、过程计算和设备。

第1节　重力沉降

利用重力场的作用而进行的沉降过程称为重力沉降。实现沉降的先决条件是分散相和连续相之间存在密度差。若在沉降系统中,颗粒之间的距离足够大,任一颗粒的沉降不因其他颗粒的存在而受到干扰,同时又可忽略容器壁面的影响,则称为自由沉降。单个颗粒在大空间中的沉降或气态非均相物系中颗粒的沉降都可视为自由沉降;反之,如果分散相的体积分数较高(如大于0.2%),颗粒间有明显的相互作用,容器壁面对沉降的影响不可忽略,则称为干扰沉降或受阻沉降。液态非均相物系中,当分散相浓度较高时,往往发生干扰沉降。

本章主要讨论自由沉降。

3.1.1　沉降速度

一、球形颗粒的自由沉降

(一)沉降颗粒的受力分析

将表面光滑的刚性球形颗粒置于静止的流体介质中,如果颗粒的密度大于流体的密度,则颗粒将在流体中降落。此时,颗粒受到重力、浮力与阻力三个力的作用,如图3-1所示,重力向下,其余两个力向上。

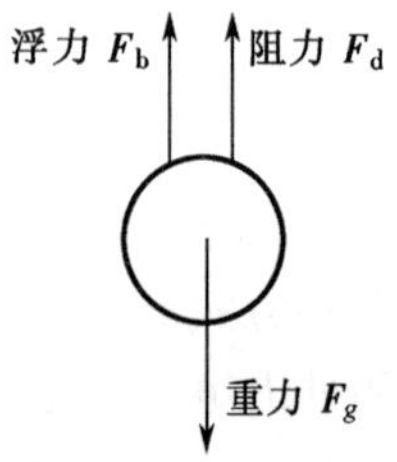

图3-1　沉降颗粒的受力情况

令颗粒的密度为 ρ_S,直径为 d,流体的密度为 ρ,则三个力分别为:

重力 $F_g=\dfrac{\pi}{6}d^3\rho_S g$

浮力 $F_b=\dfrac{\pi}{6}d^3\rho g$

阻力 $F_d=\zeta\dfrac{\pi}{4}d^2\dfrac{u^2}{2}\rho$

式中　ρ_S、ρ——分别为颗粒与流体的密度,kg/m^3;

d——颗粒的直径,m;

g——重力加速度,m/s^2;

ζ——阻力系数,量纲为1;

u——颗粒相对于流体的沉降速度,m/s;

F_g、F_b、F_d——分别为重力、浮力与阻力,N。

对于一定的颗粒和流体,重力和浮力为定值,而阻力随 u 而变。

根据牛顿第二运动定律,可知上面三个力的合力应等于颗粒的质量与其加速度 a 的乘积，即：

$$F_g - F_b - F_d = ma \tag{3-1}$$

或

$$\frac{\pi}{6}d^3(\rho_S - \rho)g - \zeta\frac{\pi}{4}d^2\left(\frac{\rho u^2}{2}\right) = \frac{\pi}{6}d^3\rho_S\frac{du}{d\theta} \tag{3-1a}$$

式中 m——颗粒的质量，kg；

a——加速度，m/s^2；

θ——时间，s。

（二）颗粒运动的两个阶段

颗粒开始沉降的瞬间，其速度 u 为零，因此阻力 F_d 也为零，此时加速度 a 具有最大值；当颗粒开始沉降后，阻力随沉降速度 u 的增加而相应加大，直至 u 达到某一数值 u_t 后，阻力等于净重力（重力减去浮力），上述的合力为零，即加速度 a 为零，此时，颗粒便开始作匀速沉降运动。

由上面分析可知，颗粒在静止流体中的沉降过程可分为两个阶段，起初为加速运动段而后为等速运动段。但是，由于小颗粒具有很大的比表面积（即单位体积颗粒具有的表面积），颗粒与流体的接触表面很大，使得阻力增加很快，在很短时间内便与净重力接近相等，故颗粒经历的加速段时间很短，在整个沉降过程中往往可以忽略。

（三）沉降速度的通式

加速沉降终了时颗粒相对于流体的运动速度 u_t 称为沉降速度，又称“终端速度”。由式 3-1a 可得到沉降速度 u_t 的一般表达式。当 $a=0$ 时 $u=u_t$，则：

$$u_t = \sqrt{\frac{4gd(\rho_S - \rho)}{3\rho\zeta}} \tag{3-2}$$

式中 u_t 为颗粒的自由沉降速度，m/s。

二、阻力系数 ζ

用式 3-2 计算沉降速度时，首先需要确定阻力系数 ζ 值。通过量纲分析可知，ζ 是颗粒与流体相对运动时雷诺数 Re_t、颗粒形状系数 ϕ_S 的函数。由实验测得的综合结果示于图 3-2 中。图中 ϕ_S 为球形度，或称形状系数。对球形颗粒，$\phi_S=1$；对于非球形颗粒

$$\phi_S = \frac{S}{S_p} \tag{3-3}$$

式中 S_p——颗粒的表面积，m^2。

S——与该颗粒等体积的一个圆球的表面积，m^2。

图中的 Re_t 称为沉降雷诺数，量纲为 1，其定义为：

$$Re_t = \frac{du_t\rho}{\mu}$$

式中 μ 为流体的黏度，Pa·s。

对球形颗粒的曲线（$\phi_S=1$），根据 Re_t 值可大致分为三个区，各区内的曲线分别用相应的关系式表达。

滞流区或斯托克斯定律区（$10^{-4} < Re_t < 1$）：

$$\zeta = 24/Re_t \tag{3-4}$$

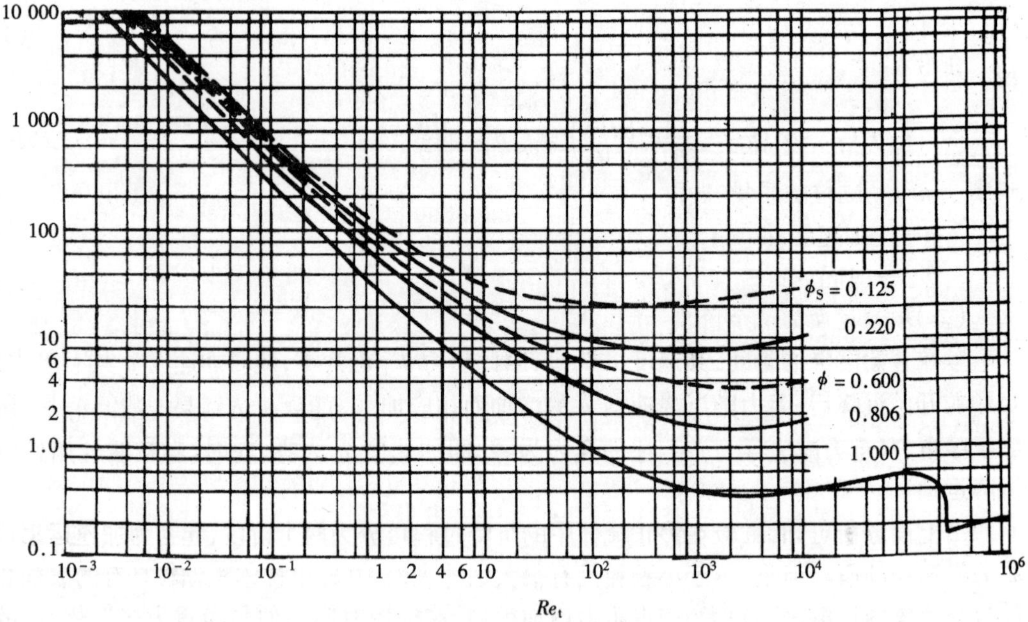

图 3-2 ζ—Re_t 关系曲线

过渡区或艾仑定律区（$1 < Re_t < 10^3$）：

$$\zeta = 18.5/Re_t^{0.6} \tag{3-5}$$

湍流区或牛顿定律区（$10^3 < Re_t < 2\times10^5$）：

$$\zeta = 0.44 \tag{3-6}$$

将式 3-4、式 3-5 及式 3-6 分别代入式 3-2，便可得到颗粒在各区相应的沉降速度 u_t 的计算公式，即：

$$\text{滞流区}\quad u_t = \frac{d^2(\rho_S - \rho)g}{18\mu} \tag{3-7}$$

$$\text{过渡区}\quad u_t = 0.27\sqrt{\frac{d(\rho_S - \rho)g}{\rho}Re_t^{0.6}} \tag{3-8}$$

$$\text{湍流区}\quad u_t = 1.74\sqrt{\frac{d(\rho_S - \rho)g}{\rho}} \tag{3-9}$$

式 3-7、式 3-8 或式 3-9 分别称为斯托克斯公式、艾仑公式及牛顿公式。

需要指出，对气体介质，上三式中 $\rho_S - \rho \approx \rho_S$，故三式可以进一步简化。对于非球形颗粒，其形状及投影面积均影响沉降速度。通常，非球形颗粒比同体积的球形颗粒沉降速度要慢一些。非球形颗粒沉降雷诺数 Re_t 中的 d 要用颗粒的当量直径 d_e 代替。此处，采用体积当量直径，即将 d_e 看做是与一个颗粒体积相等的圆球直径，故：

$$d_e = \sqrt[3]{\frac{6}{\pi}V_p} \tag{3-10}$$

式中 V_p——任意形状一个颗粒的体积，m^3；

d_e——体积当量直径，m。

三、沉降速度的计算

在给定介质中颗粒沉降速度的计算方法如下。

(一)试差法

由于计算 u_t 时需预先知道阻力系数 ζ 值或等速沉降时的 Re_t，而 Re_t 中又含待求的 u_t，所以 u_t 的计算需要采用试差法。试差的步骤如下：①先假设沉降属于某一流型(如滞流)，选用与该流型相应的沉降速度公式计算 u_t；②按求出的 u_t 检验 Re_t 是否在原设的流型区，如果与原设一致，则求得的 u_t 有效，否则，按算出的 Re_t 值另选流型，并改用相应的公式求 u_t，直至求得的 Re_t 与所选用公式的 Re_t 相符为止。

由于通常被沉降的颗粒粒度都比较小，假设沉降在滞流区，大多是一次试差成功。

(二)用量纲为 1 数群 K 值判断流型

计算已知直径的球形颗粒沉降速度时，可根据 K 值判别沉降区，然后选用相应的沉降速度公式求 u_t。

将式 3-7 代入雷诺数 Re_t 的定义式，得：

$$Re_t=\frac{d^3(\rho_S-\rho)\rho g}{18\mu^2}=\frac{K^3}{18}$$

令

$$K=d\left[\frac{(\rho_S-\rho)\rho g}{\mu^2}\right]^{1/3} \tag{3-11}$$

$Re_t=1$ 时，$K=(18)^{1/3}=2.62$，此值即为斯托克斯定律区的上限。

同理，将式 3-9 代入 Re_t 的定义式，当 $Re_t=10^3$ 时，可得牛顿定律区的下限值 $K=69.1$。

若求得的 K 值在 2.62 与 69.1 之间，则沉降在过渡区。

[例 3-1] 试计算直径 d 为 90 μm、密度 ρ_S 为 3 000 kg/m³ 的固体颗粒，分别在 20 ℃的水和空气中的自由沉降速度。

解：(1)在 20 ℃水中的沉降速度

由于粒径较小，而水的黏度又比空气的黏度大得多，故假设颗粒在斯托克斯定律区沉降，沉降速度可用式 3-7 计算。

由附录七查得 20 ℃水的密度 ρ 为 998.2 kg/m³、黏度 μ 为 1.005×10^{-3} Pa·s。将已知数据代入式 3-7 得：

$$u_t=\frac{d^2(\rho_S-\rho)}{18\mu}g=\frac{(9\times10^{-5})^2(3\,000-998.2)\times9.81}{18\times1.005\times10^{-3}}=8.79\times10^{-3}\text{ m/s}$$

核算流型

$$Re_t=\frac{du_t\rho}{\mu}=\frac{9\times10^{-5}\times8.79\times10^{-3}\times998.2}{1.005\times10^{-3}}=0.785\,7<1$$

原设滞流区正确，求得的 u_t 有效。

读者也可以由式 3-11 计算出 K 值以判别流型，然后选用合适的公式计算 u_t。

(2)在 20 ℃空气中的沉降速度

根据 K 值判别流型，然后选用相应的公式求 u_t。

由附录六查得 20 ℃空气的密度 ρ 为 1.205 kg/m³、黏度 μ 为 1.81×10^{-5} Pa·s。将已知数据代入式 3-11 得：

$$K=d\left[\frac{(\rho_S-\rho)\rho g}{\mu^2}\right]^{1/3}=9\times10^{-5}\left[\frac{(3\,000-1.205)\times1.205\times9.81}{(1.81\times10^{-5})^2}\right]^{1/3}=4.284$$

由于 K 值大于 2.62、小于 69.1，故沉降在过渡区，可用式 3-8 计算 u_t。由式 3-8 得：

$$u_t = \frac{0.154 g^{\frac{1}{1.4}} d^{\frac{1.6}{1.4}} (\rho_S - \rho)^{\frac{1}{1.4}}}{\rho^{\frac{0.4}{1.4}} \mu^{\frac{0.6}{1.4}}}$$

$$\approx \frac{0.154 \times 9.81^{\frac{1}{1.4}} (9 \times 10^{-5})^{\frac{1.6}{1.4}} (3\,000 - 1.205)^{\frac{1}{1.4}}}{(1.205)^{\frac{0.4}{1.4}} (1.81 \times 10^{-5})^{\frac{0.6}{1.4}}} = 0.582 \text{ m/s}$$

读者也可以用试差法计算 u_t。

由以上计算看出，同一颗粒在不同介质中沉降时，具有不同的沉降速度且属于不同的流型。所以，沉降速度 u_t 由颗粒特性和介质特性综合因素决定。

[例 3-2] 密度为 2 650 kg/m³ 的球形石英粒子在 20 ℃的空气中沉降，试求服从斯托克斯定律的最大颗粒直径和服从牛顿定律的最小颗粒直径。

解：(1)服从斯托克斯定律的最大颗粒直径

滞流沉降区的上限值 $K = 2.62$，则由式 3-11 可得：

$$d_{max} = 2.62 \Big/ \left[\frac{(\rho_S - \rho)\rho g}{\mu^2} \right]^{1/3}$$

由附录六查得 20 ℃空气的密度为 1.205 kg/m³，黏度为 1.81×10^{-5} Pa·s。将有关参数代入上式得：

$$d_{max} \approx 2.62 \left[\frac{(1.81 \times 10^{-5})^2}{2\,650 \times 1.205 \times 9.81} \right]^{1/3} = 57.36 \times 10^{-6} \text{ m} = 57.36\ \mu\text{m}$$

(2)服从牛顿定律的最小颗粒直径

服从牛顿定律的下限值 $K = 69.1$，由式 3-11 可得：

$$d_{min} \approx 69.1 \left[\frac{(1.81 \times 10^{-5})^2}{2\,650 \times 1.205 \times 9.81} \right]^{1/3} = 1.513 \times 10^{-3} \text{ m} = 1\,513\ \mu\text{m}$$

3.1.2 重力沉降设备

利用重力沉降原理从流体中除去固体颗粒的设备称为重力沉降设备。根据连续相的相态不同，重力沉降设备有降尘室（气态）和沉降槽（液态）两种。

一、降尘室

利用重力沉降从气流中分离出尘粒的设备称为降尘室。常见的降尘室结构如图 3-3(a)所示。

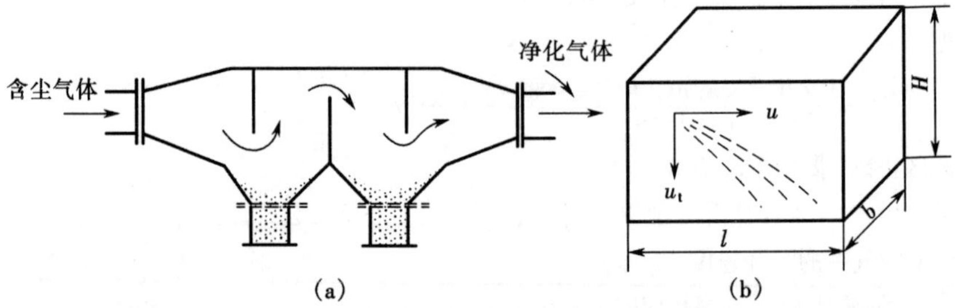

图 3-3 降尘室示意图

(a)降尘室 (b)尘粒在降尘室内的运动情况

含尘气体进入降尘室后，因流道截面积扩大使速度减慢。颗粒在降尘室中的运动情况示于图 3-3(b)中。只要颗粒能够在气体通过降尘室的时间内降至室底,便可从气流中分离出来。

1.降尘室的设计(或操作)原则

从理论上讲,若要使最小颗粒能够从气流中完全分离出来,则气体在降尘室内的停留时间至少必须等于颗粒从降尘室的最高点降至室底所要求的时间。这是降尘室设计和操作必须遵循的基本原则。

令 l——降尘室的长度,m;

b——降尘室的宽度,m;

H——降尘室的高度,m;

u——气体在降尘室的水平通过速度,m/s;

V_S——含尘气通过降尘室的体积流量,即降尘室的生产能力,m^3/s。

位于降尘室最高点的颗粒降至室底所需要的时间为:

$$\theta_t = \frac{H}{u_t}$$

气体通过降尘室的时间为:

$$\theta = \frac{l}{u}$$

前已述及,气体在室内的停留时间应大于或等于颗粒的沉降时间,即:

$$\theta \geqslant \theta_t \quad 或 \quad \frac{l}{u} \geqslant \frac{H}{u_t} \tag{3-12}$$

气体在降尘室内的水平通过速度为:

$$u = \frac{V_S}{Hb}$$

将上式代入式 3-12 并整理,得:

$$V_S \leqslant blu_t \tag{3-13}$$

2.多层降尘室

由式 3-13 可见,对于一定尺寸的颗粒或 u_t,理论上降尘室的生产能力只与降尘室的宽度 b 和长度 l 有关,而与其高度 H 无关。因此,降尘室应设计成扁平形,或在室内均匀设置多层水平隔板,构成多层降尘室,如图 3-4 所示。隔板间距一般为 40 ~ 100 mm。

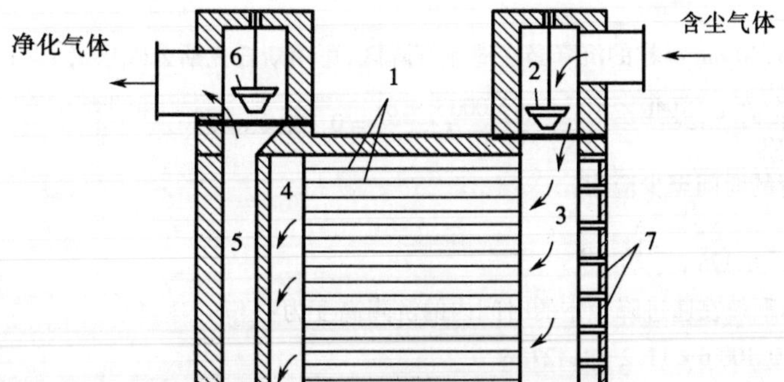

图 3-4　多层降尘室

1—隔板　2、6—调节闸阀　3—气体分配道　4—气体集聚道　5—气道　7—清灰口

若降尘室内共设置 n 层水平隔板，则多层降尘室的生产能力为：

$$V_S \leqslant (n+1)blu_t \tag{3-13a}$$

降尘室结构简单，流动阻力小，但其体积庞大，分离效率低，通常只适用于分离粒径大于 50 μm 的较粗颗粒，故作为预降尘使用。多层降尘室虽能分离较细颗粒且节省地面，但清灰比较麻烦。

3.注意事项

需要强调的是，u_t 应根据需要分离下来的最小颗粒尺寸进行计算。同时，气体在降尘室内的速度不应过高，一般应使气体流动的雷诺数处于滞流区，以免干扰颗粒的沉降或把已沉降下来的颗粒重新扬起。

[例 3-3]　拟采用降尘室回收常压炉气中所含的球形固体颗粒。降尘室底面积为 14 m^2，宽和高均为 2 m。操作条件下气体的密度为 0.75 kg/m^3，黏度为 2.6×10^{-5} Pa·s；固体的密度为 3 000 kg/m^3。要求生产能力为 2.5 m^3/s。试求：

(1)理论上能完全捕集下来的最小颗粒直径；

(2)粒径为 40 μm 颗粒的降尘效率(即回收百分率)；

(3)如欲使粒径为 9 μm 的颗粒能够完全除去，在原降尘室内需设置几层水平隔板。

解：

(1)理论上能完全捕集下来的最小颗粒直径

在该降尘室内能完全分离出来的最小颗粒的沉降速度可从式 3-13 求得，即：

$$u_t = \frac{V_S}{bl} = \frac{2.5}{14} = 0.178\ 6\ \text{m/s}$$

假设沉降在滞流区，则可用斯托克斯公式求最小颗粒直径，即：

$$d_{min} = \left[u_t\Big/\frac{(\rho_S-\rho)g}{18\mu}\right]^{1/2} \approx \left[\frac{0.178\ 6\times18\times2.6\times10^{-5}}{3\ 000\times9.81}\right]^{1/2}$$

$$= 53.3\times10^{-6}\ \text{m} = 53.3\ \mu\text{m}$$

核算沉降流型

$$Re_t = \frac{du_t\rho}{\mu} = \frac{53.3\times10^{-6}\times0.178\ 6\times0.75}{2.6\times10^{-5}} = 0.274\ 6 < 1$$

原设沉降在滞流区正确，求得的 d_{min} 有效。

(2)40 μm 颗粒的降尘效率

假设颗粒在炉气中是均布的，则颗粒在降尘室内的沉降高度与降尘室高度之比即为该尺寸颗粒被分离下来的分数。

由上面计算可知，40 μm 颗粒的沉降必在滞流沉降区，可用斯托克斯公式求 u'_t，即：

$$u'_t = \frac{d^2(\rho_S-\rho)g}{18\mu} \approx \frac{(40\times10^{-6})^2\times3\ 000\times9.81}{18\times2.6\times10^{-5}} = 0.100\ 6\ \text{m/s}$$

气体通过降尘室的时间至少应为：

$$\theta = \theta_t = \frac{H}{u_t} = \frac{2}{0.178\ 6} = 11.2\ \text{s}$$

粒径为 40 μm 的颗粒在通过降尘室的时间内的沉降高度为：

$$H' = u'_t\theta = 0.100\ 6\times11.2 = 1.127\ \text{m}$$

则　　$$\text{回收率} = \frac{H'}{H} = \frac{1.127}{2} = 0.563\ 5 = 56.35\%$$

由于各种尺寸的颗粒在降尘室内的停留时间均相同，故 40 μm 颗粒的回收率也可用其沉降速度 u'_t 与 53.3 μm 颗粒的沉降速度 u_t 之比来确定，在斯托克斯定律区则为：

$$\text{回收率}=\frac{u_t'}{u_t}=\left(\frac{d'}{d}\right)^2=\left(\frac{40}{53.3}\right)^2=0.563\ 2=56.32\%$$

(3)需设置的水平隔板数

多层降尘室中设置的水平隔板数可用式 3-13a 计算。

由前面计算知,直径为 9 μm 的颗粒必在滞流沉降区内沉降,故:

$$u_t=\frac{d^2(\rho_S-\rho)g}{18\mu}\approx\frac{(9\times10^{-6})^2\times3\ 000\times9.81}{18\times2.6\times10^{-5}}=0.005\ 1\ \text{m/s}$$

由式 3-13a 可得:

$$n=\frac{V_S}{blu_t}-1=\frac{2.5}{14\times0.005\ 1}-1=34.01$$

现取 34 层,连同底面积共 35 层,隔板间隔为:

$$h=\frac{H}{n+1}=\frac{2}{35}=0.057\ \text{m}$$

核算气体在降尘室内的流动雷诺数。若忽略隔板所占的空间,则气体的流速为:

$$u=\frac{V_S}{Hb}=\frac{2.5}{2\times2}=0.625\ \text{m/s}$$

$$d_e=\frac{4bh}{2(b+h)}=\frac{4\times2\times0.057}{2(2+0.057)}=0.110\ 8\ \text{m}$$

故 $$Re=\frac{d_e u\rho}{\mu}=\frac{0.110\ 8\times0.625\times0.75}{2.6\times10^{-5}}=1\ 998\quad(\text{滞流})$$

即气体在多层降尘室内的流动为滞流,设计合理。

二、沉降槽

1.沉降槽的结构和操作

沉降槽也称增浓器或澄清器,是用来提高悬浮液浓度并同时得到澄清液的重力沉降设备。工业上应用比较普遍的是沉降池、多层倾斜板式沉降槽、逆流澄清器、耙式浓密机及沉降锥等。沉降槽可间歇操作或连续操作。

间歇沉降槽通常为带有锥底的圆槽,需要处理的悬浮料浆在槽内静置足够时间以后,增浓的沉渣由槽底排出,清液则由上部排出管抽出。

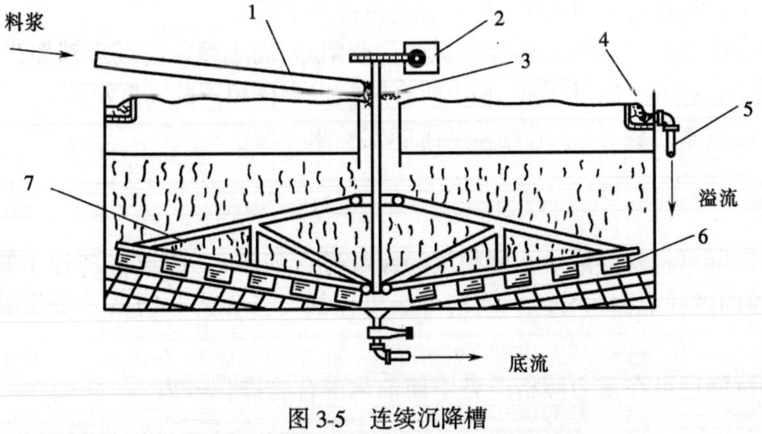

图 3-5 连续沉降槽

1—进料槽道 2—转动机构 3—料井 4—溢流槽 5—溢流管 6—叶片 7—转耙

连续沉降槽是底部略成锥状的大直径浅槽,其结构如图 3-5 所示。料浆经中央进料管送到液面以下 0.3 ~ 1.0 m 处,在尽可能减小扰动的条件下,迅速分散到整个横截面上,清液向上流动，经由槽顶端四周的溢流堰连续流出，清液称为溢流；固体颗粒下沉至底部，槽底有缓慢旋转的耙将沉渣聚拢到底中央的排渣口连续排出，这种稠浆称为底流。

沉降槽以加料口为界，其上为澄清区，其下为增浓区，自上而下颗粒浓度逐渐增加。沉降槽有澄清液体和增浓悬浮液的双重功能。为了获得澄清液体，在澄清区的任何瞬间液体向上的速度必须小于需要完全分离出来的最小颗粒的沉降速度。因此，沉降槽应有足够的横截面积保证清液向上及增浓液向下的通过能力。为了把沉渣增浓到指定程度，沉降槽加料口以下应有足够的高度，以保证压紧沉渣所需要的时间。

连续沉降槽的直径，小者为数米，大者可达数百米；高度为 2.5 ~ 4 m。它适用于处理量大而固相含量不高、颗粒不太细微的悬浮料浆。由沉降槽得到的底流中还含有约50%的液体。

2.提高沉降槽分离效果的措施

在给定类型和尺寸后，为了提高沉降槽的生产能力，应尽可能加快颗粒的沉降速度。诸如：向悬浮液中加入少量凝聚剂或絮凝剂，使细粒发生“凝聚”或“絮凝”；改变一些物理条件（加热、冷冻或振动），使颗粒的粒度或相界面发生变化；沉降槽中经常配置缓慢转动的搅拌耙，除能把沉渣导出排出口外，还能减低非牛顿型悬浮液的表观黏度，并能促进沉积物压紧，从而加速沉聚过程。

3.沉聚过程

一般说来，在沉降槽的增浓区内，大都发生颗粒的干扰沉降，所进行的过程称为沉聚过程。沉聚和自由沉降有明显的区别，主要有下列原因。

（1）大颗粒相对于小颗粒进行沉降，因而介质的有效密度和黏度均大于纯液体。固体的体积分数愈大，这种现象愈显著。在斯托克斯定律区内，由沉降速度计算式知，当颗粒直径 d 和密度 ρ_S 一定时，沉降速度随介质的 ρ 和 μ 加大而降低。

（2）浓悬浮液内固体占的体积分数较大，故在沉降过程中，液体被沉降颗粒置换而上升的速度不可忽略，再加上颗粒间流动空隙形状和流通面积的改变，使得靠近颗粒周围流体的速度梯度加大，因而剪切力加大，颗粒受到比自由沉降时更大的阻力。

（3）悬浮液中的小颗粒有被沉降较快的大颗粒向下拖曳的趋势，同时微细粒子的絮凝现象也使颗粒的有效粒度加大，因而使小颗粒的沉降被加速。

综上所述，在浓悬浮液中，大颗粒的沉降受到阻滞，而小颗粒的沉降被加快。实验证明，对于粒度范围不超过 6:1 的悬浮液，其中所有颗粒以大体相同的速度沉降。

浓悬浮液的沉聚过程，可以通过间歇沉降实验来考察。

三、分级器

利用重力沉降可将悬浮液中不同粒度的颗粒进行初步粗分，或将两种不同密度的颗粒进行分类，这样的过程统称为分级。实现分级操作的设备称为分级器。分级器可设计成多种结构类型。

利用重力沉降还可在重力倾析设备中使油水混合物进行分离。

第2节　离心沉降

在惯性离心力场中进行的沉降称为离心沉降。根据设备在操作时是否转动，将离心沉降设备分为两类：一类是设备静止不动，悬浮物系作旋转运动的离心沉降设备，如旋风分离器和旋液分离器；另一类是设备本身旋转的离心沉降设备，称为离心机。对于两相密度差较小，颗粒粒度较细的非均相物系，在重力场中的分离效率很低甚至完全不能分离时，改用离心沉降则可大大提高沉降速度，设备尺寸也缩小很多。

通常，气、固非均相物系的离心沉降是在旋风分离器中进行的；液、固悬浮物系一般在旋液分离器或沉降离心机中进行。

通过和重力沉降对比，掌握离心沉降的原理、特点和设备选型。

3.2.1　离心沉降速度

一、离心沉降原理与沉降速度

当流体围绕某一中心轴作旋转运动时，便形成了惯性离心力场。在与转轴距离为 R、切向速度为 u_T 的位置上，惯性离心力场强度（即离心加速度）为 u_T^2/R。显然，惯性离心力场强度随切向速度及位置而变，不是常数，其方向是沿旋转半径从中心指向外周。而重力强度（即重力加速度）g 基本上可视为常数，其方向指向地心。

当颗粒随着流体旋转时，如颗粒密度大于流体的密度，颗粒将会在惯性离心力场作用下在径向与流体发生相对运动而飞离中心。如果球形颗粒的直径为 d、密度为 ρ_S、与中心轴的距离为 R、流体密度为 ρ、切向速度为 u_T，则和颗粒在重力场中受力情况相似，在惯性离心力场中颗粒在径向上也受到三个力的作用，即惯性离心力 $\left(\frac{\pi}{6}d^3\rho_S\frac{u_T^2}{R}\right)$、向心力 $\left(\frac{\pi}{6}d^3\rho\frac{u_T^2}{R}\right)$ 及阻力 $\left(\zeta\frac{\pi}{4}d^2\frac{u_r^2}{2}\rho\right)$。向心力和阻力均是沿半径方向指向旋转中心，与颗粒径向运动方向相反。

当三个力达到平衡时，仿照重力沉降速度 u_t 的推导方法，可得到颗粒在径向上相对于流体的运动速度 u_r（即颗粒在此位置上的离心沉降速度）的计算通式：

$$u_r=\sqrt{\frac{4d(\rho_S-\rho)u_T^2}{3\rho\zeta\quad R}} \tag{3-14}$$

比较式3-14与式3-2可以看出，颗粒的离心沉降速度 u_r 与重力沉降速度 u_t 具有相似的关系式。若将重力加速度 g 改为离心加速度 u_T^2/R，则式3-2即变为式3-14，但二者又有明显的区别。例如：

（1）离心沉降速度 u_r 不是颗粒运动的绝对速度，而是绝对速度在径向上的分量，且方向不是向下而是沿半径向外；

（2）离心沉降速度 u_r 不是定值，随颗粒在离心力场中的位置（R）而变，u_t 则是恒定的。

离心沉降同样存在三种沉降流型。各区的阻力系数 ζ 仍可分别用式 3-4、式 3-5 及式 3-6 的表达式来计算。对于斯托克斯定律区，离心沉降速度可表示为：

$$u_r = \frac{d^2(\rho_S - \rho)}{18\mu}\frac{u_T^2}{R} \tag{3-15}$$

由于在离心力场中待分离的颗粒较细，沉降大都发生在斯托克斯定律区。

二、离心分离因数

在滞流沉降区，同一颗粒在同种介质中的离心沉降速度与重力沉降速度的比值为：

$$\frac{u_T^2}{Rg} = K_c \tag{3-16}$$

比值 K_c 就是粒子所在位置上的惯性离心力场强度与重力场强度之比，称为离心分离因数。K_c 是离心分离设备的重要指标。旋风分离器和旋液分离器的分离因数一般在 5 ~ 2 500之间，某些高速离心机的 K_c 可高达数十万。例如，当旋转半径 R 为 0.3 m，切向速度 u_T 为 20 m/s 时，分离因数为：

$$K_c = \frac{20^2}{0.3 \times 9.81} = 136$$

由此可看出，在上述条件下离心沉降速度为重力沉降速度的百倍以上，足见离心沉降设备的分离效果远较重力沉降设备为高。

3.2.2　离心沉降分离设备

一、旋风分离器

(一)旋风分离器的基本结构和操作原理

旋风分离器是工业上应用比较广泛的气、固离心分离设备之一。标准型的旋风分离器结构型式如图 3-6 所示。主体的上部为圆筒形，下部为圆锥形，各部件的尺寸均与圆筒直径成比例，如图中所标注。含尘气体由圆筒上部进气管切向进入，受器壁的约束而向下作螺旋运动，在惯性离心力作用下颗粒被抛向器壁，与气流分离，再沿壁面落至锥底的排灰口。净化后的气体在中心轴附近由下向上作螺旋运动，最后由顶部排气管排出。气体在器内的运动情况示于图 3-7。通常，把下行的螺旋形气流称为外旋流，上行的螺旋形气流称为内旋流或气芯。内、外旋流气体的旋转方向相同。外旋流上部为主要除尘区。

旋风分离器结构简单，造价低廉，没有运动部件，可用多种材料制造，操作范围宽广，分离效率较高，所以目前是化工、采矿、冶金、轻工、机械等工业部门中最常采用的除尘分离设备。对于粒径为 5 ~ 75 μm 的颗粒可获得满意的除尘效果；对于粒径在 5 μm 以下的细粉尘，一般旋风分离器的捕集效率不高，需用袋滤器或湿法捕集。旋风分离器不适用于处理黏度较大、湿含量较高及腐蚀性较大的粉尘；此外，气量的波动对除尘效果及设备阻力影响较大。

(二)旋风分离器的性能

在满足气体处理量(即生产能力)的前提下，除离心分离因数外，评价旋风分离器性能的主要指标是尘粒的分离效率及气体经过旋风分离器的压强降。分离效率常用理论上可以完全分离出来的最小颗粒尺寸及尘粒从气流中分离出来的分数表示。

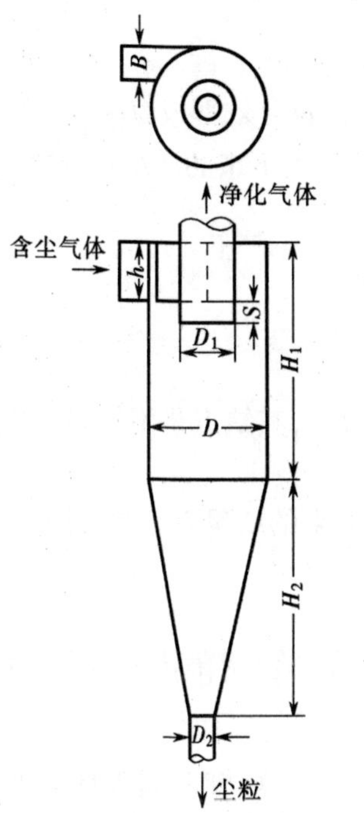

图 3-6　标准旋风分离器

$h=\frac{D}{2}$　$B=\frac{D}{4}$　$D_1=\frac{D}{2}$　$H_1=2D$

$H_2=2D$　$S=\frac{D}{8}$　$D_2=\frac{D}{4}$

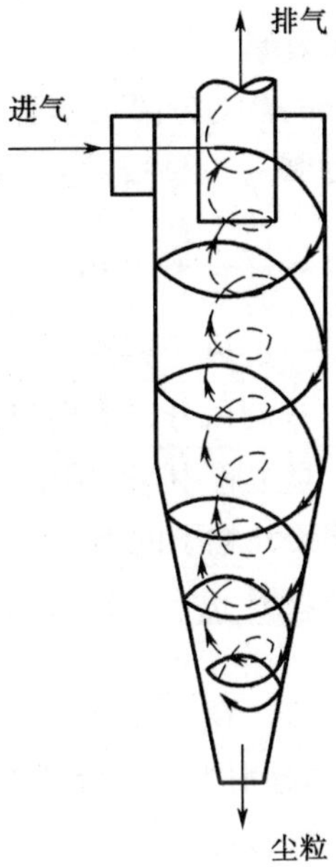

图 3-7　气体在旋风分离器内的运动情况

1.临界粒径

临界粒径是指理论上在旋风分离器中能被完全分离下来的最小颗粒直径，用 d_c 表示。临界粒径是判断分离效率高低的重要参数。

若气体在旋风分离器中的停留时间 θ 等于或大于某种尺寸的颗粒所需的沉降时间 θ_t，在一系列假设的条件下可推导出临界粒径的估算式，即：

$$d_c=\sqrt{\frac{9\mu B}{\pi N_e \rho_S u_i}} \tag{3-17}$$

式中　d_c——临界粒径，m；

B——旋风分离器进口管的宽度，m；

N_e——旋风分离器中气流的有效旋转圈数，一般取 $N_e=0.5\sim3.0$，对标准旋风分离器取 $N_e=3\sim5$；

u_i——旋风分离器进气口气体的速度，m/s；

μ——气体的黏度，Pa·s；

ρ_S——固相的密度，kg/m^3。

临界粒径愈小，分离效率愈高。由式 3-17 可见，分离效率随旋风分离器尺寸加大而减小。所以，当气体处理量很大，又要求较高的分离效果时，常将若干个小尺寸的旋风分离器并联使用，称为旋风分离器组，如图 3-8 所示。

从式 3-17 还可看出，降低气体黏度（即降低气体温度），适当提高入口气速，均有利于提高分离效率。

2.分离效率

旋风分离器的分离效率有两种表示方法，即总效率 η_0 及分效率或粒级效率 η_p。

1)总效率 η_0 是指进入旋风分离器的全部颗粒中被分离下来的质量百分数，即：

$$\eta_0=\frac{C_1-C_2}{C_1}\times 100\% \tag{3-18}$$

式中 C_1——旋风分离器入口气体含尘浓度，g/m^3；

C_2——旋风分离器出口气体含尘浓度，g/m^3。

总效率是工程中最常用的、也是最易于测定的分离效率，其缺点是不能表明旋风分离器对各种不同尺寸粒子的不同分离效果。

2)粒级效率 η_p 是指对指定粒径 d_i 的颗粒被分离下来的质量百分数，即：

$$\eta_p=\frac{C_{1i}-C_{2i}}{C_{1i}}\times 100\% \tag{3-19}$$

式中 C_{1i}、C_{2i}分别为旋风分离器进、出口气体中粒径在第 i 小段范围内的颗粒(其平均粒径为 d_i)的浓度，g/m^3。

η_p 与 d_i 的对应关系可用曲线表示，称为粒级效率曲线。这种曲线可通过实测进出旋风分离器气流中所含尘粒的粒度分布及其浓度而获得。每个尺寸的旋风分离器都有自己的粒级效率曲线。通常，把旋风分离器的粒级效率 η_p 标绘成粒径比 d_i/d_{50}的函数曲线。这种曲线即为同一类型且尺寸比例相同的旋风分离器通用粒级效率曲线。对于标准型的旋风分离器，无论其尺寸大小，皆可用图 3-9 所示通用的 $\eta_p—d_i/d_{50}$ 曲线，这就给旋风分离器效率的估算带来了极大方便。

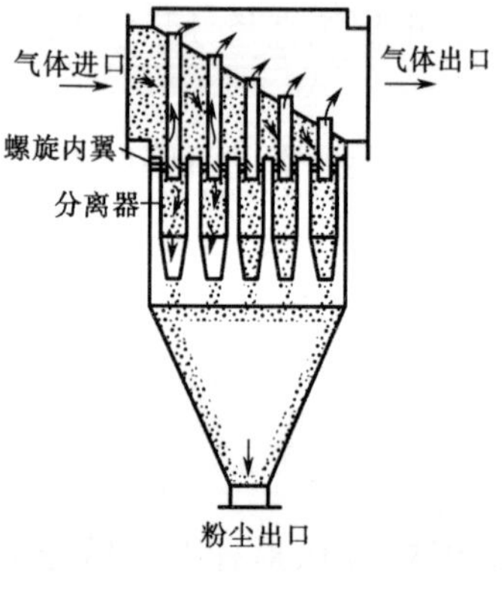

图 3-8 旋风分离器组

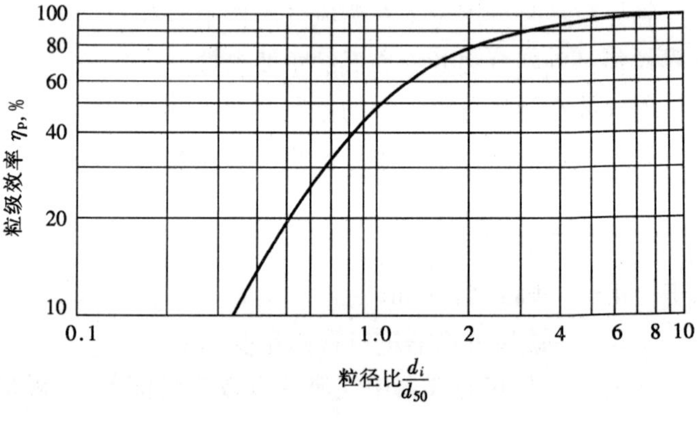

图 3-9 标准旋风分离器的 $\eta_p—\frac{d_i}{d_{50}}$曲线

d_{50}是粒级效率恰好为50%的颗粒直径，称为分割直径。对标准型旋风分离器，d_{50}可用下式估算，即：

$$d_{50}\approx 0.27\sqrt{\frac{\mu D}{(\rho_S-\rho)u_i}} \tag{3-20}$$

旋风分离器的总效率 η_0 不仅取决于各种尺寸颗粒的粒级效率，而且还取决于气流中所含尘粒的粒度分布。如果已知气体含尘的粒度分布，则可利用粒级效率曲线按下式估算总

效率 η_0，即：

$$\eta_0 = \sum_{i=1}^{n} x_i \eta_{pi} \tag{3-21}$$

式中　x_i——粒径在第 i 小段范围内的颗粒占全部颗粒的质量分数；

η_{pi}——第 i 小段粒径范围内颗粒的粒级效率；

n——全部粒径被划分的段数。

3.旋风分离器的压强降

气体流经旋风分离器时，由于进气管、排气管及主体器壁所引起的摩擦阻力、局部阻力及气体旋转所产生的动能损失等，造成气体的压强降。压强降可表示为进口气体动能的倍数，即：

$$\Delta p = \zeta \frac{\rho u_i^2}{2} \tag{3-22}$$

式中的 ζ 为阻力系数。对于同一结构型式及相同尺寸比例的旋风分离器，不论其尺寸大小，ζ 为常数。标准型的旋风分离器，其阻力系数 $\zeta = 8$。旋风分离器的压强降一般为500～2 000 Pa。

［例 3-4］　采用图 3-6 所示的标准旋风分离器除去炉气中的球形固体颗粒。操作条件下的物性参数和生产能力见例 3-3。已知旋风分离器的直径 D 为 0.5 m，适宜的进口气速为 20 m/s，颗粒的粒度分布见本例附表 1。试计算：

(1)需要几个旋风分离器并联操作；

(2)临界粒径；

(3)总分离效率；

(4)旋风分离器的压强降。

例 3-4　附表 1

粒径范围，μm	0～5	5～10	10～15	15～20	20～25	25～30	30～40	40～50	50～60	60～70
质量分数 x_i	0.02	0.05	0.14	0.38	0.19	0.12	0.05	0.03	0.01	0.01

解：由例 3-3 已知参数为：

生产能力 $V_S = 2.5\ \mathrm{m^3/s}$

气相参数 $\rho = 0.75\ \mathrm{kg/m^3}$，$\mu = 2.6 \times 10^{-5}\ \mathrm{Pa \cdot s}$

固相密度 $\rho_S = 3\ 000\ \mathrm{kg/m^3}$

(1)并联旋风分离器数 n

单台旋风分离器的生产能力为：

$$(V_S)_{单} = hBu_i = \left(\frac{D}{2}\right)\left(\frac{D}{4}\right) u_i = \frac{0.5^2}{8} \times 20 = 0.625\ \mathrm{m^3/s}$$

则　$n = V_S/(V_S)_{单} = 2.5/0.625 = 4$

(2)临界粒径 d_c

对于标准旋风分离器

$$B = \frac{D}{4} = \frac{0.5}{4} = 0.125\ \mathrm{m}$$

$N_e = 5$

将有关参数代入式 3-17,得:

$$d_c = \sqrt{\frac{9\mu B}{\pi N_e \rho_S u_i}}$$

$$= \sqrt{\frac{9\times 2.6\times 10^{-5}\times 0.125}{5\times 3\ 000\times 20\pi}} = 5.57\times 10^{-6}\ \text{m} = 5.57\ \mu\text{m}$$

(3)总分离效率 η_0

根据粒径分布,利用图 3-9 的 η_{pi}—$\frac{d_i}{d_{50}}$曲线确定各段平均粒径所对应的粒级效率。为此,需由式 3-20 先计算分割直径,即:

$$d_{50} \approx 0.27\sqrt{\frac{\mu D}{(\rho_S-\rho)u_i}} \approx 0.27\sqrt{\frac{2.6\times 10^{-5}\times 0.5}{3\ 000\times 20}} = 3.97\times 10^{-6}\ \text{m} = 3.97\ \mu\text{m}$$

由式 3-21 计算总效率,计算过程及结果见本例附表 2。

例 3-4 附表 2

粒径范围 μm	平均粒径 d_i μm	质量分数 x_i	粒径比$\frac{d_i}{d_{50}}$(d_i/3.97)	粒级效率 $\eta_{pi}$$\left(由\frac{d_i}{d_{50}}查图 3-9\right)$	$x_i\eta_{pi}$
0~5	2.5	0.02	0.63	0.28	0.005 6
5~10	7.5	0.05	1.89	0.80	0.040
10~15	12.5	0.14	3.15	0.89	0.124 6
15~20	17.5	0.38	4.41	0.94	0.357 2
20~25	22.5	0.19	5.67	0.96	0.182 4
25~30	27.5	0.12	6.93	0.98	0.117 6
30~40	35	0.05	8.82	0.99	0.049 5
40~50	45	0.03	11.30	1.00	0.030
50~60	55	0.01	13.90	1.00	0.010
60~70	65	0.01	16.40	1.00	0.010

即 $$\eta_0 = \sum_{i=1}^{10} x_i\eta_{pi} = 0.926\ 9$$

(4)压强降 Δp

标准旋风分离器的阻力系数 $\zeta = 8$,由式 3-22 计算压强降,即:

$$\Delta p = \zeta\frac{\rho u_i^2}{2} = 8\times\frac{0.75\times 20^2}{2} = 1\ 200\ \text{Pa}$$

(四)旋风分离器的结构类型及选用

1.旋风分离器的结构类型

旋风分离器的结构尺寸对分离效率有明显的影响。为了提高分离效率和减小压强降,对标准旋风分离器加以改进,设计出一些新的结构类型。工业上常见的旋风分离器类型如下。

1)XLT/A 型　这是具有倾斜螺旋面进口的旋风分离器,其结构型式如图 3-10 所示。它的进口结构在一定程度上可减小上涡流的影响,提高分离效率,并且气流阻力较低(阻力系数 ζ 值可取 5.0~5.5)。

2)XLP 型　这是采用蜗壳式进口并带有旁路分离室的旋风分离器。根据器体及旁路分离室形状的不同,XLP 型又分 A、B 两种类型,图 3-11 所示为 XLP/B 型。"旁室"结构能迫使被上旋流带到顶部的细微尘粒聚结并由旁室进入下行的主气流而得以捕集。这种结构类型

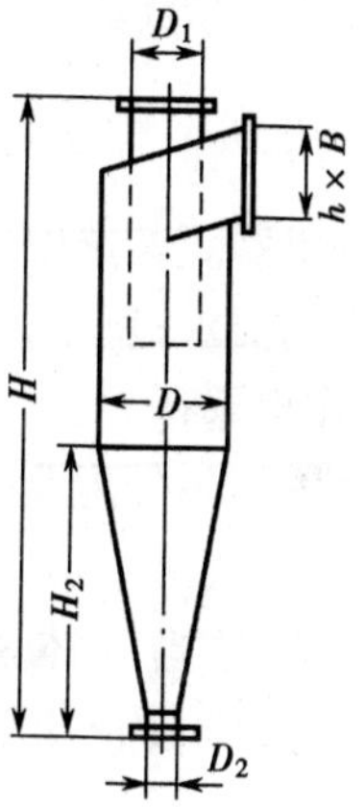

图 3-10　XLT/A 型旋风分离器

$h = 0.66D \quad B = 0.26D$

$D_1 = 0.6D \quad D_2 = 0.3D$

$H_2 = 2D$

$H = (4.5 \sim 4.8)D$

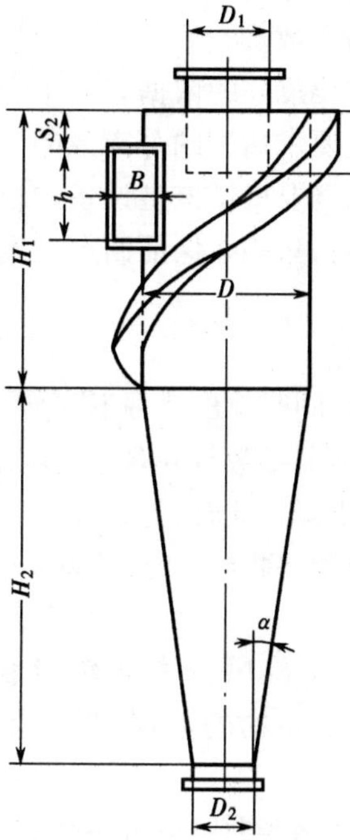

图 3-11　XLP/B 型旋风分离器

$h = 0.6D \quad B = 0.3D \quad D_1 = 0.6D$

$D_2 = 0.43D \quad H_1 = 1.7D$

$H_2 = 2.3D \quad S = 0.28D + 0.3h$

$S_2 = 0.28D \quad \alpha = 14°$

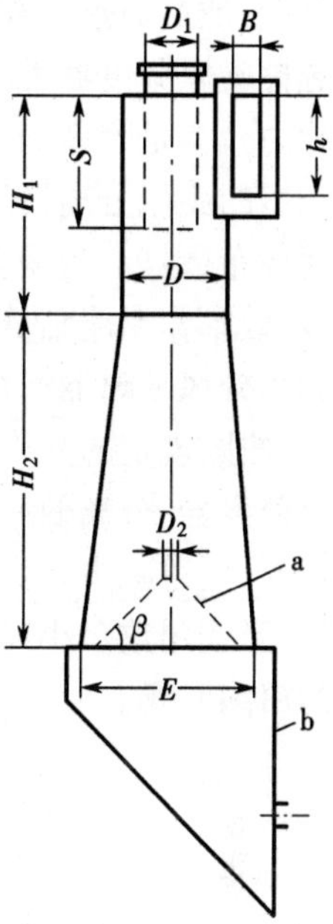

图 3-12　扩散式旋风分离器

$h = D \quad B = 0.26D \quad D_1 = 0.5D$

$D_2 = 0.1D \quad H_1 = 2D \quad H_2 = 3D$

$S = 1.1D \quad E = 1.65D \quad \beta = 45°$

不仅提高了分离效率，还降低了气流阻力(其阻力系数 ζ 值可取 4.8～5.8)。

3)扩散式(XLK 型)　扩散式旋风分离器的结构如图 3-12 所示。其主要特点是具有上小下大的外壳，并在底部装有挡灰板(又称反射屏)。挡灰板 a 为倒置的漏斗形，顶部中央有孔，下沿与器壁底圈之间留有缝隙，沿壁面下落的尘粒经此缝隙降至集尘箱 b 内，气流主体则被挡灰板隔开，少量进入集尘箱内的气体经挡灰板顶部的中央孔返回器内，与气流主体混合后经排气管排出。挡灰板有效地防止了已沉下的细粉被重新卷起，因而提高了除尘效率。扩散式旋风分离器的阻力系数 ζ 值可取 7～8。

化工中常用的结构类型旋风分离器主要性能列于表 3-1 中。

表 3-1　旋风分离器的主要性能

	XLT 型	XLP 型	XLK 型(扩散式)
适宜气速，m/s	12～18	12～20	12～16
除尘范围，μm	>10	>5	>5
含尘浓度，g/m^3	4.0～50	适应性广	1.7～200
阻力系数 ζ	5.0～5.5	4.8～5.8	7～8

2. 旋风分离器的选型

已经规定了分离含尘气体的具体任务，要求决定拟采用的旋风分离器类型、尺寸与个数时，首先应根据被处理物系的物性与任务要求，结合各种类型设备的特点，选定适宜旋风分离器类型，然后通过计算决定尺寸与个数。

选择旋风分离器类型、确定其主要尺寸的依据有三个方面，一是含尘气体的处理量（或生产能力），二是允许的压强降，三是要求达到的分离效率。严格地按照上述三项指标计算指定类型的旋风分离器尺寸与台数，需要提供该型设备的粒级效率曲线及含尘气体中颗粒的粒度分布数据。当缺乏这些数据时，只能在保证满足规定的生产能力及允许压强降的前提下，对效率作粗略估算。

选用旋风分离器需注意如下三点。

(1)按照规定的允许压强降，可以同时选出几种不同型号的旋风分离器。若选用小尺寸的旋风分离器，分离效率较高，但可能需要数台并联才能满足生产能力的要求；反之，若选用大直径的，则可减少台数，然而效率下降。此时，需在投资和效率之间作出选择。

(2)当选用数台小尺寸旋风分离器并联操作时，须特别注意解决气体均匀分配及排除出灰口的窜漏问题。

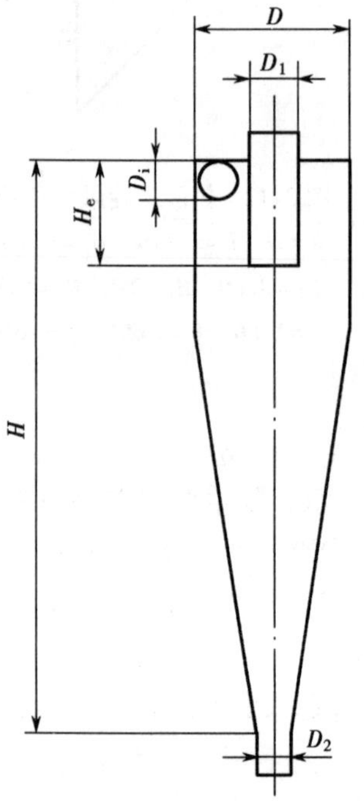

图 3-13 旋液分离器

	增浓	分级
D_i:	$D/4$	$D/7$
D_1:	$D/3$	$D/7$
H:	$5D$	$2.5D$
H_e:	$0.3\sim0.4D$	$0.3\sim0.4D$

锥形段倾斜角一般为 10°~20°

(3)旋风分离器性能表中的压强降是当气体密度为 1.2 kg/m³时的数据，当气体密度不同时，应校正压强降数据。

[例 3-5] 拟采用高效旋风分离器从 60 ℃的气流中回收固体颗粒。生产能力为 11 000 m³/h，气体密度为 1.05 kg/m³，允许压强降为 1 150 Pa，试选择合适型号的旋风分离器。

解：由于在相同主体直径条件下，扩散式旋风分离器的生产能力及除尘效率均较高，故选用扩散式。本题中，热气流的允许压强降为 1 150 Pa，需要进行校正：

$$\Delta p = \Delta p' \frac{1.2}{\rho'} = 1\ 150 \times \frac{1.2}{1.05} = 1\ 314\ \text{Pa}$$

从资料查得 6 号扩散式旋风分离器（直径为 585 mm）在 1 324 Pa 的压强降下操作时，生产能力为 5 630 m³/h。为满足 11 000 m³/h 生产能力的要求，可采用两台并联。

二、旋液分离器

旋液分离器又称水力旋流器，是利用离心沉降原理从悬浮液中分离出固体颗粒的设备，其结构与操作原理和旋风分离器相似。主体设备也是由圆筒和圆锥两部分组成，如图 3-13 所示。但是，由于固、液间密度差较固、气密度差小，所以旋液分离器的结构特点是直径小而圆锥部分长。在一定的切向进口速度下，小直径的圆筒有利于增大惯性离心力，可提高沉降速度；锥形部分加长，可增大液流的行程，延长了悬浮液在器内的停留时间。

悬浮液经入口管切向进入圆筒，向下作螺旋运动，增浓液从底部排出管排出，称为底流；清液或含有微细颗粒的液体成为上升的内旋流，从顶部的中心管排出，称为溢流。

旋液分离器既可用于悬浮液增浓，也可用于不同粒径的颗粒或不同密度的颗粒分级。

根据增浓或分级的不同用途，各部分尺寸比例也有相应的变化，如图 3-13 中标注。同时，旋液分离器还可用于不互溶液体的分离、气液分离以及传热、传质和雾化等操作中，因而广泛应用于多种工业领域中。

近几年来，为了使微细物料悬浮液有效地分离，开发了超小型旋液分离器（直径小于 15 mm），对 2 ~ 5 μm 的细粒具有很高的分离效率。根据生产能力要求，可采用许多小旋液分离器并联操作。

旋液分离器的 $\eta_{\mathrm{p}}—\dfrac{d_i}{d_{50}}$ 曲线与旋风分离器的极为相似，同样可根据粒级效率和粒度分布估算总效率。

在旋液分离器中，颗粒沿壁面快速运动时产生严重磨损，故旋液分离器应采用耐磨材料制造或采用耐磨材料作内衬。

三、影响离心沉降设备分离性能的因素及强化措施

影响离心沉降设备分离性能的因素是错综复杂、有时还显示出互相矛盾的情况。分析影响因素、考虑强化措施从如下三个方面着手。

1）物系性质　一般说来，分散相颗粒尺寸增大，固相密度、进口流体中固相浓度高，连续相密度小，流体黏度低等情况有利于分离。因而可采取措施增大颗粒聚结程度、降低流体黏度来提高分离效果。

2）操作条件　适当提高分离器入口流体的速度可获得较高的离心分离因数，从而提高分离效果。但过高流速会导致涡流，反而不利于分离，而且增大了压强降。

3）离心沉降设备本身结构和尺寸　不同结构形式具有不同的分离效率和阻力系数，同一结构形式减小尺寸有利于分离。所以工业上广泛采用旋风分离器组，并且开发超小型旋液分离，从而提高对微细颗粒的分离效果。

第 3 节　过　　滤

过滤是分离悬浮液最有效的单元操作之一。借过滤操作可获得清净的液体或固相产品。在某些情况下，过滤是沉降的后继操作，可使悬浮液的分离更迅速、更彻底。与蒸发、干燥等非机械操作相比，过滤操作耗能比较低。

3.3.1　过滤操作的基本概念

一、概述

过滤是以多孔物质为介质，在外力作用下使悬浮液中的液体穿过介质的孔道，固体颗粒被截留在介质上，从而实现液、固分离的操作。过滤操作采用的多孔物质称为过滤介质，所处理的悬浮液称为滤浆或料浆，穿过多孔介质的液体称为滤液，被截留的固体物质称为滤饼或滤渣。图 3-14 是过滤操作的示意图。

实现过滤操作的外力可以是重力、压强差或惯性离心力，而工业上应用最多的是压强

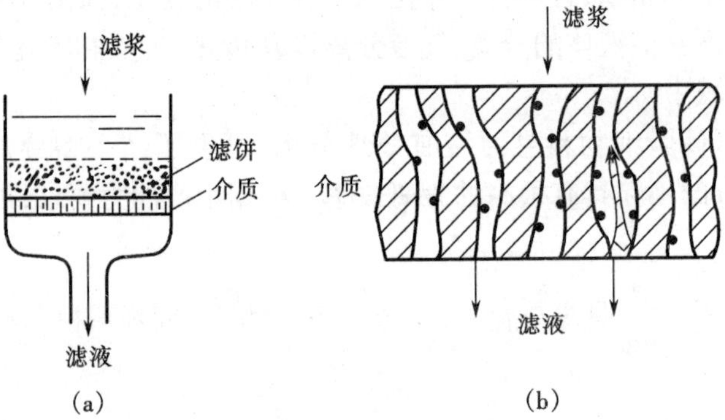

图 3-14　过滤操作示意图
(a)饼层过滤　(b)深层过滤

差。

工业上的过滤操作分两大类，即饼层过滤和深床(或深层)过滤，如图 3-14(a)(b)所示。

(一)饼层过滤

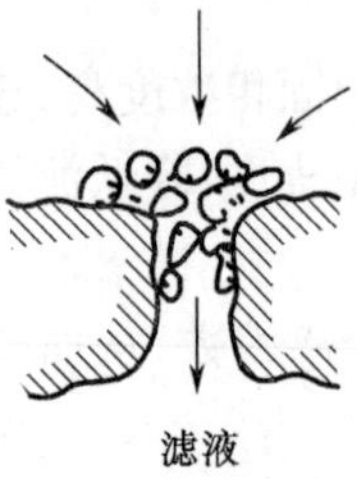

图 3-15　架桥现象

饼层过滤是指固体物质沉降于过滤介质表面而形成滤饼层的操作。真正发挥截留颗粒作用的主要是滤饼层而不是过滤介质。饼层过滤时，由于过滤介质中微细孔道的直径可能大于悬浮液中部分颗粒尺寸，因而过滤之初会有一些细小微粒穿过介质而使滤液浑浊，但是颗粒会在孔道中迅速地进行"架桥"(见图 3-15)，使小于孔道直径的细小颗粒也能被截拦。当滤饼开始形成，滤液即变清，此后过滤才能有效进行。通常，过滤初始阶段得到的浑浊液，待滤饼形成后应返回滤浆槽重新处理。饼层过滤适用于处理固体含量较高(固相体积分数约在1%以上)的悬浮液。

(二)深床过滤

深床过滤是指固体颗粒并不形成滤饼，而是沉积于较厚的粒状过滤介质床层内部的过滤操作。这种过滤适用于生产能力大而悬浮液中颗粒小、含量甚微(固相体积分数在0.1%以下)的场合。自来水厂饮水的净化即属深床过滤。

另外，膜过滤作为一种精密分离技术迅速在许多行业中得到应用。膜过滤是利用膜孔隙的选择透过性进行两相分离的技术。膜过滤又可分为微孔过滤和超滤。前者可截留0.5 ~ 50 μm 的颗粒，超滤能截留 0.05 ~ 10 μm 的微细颗粒，而常规过滤截留 50 μm 以上的颗粒。

由于影响饼层过滤的因素复杂，而应用又广泛，故本节着重讨论饼层过滤。

二、过滤介质

过滤介质应具有流动阻力小和足够的机械强度，同时还应具有相应的耐腐蚀性与耐热性。工业上常用的过滤介质有如下种类。

1)织物介质(又称滤布)　包括由棉、毛、丝、麻等天然纤维及合成纤维制成的织物，以及由玻璃丝、金属丝等织成的网。这类介质能截留颗粒的最小直径为 5 ~ 65 μm。织物介质在工业上应用最为广泛。

2)堆积介质　此类介质由各种固体颗粒(细砂、木炭、石棉、硅藻土等)或非编织纤维等堆积而成，多应用于深床过滤中。

3)多孔固体介质　这类介质是具有很多微细孔道的固体材料，如多孔陶瓷、多孔塑料及多孔金属制成的管或板，能截拦 1～3 μm 的微细颗粒。

4)多孔膜　用于膜过滤的各种有机高分子膜和无机材料膜。

三、滤饼的压缩性及助滤剂

滤饼是由截留下的固体颗粒堆积而成的床层。根据构成滤饼的颗粒特性，将滤饼分为不可压缩和可压缩两类。颗粒如果是不易变形的坚硬固体(如硅藻土、碳酸钙等)，则当滤饼两侧的压强差增大时，颗粒的形状和颗粒间的空隙都不发生明显变化，单位厚度床层的阻力可视为恒定，这类滤饼称为不可压缩滤饼。相反，如果滤饼是由某种类似氢氧化物的胶体物质构成，则当滤饼两侧的压强差增大时，颗粒的形状和颗粒间空隙会有明显的变化，单位厚度饼层的阻力随压强差增高而加大，这种滤饼称为可压缩滤饼。

为了减小可压缩滤饼的阻力，有时将某种质地坚硬而能形成疏松饼层的另一种固体颗粒混入悬浮液或预涂于过滤介质上，以形成疏松饼层，使滤液得以畅流。这种预混或预涂的粒状物质称为助滤剂。

对助滤剂的基本要求如下：

(1)能形成多孔饼层的不可压缩刚性颗粒，使滤饼有较高的孔隙率、良好的渗透性及较低的流动阻力；

(2)具有化学稳定性，不与悬浮液发生化学反应，也不溶于液相中。

应予注意，一般以获得清净滤液为目的产品时，采用助滤剂才是适宜的。

3.3.2　过滤基本方程式

过滤基本方程式是从理论上描述过滤速率(单位时间内获得的滤液体积)与料液性质、滤饼结构与特性、操作条件诸因素之间关系的表达式。由于影响过滤操作因素的复杂性，此处采用数学模型法处理该类问题。

一、滤液通过饼层流动的特点

过滤中，滤液通过滤饼层(包括颗粒饼层和过滤介质)的流动与流体在管内的流动有相似之处，但又有其自身特点：

(1)由于构成饼层的颗粒尺寸通常很小，滤液通道不但细小曲折，而且互相交联，形成不规则的网状结构；

(2)随着过滤操作的进行，滤饼厚度不断增加而使流动阻力逐渐加大，因而过滤属于非定态操作；

(3)细小而密集的颗粒层提供了很大的液、固接触表面，对滤液的流动产生很大阻力，滤液通过饼层的流动大都属于滞流型。

为了能用数学方程式对滤液流动加以描述，需将复杂的实际流动加以简化。

对于颗粒层中不规则的通道，可简化成长度为 L 的一组平行细管。细管的当量直径可由床层的孔隙率 ε(空隙体积与床层体积之比)和颗粒的比表面积 a(单位体积颗粒具有的表面积)来计算；细管长度随饼层厚度而变。这样，可以仿照第 1 章中处理圆管内滞流流动的方法，用泊谡叶公式来描述滤液通过饼层的流动。滤液通过饼层流动的流速与压强降的关系可表达为：

$$u_1 \propto \frac{d_e^2(\Delta p_c)}{\mu L} \tag{3-23}$$

$$d_e \propto \varepsilon/(1-\varepsilon)a$$

式中 u_1——滤液在床层孔道中的流速，m/s；

d_e——床层中孔道的当量直径，m；

L——床层厚度，m；

Δp_c——滤液通过滤饼层的压强降，Pa；

μ——滤液的黏度，Pa·s；

ε——床层孔隙率；

a——颗粒层的比表面积，m^2/m^3。

床层空隙中滞流流动的滤液流速 u_1 与按整个床层截面积计算的平均流速 u 之间的关系为：

$$u_1 = \frac{u}{\varepsilon} \tag{3-23a}$$

将 d_e 的表达式与式 3-23a 代入式 3-23 得：

$$u = \frac{\varepsilon^3}{5a^2(1-\varepsilon)^2}\left(\frac{\Delta p_c}{\mu L}\right) \tag{3-24}$$

二、过滤速率和过滤速度

单位时间内获得的滤液体积称为过滤速率，单位为 m^3/s 或 m^3/h。对于非定态的流动，任一瞬间的过滤速率应写成如下微分形式：

$$\frac{dV}{d\theta} = uA = \frac{\varepsilon^3}{5a^2(1-\varepsilon)^2}\left(\frac{A\Delta p_c}{\mu L}\right) \tag{3-25}$$

对于特定物料一定尺寸的颗粒，如果滤饼不可压缩，则 ε、a 为定值，若令 $r = 5a^2(1-\varepsilon)^2/\varepsilon^3$，则式 3-25 变为：

$$\frac{dV}{d\theta} = \frac{A\Delta p_c}{\mu r L} \tag{3-25a}$$

式中 V——滤液体积，m^3；

A——过滤面积，m^2；

θ——过滤时间，s；

r——滤饼的比阻，即单位厚度滤饼的阻力，$1/m^2$。

单位过滤面积上的过滤速率称为过滤速度，由式 3-25a 可得：

$$\frac{dV}{A\,d\theta} = \frac{\Delta p_c}{\mu r L} \tag{3-26}$$

显然，式 3-26 具有速度 = 推动力/阻力的形式。式中的 μrL 为过滤阻力。μ 代表滤液的影响因素，rL 代表滤饼的影响因素。

同样，对于过滤介质，也可写成相应的关系式，即：

$$\frac{dV}{d\theta} = \frac{A\Delta p_m}{\mu r L_e} \tag{3-25b}$$

或

$$\frac{dV}{A d\theta}=\frac{\Delta p_m}{\mu r L_e} \tag{3-26a}$$

式中　Δp_m——过滤介质上、下游的压强差，Pa；

L_e——过滤介质的当量滤饼厚度，或称虚拟滤饼厚度，m。

通常，滤布与滤饼的面积相同，所以两层中的速率应相等，则：

$$\frac{dV}{d\theta}=\frac{A(\Delta p_c+\Delta p_m)}{\mu r(L+L_e)}=\frac{A\Delta p}{\mu r(L+L_e)} \tag{3-27}$$

或

$$\frac{dV}{A d\theta}=\frac{\Delta p}{\mu r(L+L_e)} \tag{3-28}$$

式中　Δp——过滤推动力，即滤布与滤饼的总压强降，Pa。

在实际的过滤设备上，常有一侧处于大气压下，此时 Δp 也就是过滤的表压强或真空度。

三、过滤基本方程式

1.不可压缩滤饼的过滤基本方程式

为了便于计算，常用过滤操作中所获得的滤液量来表示滤饼厚度。若每获得 1 m^3 滤液所形成的滤饼体积为 v m^3，则任意瞬间的滤饼厚度与当时已获得的滤液体积之间的关系为：

$$LA=Vv$$

则

$$L=\frac{Vv}{A} \tag{3-29}$$

式中　v——滤饼体积与滤液体积之比，m^3/m^3。

同理，对过滤介质也可写出：

$$L_e=\frac{V_e v}{A} \tag{3-30}$$

式中　V_e——过滤介质的当量滤液体积或称虚拟滤液体积，m^3。

在一定的操作条件下，以一定过滤介质过滤一定的悬浮液时，L_e 和 V_e 均为定值，但同一介质在不同的过滤操作中将具有不同的 L_e 和 V_e 值。

将式 3-29 与式 3-30 代入式 3-27 和式 3-28，可得到不可压缩滤饼的过滤基本方程式，即：

$$\frac{dV}{d\theta}=\frac{A^2\Delta p}{\mu r v(V+V_e)} \tag{3-31}$$

或

$$\frac{dV}{A d\theta}=\frac{A\Delta p}{\mu r v(V+V_e)} \tag{3-32}$$

2.可压缩滤饼的过滤基本方程式

可压缩滤饼的比阻是两侧压强差的函数。通常用下面的经验公式来估算压强差改变时可压缩滤饼比阻的变化，即：

$$r=r'(\Delta p)^s \tag{3-33}$$

式中　r'——单位压强差卜滤饼的比阻，$1/m^2$；

s——滤饼压缩性指数，量纲为 1。一般情况下，$s=0\sim1$。对于不可压缩滤饼，$s=0$。

几种典型物料的压缩性指数值列于表 3-2 中。

表 3-2　典型物料的压缩指数

物料	硅藻土	碳酸钙	钛白(絮凝)	高岭土	滑石	黏土	硫酸锌	氢氧化铝
s	0.01	0.19	0.27	0.33	0.51	0.56～0.6	0.69	0.9

将式 3-33 代入式 3-31,得到:

$$\frac{dV}{d\theta}=\frac{A^2(\Delta p)^{1-s}}{\mu r' v(V+V_e)} \tag{3-34}$$

上式是过滤速率与各因素间的一般关系式,称为可压缩滤饼的过滤基本方程式,是过滤计算与强化过滤操作的基本依据。对于不可压缩滤饼,$s=0$,上式即简化为式 3-31。

3.两种基本过滤操作方式

应用过滤基本方程式时,需要根据过滤操作的具体方式而积分。过滤操作有两种典型方式,即恒压过滤与恒速过滤。有时,为避免过滤开始时因过高压强差引起滤液浑浊或滤布堵塞,可采用较小的压强差以较低的恒定速率操作,待滤饼形成且压强差升至给定值时,再转入恒压过滤,即采用先恒速后恒压的组合操作方式。通常,恒速段所用时间占整个过滤操作时间的比例很小,故工程上可按恒压过滤操作来处理。

3.3.3　恒压过滤

恒压过滤时,推动力 Δp 恒定,但随过滤操作的进行,滤饼不断加厚,流动阻力逐渐增加,因而过滤速率逐渐变小。连续过滤机中进行的过滤都是恒压过滤,间歇过滤机中也多为恒压过滤。

一、恒压过滤方程式

对一定的悬浮液,若 μ、r' 及 v 皆可视为常数,令:

$$k=1/\mu r' v \tag{3-35}$$

恒压过滤时,Δp 恒定不变,若 k、s 也为常数,再令:

$$K=2k\Delta p^{1-s} \tag{3-36}$$

将式 3-35 与式 3-36 代入式 3-34,得到:

$$\frac{dV}{d\theta}=\frac{KA^2}{2(V+V_e)} \tag{3-37}$$

上式的积分式为:

$$2\int(V+V_e)dV=KA^2\int d\theta \tag{3-37a}$$

如前所述,与过滤介质阻力相对应的虚拟滤液体积为 V_e(常数),假定获得此滤液体积所需的虚拟过滤时间为 θ_e(常数),则积分的边界条件为:

过滤时间 $\theta+\theta_e$　滤液体积 $V+V_e$

$0\rightarrow\theta_e$　　　$0+0\rightarrow0+V_e$

$$\theta_e \to \theta_e + \theta \qquad 0 + V_e \to V_e + V$$

此处过滤时间是指虚拟过滤时间(θ_e)与实际的过滤时间(θ)之和,滤液体积是指虚拟滤液体积(V_e)与实际的滤液体积(V)之和。

由积分式 3-37a,得到:

$$V_e^2 = KA^2\theta_e \tag{3-38}$$

及

$$V^2 + 2VV_e = KA^2\theta \tag{3-39}$$

将上两式相加,得:

$$(V + V_e)^2 = KA^2(\theta + \theta_e) \tag{3-40}$$

上式称为恒压过滤方程式。

当过滤介质阻力可忽略时,$V_e = 0$,$\theta_e = 0$,则式 3-40 变为

$$V^2 = KA^2\theta \tag{3-41}$$

若令 $q = V/A$ 及 $q_e = V_e/A$,q 为单位面积上得到的滤液量(m^3/m^2)。

上面各式可分别写成如下形式:

$$q_e^2 = K\theta_e \tag{3-38a}$$

$$q^2 + 2qq_e = K\theta \tag{3-39a}$$

$$(q + q_e)^2 = K(\theta + \theta_e) \tag{3-40a}$$

$$q^2 = K\theta \tag{3-41a}$$

上面各式也称为恒压过滤方程式。

恒压过滤方程式包含三个常数,其中:K 是由物料特性及过滤压强差决定的常数,称为过滤常数,单位为 m^2/s;q_e 与 θ_e 是反映过滤介质阻力大小的常数,均称为介质常数,其单位分别为 m^3/m^2 与 s。三者统称过滤常数。

[例 3-6] 在板框压滤机中以恒压差过滤某种悬浮液。现已测得:过滤 10 min 得滤液 1.25 m^3,再过滤 10 min 又得滤液 0.55 m^3,试求过滤 30 min,共得滤液若干(m^3)。

解:根据题给条件需用式 3-39 求滤液体积。已知条件为:

过滤时间 θ,min	滤液体积 V,m^3
$\theta_1 = 10$	$V_1 = 1.25$
$\theta_2 = 20$	$V_2 = 1.25 + 0.55 = 1.80$
$\theta_3 = 30$	$V_3 = ?$

利用前两组数据求 KA^2 及 V_e,即:

$$1.25^2 + 2 \times 1.25V_e = KA^2 \times 10 \times 60$$

$$1.80^2 + 2 \times 1.80V_e = KA^2 \times 20 \times 60$$

解得 $V_e = 0.082\,1\ m^3$

$$KA^2 = 2.946 \times 10^{-3}\ m^6/s$$

将上述数据代入式 3-39 即可求得 V_3,即:

$$V_3^2 + 2 \times 0.082\,1V_3 = 2.946 \times 10^{-3} \times 30 \times 60$$

解得 $V_3 = 2.222\ m^3$

所以过滤 30 min 共得滤液 2.222 m^3。

注意：求解的关键是确定过滤常数 K、V_e。由于没给 A 值，故将 KA^2 当作整体处理。

［例 3-7］ 在 9.81×10^4 Pa 的恒压强差下过滤悬浮于水中的固体颗粒。已知悬浮液中固相的质量分数为 0.139，固相密度为 2 200 kg/m³，滤饼空隙率为 0.5（即 1 m³ 滤饼含 0.5 m³ 水），过滤常数 $K=2.8\times10^{-5}\ m^2/s$，过滤面积 $A=50\ m^2$，试求欲得滤饼体积 $V_S=0.62\ m^3$ 所需的过滤时间。过滤介质阻力可忽略。

解：因可忽略介质阻力，用式 3-41 求过滤时间，即：

$$\theta=V^2/KA^2$$

根据固体的物料衡算求欲得 0.62 m³ 滤饼可得到的滤液体积。

设滤饼体积与滤液体积之比为 v，并以 1 m³ 滤液为基准，作滤饼和悬浮液中固相的质量衡算，得：

$$\rho_S(1-\varepsilon)v=[1\,000+\rho_S(1-\varepsilon)v+1\,000\varepsilon v]\times0.139$$

将已知数据代入上式：

$$2\,200(1-0.5)v=[1\,000+2\,200(1-0.5)v+1\,000\times0.5v]\times0.139$$

解得 $v=0.158\,4$

则 $V=V_S/v=0.62/0.158\,4=3.914\ m^3$

所以 $\theta=3.914^2/(2.8\times10^{-5}\times50^2)=219\ s$

求解本题的难点在于作固相的质量衡算，其出发点是滤饼中的固相量与悬浮液中相等。

二、过滤常数的测定

（一）K、q_e、θ_e 的测定

过滤常数 K、q_e、θ_e 可通过恒压过滤实验来测定。

由微分恒压过滤方程式 3-40a，得：

$$2(q+q_e)dq=Kd\theta$$

或

$$\frac{d\theta}{dq}=\frac{2}{K}q+\frac{2}{K}q_e \tag{3-42}$$

上式表明 $\frac{d\theta}{dq}$ 与 q 成直线关系，直线的斜率为 $\frac{2}{K}$，截距为 $\frac{2}{K}q_e$。

为了测定和计算方便起见，上式左端的 $\frac{d\theta}{dq}$ 可用增量比 $\frac{\Delta\theta}{\Delta q}$ 代替，即：

$$\frac{\Delta\theta}{\Delta q}=\frac{2}{K}q+\frac{2}{K}q_e \tag{3-42a}$$

在恒定的压强差下于过滤面积 A 上对待测的悬浮液进行过滤实验，测出与一系列过滤时间 θ 对应的累计滤液量 V，并由此算出一系列 $q\left(=\frac{V}{A}\right)$ 值，从而得出一系列相应的 $\frac{\Delta\theta}{\Delta q}$ 与 q 的函数关系，可得一条直线。由直线的斜率 $\frac{2}{K}$ 及截距 $\frac{2}{K}q_e$ 的数值便可求得 K 与 q_e，再用式 3-38a 求出 θ_e 之值。这样测得的 K、q_e、θ_e 便是此种料浆在特定的过滤介质及压强差下的过滤常数。

在过滤实验条件比较困难时，只要能够测得指定条件下的过滤时间 θ 与滤液量 q 的两组对应数据，便可利用式 3-39a 及式 3-38a 算出三个过滤常数，如例 3-6 所示。这样测得的过滤常数，其准确性完全取决于这两组数据，可靠程度往往较差。

（二）压缩性指数 s 的测定

在若干不同的压强差下对指定的料浆进行实验，求得各个过滤压强差下的 K 值，然后利用式 3-36 对各组 K—Δp 数据加以处理，便可求得压缩性指数 s 及物料特性常数 k。

对式 3-36 两边取对数，得：

$$\lg K = (1-s)\lg(\Delta p) + \lg(2k)$$

对特定的悬浮液，$k = 1/\mu r v$ 为常数，故 K 与 Δp 在双对数坐标纸上标绘时为直线，直线的斜率为 $1-s$，截距为 $2k$。于是 s、k 便可求得。

这里需指出，上式求 s 的方法是建立在 v 值不随压强差变化的前提上，这就要求在实验的压强差范围内，滤饼的空隙率没有明显的变化。

[例 3-8] 用过滤面积为 31 m^2 的板框压滤机在某一恒压差下处理某种悬浮液，60 min 内获得滤液 15 m^3，此时滤框充满滤饼。滤饼不可压缩，滤布阻力可忽略不计。试分别计算如下各项：

（1）指定压差下的过滤常数；

（2）滤框数加倍，60 min 内可得滤液若干 m^3；

（3）滤框厚度加倍，滤饼充满滤框需多长时间；

（4）过滤压强差加倍，滤饼充满滤框需多长时间。

解：本例旨在熟悉掌握恒压过滤方程的应用。

（1）恒压过滤常数

由于滤布阻力可忽略不计，则 $V_e(\varepsilon_e)$ 和 θ_e 均为零。K 值可由式 3-41 求得，即：

$$K = V^2/A^2\theta = 15^2/(31^2 \times 3\,600) = 6.504 \times 10^{-5}\ m^2/s$$

（2）滤框数加倍后的滤液体积

滤框数加倍即过滤面积加倍，在其他不变条件下，60 min 内可得滤液体积为：

$$V' = 2 \times \sqrt{31^2 \times 6.504 \times 10^{-5} \times 3\,600} = 30\ m^3$$

或
$$V' = \frac{A'}{A}V = 2 \times 15 = 30\ m^3$$

（3）滤框厚度加倍，滤框充满滤饼所需时间

对于不可压缩滤饼，滤框厚度加倍对应着滤液体积加倍，而 K 和 K 保持不变，则所需时间为：

$$\theta' = (V')^2/KA^2 = 30^2/(6.504 \times 10^{-5} \times 31^2) = 14\,400\ s = 240\ min$$

或
$$\theta' = \left(\frac{V'}{V}\right)^2\theta = 2^2 \times 60 = 240\ min$$

可见，增大滤框厚度将使过滤时间大大延长。

（4）过滤压强差加倍，滤饼充满滤框所需时间

此情况下，A、V 均保持不变。对不可压缩滤饼，$s=0$，压强差加倍导致过滤常数 K 值加倍，即：

$$K' = 2 \times 6.504 \times 10^{-5} = 1.301 \times 10^{-4}\ m^2/s$$

则
$$\theta'' = \frac{K}{K'}\theta = \frac{6.504 \times 10^{-5}}{1.301 \times 10^{-4}} \times 60 = 30\ min$$

可见，提高过滤推动力，可缩短过滤时间。

3.3.4 过滤设备

为了适应性质各异的悬浮液和各种不同的要求，开发了多种类型的过滤设备。按照操作方式可分为间歇过滤机与连续过滤机；按照采用的压强差可分为压滤和吸滤过滤机。目前，工业上应用最广泛的板框过滤机和叶滤机均为压滤型的过滤机，转筒真空过滤机则为吸

滤型连续过滤机。离心过滤机将在下节介绍。

一、板框压滤机

板框压滤机是由多块带凸凹纹路的滤板和滤框交替排列组装于机架上而构成，如图 3-16 所示。

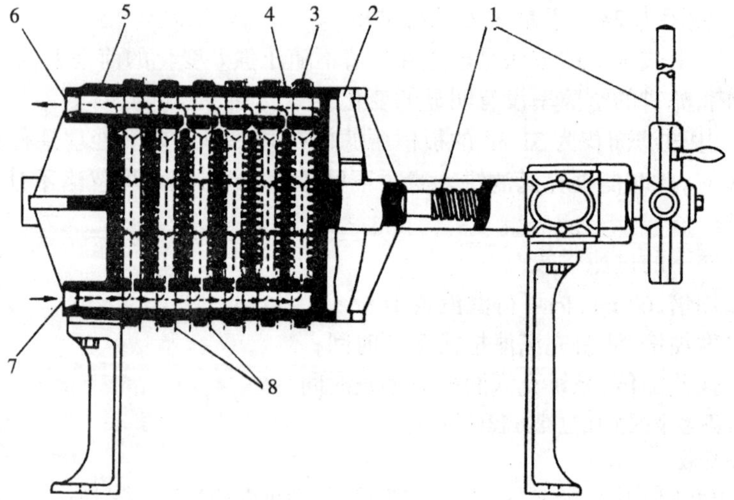

图 3-16　板框压滤机

1—压紧装置　2—可动头　3—滤框　4—滤板　5—固定头　6—滤液出口　7—滤浆进口　8—滤布

板和框一般制成正方形，板和框的角端均开有圆孔，如图 3-17 所示，装合压紧后角端的圆孔相连通即构成供料浆、滤液或洗液流动的通道。框的两侧覆以四角开孔的滤布，空框与滤布围成了容纳滤浆及滤饼的空间。滤板又分洗涤板和过滤板两种，洗涤板左上角的圆孔内还开有侧孔道，洗水可从此孔道进入框内。为安装时便于区别，常在板、框外侧铸有小钮或其他标志。通常，过滤板铸一钮、框铸二钮、洗涤板铸三钮。装合时，即按钮数 1—2—3—2—1—2……的顺序排列板与框。压紧装置的驱动可用手动、电动或液压传动等方式。

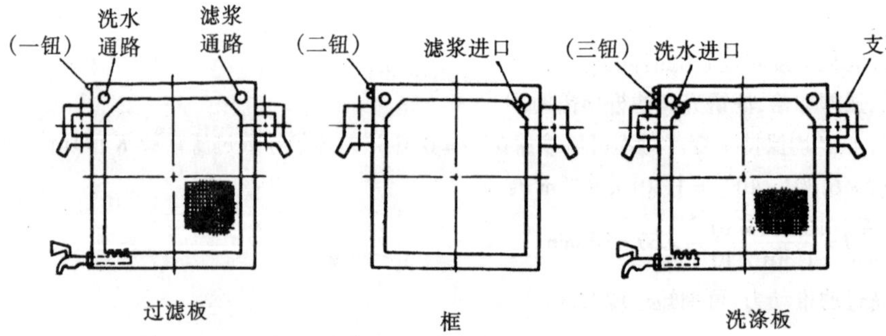

图 3-17　滤板和滤框

过滤时，悬浮液在指定压强下经滤浆通道由滤框角端的暗孔进入框内，滤液分别穿过两侧滤布，再沿邻板板面至滤液出口排走，固体则被截留于框内，待滤饼充满滤框后即停止过滤。排除滤液有明流与暗流之分，图 3-16 所示为暗流，图 3-18 所示为明流。

若滤饼需要洗涤，可将洗水压入洗水通道，经洗涤板角端的暗孔进板面与滤布之间。此时,应关闭洗涤板下部的滤液出口,洗水便在压强差推动下依次穿过滤布—整个滤饼厚度—另一侧滤布,最后由过滤板下部的滤液出口排出。此即横穿洗涤法,其作用在于提高洗涤效果。滤液和洗液的流动途径如图 3-18 所示。

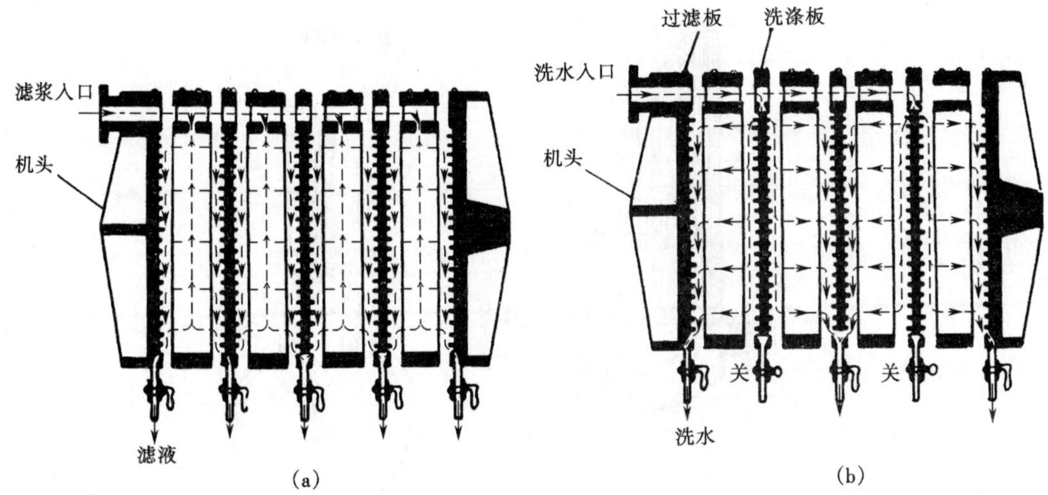

图 3-18　板框压滤机内液体流动路径

(a)过滤阶段　(b)洗涤阶段

洗涤结束后,旋开压紧装置,拉开滤框,卸出滤渣,清洗滤布,重新装合,再进入下一个操作循环。由此看出,过滤操作通常包括过滤、滤饼的洗涤、去湿、卸料、重新装合(间歇过滤机)等阶段,构成一个操作周期。

板框压滤机的操作压强一般在 300 ~ 800 kPa 的表压范围内。滤板和滤框可由多种金属材料(如铸铁、钢、不锈钢、铝等)、塑料及木材制造。框的边长为 320 ~ 1 000 mm,厚度为 25 ~ 50 mm。滤板和滤框的数目可根据生产任务自行调节,一般为 10 ~ 60 块,所提供的过滤面积为 2 ~ 80 m^2。当生产能力小、所需过滤面积较小时,可于板框间插入一块盲板,盲板后部即失去作用。

我国生产的板框型压滤机系列标准代号有 BMS、BAS、BM、BA 等,其中 B 表示板框、M 表示明流、A 表示暗流、S 表示手动等。例如型号为 BMS20/635—25 的压滤机表示手动明流式板框压滤机,过滤面积 20 m^2,框内每边长 635 mm,框厚 25 mm。

板框压滤机结构简单,制造方便,附属设备少,占地面积小而过滤面积大,操作压强高,适应能力强,应用广泛。但因间歇操作,生产效率低,劳动强度大,滤布损耗较多。目前,国内已生产各种自动操作的板框压滤机,使上述缺点得到一定程度的改善。

二、加压叶滤机

图 3-19 所示的加压叶滤机是由许多不同宽度的长方形滤叶装合而成。滤叶由金属多孔板或金属网制造,内部具有空间,外罩滤布。过滤时滤叶安装在能承受内压的密闭机壳内。滤浆用泵压送到机壳内,滤液穿过滤布进入叶内,汇集至总管后排出机外,颗粒则积于滤布外侧形成滤饼。滤饼的厚度通常为 5 ~ 25 mm,视滤浆性质及操作情况而定。

若滤饼需要洗涤,则于过滤完毕后通入洗水,洗水的路径与滤液的相同。这种洗涤方法称为置换洗涤法。洗涤过后打开机壳上盖,拔出滤叶卸除滤饼,或在壳内对滤叶加以洗涤。

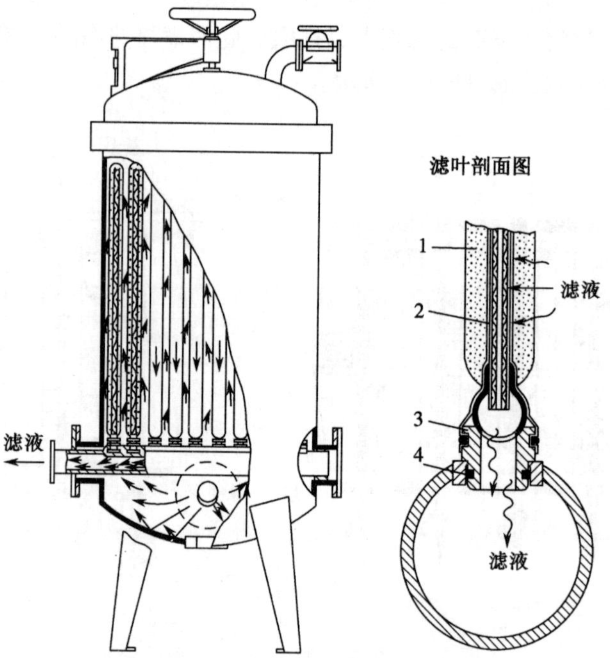

图 3-19 加压叶滤机

1—滤饼 2—滤布 3—拔出装置 4—橡胶圈

加压叶滤机的优点是密闭操作,改善了操作条件,过滤速度大,洗涤效果好;缺点是造价较高,更换滤布(尤其对于圆形滤叶)比较麻烦。

三、转筒真空过滤机

转筒真空过滤机是一种连续操作的吸滤型过滤机,广泛应用于各种工业领域。设备的主体是一个能转动的水平圆筒,其表面有一层金属网,网上覆盖滤布,筒的下部浸入滤浆槽中,其装置系统如图 3-20 所示。圆筒沿径向分割成若干扇形格,每格都有单独的孔道与分配头相通。圆筒转动时,这些孔道凭借分配头的作用,依次分别与真空管道及压缩空气管道相通,因而在回转一周的过程中每个扇形格表面即可顺次进行过滤、洗涤、吸干、吹松、卸饼等项操作。在图 3-21 所示的位置上,扇形格 1 至 7 通过固定盘上凹槽 f 与真空管道相通,吸走滤液,所以该位置称为过滤区。同理,扇形格 8 至 10 所处的位置称为吸干区(与真空管道相通);扇形格 11 所处位置不与任何管道相通,称为不工作区;扇形格 12 与 13 通过 g 槽与真空管道相通,从上边喷水进行置换洗涤,称为洗涤区;扇形格 14 的位置为吸干区;15 为不工作区;扇形格 16、17 所处的位置称为吹松及卸料区;18 为不工作区。如此连续运转,整个转筒表面便构成了连续过滤操作。

转筒的过滤面积一般为 5 ~ 40 m^2,浸没部分占总面积的 30% ~ 40%。转速可在一定范围内调整,通常为 0.1 ~ 3 r/min。滤饼厚度一般保持在 40 mm 以内。转筒过滤机所得滤饼中的液体含量很少低于10%,一般约为30%。

转筒真空过滤机能连续自动操作,节省人力,生产能力大,特别适宜于处理量大而容易过滤的料浆,对难于过滤的胶体物系或细微颗粒的悬浮液,采用预涂助滤剂措施也比较方便，但附属设备较多，投资费用高，过滤面积不大。此外，由于它是真空操作，因而过滤推动力有限，尤其不能过滤温度较高（饱和蒸气压高）的滤浆，滤浆的洗涤也不够充分。

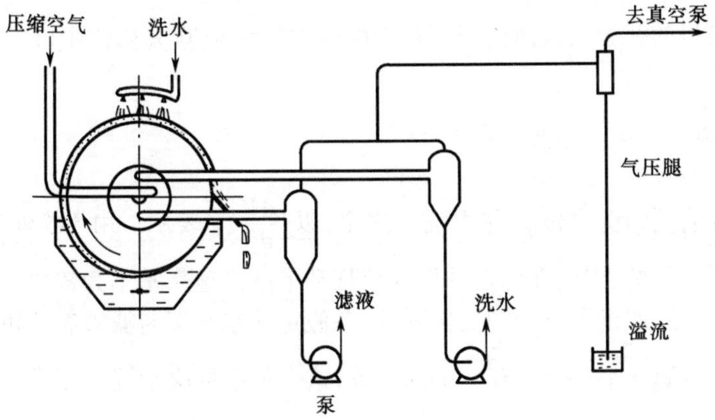

图 3-20　转筒真空过滤机装置示意图

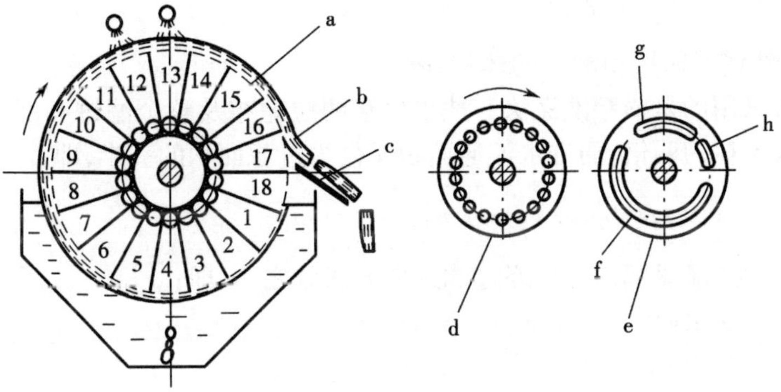

图 3-21　转筒及分配头的结构

a—转筒　b—滤饼　c—割刀　d—转动盘　e—固定盘　f—吸走滤液的真空凹槽
g—吸走洗水的真空凹槽　h—通入压缩空气的凹槽

四、过滤设备的发展趋势

20 世纪 60 年代以来，过滤设备和新的过滤技术不断涌现，有些已在大型生产中获得很好效益。诸如，预涂层转筒真空过滤机、真空带式过滤机、节省能源的压榨机、采用动态过滤技术的叶滤机等。

目前，过滤设备的发展主要考虑以下几个方面：

（1）连续操作，提高自动化程度，减少体力劳动和人工操作强度，改善劳动条件；

（2）减小过滤阻力或引入外场作用，提高过滤速率；

（3）减少设备所占空间，增加过滤面积；

（4）降低滤饼含水率，减少后继干燥操作的能耗。

3.3.5 滤饼的洗涤

滤饼的洗涤目的在于回收滞留于颗粒缝隙间的滤液或除去滤饼中可溶性杂质，以净化构成滤饼的颗粒。

一、洗涤速率

单位时间内消耗的洗水体积称为洗涤速率，以$(\frac{dV}{d\theta})_W$表示。由于洗水不含固相，故洗涤过程中滤饼厚度不变，因而在恒定的压强差推动下洗涤速率基本为常数。

若洗涤时维持过滤终了时相同的压强差，并假定洗水黏度与滤液黏度相近，则洗涤速率与过滤终了时的过滤速率$(\frac{dV}{d\theta})_E$有一定的关系，这个关系取决于洗涤方式。

叶滤机和转筒真空过滤机采用的是置换洗涤法。洗水与过滤终了时滤液流过的路径相同，且洗涤面积与过滤面积也相同，故洗涤速率与过滤终了时的过滤速率大致相等，即：

$$(\frac{dV}{d\theta})_W = (\frac{dV}{d\theta})_E = \frac{KA^2}{2(V+V_e)} \tag{3-43}$$

式中 V——过滤终了时所得滤液的体积，m^3。

板框压滤机采用的是横穿洗涤法。洗水横穿两层滤布及整个滤饼厚度，流径长度约为过滤终了时滤液流径的两倍，而洗水流通面积又仅为过滤面积的一半，即：

$$(L+L_e)_W = 2(L+L_e)_E, A_W = \frac{1}{2}A,$$

因而板框压滤机的洗涤速率约为最终过滤速率的四分之一，即：

$$(\frac{dV}{d\theta})_W = \frac{1}{4}(\frac{dV}{d\theta})_E = \frac{KA^2}{8(V+V_e)} \tag{3-44}$$

二、洗涤时间

若每次过滤终了以体积为V_W的洗水洗涤滤饼，则所需的洗涤时间为：

$$\theta_W = \frac{V_W}{(\frac{dV}{d\theta})_W} \tag{3-45}$$

式中 θ_W——洗涤时间，s；

V_W——洗水体积，m^3。

当洗水黏度、洗涤压强差与滤液黏度、过滤压强差有明显的差异时，所需的洗涤时间可按下式校正：

$$\theta'_W = \theta_W(\frac{\mu_W}{\mu})(\frac{\Delta p}{\Delta p_W}) \tag{3-46}$$

式中 θ'_W——校正后的洗涤时间，s；

θ_W——未校正的洗涤时间，s；

μ_W——洗液黏度，Pa·s；

Δp_W——洗涤压强差，Pa。

［例 3-9］ 板框压滤机的最终过滤速率为 1 m^3/h。过滤完毕用横穿洗涤法洗涤滤饼

30 min。洗水黏度、洗涤压强差均和过滤终了时相同，试求洗水的用量。

解：板框压滤机的洗涤速率为最终过滤速率的 1/4，即：

$$\left(\frac{dV}{d\theta}\right)_W = \frac{1}{4}\left(\frac{dV}{d\theta}\right)_E = \frac{1}{4}\ m^3/h$$

由式 3-45 可得：

$$V_W = \theta_W\left(\frac{dV}{d\theta}\right)_W = \frac{1}{2} \times \frac{1}{4} = 0.125\ m^3$$

所需要的洗水量为 0.125 m^3。

3.3.6 过滤机的生产能力

过滤机的生产能力通常是指单位时间内获得的滤液量，也有按滤饼产量或滤饼中固体物料的产量来计算的。

一、间歇过滤机的生产能力

间歇过滤的特点是在整个过滤机上依次进行过滤、洗涤、卸饼、清理、装合等步骤的循环操作。生产能力的计算，应以整个操作周期为基准。操作周期为：

$$T = \theta + \theta_W + \theta_D$$

式中 T——操作周期，即一个操作循环的总时间，s；

θ——一个操作循环内的过滤时间，s；

θ_W——一个操作循环内的洗涤时间，s；

θ_D——一个操作循环内卸饼、清理、装合等非生产的辅助操作所需的时间，s。

过滤机的生产能力为：

$$Q = \frac{3\,600V}{T} = \frac{3\,600V}{\theta + \theta_W + \theta_D} \tag{3-47}$$

式中 Q——生产能力，m^3/h；

V——一个操作周期内所获得的滤液体积，m^3。

［例 3-10］ 用板框压滤机于 1.95×10^5 Pa 的压强差下过滤某种悬浮液。过滤机的型号为 BMS20/635—25，共 26 个框。现已测得操作条件下的过滤常数 $K = 1.13 \times 10^{-4}\ m^2/s$，$q_e = 0.023\ m^3/m^2$，1 m^3 滤液可得滤饼 0.018 m^3，试求：

(1)滤饼充满滤框所需的过滤时间；

(2)过滤完毕后用清水洗涤滤饼，清水黏度、表压与过滤终了时的均相同，洗水体积为滤液体积的 10%，洗涤时间为若干；

(3)每批操作的辅助时间为 15 min，过滤机的生产能力为若干(m^3/h)。

解：

(1)过滤时间

过滤面积 $A = 2 \times 0.635^2 \times 26 = 21\ m^2$

滤饼体积 $V_S = 0.635^2 \times 0.025 \times 26 = 0.262\,1\ m^3$

滤液体积 $V = V_S/v = 0.262\,1/0.018 = 14.56\ m^3$

$q = V/A = 14.56/21 = 0.693\,3\ m^3/m^2$

用式 3-39a 计算过滤时间，即：

$$\theta=\frac{q^2+2qq_e}{K}=\frac{0.693\ 3^2+2\times0.693\ 3\times0.023}{1.13\times10^{-4}}=4\ 536\ \text{s}$$

(2)洗涤时间

$$V_W=0.1V=0.1\times14.56=1.456\ \text{m}^3$$

$$\left(\frac{dV}{d\theta}\right)_W=\frac{KA}{8(q+q_e)}=\frac{1.13\times10^{-4}\times21}{8(0.693\ 3+0.023)}=4.141\times10^{-4}\ \text{m}^3/\text{s}$$

用式 3-45 计算洗涤时间,即:

$$\theta_W=\frac{V_W}{\left(\frac{dV}{d\theta}\right)_W}=\frac{1.456}{4.141\times10^{-4}}=3\ 516\ \text{s}$$

(3)生产能力

操作周期 $T=\theta+\theta_W+\theta_D=4\ 536+3\ 516+15\times60=8\ 952\ \text{s}$

用式 3-47 求过滤机的生产能力,即:

$$Q=\frac{3\ 600V}{\theta+\theta_W+\theta_D}=\frac{3\ 600\times14.56}{8\ 952}=5.86\ \text{m}^3/\text{h}$$

二、连续过滤机的生产能力

以转筒真空过滤机为例,连续过滤机的特点是过滤、洗涤、卸饼等操作在转筒表面的不同区域内同时进行。任何时间总有一部分表面浸没在滤浆中进行过滤,任何一块表面在转筒回转一周过程中只有部分时间进行过滤操作。转筒回转一周即相当于间歇过滤机的一个操作循环。如果知道回转一周所获得的滤液体积及每小时的转数,便可求得连续过滤机的生产能力。

转筒表面浸入滤浆中的部分称为浸没度,以 ψ 表示,即:

$$\psi=\frac{\text{浸没角度}}{360°} \tag{3-48}$$

因转筒以匀速运转,故浸没度 ψ 就是转筒表面任何一小块过滤面积每次浸入滤浆中的过滤时间 θ 与转筒回转一周所用时间 T 的比值。若转筒的转速为 n r/min,则:

$$T=60/n$$

在此时间内,转筒表面上过滤面积所经历的有效过滤时间为:

$$\theta=\psi T=60\psi/n$$

将此时间代入恒压过滤方程式,便可求得转筒每转一周所得到的滤液体积,即:

$$V=\sqrt{KA^2\theta+V_e^2}-V_e=\sqrt{KA^2\left(\frac{60\psi}{n}\right)+V_e^2}-V_e \tag{3-49}$$

每小时可得到的滤液体积,即连续过滤机的生产能力为:

$$Q=60nV=60\left[\sqrt{KA^2(60\psi n)+(V_e n)^2}-V_e n\right] \tag{3-50}$$

可忽略过滤介质阻力时,$V_e=0$,$\theta_e=0$,则上式简化为:

$$Q=60n\sqrt{KA^2\frac{60\psi}{n}}=465A\sqrt{K\psi n} \tag{3-50a}$$

由上式可见,适当提高转速 n 和浸没度 ψ,加大过滤常数 K(增大真空度或降低滤液黏度),对提高连续过滤机的生产能力是有利的。

[例 3-11] 现用一台 GP5—1.75 型转筒真空过滤机(此机转鼓直径 1.75 m,长度 0.98 m,公称过滤面积 5 m^2,浸没角度 120°)于 66.7 kPa 真空度下过滤某种悬浮液。已知过

滤常数 $K=5.15\times10^{-6}\ m^2/s$，每获得 1 m^3 滤液得到 0.56 m^3 滤饼，过滤介质阻力可忽略不计，滤饼为不可压缩，转鼓转速为 1 r/min，试求过滤机的生产能力及转筒表面的滤饼厚度。

解：

(1)生产能力

转筒过滤面积 $A=\pi Dl=1.75\times0.98\pi=5.39\ m^2$

转筒浸没度 $\psi=\frac{120°}{360°}=\frac{1}{3}$

将已知数据代入式 3-50a，得到：

$$Q=465A\sqrt{K\psi n}=465\times5.39\sqrt{5.15\times10^{-6}\times\frac{1}{3}\times1}=3.28\ m^3/h$$

(2)滤饼厚度 L

转筒每转一周获得的滤液量为：

$$V=\frac{Q}{60}=\frac{3.28}{60}=0.054\ 67\ m^3$$

$$V_S=Vv=0.054\ 67\times0.56=0.030\ 62\ m^3$$

则 $$L=\frac{V_S}{A}=\frac{0.030\ 62}{5.39}=5.68\times10^{-3}\ m\approx5.7\ mm$$

[**例** 3-12] 用小型板框压滤机在 150 kPa 表压下进行恒压过滤试验，测得过滤常数 $K=2.5\times10^{-4}m^2/s$，$q_e=0.02\ m^3/m^2$。今拟采用过滤面积 $A=3.6\ m^2$ 的转筒真空吸滤机来过滤该悬浮液，过滤介质与试验时相同，操作真空度为 60 kPa，转筒浸没度 $\psi=1/3$，要求过滤机的生产能力为 5 m^3/h(滤液)。滤饼不可压缩。试求转筒的转速。

解：转筒真空吸滤机操作真空度为 60 kPa，则过滤常数为

$$K'=\left(\frac{60}{150}\right)\times2.5\times10^{-4}=1\times10^{-4}\ m^2/s$$

q_e 不变，

$$\theta_e=q_e^2/K'=0.02^2/(1\times10^{-4})=4\ s$$

用式 3-50 确定转筒的转速筒的转速 n，而

$$5=60\left[\sqrt{KA^2(60\psi n+\theta_e n^2)}-q_e nA\right]$$

$$=60\left[\sqrt{1\times10^{-4}\times3.6^2(60\times\frac{1}{3}n+4n^2)}-0.02\times3.6n\right]$$

解得 $n=0.499$ r/min，取为 0.5 r/min。

3.3.7 过滤过程的强化

过滤技术大体上向两个方向发展，即开发新的过滤方法和过滤设备，以适应特性的要求；提高过滤速率以加大过滤机的生产能力。

根据过滤基本方程，适当提高悬浮液的温度以降低滤液黏度，加大过滤推动力，选择阻力小的滤布，条件允许时采用助滤剂等，对于加快过滤速率都有一定效果。

前已述及，作为典型的固—液分离过程，常规过滤过程的特点是：过滤过程需要使用介质，过滤阻力随操作时间延长而加大，过滤过程大多数为间歇操作。针对过滤过程特点，开发出各种强化过滤过程的新技术。

1.改变悬浮液中颗粒聚集状态

采取措施对料浆进行预处理，使细小颗粒聚集成较大颗粒。预处理包括添加凝聚剂、絮

凝剂、调节物理条件(加热、冷冻、超声波震动、电磁场处理、辐射)等。

对于形成可压缩滤饼的料浆,可通过助滤剂掺滤改变滤饼结构。

2.改善过滤介质

将一般过滤介质改为固体薄膜,开发出膜过滤过程。根据被截留颗粒尺寸的大小,可将膜过滤分为微滤、超滤、纳滤和渗透等。膜过滤以压差为推动力。

3.改变过滤速率随时间减缓的状态——错流过滤

常规过滤操作中,料浆垂直于介质表面流动(即与压力梯度同方向流动),恒压操作时,随过滤时间延长,滤饼加厚,阻力加大,过滤速率降低。此种方式称为终端过滤形式。若采用料浆沿介质表面切向流运的错流过滤,限制了滤饼层的增厚,可保持较高的过滤速率。同时,错流过滤为稳态连续操作,使过滤设备的生产能力提高。采用动态过滤技术的过滤机即属此例。

如果借助电场作用,则构成错流电过滤。此种过滤方法甚至可以完全取消饼层的生成。

4.改间歇过滤为连续过滤

为了使微米级凝胶物质的悬浮液脱水,设计了一种过滤和沉降相结合的双功能固—液分离技术。此过程采用循环操作,过滤速率很高,且滤渣脱水较彻底,无需机械排渣装置。

5.引入外场作用

借助电场作用,开发出新型的固—液分离技术,诸如电渗析、错流电过滤、介电泳和介电过滤等。

此外,利用磁性颗粒来聚集废水中带不同电荷的杂质可取得良好效果。

第4节　离　心　机

3.4.1　概述

利用设备(转鼓)本身旋转产生的惯性离心力来分离液态非均相混合物的机械称为离心机。由于在离心机中可产生非常大的惯性离心力,所以,利用离心机可实现在重力场中或旋液分离器中不能有效分离的操作,如非常微细颗粒悬浮液的分离和十分稳定乳状液的分离。

根据分离方式或功能,离心机可分为三种基本类型。

1)过滤式离心机　这种离心机的转鼓壁上开有小孔,在鼓内壁面上覆以滤布,悬浮液加入鼓内并随之旋转,液体受离心力作用通过滤布和鼓上小孔被抛出而颗粒被截留鼓内。

2)沉降式离心机　这种离心机的转鼓没开孔,故只能用以增浓悬浮液,使密度较大的颗粒沉积于转鼓内壁,清液集于中央并不断引出。

3)离心分离机　离心分离机的转鼓上同样不开孔,用以分离乳状液。在转鼓内液体按轻重分层,重者在外,轻者在内,各自从径向的适当位置引出。

根据 K_c 值可将离心机分为:

常速离心机　$K_c < 3\,000$(一般为 600 ~ 1 200)

高速离心机　$K_c = 3\,000 \sim 50\,000$

超高速离心机　$K_c > 50\,000$

最新式的离心机，其 K_c 值可高达500 000以上，常用来分离胶体颗粒及破坏乳状液。分离因数的极限值取决于转动部件的材料强度。提高分离因数值的基本途径是增加转鼓转速。

在离心机内，由于离心力远大于重力，重力作用可不考虑。

离心机的操作方式也有连续与间歇之分。此外，还可根据转鼓轴线方向将离心机分为立式与卧式。

3.4.2 离心机的结构与操作

工业上应用最广泛的几种离心机简要介绍如下。

一、三足式离心机

图3-22所示的三足式离心机是工业上采用较早的间歇操作、人工卸料的立式离心机，目前仍是国内应用最广、制造数目最多的一种常速离心机。

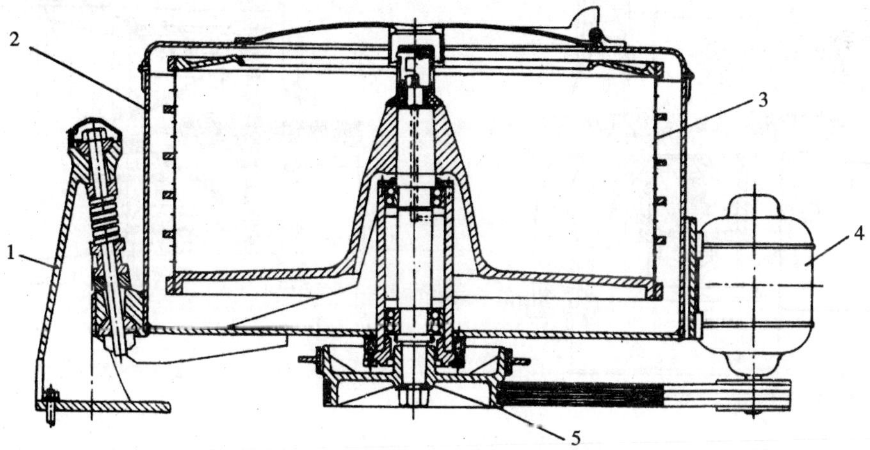

图3-22 三足式离心机

1—支脚 2—外壳 3—转鼓 4—马达 5—皮带轮

三足式离心机有过滤式和沉降式两种，其卸料方式又有上部卸料与下部卸料之分。离心机的转鼓支承在装有缓冲弹簧的杆上，以减轻由于加料或其他原因造成的冲击。国内生产的三足式离心机技术参数范围如下：

转鼓直径，mm	450～1 500
有效容积，L	20～400
转速，r/min	730～1 950
分离因数 K_c	450～1 170

三足式离心机结构简单，制造方便，运转平稳，适应性强，滤渣颗粒不易受损伤，适用于过滤周期较长、处理量不大、要求滤渣含液量较低的场合。其缺点是上部卸料时劳动强度大，操作周期长，生产能力低。近年来已在卸料方式等方面不断改进，出现了自动卸料及连续生产的三足式离心机。

二、卧式刮刀卸料离心机

卧式刮刀卸料离心机的特点是在转鼓全速运转的情况下能够自动地依次进行加料、分离、洗涤、甩干、卸料、洗网等工序的循环操作。每一工序的操作时间可按预定要求实行自动控制。其结构及操作示意于图 3-23。

操作时,进料阀门自动定时开启,悬浮液进入全速运转的鼓内,液相经滤网及鼓壁小孔被甩到鼓外,再经机壳的排液口流出;留在鼓内的固相被耙齿均匀分布在滤网面上;当滤饼达到指定厚度时,进料阀门自动关闭,随后冲洗阀门自动开启,洗水喷洒在滤饼上;再经甩干一定时间后,刮刀自动上升,滤饼被刮下并经倾斜的溜槽排出;刮刀升至极限位置后自动退下,同时冲洗阀又开启,对滤网进行冲洗,即完成一个操作循环,重新开始进料。

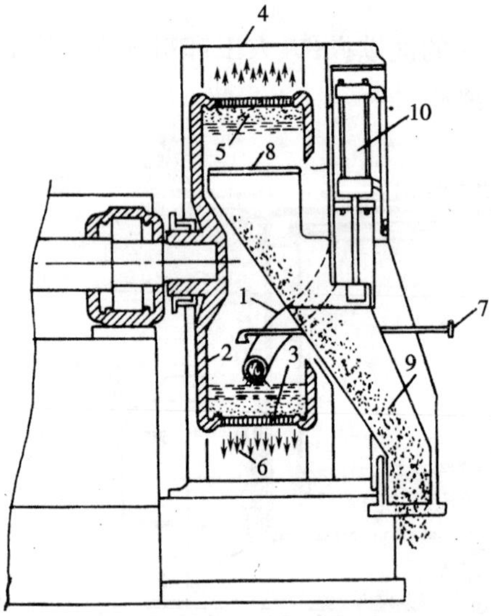

图 3-23　卧式刮刀卸料离心机

1—进料管　2—转鼓　3—滤网　4—外壳
5—滤饼　6—滤液　7—冲洗管　8—刮刀
9—溜槽　10—液压缸

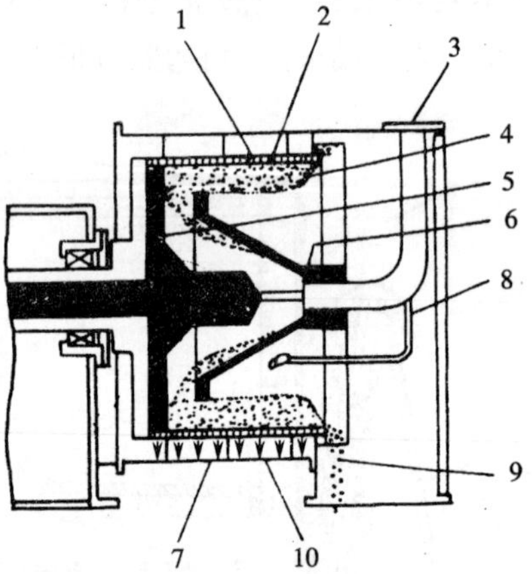

图 3-24　活塞推料离心机

1—转鼓　2—滤网　3—进料管　4—滤饼
5—活塞推进器　6—进料斗　7—滤液出口
8—冲洗管　9—固体排出　10—洗水出口

此种离心机可自动操作,也可人工操纵,操作简便而生产能力大,适宜于大规模连续生产,目前已较广泛地用于石油、化工行业中,如硫铵、尿素、碳酸氢铵、聚氯乙烯、食盐、糖等物料的脱水。由于用刮刀卸料,颗粒破碎严重,必须保持晶粒完整的物料不宜采用。

三、活塞推料离心机

活塞推料离心机,也是一种过滤式离心机,如图 3-24 所示。在全速运转的情况下,加料、分离、洗涤等操作可以同时连续进行,滤渣由一个往复运动的活塞推料器脉动地推送出来。整个操作自动进行。

料浆不断由进料管送入,沿锥形进料斗的内壁流至转鼓的滤网上。滤液穿过滤网经滤液出口连续排出,积于滤网内面上的滤渣则被往复运动的活塞推送器沿转鼓内壁面推出。滤渣被推至出口的途中可用由冲洗管出来的水进行喷洗,洗水则由另一出口排出。

此种离心机主要用于浓度适中并能很快脱水和失去流动性的悬浮液。其优点是颗粒破碎程度小、控制系统较简单、功率消耗也较均匀。缺点是对悬浮液的浓度较敏感。若料浆太稀则滤饼来不及生成,料液直接流出转鼓,并可冲走先已形成的滤饼;若料浆太稠,则流动性差,易使滤渣分布不均,引起转鼓的振动。

活塞推料离心机除有单级外,还有双级、四级等各种类型。采用多级活塞推料离心机能改善其工作状况,提高转速及分离较难处理的物料。

四、管式高速离心机

管式高速离心机是一种能产生高强度离心力场的离心机,具有很高的分离因数(15 000 ~ 60 000),转鼓的转速可达 8 000 ~ 50 000 r/min。为尽量减小转鼓所受的应力,应采用较小的鼓径,因而在一定的进料量下,悬浮液沿转鼓轴向运动的速度大。为此应增大转鼓的长度,以保证物料在鼓内有足够的沉降时间,于是导致转鼓成为直径小而高度相对很大的管式构形,如图 3-25 所示。管式高速离心机生产能力小,但能分离普通离心机难以处理的物料,如分离乳浊液及含有稀薄微细颗粒的悬浮液。

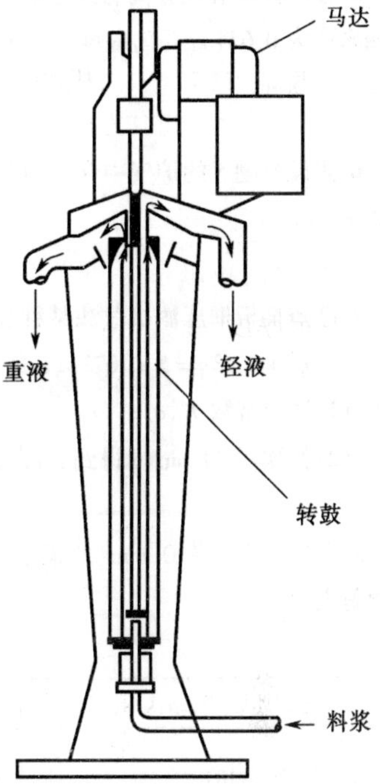

图 3-25　管式高速离心机

乳浊液或悬浮液由底部进料管送入转鼓,鼓内有径向安装的挡板(图中未画出),以便带动液体迅速旋转。如处理乳浊液,则液体分轻、重两层各由上部不同出口流出,如处理悬浮液,则只用一个液体出口,而微粒附着于鼓壁上,经过相当时间后停车取出。

习　题

1.用落球法测定液体的黏度(落球黏度计),将待测液体置于玻璃容器中,测得直径 6 mm 的钢球在此液体中降落 0.2 m 需要 7.5 s。已知钢球密度为 7 900 kg/m^3,液体密度为 1 280 kg/m^3,试计算该液体的黏度。

答:4.865 Pa·s

2.粒径为 95 μm、密度为 3 000 kg/m^3 的球形颗粒在 20 ℃的水中作自由沉降,水在容器中的深度为 0.6 m,试求颗粒沉降至容器底部需要多长时间。

答:61.2 s

3.在底面积为 40 m^2 的降尘室中回收气流中的固体球粒,已知:气体流量为 3 600 m^3/h、固体密度为 3 000 kg/m^3、气流为 40 ℃的空气,试求理论上能够被完全除去的最小颗粒直径。

答:17.1 μm

4.用一多层降尘室除去常压炉气中的固体颗粒。已知:固粒为球形,其最小直径为 10 μm,固相密度为 4 000 kg/m^3;炉气的温度为 427 ℃,密度为 0.5 kg/m^3,黏度为 3.4×10^{-5} Pa·s;降尘室底面宽 × 长 = $2\times5\ m^2$,生产能力为 1 m^3/s(标准状态下的体积),规定气速不大于 0.5 m/s。试求降尘室的层数、板间距及总高度。

答:$n = 39, h = 64.1\ mm, H = 2.564\ m$

5. 拟用标准旋风分离器除去炉气中的球形颗粒。已选定分离器直径 0.4 m，固相密度为 2 650 kg/m^3，气相密度为 0.674 kg/m^3，黏度为 3.8×10^{-5} Pa·s，操作条件下的气量为 1 200 m^3/h。试计算临界粒径、分割粒径及压强降。

答： $d_c = 7.02\ \mu m, d_{50} = 5.01\ \mu m, \Delta p = 749$ Pa

6. 假设习题 5 的炉气中含有粒径为 4 μm 和 20 μm 的两种球粒，其质量分数分别为 0.4 和 0.6，求总除尘效率 η_0。

答： $\eta_0 = 71\%$

7. 已知某板框压滤机过滤某种滤浆的恒压过滤方程式为：

$q^2 + 0.03q = 5 \times 10^{-4}\theta$（$\theta$ 的单位为 s）

试求：(1)过滤常数 K、q_e；

(2)若欲在 30 min 内得到 5 m^3 滤液（滤饼正好充满滤框），则需框内边长为 810 mm 的滤框若干个。

答： (1) $K = 5 \times 10^{-4}\ m^2/s, q_e = 0.015\ m^3/m^2$；(2) $n = 4$

8. 在过滤面积为 0.1 m^2 的某小型板框压滤机内对指定的悬浮液进行恒压过滤实验，测得的数据列于本题附表中。

习题 8 附表

过滤压强差 Δp, kPa	过滤时间 θ, s	滤液体积 V, m^3
103	50	2.44×10^{-3}
	660	9.78×10^{-3}
344	17.1	2.44×10^{-3}
	230	9.78×10^{-3}

试求：(1)过滤压强差为 103 kPa 时的过滤常数 K、q_e；

(2)滤饼的压缩性指数。

答： (1) $K = 1.562 \times 10^{-5}\ m^2/s, q_e = 0.003\ 8\ m^3/m^2$；(2) $s = 0.126\ 3$

9. 某叶滤机的过滤面积为 0.4 m^2，在 2×10^2 kPa 的恒压强差下过滤 4 h 得滤液 4 m^3，滤饼为不可压缩，过滤介质阻力可忽略不计。试求：

(1)其他条件不变，将过滤面积加大一倍，过滤 4 h 可得滤液若干(m^3)；

(2)其他条件不变，过滤压强差加倍，过滤 4 h 可得滤液若干(m^3)；

(3)在原工况下过滤完毕用 0.4 m^3 清水洗涤滤饼，所需洗涤时间若干(s)。

答： (1) 8 m^3；(2) 5.66 m^3；(3) 2 880 s

10. 用板框压滤机进行恒压过滤碳酸钙水悬浮液。边长为 810 mm、厚度为 50 mm 的正方形滤框共有 10 个。已测得在指定条件下的过滤常数 $K = 2 \times 10^{-5}\ m^2/s, q_e = 0.01\ m^3/m^2$，滤饼体积与滤液体积之比为 0.1。试求：

(1)滤饼充满滤框所需的过滤时间；

(2)过滤完毕后用 1/10 滤液体积的清水洗涤滤饼所需的洗涤时间（洗涤的压强差及洗水黏度与过滤终了时的相同）；

(3)若每批操作的辅助时间为 25 min，则生产能力为若干(m^3/h)。

答： (1) 3 375 s；(2) 2 600 s；(3) 1.58 m^3/h

11. 在例 3-11 的转筒真空过滤机上过滤某种悬浮液。已知悬浮液中固相的质量分数为 0.113，密度为 3 000 kg/m^3，1 m^3 滤饼中含水 500 kg，过滤常数 $K = 1.74 \times 10^{-4}\ m^2/s$，转鼓转速为 0.5 r/min，浸没度 $\psi = 1/3$。滤饼不可压缩，过滤介质阻力可忽略不计。试求过滤机的生产能力及滤饼厚度。

答： $Q = 13.5\ m^3/h, L = 7.4$ mm

12.为提高转筒真空过滤机的生产能力，分别提出如下各项措施，试分析生产能力将如何变化。假设滤布阻力可以忽略，滤饼不可压缩。

(1)转筒尺寸按比例增大50%；

(2)转筒浸没度增大50%；

(3)操作真空度增大50%；

(4)将转速提高50%；

(5)升温，使滤液黏度降至原来的 1/2。

请分析上述各项措施的可行性。

答：(1)2.25Q；(2)1.225Q；(3)1.225Q；(4)1.225Q；(5)1.414Q

第4章 传　　热

本章符号说明

英文字母

a——常数；温度系数，1/℃；
A——流通面积，m^2；
A——辐射吸收率；
b——厚度，m；润湿周边，m；
c——常数；
c_p——比定压热容，kJ/(kg·℃)；
C——辐射系数，W/($m^2 \cdot K^4$)；
d——管径，m；
D——辐射透过率；换热器壳径，m；
E——辐射能力，W/m^2；
f——摩擦因数；
g——重力加速度，m/s^2；
h——挡板间距，m；
H——流体的焓，kJ/kg；
K——总传热系数，W/(m^2·℃)；
l——特征尺寸；
L——长度，m；
M——冷凝负荷，kg/(m·s)；
n——指数；管数；
N——程数；
p——压强，Pa；因数；
q——热通量，W/m^2；
Q——传热速率，W；
r——汽化热，kJ/kg；半径，m；
R——热阻，m^2·℃/W；因数；反射率；
S——传热面积，m^2；
t——冷流体温度，℃；管心距，m；
T——热流体温度，℃；
T——热力学温度，K；
u——流速，m/s；
W——质量流量，kg/s；
x、y、z——空间坐标。

希腊字母

α——对流传热系数，W/(m^2·℃)；
β——体积膨胀系数，1/℃；
Δ——有限差值；
ε——黑度；
θ——时间，s；
λ——导热系数，W/(m·℃)；
Λ——波长，μm；
μ——黏度，Pa·s；
σ——表面张力，N/m；
σ——斯蒂藩-波耳兹曼常数，W/($m^2 \cdot K^4$)；
φ——角系数；
φ——校正系数。

下标

b——黑体的；
c——冷流体的；
e——当量的；
h——热流体的；
i——管内的；
m——平均的；
o——管外的；
s——污垢的；饱和的；
w——壁面的；
Δt——温度差的。

第1节　概　述

一、传热在化工过程中的应用

传热，即热量传递，是自然界中普遍存在的现象。传热与化工过程的关系尤为密切。因为无论生产中的化学过程（化学反应操作）还是物理过程（化工单元操作），几乎都伴有热量的传递。传热在化工生产过程中的应用主要有以下方面：

(1)物料的加热、冷却或冷凝，使物料达到指定的温度和相态，以满足反应、加工、贮存等的要求；

(2)在某些单元操作（例如蒸发、结晶、蒸馏和干燥等）中，都需要输入或输出热量，才能使这些单元操作正常地进行；

(3)化工生产中热能的合理利用和废热的回收；

(4)化工设备和管道的保温，减小热量（或冷量）的损失。

传热设备不仅在化工厂的设备投资中占有相当大的比例，而且它们所消耗的能量也是很大的。

化工生产过程中对传热的要求可分为两种情况：一是强化传热，如各种换热设备中的传热，要求传热速率快，传热效果良好；另一种是削弱传热，如设备和管道的保温，要求传热速率慢，以减小热损失。

传热是一门内容很广的学科，应用于许多工程领域。本章讨论的重点是传热基本原理和典型传热设备在化工中的应用。

二、传热的基本方式

根据传热机理的不同，热传递有三种基本方式：热传导、热对流和热辐射。传热可以依靠其中一种方式进行，也可以以两种或三种方式同时进行。

（一）热传导

热传导又称导热。由于物质的分子、原子或电子的运动，使热量从物体内高温处向低温处的传递过程称为热传导（又称导热）。一切物体，不论其内部有无质点的相对运动，只要存在温度差，就会发生热传导。可见热传导是静止物体内的一种传热方式。气体、液体和固体的热传导机理各不相同。在气体中，热传导是由分子不规则的热运动引起的；在大部分液体和不良导体的固体中，热传导是由分子的动量传递所致；在金属固体中，热传导起因于自由电子的运动，因此良好的导电体也是良好的导热体。热传导不能在真空中进行。

（二）热对流

热对流是指流体中质点发生相对位移而引起的热量传递。热对流仅发生在液体和气体中。由于引起流体质点相对位移原因的不同，对流可分为强制对流和自然对流。由于泵、风机或其他外力作用而引起的流体流动称为强制对流，在强制对流情况下进行的热量传递过程称为强制对流传热。由于流体各部分温度的不均而形成了密度的差异，使流体发生相对运动而传热，这种过程称为自然对流传热。在流体中发生强制对流传热的同时，往往伴随着自然对流传热。习惯上把流体与固体壁面间的传热，统称为对流传热。

（三）热辐射

因热的原因物体发出辐射能的过程，称为热辐射。它是一种通过电磁波传递能量的过程。具体地说，物体将热能转变为辐射能，以电磁波的形式在空间传送，当遇到另一个能吸收辐射能的物体时，即被其部分地或全部地吸收而变为热能。辐射传热就是不同物体间相互辐射和吸收能量的总结果。因此辐射传热不仅是能量的传递，还同时伴有能量形式的转换。热辐射不需任何介质作媒介即可在真空中传播。这是热辐射与其他传热方式不同的特点。应指出，只有在物体的温度较高时，辐射传热才能成为主要的传热方式。

实际上，传热过程往往不是以某种传热方式单独出现的，而是两种或三种传热方式的组合。例如在化工厂普遍使用的间壁式换热器中，冷、热流体间的换热主要是以热对流和热传导相结合的方式进行传热。

三、典型的间壁式换热器

化工生产中最常见的是冷、热两种流体间的热交换。一般情况下，两种流体被固体壁面（传热面）所隔开，它们分别在壁面的两侧流动。固体壁面构成间壁式换热器。换热器是实现传热过程的基本设备。为便于讨论传热的基本原理，先简单介绍间壁式换热器。

（一）套管式换热器

如图 4-1 所示，套管式换热器是由直径不同的两根直管同心套在一起组成的，热、冷流体分别流经内管和环隙，进行热的传递。内管壁表面积为传热面积。

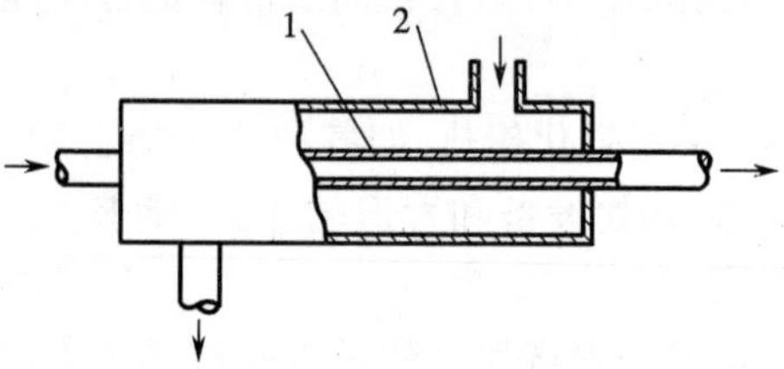

图 4-1　套管式换热器

1—内管　2—外管

（二）管壳式换热器

管壳式换热器主要由壳体、管束、管板、挡板和封头等部件构成。一种流体在换热器的管束内流动，该流体称为管程（或管方）流体；另一种流体在管束外流动，该流体称为壳程（或壳方）流体。若管程流体在管束内只流过一次，则称为单程管壳式换热器。若流体在管束内来回流过多次，则称为多程（如二程、四程等）管壳式换热器。图 4-2 为双程管壳式换热器，器内隔板将封头与管板间的空间（称为分配室）等分为二，管程流体先流过一半管束，流到另一分配室后折回再流过另一半管束，最后从接管流出换热器。

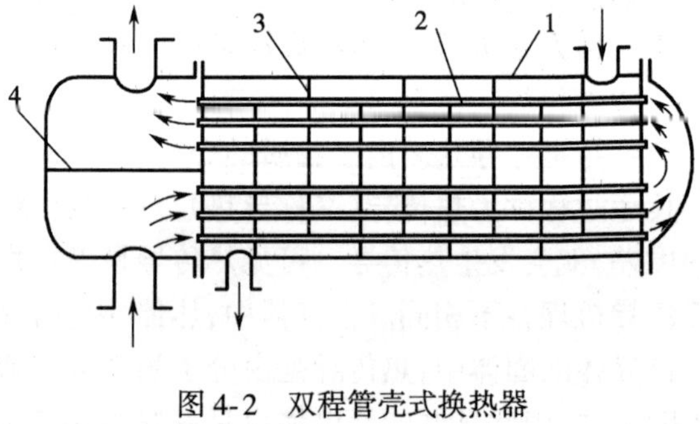

图 4-2　双程管壳式换热器

1—壳体　2—管束　3—挡板　4—隔板

由于两流体间的传热是通过管壁进行的，故管壳式换热器的传热面积是管束管壁的全部表面积，即：

$$S = n\pi dL \tag{4-1}$$

式中　S——传热面积，m^2；

n——管束的管数；

d——管径，m；

L——管长，m。

应予指出，因管径 d 可以分别用管内径 d_i、管外径 d_o 或管平均直径 d_m 来表示，故对应的传热面积分别为管内侧表面积 S_i、管外侧表面积 S_o 和管内、外侧的平均表面积 S_m。对于一定的传热任务，确定换热器的传热面积是设计换热器的核心。

四、传热速率和热通量

在换热器中两流体间传递的热量通常由传热任务所决定。因此换热器的热量衡算是传热计算的基本关系。

在换热器中，热传递的快慢用传热速率来表示。传热速率是指单位时间内通过传热面的热量，用 Q 表示，其单位为 W。

热通量是指单位传热面积、单位时间传递的热量，用 q 表示，其单位为 W/m^2。由于传热面积分别可用管内侧表面积 S_i、管外侧表面积 S_o 或管内、外侧平均表面积 S_m 表示，因此，相应的热通量的数值各不相同。计算热通量时应标明所选择的基准面积。

传热速率和热通量是评价换热器性能的重要指标。传热速率方程是传热计算的又一基本关系。

与其他传递过程类似，传热速率的通式可表示为：

$$传热速率=\frac{传热推动力(温度差)}{传热阻力(热阻)}=\frac{\Delta t}{R} \tag{4-2}$$

提高传热速率的关键在于减小传热阻力，因此，了解各种传热过程热阻的意义和计算方法十分重要。

五、定态传热和非定态传热

在传热系统(例如换热器)中温度分布不随时间而变的传热过程为定态传热。定态传热的特点是通过传热表面的传热速率为常量。连续生产过程中的传热多为定态传热。

在传热系统中温度分布随时间而变的传热过程为非定态传热。间歇操作的传热过程为非定态传热。

化工生产中多是连续操作，为定态传热过程，因此本章讨论的都是定态传热。

第2节 热 传 导

4.2.1 热传导的基本概念和傅里叶定律

一、温度场和等温面

物体或系统内部只要有温度差，热量必然从高温处向低温处传递。由热传导引起的传热速率取决于物体内部的温度分布。物体或系统内各点温度分布的总和称为温度场。一般情况下，任意点的温度是该点的空间位置和时间的函数，故温度场的数学表达式为：

$$t=f(x,y,z,\theta) \tag{4-3}$$

式中　x, y, z——任一点的空间坐标；

t——温度，℃或 K；

θ——时间，s。

若温度场内各点的温度随时间而变，则此温度场为非定态温度场；若温度场中各点的温度不随时间而变，则为定态温度场。定态温度场的数学表达式为：

$$t = f(x, y, z) \tag{4-4}$$

在特殊的情况下，若定态温度场中温度仅沿一个空间坐标而变，则此温度场为定态的一维温度场，即：

$$t = f(x) \tag{4-4a}$$

温度场中在同一时刻下相同温度的点所组成的面称为等温面。由于同一瞬间内空间中任一点不可能同时有两个不同的温度，因此温度不同的等温面不可能相交。

二、温度梯度

在温度场中，穿过等温面的任何方向上都有温度变化，也就有热传导发生。两相邻等温面的温度 $t + \Delta t$ 与 t 之间的差 Δt，与该两面的垂直距离 Δn 之比值的极限称为温度梯度，记作 grad t，数学表达式为：

$$\text{grad } t = \lim_{\Delta n \to 0} \frac{\Delta t}{\Delta n} = \frac{\partial t}{\partial n} \tag{4-5}$$

温度梯度是向量，其方向垂直于等温面，它的正方向是沿温度增加的方向，如图 4-3 所示。

对于定态的一维温度场，温度梯度可表示为：

$$\text{grad } t = \frac{\mathrm{d}t}{\mathrm{d}x} \tag{4-5a}$$

三、傅里叶定律

傅里叶定律是热传导的基本定律，表示热传导速率和温度梯度以及垂直于热流方向的表面积成正比，即：

$$\mathrm{d}Q \propto -\mathrm{d}S \frac{\partial t}{\partial n}$$

或

$$\mathrm{d}Q = -\lambda \mathrm{d}S \frac{\partial t}{\partial n} \tag{4-6}$$

式中　Q——热传导速率，W；

$\frac{\partial t}{\partial n}$——温度梯度，℃/m；

S——等温表面的面积，m^2；

λ——比例系数，称为导热系数，W/(m·℃)。

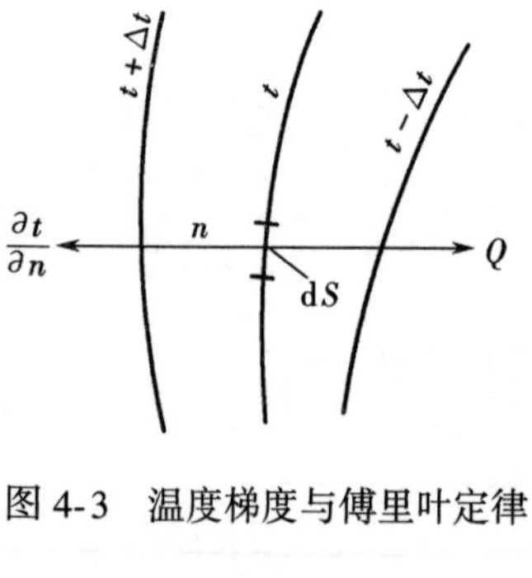

图 4-3　温度梯度与傅里叶定律

式 4-6 中的负号表示热流方向总是和温度梯度的方向相反，如图 4-3 所示。

不难看出，傅里叶定律与牛顿黏性定律有类似性。

4.2.2 导热系数

式 4-6 可改写为：

$$\lambda = -\frac{\mathrm{d}Q}{\mathrm{d}S\frac{\partial t}{\partial n}}$$

上式即为导热系数的定义式。导热系数在数值上等于单位温度梯度下的热通量，因此导热系数是表征物质导热性能的一个物性参数，λ 愈大，导热愈快。导热系数的大小和物质的组成、结构、温度及压强等有关。

物质的导热系数通常用实验方法测定。各种物质的导热系数数值差别极大。一般，金属的导热系数最大，非金属固体的次之，液体的较小，而气体的最小。工程中常见物质的导热系数可从有关手册中查得。本书附录中有部分摘录供查用。下面对固体、液体和气体的导热系数分别进行讨论。

一、固体的导热系数

金属是良好的导热体。金属的导热系数大都随其纯度增加而增大，合金的导热系数一般要比纯金属的低。纯金属的导热系数一般随温度升高而降低。

非金属的建筑材料或绝热材料的导热系数与其组成、结构的紧密程度以及温度等有关，通常，λ 值随密度增加而增大，也随温度升高而增大。

对大多数的固体，其导热系数与温度大致成线性关系，可用下式表示：

$$\lambda = \lambda_0(1 + at) \tag{4-7}$$

式中 λ——固体在温度为 t ℃时的导热系数，W/(m·℃)；

λ_0——固体在 0 ℃时的导热系数，W/(m·℃)；

a——温度系数，对大多数金属材料为负值，对大多数非金属材料为正值，1/℃。

二、液体的导热系数

液体可分为非金属液体和金属液体。在非金属液体中，水的导热系数最大。除水和甘油外，绝大多数液体的导热系数随温度的升高略有减小。一般，纯液体的导热系数比其溶液的要大。

液态金属的导热系数比一般液体的要高，其中纯液态钠具有较高的导热系数。大多数液态金属的导热系数随温度升高而降低。

三、气体的导热系数

气体的导热系数很小，对导热不利，但有利于绝热、保温。工业上所用的保温材料，如软木、玻璃棉等就是因其空隙中有气体，它们的导热系数较小，适用于保温隔热。

气体的导热系数随温度升高而增大。在相当大的压强范围内，气体的导热系数随压强变化甚微，可以忽略不计。

应予指出，在热传导过程中，物质内不同位置的温度可能不同，导热系数也有差别。在工程计算中，常取导热系数的平均值。

4.2.3 通过平壁的定态热传导

一、单层平壁的定态热传导

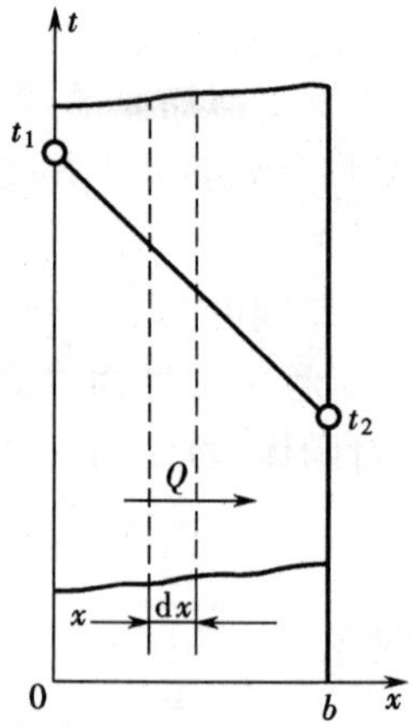

图 4-4 单层平壁的热传导

如图 4-4 所示，假设平壁面积与厚度相比是很大的，则壁边缘处的散热可以忽略，壁内温度只沿垂直于壁面的 x 方向而变化，即所有等温面是垂直于 x 轴的平面，且壁面两侧的温度 t_1 和 t_2 不随时间而变化，故该平壁的热传导是定态一维热传导。因热传导速率 Q 和传热面积 S 都为常量，故式 4-6 可简化为：

$$Q = -\lambda S \frac{dt}{dx} \tag{4-8}$$

若材料的导热系数不随温度而变(或取平均导热系数)，上式边界条件为：

$x = 0$ 时，$t = t_1$

$x = b$ 时，$t = t_2$

又 $t_1 > t_2$，则积分式 4-8 可得：

$$Q = \frac{\lambda}{b} S(t_1 - t_2) \tag{4-9}$$

或

$$Q = \frac{t_1 - t_2}{\dfrac{b}{\lambda S}} = \frac{\Delta t}{R} \tag{4-9a}$$

或

$$q = \frac{Q}{S} = \frac{\Delta t}{\dfrac{b}{\lambda}} = \frac{\Delta t}{R'} \tag{4-9b}$$

式中 b——平壁厚度，m；

$R = \dfrac{b}{\lambda S}$——导热热阻，℃/W；

$R' = \dfrac{b}{\lambda}$——单位传热面积的导热热阻，$m^2 \cdot$℃/W；

Δt——温度差，导热推动力，℃。

必须强调指出，应用热阻的概念对传热过程的分析和计算都是十分有用的。由式 4-9a 可以看出，热传导的距离越大、传热面积和导热系数越小，则导热热阻越大。

[例 4-1] 某平壁厚度为 400 mm，平壁内表面温度 t_1 为 1 000 ℃，外表面温度 t_2 为 300 ℃，平壁材料导热系数与温度的关系为 $\lambda = 0.815(1 + 0.000\,93t)$（$t$ 的单位为℃，λ 的单位为 W/(m·℃)）。试求导热热通量和平壁内的温度分布。

解：导热系数按平壁的平均温度 t_m 为常数计算，即：

$$t_m = \frac{t_1 + t_2}{2} = \frac{1\,000 + 300}{2} = 650 \text{ ℃}$$

则平均导热系数为：

$$\lambda_m = 0.815(1 + 0.000\,93 \times 650) = 1.308\ \text{W/(m·℃)}$$

导热热通量由式 4-9 求得：

$$q = \frac{\lambda_m}{b}(t_1 - t_2) = \frac{1.308}{0.4}(1\,000 - 300) = 2\,289\ \text{W/m}^2$$

设以 x 表示沿壁厚方向上的距离，若在 x 处等温面上温度为 t，则：

$$q = \frac{\lambda_m}{x}(t_1 - t)$$

所以 $$t = t_1 - \frac{qx}{\lambda_m} = 1\,000 - \frac{2\,289}{1.308}x = 1\,000 - 1\,750x$$

上式即为将导热系数视为常量时平壁内温度分布的关系式，表示等温面的温度和距离呈直线关系。

二、多层平壁的定态热传导

工业上常遇到多层不同材料组成的平壁，称为多层平壁。以图 4-5 所示的三层平壁为例，说明多层平壁热传导的计算方法。设平壁面积均为 S，各层的壁厚分别为 b_1、b_2 和 b_3，导热系数分别为 λ_1、λ_2 和 λ_3。假设层与层间接触良好，即相接触的两表面的温度相同，各表面的温度为 t_1、t_2、t_3 和 t_4，且 $t_1 > t_2 > t_3 > t_4$。

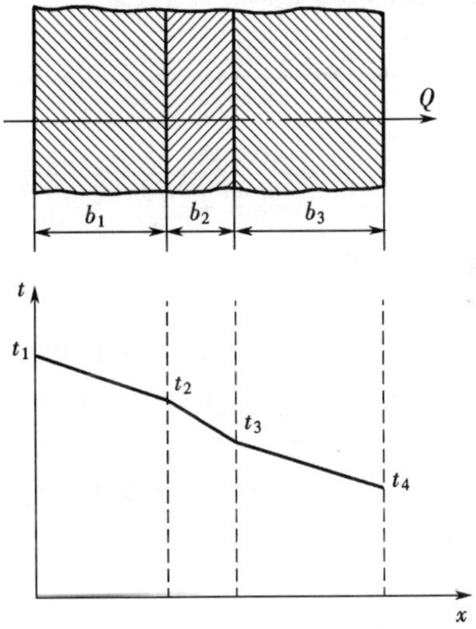

图 4-5　三层平壁的热传导

在定态热传导时，通过各层的热传导速率必相等，即：

$$Q = Q_1 = Q_2 = Q_3$$

$$Q = \frac{\lambda_1 S(t_1 - t_2)}{b_1} = \frac{\lambda_2 S(t_2 - t_3)}{b_2} = \frac{\lambda_3 S(t_3 - t_4)}{b_3}$$

由上式可得：

$$\Delta t_1 = t_1 - t_2 = Q\,\frac{b_1}{\lambda_1 S} = QR_1$$

$$\Delta t_2 = t_2 - t_3 = Q\,\frac{b_2}{\lambda_2 S} = QR_2$$

$$\Delta t_3 = t_3 - t_4 = Q\,\frac{b_3}{\lambda_3 S} = QR_3$$

将上三式相加，并整理得：

$$Q = \frac{\Delta t_1 + \Delta t_2 + \Delta t_3}{R_1 + R_2 + R_3} = \frac{t_1 - t_4}{\dfrac{b_1}{\lambda_1 S} + \dfrac{b_2}{\lambda_2 S} + \dfrac{b_3}{\lambda_3 S}} \tag{4-10}$$

式 4-10 为三层平壁的热传导速率方程式。

对 n 层平壁，可类推得到：

$$Q = \frac{t_1 - t_{n+1}}{\sum\limits_{i=1}^{n} \dfrac{b_i}{\lambda_i S}} = \frac{\sum \Delta t}{\sum R} \tag{4-10a}$$

式中下标 i 表示平壁的序号。

多层平壁的热传导是一种串联的传热过程。由式 4-10 可以看出，串联传热过程的总推动力（总温度差）是各分过程温度差之和，总热阻为各分过程热阻之和。

［例 4-2］ 燃烧炉的平壁由三种材料的平砖构成。内层为耐火砖，厚度为 150 mm；中间层为绝热砖，厚度为 130 mm；外层为普通砖，厚度为 230 mm。已知炉内、外壁表面温度分别为 900 ℃和 40 ℃，若平壁各层材料的导热系数分别为 1.15 W/(m·℃)、0.15 W/(m·℃)和 0.80 W/(m·℃)，试求耐火砖和绝热砖间、绝热砖和普通砖间界面的温度。假设各层接触良好。

解：设 t_2 为耐火砖和绝热砖间界面的温度，t_3 为绝热砖和普通砖间界面的温度。又知 $t_1 = 900$ ℃，$t_4 = 40$ ℃，则三层平壁的导热通量为：

$$q = \frac{Q}{S} = \frac{t_1 - t_4}{\dfrac{b_1}{\lambda_1} + \dfrac{b_2}{\lambda_2} + \dfrac{b_3}{\lambda_3}} = \frac{t_1 - t_4}{R'_1 + R'_2 + R'_3}$$

$$= \frac{900 - 40}{\dfrac{0.15}{1.15} + \dfrac{0.13}{0.15} + \dfrac{0.23}{0.80}} = \frac{860}{0.130\,4 + 0.866\,7 + 0.287\,5} = 669.5\ \text{W/m}^2$$

再由式 4-9b 得：

$$\Delta t_1 = R'_1 q = 0.130\,4 \times 669.5 = 87.3\ ℃$$

所以 $t_2 = t_1 - \Delta t_1 = 1\,000 - 87.3 = 912.7$ ℃

又 $\Delta t_2 = R'_2 q = 0.866\,7 \times 669.5 = 580.3$ ℃

所以 $t_3 = t_2 - \Delta t_2 = 912.7 - 580.3 = 332.4$ ℃

$$\Delta t_3 = R'_3 q = t_3 - t_4 = 332.4 - 40 = 292.4\ ℃$$

各层的温度差和热阻的数值如本例附表所示。

例 4-2 附表

	温度差，℃	热阻，m^2·℃/W
耐火砖	87.3	0.130 4
绝热砖	580.3	0.866 7
普通砖	292.4	0.287 5

由上表可见，对于多层平壁定态热传导，哪层的热阻愈大，通过该层的温度差也愈大，即导热中温度差和热阻是成正比的。

应指出在求解本题时，各层材料的导热系数 λ 与各层的平均温度有关，即需要知道各层间的界面温度，而界面温度正是题目所求的。此时需采用试算法，先假设各层平均温度（或界面温度），由手册或附录查得该温度下材料的导热系数（若知道材料的导热系数与温度的函数关系式，则可由该式计算得到 λ 值），再利用热传导速率方程式计算各层间接触界面的温度。若计算结果与所设的温度不符，则要重新试算。一般经几次试算后，可得合理的估算值。本题中给出的 λ 值是经几次试算后的结果。

4.2.4 通过圆筒壁的定态热传导

一、单层圆筒壁的定态热传导

化工生产中常遇到圆筒壁（如圆筒形容器、设备和管道）的热传导。单层圆筒壁的热传导如图 4-6 所示。

设圆筒壁的内、外半径分别为 r_1 和 r_2，长度为 L，内、外壁表面温度分别保持恒定温度 t_1 和 t_2，且 $t_1 > t_2$。若 L 很长，则沿轴向散热可忽略不计，温度仅沿半径方向变化，此种热传导是一维定态热传导。它与平壁热传导的不同处在于，圆筒壁的传热面积不是常量，随半径而变。若在圆筒半径为 r 处沿半径方向取微分厚度 dr 的薄壁圆筒，则传热面积可视为常量，且等于 $2\pi rL$；同时通过该薄层的温度变化为 dt，通过该薄圆筒壁的热传导速率可以写为：

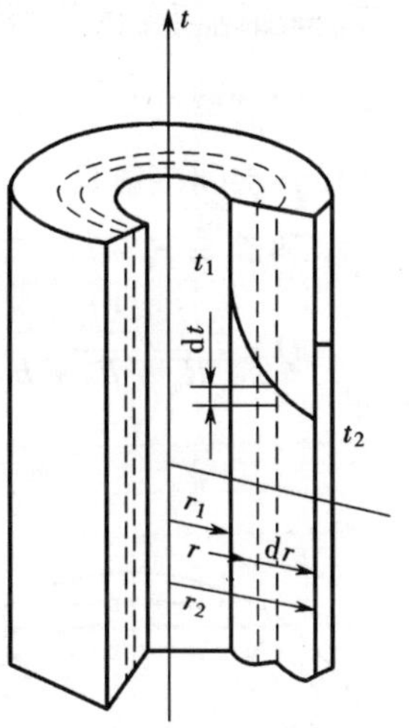

图 4-6 单层圆筒壁的热传导

$$Q = -\lambda S\frac{dt}{dr} = -\lambda(2\pi rL)\frac{dt}{dr} \quad (4\text{-}11)$$

将上式分离变量积分并整理得：

$$Q = \frac{2\pi L\lambda(t_1 - t_2)}{\ln\frac{r_2}{r_1}} = \frac{t_1 - t_2}{\frac{\ln\frac{r_2}{r_1}}{2\pi L\lambda}} = \frac{\Delta t}{R} \quad (4\text{-}12)$$

式中 $R = \frac{\ln\frac{r_2}{r_1}}{2\pi L\lambda}$，即为圆筒壁导热热阻。

式 4-12 为单层圆筒壁的热传导速率方程式。该式也可以写成与平壁热传导速率方程式相类似的形式，即：

$$Q = \frac{S_m\lambda(t_1 - t_2)}{b} = \frac{S_m\lambda(t_1 - t_2)}{r_2 - r_1} \quad (4\text{-}13)$$

将式 4-13 与式 4-12 相比较，可解得平均面积为：

$$S_m = \frac{2\pi L(r_2 - r_1)}{\ln\frac{r_2}{r_1}} = 2\pi r_m L \quad (4\text{-}14)$$

其中 $$r_m = \frac{r_2 - r_1}{\ln\frac{r_2}{r_1}} \quad (4\text{-}15)$$

或 $$S_m = \frac{2\pi L(r_2 - r_1)}{\ln\frac{2\pi Lr_2}{2\pi Lr_1}} = \frac{S_2 - S_1}{\ln\frac{S_2}{S_1}} \quad (4\text{-}16)$$

式中 r_m——圆筒壁的对数平均半径，m；

S_m——圆筒壁的内、外表面的对数平均面积，m^2。

化工计算中，经常采用对数平均值，应注意对数平均的表示方法。但是当两个变量的比值（如 r_2/r_1）等于 2 时，使用算术平均值代替对数平均值的误差仅为 4%，这是工程计算中可接受的。因此当两个变量的比值≤2 时，经常用算术平均值代替对数平均值，使计算较为简便。

二、多层圆筒壁的定态热传导

多层圆筒壁(以三层为例)的热传导如图 4-7 所示。

假设各层间接触良好,各层的导热系数分别为 λ_1、λ_2 和 λ_3,厚度分别为 $b_1 = r_2 - r_1$、$b_2 = r_3 - r_2$ 和 $b_3 = r_4 - r_3$。根据串联传热的原则,可写出三层圆筒壁的热传导速率方程式为:

$$Q = \frac{\Delta t_1 + \Delta t_2 + \Delta t_3}{R_1 + R_2 + R_3} = \frac{t_1 - t_4}{\dfrac{\ln \dfrac{r_2}{r_1}}{2\pi L\lambda_1} + \dfrac{\ln \dfrac{r_3}{r_2}}{2\pi L\lambda_2} + \dfrac{\ln \dfrac{r_4}{r_3}}{2\pi L\lambda_3}} \tag{4-17}$$

或

$$Q = \frac{t_1 - t_4}{\dfrac{b_1}{\lambda_1 S_{m,1}} + \dfrac{b_2}{\lambda_2 S_{m,2}} + \dfrac{b_3}{\lambda_3 S_{m,3}}} \tag{4-18}$$

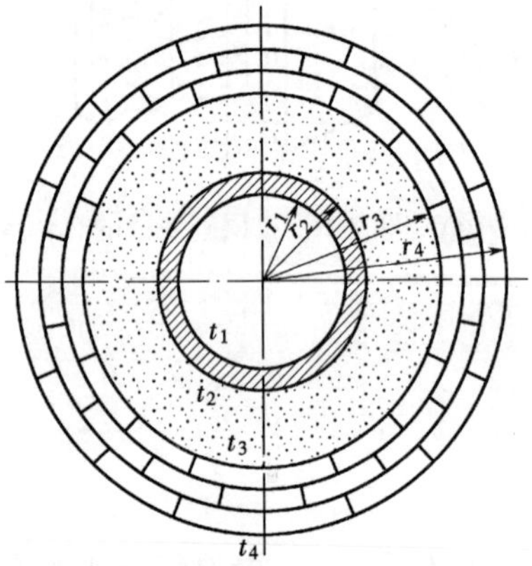

图 4-7　多层圆筒壁的热传导

对 n 层圆筒壁:

$$Q = \frac{t_1 - t_{n+1}}{\sum_{i=1}^{n} \dfrac{\ln \dfrac{r_{i+1}}{r_i}}{2\pi L\lambda_i}} \tag{4-19}$$

或

$$Q = \frac{t_1 - t_{n+1}}{\sum_{i=1}^{n} \dfrac{b_i}{\lambda_i S_{m,i}}} \tag{4-20}$$

应予注意,对圆筒壁的热传导,通过各层的热传导速率都是相同的,但是热通量却都不相等。

[**例** 4-3]　外径为 426 mm 的蒸汽管道,其外包扎一层厚度为 426 mm 的保温层,保温材料的导热系数可取为 0.40 W/(m·℃)。若蒸汽管道的外壁表面温度为 180 ℃,保温层的外表面温度为 40 ℃,试求每米管长的热损失和保温层中的温度分布。假设层间接触良好。

解:每米管长的热损失可由圆筒壁的热传导速率方程求得。据题意已知:

$$r_2 = \frac{0.426}{2} = 0.213\ \text{m},\ t_2 = 180\ ℃$$

$$r_3 = 0.213 + 0.426 = 0.639\ \text{m},\ t_3 = 40\ ℃$$

则

$$\frac{Q}{L} = \frac{2\pi\lambda(t_2 - t_3)}{\ln \dfrac{r_3}{r_2}} = \frac{2\pi \times 0.40(180 - 40)}{\ln \dfrac{0.639}{0.213}} = 320\ \text{W/m}^2$$

设保温层内半径为 r 处的温度为 t,代入上式得:

$$\frac{2\pi \times 0.40(180 - t)}{\ln \dfrac{r}{0.213}} = 320$$

将上式整理得:

$$t = -127.3 \ln r - 16.97$$

计算结果表明,圆筒壁内温度分布不是直线而是曲线。

第3节　对流传热概述

通常,对流传热是指流体与固体壁面间的传热过程。对流传热在化工传热过程(如间壁式换热器)中占有重要地位。对流传热机理较为复杂,其传热速率与很多因素有关。根据流体在传热过程中的状态和流动状况,对流传热可分为以下两类。

1.流体无相变时的对流传热

流体在传热过程中不发生相变化,依据流体流动的原因不同,可分为两种情况:

(1)强制对流传热,流体因外力作用而引起的流动;

(2)自然对流传热,因温度差而产生流体内部密度差引起的流体对流运动。

2.流体有相变时的对流传热

流体在传热过程中发生相变化,它分为两种情况:

(1)蒸气冷凝,气体在传热过程中全部或部分冷凝为液体;

(2)液体沸腾,液体在传热过程中沸腾汽化,部分液体转变为气体。

4.3.1　对流传热分析

上述几类的对流传热过程机理不尽相同,以下仅对流体无相变时强制对流的情况进行简单分析。

对流传热是借流体质点的移动和混合而完成的,因此对流传热与流体流动状况密切相关。

在第1章中曾指出,当流体沿壁呈湍流流动时,邻近壁面处总有一层滞流内层存在,在此薄层内流体呈滞流流动。在滞流内层和湍流主体之间有缓冲层。图4-8表示流体在壁面两侧的流动情况以及与流动方向垂直的某一截面上流体的温度分布情况。

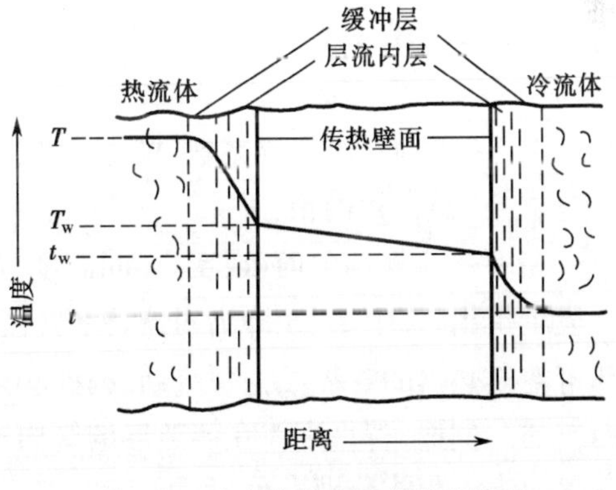

图4-8　对流传热的温度分布情况

由图4-8可见,在湍流主体中,由于流体质点的剧烈运动,热量传递主要依靠热对流进行,热传导所起的作用很小,因此湍流主体中流体的温度差(温度梯度)极小,各处的温度基本相同。在缓冲层中,热传导和热对流同时起作用,在该层内流体温度发生缓慢的变化。在滞流内层中,仅有平行于壁面的流动,沿壁面的法线方向上没有热对流,因此该方向上热量传递主要依靠热传导进行。由于流体的导热系数较低,使滞流内层中导热热阻很大,因此在该层内流体温度差(温度梯度)较大。

由以上分析可知,在湍流传热时,热阻主要集中在滞流内层,因此,减薄滞流内层的厚度是强化对流传热的重要途径。

4.3.2 对流传热速率方程和对流传热系数

一、对流传热速率方程

由前分析可知,对流传热是一个复杂传热过程,而且它有各种不同的情况,其机理也各不相同。但是各种情况的对流传热速率均可表达成式 4-2 的形式,即:

$$dQ = \frac{\Delta t}{\frac{1}{\alpha dS}} = \alpha dS\Delta t \tag{4-21}$$

流体被加热时,$\Delta t = t_w - t$

流体被冷却时,$\Delta t = T - T_w$

式中 dQ——通过传热面 dS 的局部对流传热速率,W;

dS——微元传热面积,m^2;

T——换热器任一截面上热流体的平均温度,℃;

T_w——换热器任一截面上与热流体相接触一侧的壁面温度,℃;

t——换热器任一截面上冷流体的平均温度,℃;

t_w——换热器任一截面上和冷流体相接触一侧的壁面温度,℃;

α——比例系数,又称局部对流传热系数,$W/(m^2\cdot ℃)$。

式 4-21 又称牛顿公式。该式采用微分形式是因为温度、对流传热系数在换热器中是沿程变化的,因此式中的量均为局部的参数。但是在工程计算中,常采用平均对流传热系数(一般也用 α 表示,应注意与局部对流传热系数的区别),此时牛顿公式可表示为:

$$Q = \alpha S\Delta t = \frac{\Delta t}{\frac{1}{\alpha S}} \tag{4-22}$$

式中 α——平均对流传热系数,$W/(m^2\cdot ℃)$;

S——总传热面积,m^2;

Δt——流体与壁面(或反之)间温度差的平均值,℃。

应予指出,式中 $1/\alpha S$ 即为对流传热热阻。由于换热器的传热面积可用 S_i 和 S_o 表示,流体可在换热器的管程或壳程流动,因此必须注意对流传热系数是和传热面积以及温度差相对应的。例如,若热流体在换热器的管内流动,冷流体在换热器的管外流动,则它们的对流传热速率方程式分别表示为:

$$dQ = \alpha_i(T - T_w)dS_i \tag{4-23}$$

$$dQ = \alpha_o(t_w - t)dS_o \tag{4-23a}$$

式中 S_i、S_o——换热器的管内表面积和管外表面积,m^2;

α_i、α_o——换热器管内侧和外侧的流体对流传热系数,$W/(m^2\cdot ℃)$。

牛顿公式是将复杂的对流传热问题用一简单的关系式表达,实质上是将矛盾集中在对流传热系数 α 上,因此研究对流传热系数的影响因素和计算方法,成为解决对流传热问题的关键。

二、对流传热系数

牛顿公式也是对流传热系数的定义式，即：

$$\alpha = \frac{Q}{S\Delta t}$$

对流传热系数是表示在单位温度差下单位传热面积的对流传热速率，其单位为 $W/(m^2 \cdot ℃)$，它反映对流传热的快慢，α 愈大，表示对流传热愈快。

对流传热系数 α 不同于导热系数 λ，它不是物性，而是受多种因素影响的一个参数。有关 α 的影响因素及计算 α 的关联式将在本章第 5 节中讨论。表 4-1 列出了几种对流传热情况下的 α 值范围，以便对 α 的大小有一数量级的概念，同时 α 的经验值也可以作为传热计算的参考值。

表 4-1　α 值的范围

换热方式	空气自然对流	气体强制对流	水自然对流	水强制对流	水蒸气冷凝	有机蒸气冷凝	水 沸 腾
α $W/(m^2 \cdot ℃)$	5 ~ 25	20 ~ 100	200 ~ 1 000	1 000 ~ 15 000	5 000 ~ 15 000	500 ~ 2 000	2 500 ~ 25 000

第 4 节　传热过程的计算

本节讨论冷、热两流体通过间壁两侧的热交换过程，这种传热过程在化工中应用最为广泛。

工程上传热过程的计算主要有两类：一类是设计计算，即根据生产任务的要求，确定换热器的传热面积及其他有关尺寸，以设计和选择换热器；另一类是校核计算，即判断一个换热器能否满足生产要求或预测生产中某些参数（如流体流量和温度）的变化对换热器传热能力的影响等。两种计算都是以换热器的热量衡算和总传热速率方程为基础的。

4.4.1　热量衡算

对间壁式换热器作热量衡算，假设换热器保温良好，热损失可忽略，则在单位时间内热流体放出的热量等于冷流体吸收的热量，即：

$$Q = W_h(H_{h,1} - H_{h,2}) = W_c(H_{c,2} - H_{c,1}) \tag{4-24}$$

式中　Q——换热器的热负荷，kJ/h 或 kW；

W——流体的质量流量，kg/h；

H——单位质量流体的焓，kJ/kg。

下标 c 和 h 分别表示冷流体和热流体，下标 1 和 2 表示换热器的进口和出口。

式 4-24 即为换热器的热量衡算式。

若换热器中两流体无相变化，且流体的比热容可视为不随温度而变或可取为平均温度下的比热容时，式 4-24 可表示为：

$$Q = W_h c_{p,h}(T_1 - T_2) = W_c c_{p,c}(t_2 - t_1) \tag{4-25}$$

式中　c_p——流体的平均定压比热容，kJ/(kg·℃)；

T——热流体的温度，℃；

t——冷流体的温度，℃。

若换热器中热流体有相变化，例如饱和蒸汽冷凝，而冷流体无相变化，则式 4-24 可表示为：

$$Q = W_h r = W_c c_{p,c}(t_2 - t_1) \tag{4-26}$$

式中　W_h——饱和蒸汽的冷凝速率，kg/h；

r——饱和蒸汽的汽化热，kJ/kg。

式 4-26 的应用条件是冷凝液在饱和温度下离开换热器。

[例 4-4]　在管壳式换热器中，水以 1.2 m/s 的速度流过内径为 25 mm、长为 4 m 的管束。管内壁的平均温度为 50 ℃，水的进口温度为 20 ℃，若管壁对水的平均对流传热系数为 4 500 W/(m²·℃)，试求水的出口温度。假设换热器的热损失可忽略。水的密度可取为 1 000 kg/m³，比热容为 4.187 kJ/(kg·℃)。

解：设水的出口温度为 t_2。

换热器一根管子的传热面积 S_i 和流通面积 A_i 分别为：

$$S_i = \pi d_i L = \pi \times 0.025 \times 4$$

$$A_i = \frac{\pi}{4} d_i^2 = \frac{\pi}{4} \times 0.025^2$$

由热量衡算和对流传热速率方程可得：

$$Q = W_c c_{p,c}(t_2 - t_1) = \alpha_i S_i \left(t_w - \frac{t_1 + t_2}{2} \right)$$

其中　$W_c = A_i u \rho$

则　$\frac{\pi}{4} \times 0.025^2 \times 1.2 \times 1\,000 \times 4.187 \times 10^3 (t_2 - 20) = 4\,500 \times \pi \times 0.025 \times 4 \left(50 - \frac{20 + t_2}{2} \right)$

解得　$t_2 = 33.4$ ℃

4.4.2　总传热速率微分方程

当应用前述的热传导速率方程或对流传热速率方程来计算过程的传热速率时，都需已知固体壁面的温度，而实际上壁面的温度往往是未知的。为了计算方便，希望避开壁温，直接使用冷、热流体的温度，因此引出了间壁两侧流体间换热的总传热速率方程。

参照图 4-9，通过间壁换热器任一微元面积 dS，两侧流体间进行热交换的总传热速率方程可以仿照对流传热速率方程写出，即：

$$\mathrm{d}Q = K(T - t)\mathrm{d}S = K\Delta t \mathrm{d}S \tag{4-27}$$

式中　dQ——通过微元传热面积 dS 的传热速率，W；

K——局部总传热系数，W/(m²·℃)；

Δt——局部传热温度差，℃；

T——换热器任一截面上热流体的平均温度，℃；

t——换热器任一截面上冷流体的平均温度，℃。

式 4-27 为总传热速率微分方程式，也是总传热系数 K 的定义式。总传热系数在数值

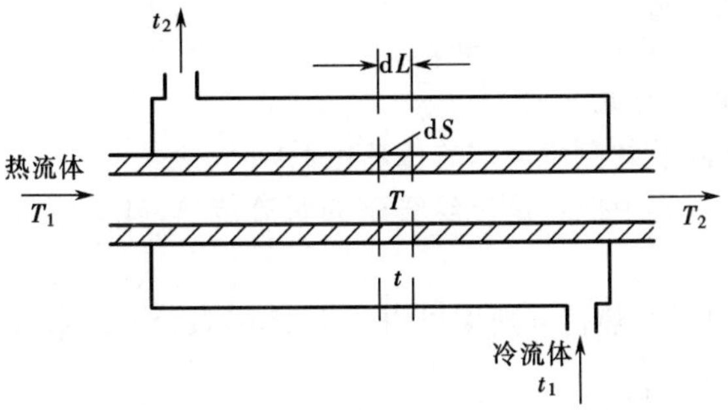

图 4-9　间壁两侧流体换热过程

上等于单位温度差下的总传热通量。总传热系数的倒数 $1/K$ 代表间壁两侧流体传热过程的总热阻。总传热系数 K 和对流传热系数 α 的单位完全一样，但应注意其中温度差所代表的范围并不相同。

由于换热器中沿程流体的温度、物性都是变化的，因此式 4-27 中的温度差 Δt 和总传热系数 K 一般也是变化的，具有局部性质。积分式 4-27，可得到总传热速率方程。积分的有关条件和结果将在后面讨论。

应当指出，总传热系数必须和所选择的传热面积相对应，因此式 4-27 可表示为：

$$\mathrm{d}Q = K_o(T-t)\mathrm{d}S_o = K_i(T-t)\mathrm{d}S_i = K_m(T-t)\mathrm{d}S_m \tag{4-28}$$

式中　K_o、K_i、K_m——分别表示基于管外表面积、管内表面积和内外侧平均表面积的总传热系数，W/(m^2·℃)；

S_o、S_i、S_m——分别表示换热管外表面积、内表面积和内外侧的平均表面积，m^2。

由于 $\mathrm{d}Q$ 与 $(T-t)$ 和选择的基准面积无关，故

$$\frac{K_o}{K_i} = \frac{\mathrm{d}S_i}{\mathrm{d}S_o} = \frac{d_i}{d_o} \tag{4-29}$$

或

$$\frac{K_o}{K_m} = \frac{\mathrm{d}S_m}{\mathrm{d}S_o} = \frac{d_m}{d_o} \tag{4-29a}$$

式中　d_o、d_i、d_m——分别为换热管外径、内径和内外径的平均直径，m。

由此可见，在总传热速率方程中，应注意 K 和 S 的对应关系。若选择的传热面积不同，K 值也不同。通常换热器的标准是指管外表面积，因此 K_o 应用较多。手册中所列的 K 值，若无特别的说明，可视为基于外表面积的 K_o。对于平壁和薄管壁，则不必考虑 K 和 S 的对应关系。

4.4.3　总传热系数

由总传热速率方程可以看出，总传热系数 K 在数值上等于单位传热面积、单位温度差下的传热速率。总传热系数是表示传热设备性能的重要参数，也是对传热设备进行计算和评价的依据。影响 K 值的因素很多，主要取决于流体的物性、操作条件和换热器的类型。

在换热器的传热计算中，总传热系数 K 值，可通过计算、实验测定或查阅相关手册（K 的经验值）得到。

一、总传热系数的计算

(一)总传热系数的计算式

如前所述,换热器间壁两侧流体间的传热包括以下过程。

(1)热流体在流动过程中把热量传给管壁的对流传热,其对流传热速率可由式 4-23 求出。

(2)通过管壁的热传导,热传导速率可由式 4-13 的微分形式求得,即:

$$dQ = \frac{\lambda(T_w - t_w)}{b} dS_m \tag{4-30}$$

式中 $T_w - t_w$ 为任一截面管壁两侧的温度差。

(3)管壁对流动中冷流体之间的对流传热,其对流传热速率可由式 4-23a 求得。

在定态传热条件下,联立方程式 4-23、式 4-23a 及式 4-30,移项后相加得:

$$(T - T_w) + (T_w - t_w) + (t_w - t) = T - t = \Delta t$$

$$= dQ\left(\frac{1}{\alpha_i dS_i} + \frac{b}{\lambda dS_m} + \frac{1}{\alpha_o dS_o}\right)$$

由上式解得 dQ,然后在等式两边均除以 dS_o,可得:

$$\frac{dQ}{dS_o} = \frac{(T-t)}{\dfrac{dS_o}{\alpha_i dS_i} + \dfrac{b\,dS_o}{\lambda dS_m} + \dfrac{1}{\alpha_o}}$$

因 $\quad \dfrac{dS_o}{dS_i} = \dfrac{d_o}{d_i} \quad \dfrac{dS_o}{dS_m} = \dfrac{d_o}{d_m}$

所以

$$\frac{dQ_o}{dS_o} = \frac{(T-t)}{\dfrac{d_o}{\alpha_i d_i} + \dfrac{bd_o}{\lambda d_m} + \dfrac{1}{\alpha_o}} \tag{4-31}$$

比较式 4-28 和式 4-31,可得:

$$K_o = \frac{1}{\dfrac{1}{\alpha_o} + \dfrac{bd_o}{\lambda d_m} + \dfrac{d_o}{\alpha_i d_i}} \tag{4-32}$$

同理可得:

$$K_i = \frac{1}{\dfrac{1}{\alpha_i} + \dfrac{bd_i}{\lambda d_m} + \dfrac{d_i}{\alpha_o d_o}} \tag{4-32a}$$

及

$$K_m = \frac{1}{\dfrac{d_m}{\alpha_i d_i} + \dfrac{b}{\lambda} + \dfrac{d_m}{\alpha_o d_o}} \tag{4-32b}$$

式 4-32、式 4-32a 及式 4-32b 即为总传热系数的计算式。

总传热系数也可以表示为热阻的形式,由式 4-32 得:

$$\frac{1}{K_o} = \frac{1}{\alpha_o} + \frac{bd_o}{\lambda d_m} + \frac{d_o}{\alpha_i d_i} \tag{4-33}$$

上式表明,间壁两侧流体间的传热的总热阻等于两侧流体的对流传热热阻及管壁导热热阻之和。

当传热面为平壁或薄管壁时,上式中的 d_i、d_o 和 d_m 相等或近似相等,则式 4-33 可简化为：

$$\frac{1}{K}=\frac{1}{\alpha_o}+\frac{b}{\lambda}+\frac{1}{\alpha_i} \tag{4-33a}$$

（二）污垢热阻

换热器在经过一段时间运行后，传热壁面往往积存一层污垢，对传热形成了附加热阻，称污垢热阻。因此在估算 K 值时，一般不能忽略污垢热阻。

污垢热阻的大小与流体的性质、流速、温度、设备结构及运行时间等因素有关。对于一定的流体，增加流速，可以减少污垢在壁面上沉积，降低污垢热阻。由于污垢层的厚度及其导热系数难以准确地测定，通常只能根据污垢热阻的经验值进行计算。某些常见流体的污垢热阻的经验值可查本教材附录。

若管壁内、外侧的污垢热阻分别用 $R_{s,i}$ 和 $R_{s,o}$ 表示，则式 4-32 变为：

$$K_o=\frac{1}{\frac{1}{\alpha_o}+R_{s,o}+\frac{bd_o}{\lambda d_m}+R_{s,i}\frac{d_o}{d_i}+\frac{d_o}{\alpha_i d_i}} \tag{4-34}$$

应当指出，污垢热阻随换热器运行时间增加而变大，因此，换热器应根据实际情况定期清洗或采取其他措施，以保证换热器的正常操作。

（三）提高 K 值途径的分析

由式 4-34 可看出，欲提高总传热系数就要设法减小热阻，但不同传热过程中，各分热阻的大小可能并不相同。通常，必须设法减小起决定作用的热阻，才可能有效地提高 K 值。例如，当管壁及污垢热阻可忽略时，对薄管壁而言，式 4-34 可简化为：

$$\frac{1}{K}=\frac{1}{\alpha_o}+\frac{1}{\alpha_i}$$

若 $\alpha_i \gg \alpha_o$

则 $K \approx \alpha_o$

由此可知，总热阻由热阻大的那一侧的对流传热所控制，即当两个对流传热系数相差较大时，要提高 K 值，关键在于提高对流传热系数较小一侧的 α；若两个 α 相差不大时，则必须同时提高两侧的 α，才能提高 K 值。在实际的换热器中，污垢热阻也可能成为传热过程的主要热阻。此时欲提高 K 值，只能首先设法减小污垢热阻，仅提高两侧的 α 则是无效的。

[例 4-5] 某管壳式换热器由 $\phi 25\times 2.5$ mm 的钢管组成。冷却水在管内流过，热空气在壳程流动。若已知管内水侧对流传热系数 α_i 为 2 000 W/(m²·℃)，管外空气侧对流传热系数 α_o 为 50 W/(m²·℃)，钢的导热系数 λ 为 45 W/(m·℃)，试求基于管外表面积的总传热系数 K_o 及各分热阻占总热阻的百分数。假设污垢热阻可忽略。

解：当污垢热阻可忽略时，基于管外表面积的总传热系数可按下式计算：

$$K_o=\frac{1}{\frac{1}{\alpha_o}+\frac{b}{\lambda}\frac{d_o}{d_m}+\frac{d_o}{\alpha_i d_i}}=\frac{1}{\frac{1}{50}+\frac{0.002\,5\times 0.025}{45\times 0.022\,5}+\frac{0.025}{2\,000\times 0.02}}$$

$$=\frac{1}{0.02+0.000\,061\,7+0.000\,625}=\frac{1}{0.020\,69}=48.3\ \text{W/(m}^2\cdot\text{℃)}$$

管外对流传热热阻占总热阻的百分数为：

$$\frac{\frac{1}{\alpha_o}}{\frac{1}{K_o}}\times 100\%=\frac{0.02}{0.020\,69}\times 100\%=96.7\%$$

管内对流传热热阻占总热阻的百分数为：

$$\frac{\frac{d_o}{\alpha_i d_i}}{\frac{1}{K_o}} \times 100\% = \frac{0.000\ 625}{0.020\ 69} \times 100\% = 3.02\%$$

管壁热阻占总热阻的百分数为：

$$\frac{\frac{bd_o}{\lambda d_m}}{\frac{1}{K_o}} \times 100\% = \frac{0.000\ 061\ 7}{0.020\ 69} \times 100\% = 0.3\%$$

由以上计算结果可看出，管壁热阻所占总热阻的百分数很小，故可忽略不计。

[例 4-6] 在上例中，为提高总传热系数，若分别将 α_i 和 α_o 提高一倍，试分别计算 K_o 值及总传热系数增加的百分数。假设垢层热阻和管壁热阻可忽略不计。

解：(1)将 α_i 提高一倍，即：

$$\alpha_i = 2 \times 2\ 000 = 4\ 000\ \text{W/(m}^2 \cdot ℃)$$

则

$$K_o = \frac{1}{\frac{d_o}{\alpha_i d_i} + \frac{1}{\alpha_o}} = \frac{1}{\frac{0.025}{4\ 000 \times 0.02} + \frac{1}{50}} = 49.2\ \text{W/(m}^2 \cdot ℃)$$

总传热系数增加的百分数为：

$$\frac{K_o - K_{o原}}{K_{o原}} = \frac{49.2 - 48.3}{48.3} = 0.019 = 1.9\%$$

(2)将 α_o 提高一倍，即

$$\alpha_o = 2 \times 50 = 100\ \text{W/(m}^2 \cdot ℃)$$

则

$$K_o = \frac{1}{\frac{1}{\alpha_o} + \frac{d_o}{\alpha_i d_i}} = \frac{1}{\frac{1}{100} + \frac{0.025}{2\ 000 \times 0.02}} = 94.1\ \text{W/(m}^2 \cdot ℃)$$

总传热系数增加的百分数为

$$\frac{94.1 - 48.3}{48.3} = 0.948 = 94.8\%$$

计算结果表明，K 值总是接近热阻大的流体侧的 α 值，因此欲提高 K 值，必须对影响 K 值的各分热阻进行分析，判断哪个分热阻最大，以便采取相应的强化措施。如在本题的条件下，应提高空气侧的 α，才能有效地提高总传热系数。

二、总传热系数的测定

对于已有的换热器，可通过实验测取有关的数据，如流体的流量和温度等，然后用总传热速率方程计算 K 值。计算方法见例 4-10。显然，实验得到的 K 值较为可靠，但是其使用的范围有所限制。只有在使用情况与测定情况(包括设备类型、流本性质和操作条件)相一致时，选用实验的 K 值才较准确。

应指出，实测 K 值的意义不仅可以为换热器的设计提供依据，而且可以了解换热器的性能，用以寻求提高设备传热能力的途径。

三、总传热系数的经验值

在进行换热器的传热计算时，常需先估计总传热系数。表 4-2 给出了管壳式换热器总传热系数经验值的大致范围。有关手册中列有不同情况下 K 的经验值，供设计计算时参

考。

由表可见，不同操作情况下 K 值变化范围很大。设计者应对不同类型流体间换热时的 K 值大小有一数量级的概念。在设计时可根据实际情况选取中间的某一数值。若需降低操作费（增大传热面积）可选较小的 K 值；若需降低设备费（减小传热面积）可选较大的 K 值。

表 4-2　管壳式换热器中的 K 的经验值

冷流体	热流体	总传热系数 K，W/(m²·℃)
水	水	850 ~ 1 700
水	气体	17 ~ 280
水	有机溶剂	280 ~ 850
水	轻油	340 ~ 910
水	重油	60 ~ 280
有机溶剂	有机溶剂	115 ~ 340
水	水蒸气冷凝	1 420 ~ 4 250
气体	水蒸气冷凝	30 ~ 300
水	低沸点烃类冷凝	455 ~ 1 140
水沸腾	水蒸气冷凝	2 000 ~ 4 250
轻油沸腾	水蒸气冷凝	455 ~ 1 020

4.4.4　平均温度差法和总传热速率方程

式 4-27 是总传热速率的微分方程式，积分后才有实用意义。积分结果是用平均温度差代替局部温度差。但是传热温度差的大小及计算方法与换热器中两流体的相互流动方向及流体的温度变化情况有关。

换热器中冷、热流体间有不同的流动形式。若两流体同向流动，称为并流；若两流体反向流动，称为逆流；若两流体互相垂直交叉流动，称为错流；若一流体沿一方向流动，而另一流体反复折流，称为简单折流；若两流体均作折流，或既有折流，又有错流，则称为复杂折流。通常，套管式换热器中可实现完全的逆流或并流，如图 4-10 所示。管壳式换热器中可以有多种流动形式。

换热器中两流体温度变化情况，可分为恒温传热和变温传热。

为推导传热平均温度差，即为了积分式 4-27，应作以下简化假定：

(1)传热为定态操作过程，两流体的质量流量 W_c 和 W_h 为常量；

(2)两流体的比热容均为常量（可取换热器进、出口的平均值）；

(3)总传热系数 K 为常量，即 K 值不随换热器管长而变化；

(4)换热器的热损失可忽略。

一、恒温传热时的平均温度差

换热器间壁两侧流体均有相变化，例如蒸发器中饱和蒸汽冷凝和液体沸腾间的传热就是恒温传热。此时，冷、热流体的温度均不沿换热器的管长变化，两者间温度差在换热器的不同截面上都相等，即 $\Delta t = T - t$。流体的流动方向对 Δt 也无影响。因此根据前述的假定(3)，积分式 4-27，可得：

$$Q = KS(T - t) = KS\Delta t \tag{4-35}$$

二、变温传热时的平均温度差

变温传热是指传热温度差沿换热器管长而变化，此时两流体的流向不同，对平均温度差的影响也不相同，故应分别讨论。

(一)逆流和并流时的平均温度差

如图 4-10a 所示套管换热器中，冷、热流体呈逆流流动。热流体的进、出口温度分别为 T_1 和 T_2，冷流体的进、出口温度分别为 t_1 和 t_2。

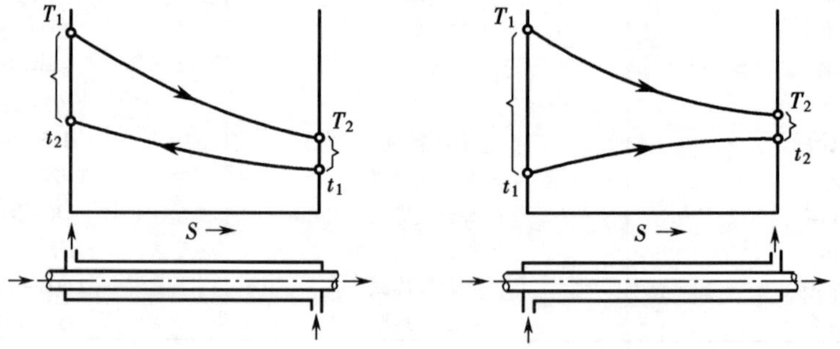

图 4-10　变温传热时温度差变化

(a)逆流　(b)并流

由换热器的热量衡算微分式知：

$$dQ = -W_h c_{p,h} dT = W_c c_{p,c} dt$$

根据前述假定(1)和(2)，由上式可得：

$$\frac{dQ}{dT} = -W_h c_{p,h} = \text{常量}$$

及　$$\frac{dQ}{dt} = W_c c_{p,c} = \text{常量}$$

若将 T 或 t 对 Q 作图，由上两式可知，T—Q 或 t—Q 都是直线关系，可分别表示为：

$$T = mQ + k$$

$$t = m'Q + k'$$

上两式相减，可得：

$$T - t = \Delta t = (m - m')Q + (k - k')$$

由上式可知，Δt 与 Q 也呈直线关系。将上述诸直线定性地绘于图 4-11 中。由图 4-11 可以看出，Δt—Q 直线的斜率为：

$$\frac{d(\Delta t)}{dQ} = \frac{\Delta t_2 - \Delta t_1}{Q}$$

将式 4-27 代入上式可得：

$$\frac{d(\Delta t)}{K dS \Delta t} = \frac{\Delta t_2 - \Delta t_1}{Q}$$

由前述的假定(3)知 K 为常量，故积分上式：

$$\frac{1}{K}\int_{\Delta t_1}^{\Delta t_2} \frac{d(\Delta t)}{\Delta t} = \frac{\Delta t_2 - \Delta t_1}{Q}\int_0^S dS$$

$$\frac{1}{K}\ln\frac{\Delta t_2}{\Delta t_1}=\frac{\Delta t_2-\Delta t_1}{Q}S$$

则

$$Q=KS\frac{\Delta t_2-\Delta t_1}{\ln\frac{\Delta t_2}{\Delta t_1}}=KS\Delta t_{\mathrm{m}} \tag{4-36}$$

式 4-36 是适用于整个换热器的总传热速率方程式。由该式可知，平均温度差 Δt_{m} 等于换热器两端处温度差的对数平均值，即：

$$\Delta t_{\mathrm{m}}=\frac{\Delta t_2-\Delta t_1}{\ln\frac{\Delta t_2}{\Delta t_1}} \tag{4-37}$$

式中 Δt_{m} 称为对数平均温度差。在工程计算中，当 $\Delta t_2/\Delta t_1 \leqslant 2$ 时，可用算术平均温度差 $(\Delta t_2+\Delta t_1)/2$ 代替对数平均温度差。应用式 4-37 时，一般取换热器两端的 Δt 中数值大者为 Δt_2，小者为 Δt_1，这样计算 Δt_{m} 较为简便。

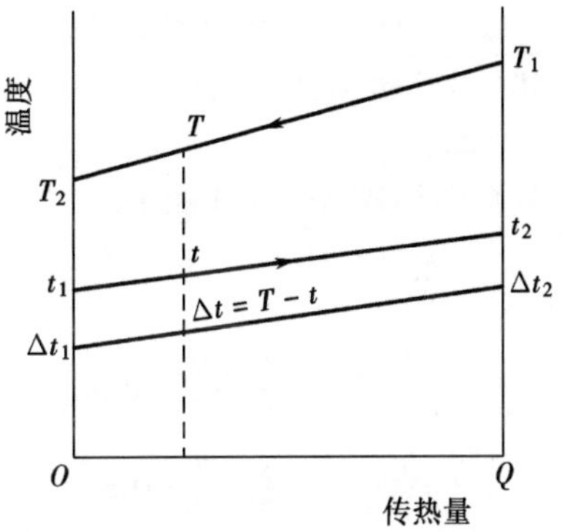

图 4-11　逆流时平均温度差的推导

[例 4-7]　在套管换热器中，热流体温度由 90 ℃冷却到 70 ℃，冷流体温度由 20 ℃加热到 60 ℃。试分别计算两流体作逆流和并流时的平均温度差。

解：逆流时：

热流体温度 T　90 ℃→70 ℃

冷流体温度 t　60 ℃←20 ℃

Δt　30 ℃　50 ℃

所以

$$\Delta t_{\mathrm{m}}=\frac{\Delta t_2-\Delta t_1}{\ln\frac{\Delta t_2}{\Delta t_1}}=\frac{50-30}{\ln\frac{50}{30}}=39.2\ ℃$$

并流时：

热流体温度 T　90 ℃→70 ℃

冷流体温度 t　20 ℃→60 ℃

Δt　70 ℃　10 ℃

所以

$$\Delta t_{\mathrm{m}}=\frac{70-10}{\ln\frac{70}{10}}=30.8\ ℃$$

由此可见，在冷、热流体的始、终温度相同的条件下，逆流的平均温度差较并流的为大。

(二)错流和折流时的平均温度差

在大多数的管壳式换热器中，为了强化传热等原因，两流体并非作简单的并流和逆流，而是进行比较复杂的多程流动，即折流或是错流，如图 4-12 所示。

对于错流和折流时的平均温度差 Δt_{m}，可采用以下的图算法，即先按逆流计算对数平均温度差 $\Delta t'_{\mathrm{m}}$，再乘以考虑流动形式的校正因数，即：

$$\Delta t_{\mathrm{m}}=\varphi_{\Delta t}\Delta t'_{\mathrm{m}} \tag{4-38}$$

式中 $\varphi_{\Delta t}$ 为温度差校正系数，其值与换热器内流体温度变化有关，对不同的流动形式，可分别表示为两个参量 R 和 P 的函数，即：

$$\varphi_{\Delta t}=f(R,P)$$

$$P=\frac{t_2-t_1}{T_1-t_1}=\frac{\text{冷流体温升}}{\text{两流体的最初温度差}}$$

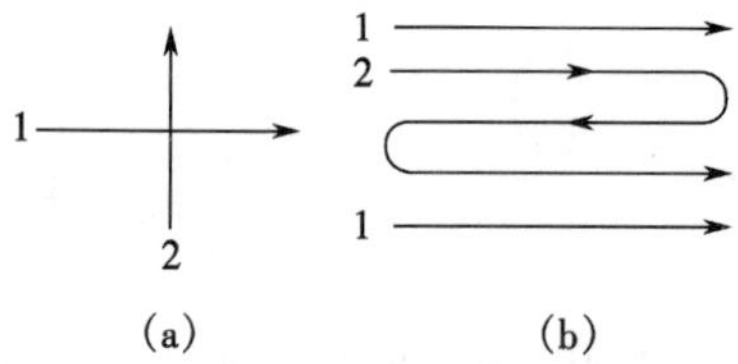

图 4-12　错流和折流示意图
(a)错流　(b)折流

$$R=\frac{T_1-T_2}{t_2-t_1}=\frac{\text{热流体温降}}{\text{冷流体温升}}$$

$\varphi_{\Delta t}$值可根据 R 和 P 两参数由图 4-13 查取。图 4-13 中(a)、(b)、(c)及(d)的壳程分别为 1、2、3 及 4 程,每个壳程内的管程可以是 2、4、6 及 8 程。对于其他流向的 $\varphi_{\Delta t}$ 值可从有关手册或传热书中查出。

由图可见,$\varphi_{\Delta t}$值恒小于 1。通常在换热器设计中规定 $\varphi_{\Delta t}$值不小于 0.8。若低于此值,则应增加壳方程数,使传热过程更接近于逆流操作。

[例 4-8]　在一单壳程、双管程的管壳式换热器中,冷、热流体进行热交换。两流体的进、出口温度与例 4-7 的相同,试求此时的对数平均温度差。

解:先按逆流时计算,由例 4-7 知逆流时对数平均温度差为

$$\Delta t'_m = 39.2\ ℃$$

折流时的对数平均温度差为

$$\Delta t_m=\varphi_{\Delta t}\Delta t'_m$$

其中　$\varphi_{\Delta t}=f(R,P)$

$$R=\frac{T_1-T_2}{t_2-t_1}=\frac{90-70}{60-20}=0.5$$

$$P=\frac{t_2-t_1}{T_1-t_1}=\frac{60-20}{90-20}=0.57$$

由图 4-13(a)查得 $\varphi_{\Delta t}=0.91$

故　$\Delta t_m=0.91\times39.2=35.7\ ℃$

由此可知,折流时的 Δt_m 介于逆流时的 Δt_m 和并流时的 Δt_m 之间,$\varphi_{\Delta t}$ 愈大,其值愈接近于逆流时的 Δt_m。

(三)流向的选择

由例 4-7 和例 4-8 可知,若两流体为变温传热时,且在两流体进、出口温度各自相同的条件下,逆流时的平均温度差最大,并流时的平均温度差最小,其他流向的平均温度差介于热量 Q 及总传热系数 K 一定时,采用逆流操作,所需的换热器传热面积较小。

逆流的另一优点是可节省加热介质或冷却介质的用量,这是因为当逆流操作时,热流体的出口温度 T_2 可以降低至接近冷流体的进口温度 t_1。而采用并流操作时,T_2 只能降低至接近冷流体的出口温度 t_2,即逆流时热流体的温降较并流时的温降为大,因此逆流时加热介质用量较少。同理,逆流时冷流体的温升为大,故冷却介质用量可少些。

由以上分析可知,换热器应尽可能采用逆流操作。但是在某些生产工艺要求下,若对流体的温度有所限制,如冷流体被加热时不得超过某一温度,或热流体被冷却时不得低于某一温度,此时则宜采用并流操作。

采用折流或其他流动形式的原因除了为满足换热器的结构要求外,就是为了提高总传热系数。但是平均温度差较逆流时的为低。在选择流向时应综合考虑,$\psi_{\Delta t}$值不宜过低,一般设计时应取 $\psi_{\Delta t}>0.9$,至少不能低于 0.8,否则另选其他流动形式。

当换热器中某一侧流体有相变而保持温度不变时,不论何种流动形式,只要流体的进、出口温度各自相同,其平均温度差均相同。

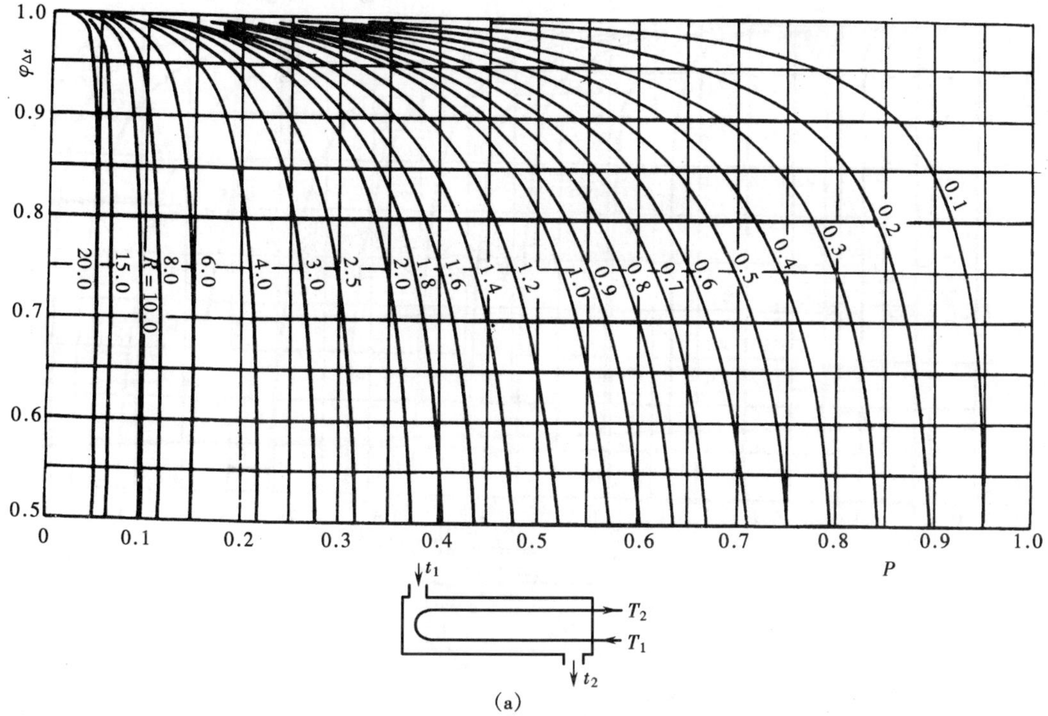

1.0
0.9
0.8
0.7
0.6
0.5
$\varphi_{\Delta t}$
20.0
15.0
R = 10.0
8.0
6.0
4.0
3.0
2.5
2.0
1.8
1.6
1.4
1.2
1.0
0.9
0.8
0.7
0.6
0.5
0.4
0.3
0.2
0.1
0
0.1
0.2
0.3
0.4
0.5
0.6
0.7
0.8
0.9
1.0
P
t_1
T_2
T_1
t_2

(a)

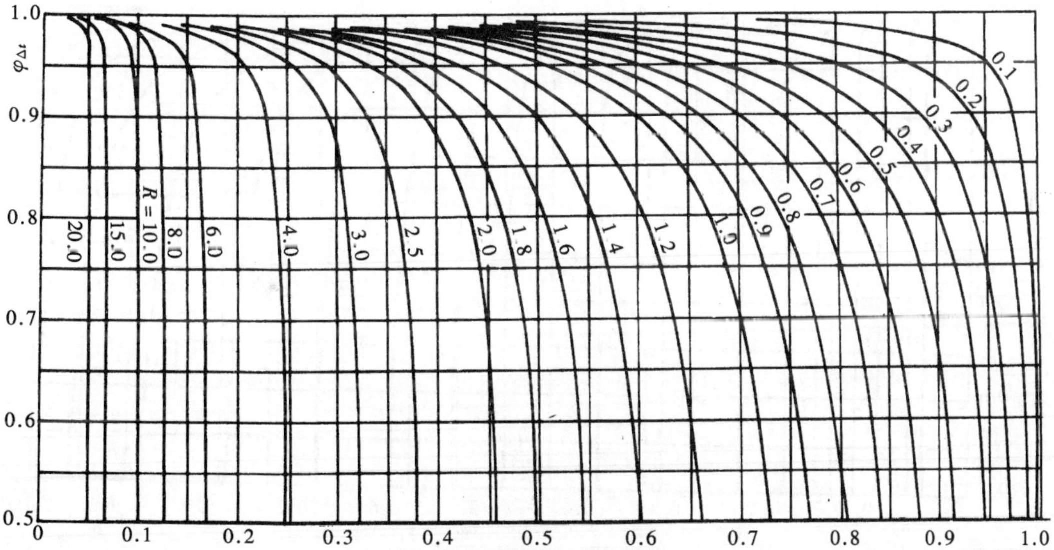

1.0
0.9
0.8
0.7
0.6
0.5
$\varphi_{\Delta t}$
20.0
15.0
R = 10.0
8.0
6.0
4.0
3.0
2.5
2.0
1.8
1.6
1.4
1.2
1.0
0.9
0.8
0.7
0.6
0.5
0.4
0.3
0.2
0.1
0
0.1
0.2
0.3
0.4
0.5
0.6
0.7
0.8
0.9
1.0
P
t_1
T_2
T_1
t_2

(b)

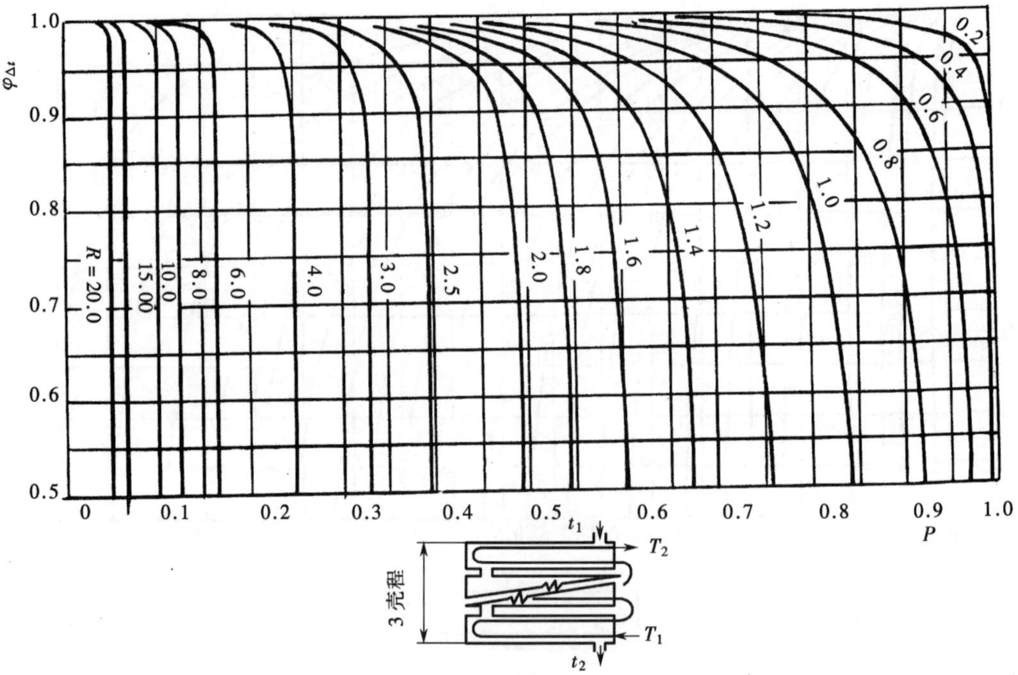

(c)

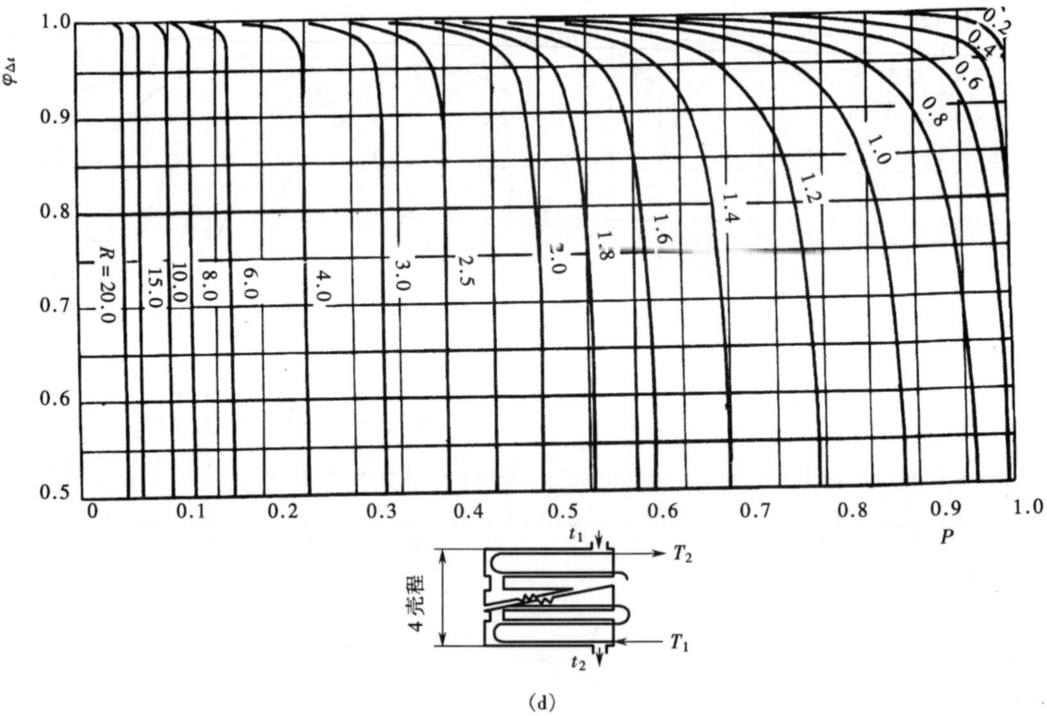

(d)

图 4-13　对数平均温度差校正系数 $\varphi_{\Delta t}$ 值

(a)1 壳程　(b)2 壳程　(c)3 壳程　(d)4 壳程

4.4.5 总传热速率方程的应用

一、传热面积的计算

确定传热面积是换热器设计的基本内容，需用的基本关系是总传热速率方程和热量衡算式。

总传热速率方程是在假设热、冷流体的热容流量 Wc_p 和总传热系数 K 沿整个换热器的传热面为常量下导出的。对某些物系，若其物性随温度变化不大，则总传热系数变化也很小，工程上可将换热器进、出口处总传热系数的算术平均值按常量处理。此时换热的传热面积可按下式计算，即：

$$S=\frac{Q}{K\Delta t_m} \tag{4-44a}$$

［例 4-9］ 某 1 壳程、4 管程的管壳式换热器由直径为 $\phi25\times2.5$(mm)的钢管束组成。水在管内流动，进、出口温度分别为 15 ℃和 32 ℃。热油在壳方流动，进、出口温度分别为 120 ℃和 40 ℃。热油的流量为 1.5 kg/s，平均比定压热容为 1.9 kJ/(kg·℃)。污垢热阻、管壁热阻及换热器的热损失均可忽略。若已知水侧和油侧的对流传热系数分别为 1.50 kW/(m^2·℃)和 0.50 kW/(m^2·℃)，试求换热器的传热面积 S_o。

解：换热器的传热面积可由总传热速率方程求得，即：

$$S_o=\frac{Q}{K_o\Delta t_m}$$

其中换热器的传热量为：

$$Q=W_h c_{p,h}(T_1-T_2)=1.5\times1.9(120-40)=228\ \text{kW}$$

1—4 型换热器的平均温度差先按逆流计算，即：

$$\Delta t'_m=\frac{\Delta t_2-\Delta t_1}{\ln\dfrac{\Delta t_2}{\Delta t_1}}=\frac{(120-32)-(40-15)}{\ln\dfrac{120-32}{40-15}}=50\ ℃$$

而

$$R=\frac{T_1-T_2}{t_2-t_1}=\frac{120-40}{32-15}=4.71$$

$$P=\frac{t_2-t_1}{T_1-t_1}=\frac{32-15}{120-15}=0.162$$

由图 4-13(a)查得：

$$\varphi_{\Delta t}=0.89$$

所以

$$\Delta t_m=\varphi_{\Delta t}\Delta t'_m=0.89\times50=44.5\ ℃$$

总传热系数由对流传热系数求得，即：

$$K_o=\frac{1}{\dfrac{1}{a_o}+\dfrac{d_o}{\alpha_i d_i}}=\frac{1}{\dfrac{1}{0.5}+\dfrac{0.025}{1.5\times0.02}}=0.353\ \text{kW/(m}^2\cdot℃)$$

故

$$S_o=\frac{Q}{K_o\Delta t_m}=\frac{228}{0.353\times44.5}=14.5\ \text{m}^2$$

二、实验测定总传热系数 K

对已有的换热器，通过实验测定有关的数据，如流体的流量和温变等，然后由式 4-44 可

求得 K 值。

［例 4-10］ 在一传热外表面积为 10 m^2 的单程管壳式换热器中，热水走管内，冷水走管间，两者逆流流动。冷水进、出口温度分别为 20 ℃和 40 ℃；热水进、出口温度分别为 70 ℃和 30 ℃。冷水流量为 1.1 kg/s，热水和冷水的平均比热容均可取为 4.2 kJ/(kg·℃)。假设换热器的热损失可忽略。试求换热器的总传热系数。

解： 由总传热速率方程知：

$$K_o = \frac{Q}{S_o \Delta t_m}$$

传热量为：

$$Q = W_c c_{p,c}(t_2 - t_1) = 1.1 \times 4.2 \times 10^3 (40 - 20) = 9.24 \times 10^4 \text{ W}$$

对数平均温度差为：

$$\Delta t_m = \frac{\Delta t_2 - \Delta t_1}{\ln \dfrac{\Delta t_2}{\Delta t_1}} = \frac{(70-40)-(30-20)}{\ln \dfrac{70-40}{30-20}} = 18.2 \text{ ℃}$$

故
$$K_o = \frac{Q}{S_o \Delta t_m} = \frac{9.24 \times 10^4}{10 \times 18.2} = 508 \text{ W/(m}^2 \cdot \text{℃)}$$

三、换热器的操作型计算

对已有的换热器，判断其对指定的传热任务是否适用，或预测在生产中某些参数变化对传热的影响等，均属于换热器的操作型计算。此时需用的基本关系与设计型计算的完全相同。仅操作型计算较为繁杂，往往需要试差或迭代。

［例 4-11］ 在一单程管壳式逆流操作的换热器中，热空气在直径为 $\phi 25 \times 2.5$ mm 的列管内流动，热空气的温度由 110 ℃降至 70 ℃。管内空气对流传热系数为 40 W/(m²·℃)。冷水在壳程流动，水温由 20 ℃升高至 80 ℃。管外水侧对流传热系数为 1 500 W/(m²·℃)。若冷水流量增加一倍，试估算水和空气的出口温度。假设管壁热阻、污垢热阻及换热器的热损失均可忽略。

解： 先计算水流量增加前两流体的热容量之比及传热面积。

由换热器的热量衡算知：

$$Q = W_c c_{p,c}(t_2 - t_1) = W_h c_{p,h}(T_1 - T_2)$$

$$\frac{W_h c_{p,h}}{W_c c_{p,c}} = \frac{t_2 - t_1}{T_1 - T_2} = \frac{80-20}{110-70} = 1.5 \tag{1}$$

总传热系数为：

$$K_o = \frac{1}{\dfrac{1}{\alpha_o} + \dfrac{d_o}{\alpha_i d_i}} = \frac{1}{\dfrac{1}{1\,500} + \dfrac{0.025}{40 \times 0.02}} = 31 \text{ W/(m}^2 \cdot \text{℃)}$$

对数平均温度差为：

$$\Delta t_m = \frac{\Delta t_2 - \Delta t_1}{\ln \dfrac{\Delta t_2}{\Delta t_1}} = \frac{(110-80)-(70-20)}{\ln \dfrac{110-80}{70-20}} = 39.2 \text{ ℃}$$

故
$$S_o = \frac{Q}{K_o \Delta t_m} = \frac{W_h c_{p,h}(120-80)}{31 \times 39.2} = 0.032\,9 W_h c_{p,h} \tag{2}$$

水流量增加一倍时，设水和空气的出口温度分别为 t_2' 和 T_2'。由热量衡算知：

$$W_h c_{p,h}(T_1 - T_2') = 2W_c c_{p,c}(t_2' - t_1)$$

$$t_2' - t_1 = \frac{W_h c_{p,h}}{2W_c c_{p,c}}(T_1 - T_2') \tag{3}$$

将式(1)代入式(3)得：

$$t_2' - t_1 = 0.75(T_1 - T_2') \tag{4}$$

总传热速率方程为：

$$Q = W_h c_{p,h}(T_1 - T_2') = K_o' S_o \frac{(T_1 - t_2') - (T_2' - t_1)}{\ln \dfrac{T_1 - t_2'}{T_2' - t_1}}$$

$$= K_o' S_o \frac{(T_1 - T_2') - (t_2' - t_1)}{\ln \dfrac{T_1 - t_2'}{T_2' - t_1}} \tag{5}$$

其中 $K_o' = \dfrac{1}{\dfrac{1}{2^{0.8} \times \alpha_o} + \dfrac{d_o}{\alpha_i d_i}} = \dfrac{1}{\dfrac{1}{1.74 \times 1\ 500} + \dfrac{0.025}{40 \times 0.02}} = 31.6\ \mathrm{W/(m^2 \cdot ℃)}$

计算结果表明，在本题条件下，水的流量增加一倍，对总传热系数基本上没有影响。

将式(2)、式(4)及K_0'值代入式(5)中，得：

$$W_h c_{p,h}(T_1 - T_2') = 31.6 \times 0.032\ 9 W_h c_{p,h} \times \frac{(T_1 - T_2') - 0.75(T_1 - T_2')}{\ln \dfrac{T_1 - t_2'}{T_2' - t_1}}$$

化简上式得：

$$\ln \frac{T_1 - t_2'}{T_2' - t_1} = 0.26$$

或

$$\frac{T_1 - t_2'}{T_2' - t_1} = 1.297 \tag{6}$$

联立式(4)及式(6)解得空气和水的出口温度为：

$T_2' = 61.1$ ℃

$t_2' = 56.7$ ℃

第5节 对流传热系数关联式

4.5.1 对流传热系数的主要影响因素

通过理论分析和实验表明，影响对流传热系数的主要因素有以下几方面。

1. 流体的种类和相变化的情况

流体的状态不同，如液体、气体和蒸气，它们的对流传热系数各不相同。流体有无相变化，对传热有不同的影响，一般流体有相变时的对流传热系数较无相变时的为大。

2. 流体的性质

对 α 值影响较大的流体物性有导热系数、比热容、黏度和密度。对同一种流体，这些物性又是温度的函数，而其中有些物性还和压强有关。

3. 流体流动的状态

当流体呈湍流时，随着 Re 数的增大，滞流内层厚度减薄，故 α 就增大。当流体呈滞流时，流体在热流方向上无混杂运动，故滞流时的 α 较湍流时的为小。

4. 流体流动的原因

因流体流动原因的不同，对流传热分为强制对流传热和自然对流传热。一般强制对流

传热时的 α 较自然对流传热时为大。两者的对流传热规律也各不相同。前者主要受外力作用而引起的流体速度的影响,后者主要受温度差引起的浮升力的影响。

设 ρ_1 和 ρ_2 分别代表温度为 t_1 和 t_2 的流体的密度,流体的温度差为 $\Delta t = t_2 - t_1$,若流体的体积膨胀系数为 β,则可得 $\rho_1 = \rho_2(1+\beta\Delta t)$,于是单位体积流体所产生的浮升力为:

$$(\rho_1 - \rho_2)g = [\rho_2(1+\beta\Delta t) - \rho_2]g = \rho_2 g\beta\Delta t \tag{4-39}$$

或

$$\frac{\rho_1 - \rho_2}{\rho_2} = \beta\Delta t \tag{4-39a}$$

5.传热面的形状、布置和大小

传热面的形状、布置和大小都影响流体的流动状况,因此影响对流传热系数。化工上常用的管或板可组成不同的传热面。以传热管为例,管子可组成管束,管子可以横放、竖放或斜放;流体在管内流动,也可在管外流动。管径、管长或板高等尺寸都直接影响 α 值。通常,对于一种类型的传热面,选用一个特征尺寸表示其大小。

4.5.2 对流传热系数经验公式的建立

由于影响 α 的因素很多,要建立一个通式来求各种对流传热情况的 α 是不可能的。目前,常采用量纲分析方法将众多的影响因素(物理量)组合成若干无量纲数群(准数),然后再通过实验确定这些准数间的关系,即得到不同对流传热情况下求算 α 的关联式。

根据前项的分析可知,无相变时强制对流传热的影响因素有传热设备的特征尺寸 l、流体的密度 ρ、黏度 μ、导热系数 λ、比定压热容 c_p 和流速 u,即:

$$\alpha = f(l, \rho, \mu, \lambda, c_p, u) \tag{4-40}$$

通过量纲分析,可得到以下准数关系式:

$$Nu = F(Re, Pr) \tag{4-41}$$

同样,对自然对流传热,仅用浮升力 $\rho g\beta\Delta t$ 代替流速 u,其他影响因素与强制对流传热的相同,即:

$$\alpha = f'(l, \rho, \mu, \lambda, c_p, \rho g\beta\Delta t) \tag{4-42}$$

通过量纲分析,可得到以下准数关系式:

$$Nu = \phi(Gr, Pr) \tag{4-43}$$

式 4-41 和式 4-43 中各准数的名称,符号及意义见表 4-3。

各种不同情况下的对流传热的具体函数关系需要由实验确定。在使用由实验得到的 α 关联式时,应注意以下几点。

(1)应用范围:关联式中 Re、Pr 等的数值范围。

(2)特征尺寸:Nu、Re 等准数中 l 应如何取定。

(3)定性温度:各准数中流体的物性应按什么温度确定。

表 4-3　准数的符号和意义

准数名称	符　号	准数式	意　义
努塞尔数	Nu	$\frac{\alpha l}{\lambda}$	表示对流传热系数的准数
雷诺数	Re	$\frac{lu\rho}{\mu}$	确定流动状态的准数
普朗特数	Pr	$\frac{c_p\mu}{\lambda}$	表示物性影响的准数
格拉晓夫数	Gr	$\frac{\beta g\Delta t l^3\rho^2}{\mu^2}$	表示自然对流影响的准数

4.5.3　流体无相变时的对流传热系数

一、流体在管内强制对流传热

(一)流体在圆形直管内作强制湍流①

1.对于低黏度(小于 2 倍常温水的黏度)流体

对流传热系数的关联式为:

$$Nu = 0.023Re^{0.8}Pr^{n} \tag{4-44}$$

或
$$\alpha = 0.023\frac{\lambda}{d_i}\left(\frac{d_i u\rho}{\mu}\right)^{0.8}\left(\frac{c_p\mu}{\lambda}\right)^{n} \tag{4-44a}$$

式中 n 值随热流方向而异。当流体被加热时,$n=0.4$;当流体被冷却时,$n=0.3$。

应用范围:$Re>10\ 000$,$0.7<Pr<120$;管长与管径比$\frac{L}{d_i}\geqslant 60$,若$\frac{L}{d_i}<60$时,可将由式 4-44 计算得到的结果 α 乘以短管修正系数$\left[1+\left(\frac{d_i}{L}\right)^{0.7}\right]$,予以修正。

特征尺寸:管内径 d_i。

定性温度:流体进、出口温度的算术平均值。

2.对于高黏度液体

可采用以下关联式:

$$Nu = 0.027Re^{0.8}Pr^{0.33}\left(\frac{\mu}{\mu_w}\right)^{0.14} \tag{4-45}$$

定性温度:除黏度 μ_w 取壁温外,其他均取为流体进、出口温度的算术平均值。

应用范围和特征尺寸与式 4-44 的相同。

应予指出,式 4-44 中 Pr 的方次 n 采用不同的数值以及式 4-45 中$(\mu/\mu_w)^{0.14}$项都是为了校正热流方向的影响。当流体在管内呈湍流时,滞流内层的温度、速度及厚度都会因热流方向的不同而异。例如液体被加热时,滞流内层的温度比液体的平均温度高,由于液体的黏

---

① 第 1 章中指出 $Re>4\ 000$ 为湍流,$2\ 000<Re<4\ 000$ 为过渡流;但对流传热计算中大都规定 $Re>10\ 000$ 为湍流,$2\ 300<Re<10\ 000$ 为过渡流。使用关联式应注意具体条件。

度随温度升高而降低，所以滞流内层中液体的黏度降低，流速增大，滞流内层的厚度减薄，致使对流传热系数增大。液体被冷却时，情况恰相反，即滞流内层中液体的黏度增大，流速降低，厚度增厚，使对流传热系数减小。但是式中 Pr 值是根据流体进、出口平均温度计算得到的，只要流体进、出口温度在加热和冷却时都相同，则 Pr 值也相同。因此为了考虑热流方向对 α 的影响，便将 Pr 值的指数取不同的数值。对大多数的液体，$Pr>1$，则 $Pr^{0.4}>Pr^{0.3}$，故应用式 4-44 时：液体被加热时 n 取为 0.4，得到的 α 就大；液体被冷却时 n 取为 0.3，得到的 α 就小。气体的黏度一般随温度升高而增大，情况恰与液体的相反，即：气体被加热时，滞流内层气体温度高，黏度和厚度都增大，使 α 减小；气体被冷却时，滞流内层气体温度低，黏度和厚度减小，使 α 增大。但因大多数气体 $Pr<1$，则 $Pr^{0.4}<Pr^{0.3}$，所以气体被加热时 n 仍取为 0.4，气体被冷却时 n 仍为 0.3。

对式 4-45 中校正项 $(\mu/\mu_w)^{0.14}$，可作完全相似的分析，但由于壁温往往是未知的，计算时就要用试差法。为避免这种麻烦，$(\mu/\mu_w)^{0.14}$ 可取近似值。液体被加热，取 $(\mu/\mu_w)^{0.14}\approx 1.05$；液体被冷却，取 $(\mu/\mu_w)^{0.14}\approx 0.95$；对气体，不论是被加热还是被冷却，均取 $(\mu/\mu_w)^{0.14}\approx 1.0$。

［**例 4-12**］ 常压空气在内径为 25 mm、长为 2 m 的管内由 20 ℃加热到 100 ℃，空气的平均流速为 15 m/s，试求管壁对空气的对流传热系数。

解：空气定性温度为：

$$t_m=\frac{t_1+t_2}{2}=\frac{20+100}{2}=60\ ℃$$

于附录查得 60 ℃空气的物性如下：$\rho=1.06\ kg/m^3$，$\lambda=0.029\ W/(m\cdot ℃)$，$\mu=2.01\times10^{-5}\ Pa\cdot s$，$Pr=0.696$。

又

$$Re=\frac{d_i u\rho}{\mu}=\frac{0.025\times15\times1.06}{2.01\times10^{-5}}=19\ 780（湍流）$$

$$\frac{L}{d_i}=\frac{2}{0.025}=80>60$$

Re、Pr 值及 $\frac{L}{d_i}$ 均在式 4-44 的应用范围，故可用该式求 α。

气体被加热，取 $n=0.4$，于是得：

$$\alpha=0.023\frac{\lambda}{d_i}Re^{0.8}Pr^{0.4}=0.023\times\frac{0.029}{0.025}(19\ 780)^{0.8}(0.696)^{0.4}=63.1\ W/(m^2\cdot ℃)$$

（二）流体在圆形直管内作强制滞流

流体在管内作强制滞流时，情况比较复杂，不仅应考虑自然对流的效应，而且热流方向对 α 的影响更为显著，因此关联式的误差较大。

当管径较小，流体与壁面间温度差不大，一般是 $Gr<25\ 000$ 时，自然对流的影响可忽略，这种情况下对流传热系数可用下述关联式计算，即：

$$Nu=1.86Re^{1/3}Pr^{1/3}\left(\frac{d_i}{L}\right)^{1/3}\left(\frac{\mu}{\mu_m}\right)^{0.14} \tag{4-46}$$

应用范围：$Re<2\ 300$，$0.6<Pr<6\ 700$，$\left(Re\cdot Pr\frac{d_i}{L}\right)>100$。

特征尺寸：管内径 d_i。

定性温度：除 μ_w 取壁温外，均取流体进、出口温度的算术平均值。

当 $Gr>25\ 000$ 时，可先按式 4-46 计算 α，然后再乘以由下式得到的修正系数 f。

$$f=0.8(1+0.015Gr^{1/3}) \tag{4-47}$$

应予指出，由于强制滞流时 α 很低，故在换热器设计中，应避免在滞流条件下进行换热。

[例 4-13] 管壳式换热器的列管直径为 $\phi25\times2.5$(mm)、长为 3 m。管内有冷冻盐水（25% $CaCl_2$）流过，流速为 0.3 m/s，温度自 -5 ℃升到 15 ℃。假设管壁的平均温度为 20 ℃，试求管壁与流体间的对流传热系数。

解：定性温度 $=\frac{1}{2}(-5+15)=5$ ℃

从附录中查得 25% $CaCl_2$ 在 5 ℃下的物性：

$$\rho\approx1\ 230\ \text{kg/m}^3$$

$$c_p=2.85\ \text{kJ/(kg·℃)}$$

$$\lambda\approx0.57\ \text{W/(m·℃)}$$

$$\mu=4\times10^{-3}\ \text{Pa·s}$$

及 $$\mu_w=2.5\times10^{-3}\ \text{Pa·s}\quad \beta=\frac{1}{273+5}=3.6\times10^{-3}\ 1/℃$$

判别流型：

$$Re=\frac{d_i u\rho}{\mu}=\frac{0.02\times0.3\times1\ 230}{4\times10^{-3}}=1\ 845(\text{滞流})$$

$$Pr=\frac{c_p\mu}{\lambda}=\frac{2.85\times10^3\times4\times10^{-3}}{0.57}=20$$

$$RePr\left(\frac{d_i}{L}\right)=1\ 845\times20\times\frac{0.02}{3}=246>100$$

$$Gr=\frac{\rho^2 g\beta\Delta t d_i^3}{\mu^2}=\frac{1\ 230^2\times9.81\times3.6\times10^{-3}(20-5)(0.02)^3}{(4\times10^{-3})^2}$$

$$=400\ 700>25\ 000$$

在本题条件下，先用式 4-46 计算 α'，再用式 4-47 求自然对流修正系数 f，即可求得 α。

$$\alpha'=1.86\left(\frac{\lambda}{d_i}\right)(Re)^{1/3}(Pr)^{1/3}\left(\frac{d_i}{L}\right)^{1/3}\left(\frac{\mu}{\mu_w}\right)^{0.14}$$

$$=1.86\times\frac{0.57}{0.02}(1\ 845)^{1/3}(20)^{1/3}\left(\frac{0.02}{3}\right)^{1/3}\left(\frac{4\times10^{-3}}{2.5\times10^{-3}}\right)^{0.14}=320\ \text{W/(m}^2\text{·℃)}$$

又 $$f=0.8(1+0.015Gr^{1/3})=0.8(1+0.015\times400\ 700^{1/3})=1.68$$

故 $$\alpha=f\alpha'=1.68\times320=538\ \text{W/(m}^2\text{·℃)}$$

(三)流体在圆形直管内作过渡流

当 $Re=2\ 300\sim10\ 000$ 时，对流传热系数可先用湍流时的公式计算，然后将算得的结果乘以校正系数 ϕ。校正系数为：

$$\phi=1-\frac{6\times10^5}{Re^{1.8}} \tag{4-48}$$

应指出，通常在换热器的设计中，为了提高总传热系数，流体多呈湍流流动。

(四)流体在弯管内作强制对流

流体在弯管内流动时，由于受惯性离心力的作用，流体的湍流程度增大了，使对流传热系数较直管内的大，此时 α 可用下式计算：

$$\alpha' = \alpha\left(1 + 1.77\frac{d}{R}\right) \tag{4-49}$$

式中　α'——弯管中流体的对流传热系数，W/(m²·℃)；

α——直管中流体的对流传热系数，W/(m²·℃)；

d——管内径，m；

R——弯管的弯曲半径，m。

（五）流体在非圆形管内强制对流

此时仍可用上述各关联式，只要将式中管内径改变为当量直径即可。当量直径 d_e 可用第1章中介绍的公式计算。但是有些关联式需采用传热当量直径。传热当量直径定义为：

$$d'_e = \frac{4\times(\text{流体流动截面积})}{\text{流体润湿的传热周边}}$$

例如，在套管换热器环隙内传热时，其传热当量直径为：

$$d'_e = \frac{4\times\frac{\pi}{4}(d_1^2 - d_2^2)}{\pi d_2} = \frac{d_1^2 - d_2^2}{d_2}$$

式中　d_1——套管换热器外管内径，m；

d_2——套管换热器内管外径，m。

在传热计算中，究竟采用哪个当量直径，由具体的关联式决定。应予指出，将关联式中的 d 改用 d_e 是近似的算法。对常用的非圆形管道，最好采用特定的关联式。例如，在套管环隙中用水和空气进行传热实验，可得 α 关联式为：

$$\alpha = 0.02\frac{\lambda}{d_e}\left(\frac{d_1}{d_2}\right)^{0.53} Re^{0.8} Pr^{0.33} \tag{4-50}$$

应用范围：$Re = 1.2\times10^4 \sim 2.2\times10^5$，$\frac{d_1}{d_2} = 1.65 \sim 17$。

特征尺寸：当量直径 d_e。

定性温度：流体进、出口温度的算术平均值。

应予指出，为了分析每个因素对 α 的影响，可将 α 关联式加以变换，使每个变量在方程式中单独出现。例如将式4-44展开可得：

$$\alpha = 0.023\frac{\rho^{0.8} c_p^{0.4} \lambda^{0.6}}{\mu^{0.4}}\frac{u^{0.8}}{d^{0.2}}$$

由上式可知，当流体在管内作强制湍流时，若流体的物性一定，则 α 与 $u^{0.8}$ 成正比，而 α 与 $d^{0.2}$ 成反比，表明管径对 α 的影响较小。至于其他物性的影响，只要比较各自的指数即可。

表4-4列出空气和水在圆形直管内流动时某些条件下的对流传热系数，以供参考。由表可见，水的 α 值较空气的大得多。同一种流体，流速愈大，α 也愈大；管径愈大，α 则愈小。

二、流体在管外强制对流传热

（一）流体横向流过管束

流体横向流过管束时，由于管与管之间的影响，情况较复杂。管束的几何条件，如管径、管间距、排数及排列方式等都影响对流传热系数。通常，管子的排列方式有正三角形、转角正三角形、正方形和转角正方形四种，如图4-14所示。

表 4-4　空气和水的 α 值(16 ℃和 101.33 kPa 下)

	d_i mm	u m/s	α W/(m²·℃)		d_i mm	u m/s	α W/(m²·℃)
空气	25	6.1 24.4 42.7 61.0	34.1 101.1 159.9 210.1	水	25	0.61 1.22 2.44	2 408 4 372 7 609
	50	6.1 24.4 42.7 61.0	29.5 89.7 137.4 184.0		50	0.61 1.22 2.44	2 158 3 804 6 586
	75	6.1 24.4 42.7 61.0	26.1 80.6 126.1 169.2		75	0.61 1.22 2.44	2 044 3 520 6 132

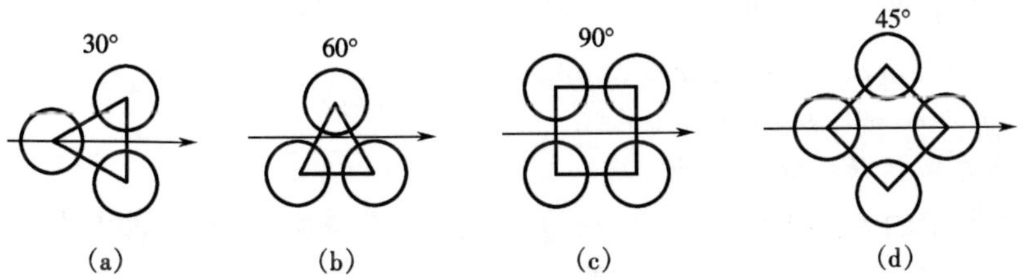

图 4-14　管子排列方式

(a)正三角形　(b)转角正三角形　(c)正方形　(d)转角正方形

流体在管束外流过时,平均对流传热系数可分别用下式计算:

对于(a)、(d)排列

$$Nu = 0.33 Re^{0.6} Pr^{0.33} \tag{4-51}$$

对于(b)、(c)排列

$$Nu = 0.26 Re^{0.6} Pr^{0.33} \tag{4-51a}$$

应用范围:$Re > 3\ 000$。

特征尺寸:管外径 d_o。

定性温度:流体进、出口温度的算术平均值。

流速取流体通过每排管子最狭窄通道处的速度。

管束排数应为 10,否则应将计算结果乘以从表 4-5 查出的修正系数。

表 4-5　式 4-51 和式 4-51a 的修正系数

排　数	1	2	3	4	5	6	7	8	9	10	12	15	18	25	35	75
(a)、(d)排列	0.68	0.75	0.83	0.89	0.92	0.95	0.97	0.98	0.99	1.0	1.01	1.02	1.03	1.04	1.05	1.06
(b)、(c)排列	0.64	0.80	0.83	0.90	0.92	0.94	0.96	0.98	0.99	1.0						

［例 4-14］ 有一空气预热器，由长度为 2 m、直径为 $\phi 89 \times 3.5$(mm)的正三角形排列的直立钢管束组成。管束共有 8 排，每排管数相同。空气垂直于管束流动，空气温度由 20 ℃加热到 40 ℃。空气通过管间最狭处的流速为 12 m/s。管内有饱和蒸汽冷凝。试求管壁对空气的平均对流传热系数。

解：空气定性温度 $= \frac{1}{2}(20+40) = 30$ ℃

于附录查得空气在 30 ℃时的物性如下：

$\mu = 1.86 \times 10^{-5}$ Pa·s

$\rho = 1.165$ kg/m^3

$\lambda = 2.67 \times 10^{-2}$ W/(m·℃)

$c_p = 1.0$ kJ/(kg·℃)

$$Re = \frac{d_o u\rho}{\mu} = \frac{0.089 \times 12 \times 1.165}{1.86 \times 10^{-5}} = 66\ 890 > 3\ 000$$

$$Pr = \frac{c_p\mu}{\lambda} = \frac{1.0 \times 10^3 \times 1.86 \times 10^{-5}}{2.67 \times 10^{-2}} = 0.7$$

当空气流过 10 排正三角形排列管束时，平均对流传热系数可由式 4-51 求得，即：

$$\alpha' = 0.33\frac{\lambda}{d_o}Re^{0.6}Pr^{0.33} = 0.33 \times \frac{0.026\ 7}{0.089}(66\ 890)^{0.6}(0.7)^{0.33} = 69\ \text{W/(m}^2\cdot℃)$$

空气流过 8 排时，由表 4-5 查得修正系数为 0.98，则：

$$\alpha = 0.98\alpha' = 0.98 \times 69 = 67.6\ \text{W/(m}^2\cdot℃)$$

（二）流体在换热器的管间流动

如图 4-2 所示的为经常采用的管壳式换热器，由于壳体是圆筒，管束中各列的管数不同，而且一般都装有折流挡板。流体在管间流动时，流向和流速不断地变化，因而在 $Re >$ 100 时即可能达到湍流。折流挡板的形式较多，如图 4-15 所示，其中以圆缺形（又称弓形）挡板最为常用。

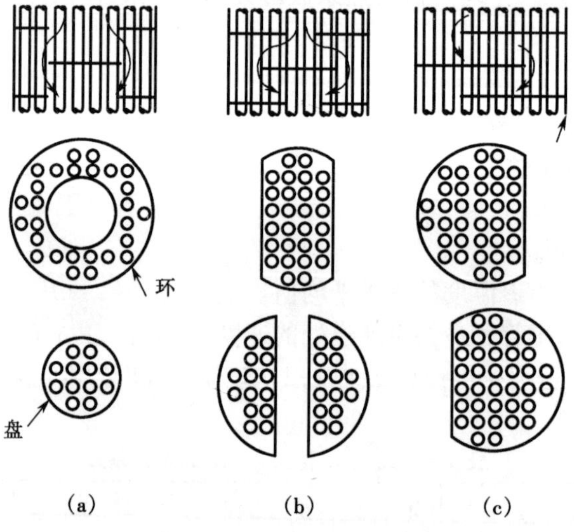

图 4-15 换热器的折流挡板

(a)盘环形 (b)分流形 (c)圆缺形

应当指出，在管间安装折流挡板，虽然可使对流传热系数增大，但是流动阻力也随之增加，而且若挡板和壳体之间、挡板和管束之间的间隙过大，部分流体会从间隙中流过，这股流体称为旁流。旁流严重时反而使对流传热系数下降。

换热器装有圆缺形挡板（缺口面积为 25% 的壳体内截面积）时，壳方流体的对流传热系数可用下式计算：

$$Nu = 0.36 Re^{0.55} Pr^{1/3} \varphi_{\mu} \tag{4-52}$$

或

$$\alpha = 0.36 \frac{\lambda}{d_e}\left(\frac{d_e u\rho}{\mu}\right)^{0.55}\left(\frac{c_p\mu}{\lambda}\right)^{1/3}\left(\frac{\mu}{\mu_w}\right)^{0.14} \tag{4-52a}$$

应用范围：$Re = 2\times10^3 \sim 1\times10^6$。

特征尺寸：当量直径 d_e。

定性温度：除 μ_w 取壁温外，均取流体进、出口温度的算术平均值。

当量直径 d_e 可根据图 4-16 所示的管子排列的情况分别用不同的式子进行计算。

管子为正方形排列：

$$d_e = \frac{4\left(t^2 - \frac{\pi}{4}d_o^2\right)}{\pi d_o} \tag{4-53}$$

管子为正三角形排列：

$$d_e = \frac{4\left(\frac{\sqrt{3}}{2}t^2 - \frac{\pi}{4}d_o^2\right)}{\pi d_o} \tag{4-53a}$$

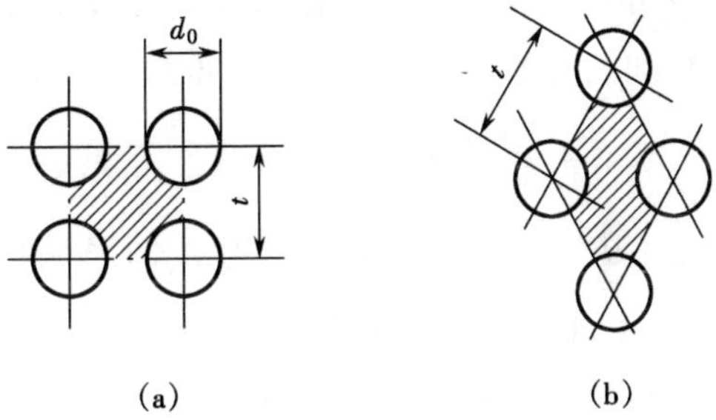

图 4-16　管间当量直径的推导

(a)正方形排列　(b)正三角形排列

式中　t——相邻两管的中心距，m；

d_o——管外径，m。

式 4-52(a)中的流速 u 根据流体流过管内最大截面积 A 计算，即：

$$A = hD\left(1 - \frac{d_o}{t}\right) \tag{4-54}$$

式中　h——两挡板间的距离，m；

D——换热器的外壳内径，m。

若换热器的管间无挡板，管外流体沿管束平行流动，则对流传热系数仍可用管内强制对流的公式计算，但需将式中的管内径改为管间的当量直径。

三、自然对流

自然对流时的对流传热系数仅与反映流体自然对流状况的 Gr 数及 Pr 数有关，通常他们之间的关系可表示为：

$$Nu = c(Gr \cdot Pr)^n \tag{4-55}$$

对于大空间中的自然对流，例如管道或传热设备的表面与周围大气之间传热，通过实验测得的 c 和 n 值列于表 4-6 中。

式 4-55 中的定性温度取膜的平均温度，即为壁面温度和流体平均温度的算术平均值。特征尺寸与加热面的方位有关，对水平管取为管外径 d_o，对垂直管或板取为垂直高度 L。

表 4-6　式 4-55 中的 c 和 n 值

加热表面形状	特征尺寸	$(Gr \cdot Pr)$范围	c	n
水平圆管	外径 d_o	$10^4 \sim 10^9$	0.53	$\frac{1}{4}$
		$10^9 \sim 10^{12}$	0.13	$\frac{1}{3}$
垂直管或板	高度 L	$10^4 \sim 10^9$	0.59	$\frac{1}{4}$
		$10^9 \sim 10^{12}$	0.10	$\frac{1}{3}$

[**例** 4-15]　一水平放置的蒸汽管道,外径为 100 mm。若管外壁面温度为 120 ℃,周围空气温度为 20 ℃,计算单位管长的散热速率(忽略热辐射引起的热损失)。

解:此为自然对流传热,α 可用式 4-55 计算,即:

$$\alpha = c\frac{\lambda}{d_o}(Gr \cdot Pr)^n$$

定性温度 $= \frac{120+20}{2} = 70$ ℃,此时空气的物性可由附录查得:

$$\lambda = 0.029\ 63\ \text{W}/(\text{m}\cdot℃)$$

$$\nu = \frac{\mu}{\rho} = 2.002 \times 10^{-5}\ \text{m}^2/\text{s}$$

$$Pr = 0.7$$

体积膨胀系数 $\beta = \frac{1}{t+273} = \frac{1}{70+273} = 2.92 \times 10^{-3}\ 1/℃$

所以　$Gr = \frac{\beta g \Delta t d_o^3}{\nu^2} = \frac{2.92 \times 10^{-3} \times 9.81(120-20) \times 0.1^3}{(2.002 \times 10^{-5})^2} = 7.15 \times 10^6$

$$Gr \cdot Pr = 7.15 \times 10^6 \times 0.7 = 5.01 \times 10^6$$

查表 4-6 得:$c = 0.53$, $n = \frac{1}{4}$。

故　$\alpha = 0.53\left(\frac{0.029\ 63}{0.1}\right)(5.01 \times 10^6)^{1/4} = 7.43\ \text{W}/(\text{m}^2\cdot℃)$

单位管长的散热速率为:

$$\frac{Q}{L} = \alpha(\pi d_o)\Delta t = 7.43 \times \pi \times 0.1(120-20) = 233\ \text{W/m}$$

4.5.4　流体有相变时的对流传热系数

一、蒸气冷凝

(一)蒸气冷凝方式

当饱和蒸气与温度低于饱和温度的壁面相接触时,蒸气放出潜热,并在壁面上冷凝成液体。蒸气冷凝有膜状冷凝和滴状冷凝两种方式。

1.膜状冷凝

若冷凝液能润湿壁面,则在壁面上形成一层液膜,称为膜状冷凝,如图 4-17 中(a)和(b)所示。在壁面上形成液膜后,蒸气冷凝时放出的潜热必须通过液膜后才能传给冷壁面。因此冷凝液膜往往成为膜状冷凝的主要热阻。若冷凝液膜在重力作用下沿壁面向下流动，则液膜层愈往下愈厚。若壁面愈高或水平放置的管径愈大，则整个壁面的平均对流传热系数也就愈小。

2.滴状冷凝

若冷凝液不能润湿壁面，由于表面张力的作用，冷凝液在壁面上形成许多液滴，并沿壁面落下，此种冷凝称为滴状冷凝，如图 4-17(c)所示。

在滴状冷凝时，大部分壁面直接暴露在蒸气中，由于没有液膜阻碍热流，因此滴状冷凝的传热系数比膜状冷凝的高几倍。

由于在生产中滴状冷凝是不稳定的，因此冷凝器的设计总是按膜状冷凝来处理。下面仅介绍纯净饱和蒸气膜状冷凝传热系数的计算方法。

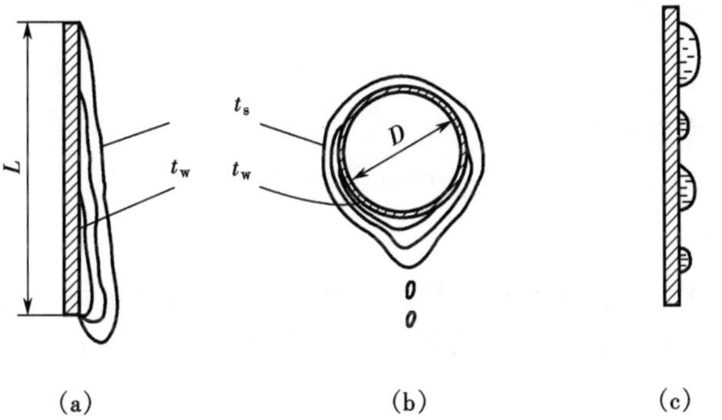

图 4-17　蒸气冷凝方式

(a)、(b)膜状冷凝　(c)滴状冷凝

(二)膜状冷凝的传热系数

1.蒸气在垂直管外(或垂直板上)的冷凝

如图 4-17(a)所示，壁面上液膜的厚度从上到下逐渐变厚。当液膜流动为滞流时，由顶端向下，因液膜变厚，对流传热系数减小。当壁的高度足够高且冷凝液量较大时，则壁的下部液膜会出现湍流流动，此时局部对流传热系数反而增大。从滞流到湍流的转变仍决定 *Re* 数的临界值。对冷凝过程，*Re* 数被定义为：

$$Re=\frac{d_e u\rho}{\mu}=\frac{\frac{4A}{b}\cdot\frac{W}{A}}{\mu}=\frac{4\frac{W}{b}}{\mu}=\frac{4M}{\mu}$$

式中　d_e——当量直径，m；

A——冷凝液流的流通面积，m^2；

b——冷凝液的润湿周边，m；

W——冷凝液的质量流量，kg/s；

M——冷凝负荷，单位时间、单位润湿周边上流过的冷凝液量，kg/(m·s)。

当液膜为滞流时，即 $Re<1\ 800$，冷凝传热系数可用下式计算：

$$\alpha=1.13\left(\frac{g\rho^2\lambda^3 r}{\mu L\Delta t}\right)^{1/4} \tag{4-56}$$

式中　L——垂直管或板的高度，m；

λ——冷凝液的导热系数，W/(m·℃)；

ρ——冷凝液的密度,kg/m^3;

μ——冷凝液的黏度,Pa·s;

r——饱和蒸气的冷凝热,kJ/kg;

Δt——蒸气饱和温度 t_s 和壁温 t_w 之差,℃。

定性温度:r 取饱和温度 t_s 下的值,其余取膜平均温度 $t_m=\frac{1}{2}(t_s+t_w)$。

当液膜为湍流时,即 $Re>1\ 800$,冷凝传热系数可用下式计算:

$$\alpha=0.007\ 7\left(\frac{\rho^2 g\lambda^3}{\mu^2}\right)^{1/3}Re^{0.4} \tag{4-57}$$

2.蒸气在水平管外冷凝

此时冷凝传热系数可用下式计算:

$$\alpha=0.725\left(\frac{r\rho^2 g\lambda^3}{n^{2/3}\mu d_o\Delta t}\right)^{1/4} \tag{4-58}$$

式中　n——水平管束在垂直列上的管数。

定性温度:r 取为 t_s 下的值,其余为膜平均温度。

特征尺寸:管外径 d_o。

在管壳式换热器中,管束由互相平行的 z 列管子组成,通常每一列的管数不相等,若分别为 n_1、n_2、……、n_z,则式 4-58 中的管数 n 应用平均管数 n_m 代替。n_m 可用下式计算:

$$n_m=\frac{n_1+n_2+\cdots+n_z}{n_1^{0.75}+n_2^{0.75}+\cdots+n_z^{0.75}} \tag{4-59}$$

[**例** 4-16]　甲醇蒸气在一卧式冷凝器中冷凝成甲醇液体。冷凝器每一列平均管数为5,管径为 $\phi25\times2.5$(mm)。甲醇蒸气在管外冷凝,蒸气饱和温度为 65 ℃,汽化热为 1 120 kJ/kg。冷凝液在饱和温度下排出,管壁的平均温度为 45 ℃,试求蒸气冷凝传热系数。

解:定性温度 $t_m=\frac{1}{2}(t_s+t_w)=\frac{1}{2}(65+45)=55$ ℃

在 55 ℃下液体甲醇的物性:

$\rho=760\ kg/m^3$

$\lambda=0.2\ W/(m\cdot℃)$

$\mu=0.376\times10^{-3}\ Pa\cdot s$

蒸气冷凝传热系数由式 4-58 计算:

$$\alpha=0.725\left(\frac{g\rho^2\lambda^3 r}{n^{2/3}d_o\mu\Delta t}\right)^{1/4}=0.725\left(\frac{9.81\times760^2\times0.2^3\times1\ 120\times10^3)}{5^{2/3}\times0.025\times0.376\times10^{-3}\times20}\right)^{1/4}$$

$$=2\ 250\ W/(m^2\cdot℃)$$

(三)影响冷凝传热的因素

单组分饱和蒸气冷凝时,热阻集中在冷凝液膜内。因此对一定的组分,液膜的厚度及其流动状况是影响冷凝传热的关键。凡有利于减薄液膜厚度的因素都可提高冷凝传热系数。

1.液膜两侧的温度差 Δt

当液膜呈滞流时,若 Δt 加大,则蒸气冷凝速率增加,因而液膜厚度增厚,冷凝传热系数减小。

2.流体的物性

由膜状冷凝的传热系数计算式可知,液体的密度、黏度、导热系数及汽化热都影响 α

值。

3.蒸气中不凝气体的含量

若蒸气中含有空气及其他不凝性气体，则壁面被气体(λ 很小)层所遮盖，增加了一层附加热阻，使 α 急剧下降。因此在设计和操作中，都必须考虑排除不凝气。

4.蒸气的流速和流向

蒸气运动时和液膜间产生摩擦力，若蒸气和液膜同向流动，则摩擦力将使液膜加速，厚度变薄，使 α 增大；若两者逆向流动，则 α 减小。但是如果这种力超过液膜重力，液膜会被蒸气吹离壁面，此时随蒸气流速的增加，则 α 急剧增大。

5.冷凝壁面布置

对水平放置的管束，冷凝液从上部各排管子流下，使下部管排液膜变厚，则 α 变小。沿垂直方向上管排数愈多，α 下降也愈甚。因此应减小垂直方向上管排数目或者将管束由直列改为错列等。此外若冷凝壁面粗糙不平或有氧化层，则使膜层加厚，因而 α 降低。

二、液体的沸腾

液体与高温壁面接触被加热汽化并产生气泡的过程，称为液体的沸腾。工业上液体沸腾的方法有二：一是将加热壁面浸没在液体中，液体在壁面处受热沸腾，称为大容积沸腾；另一是液体在管内流动时受热沸腾，称为管内沸腾。后者机理更复杂，下面主要讨论大容器沸腾(又称池内沸腾)。

(一)液体沸腾曲线

实验表明，大容器内液体沸腾时，随温度差 Δt(即 $t_w - t_s$)的不同而出现不同类型的沸腾状态。下面以常压下水在大容器中沸腾传热为例，讨论温度差 Δt 对传热系数 α 的影响。

(1)当温度差 Δt 较低($\Delta t \leqslant 5$ ℃)时，加热表面上的液体轻微受热，使液体内部产生自然对流，没有气泡从液体中逸出液面，仅在液体表面上发生蒸发，此阶段的 α 较低，如图 4-18 中 *AB* 段所示，通常将此阶段称为自然对流区。

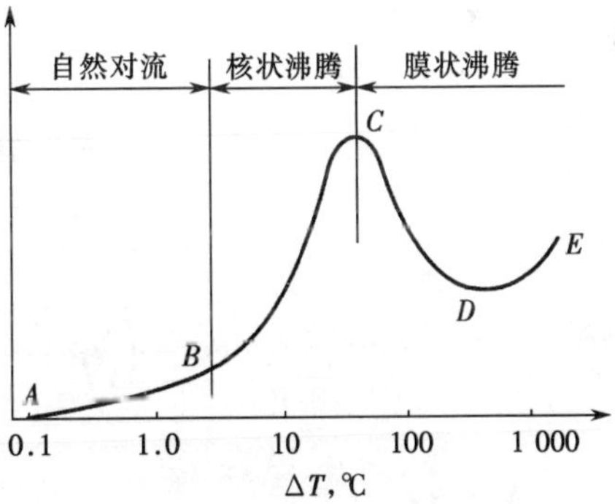

图 4-18　水的沸腾曲线

(2)当 Δt 逐渐升高($\Delta t = 5 \sim 25$ ℃)，在加热表面的局部位置上开始产生气泡，该局部位置称为汽化核心。气泡的产生、脱离和上升使液体受到强烈的扰动，因此 α 急剧增大，如图 4-18 中 *BC* 段所示，此阶段称为核状沸腾。

(3)当 Δt 再增大($\Delta t > 25$ ℃)时，加热面上的气泡大量增多，气泡产生的速度大于它脱离表面的速度，在表面上形成一层蒸气膜。由于蒸气的导热系数低，气膜的附加热阻使 α 急剧下降。气膜开始形成时是不稳定的，大气泡可能脱离表面，故此阶段为不稳定的膜状沸腾或部分核状沸腾，如图 4-18 中 *CD* 段所示。当达到 *D* 点时，加热面全部被气膜所覆盖，开始形成稳定的气膜，以后随 Δt 的增加，α 又上升，这是由于壁温升高，辐射传热影响所致，如图 4-18 中 *DE* 段所示。实际上一般将 *CDE* 段称为膜状沸腾。

由核状沸腾向膜状沸腾过渡的转折点 *C* 称为临界点。临界点下的温度差、传热系数分别称为临界温度差 Δt_c、临界沸腾传热系数 α_c。由于核状沸腾传热系数较膜状沸腾的大，工业生产中总是设法控制在核状沸腾下操作，因此确定不同液体沸腾时临界点下的有关参数具有实际意义。

（二）影响沸腾传热的因素

1.液体的性质

液体的导热系数 λ、密度 ρ、黏度 μ 和表面张力 σ 等都对沸腾传热有重要的影响。一般情况下，α 随 λ、ρ 的增加而加大，随 μ 和 σ 的增加而减小。

2.温度差 Δt

前已指出，温度差 $t_w - t_s$ 是控制沸腾传热过程的重要因素。在特定的实验条件（沸腾压强、壁面形状等）下，对多种液体进行核状沸腾时的传热系数的测定，可整理得到如下的经验公式：

$$\alpha = a(\Delta t)^n \tag{4-60}$$

式中 a 和 n 为随液体种类和沸腾条件而异的常数，其值由实验确定。

3.操作压强

提高沸腾压强即相当于提高液体饱和温度，使液体的表面张力和黏度均减小，有利于气泡的生成和脱离，强化了沸腾传热。在相同的 Δt 下，操作压强愈高，则 α 和 q 愈大。

4.加热表面状况

一般新的或清洁的加热面，α 较大。当表面被油脂沾污后，会使 α 急剧下降。表面愈粗糙，气泡核心愈多，愈有利于沸腾传热。此外，加热面的布置情况对沸腾传热也有明显的影响。

应予强调指出，对于不同类型的换热器及不同的对流传热情况，已有许多求算 α 的关联式。本节介绍的仅是部分较典型的情况。在进行传热计算时，有关 α 的关联式可查阅传热专著或手册，但选用时一定要注意公式的应用条件和适用范围，否则计算结果的误差较大。

第6节　辐射传热

4.6.1　热辐射的基本概念

一、热辐射

物体因热的原因以电磁波的形式向外发射能量的过程称为热辐射，即物体的热能转变为辐射能。只要物体的温度不变，发射的辐射能也不变。

热辐射和光辐射的本质完全相同，两者的区别仅在于波长范围不同。它们都服从反射和折射定律，能在均一介质中作直线传播。在真空和大多数的气体（惰性气体和对称双原子气体）中，热射线可完全透过，但是对大多数的固体和液体，热射线则不能被透过。

二、黑体、镜体、透热体和灰体

如图 4-19 所示，假设投射在某一物体上的总辐射能为 Q，则其中有一部分能量 Q_A 被吸收，一部分能量 Q_R 被反射，余下的能量 Q_D 透过物体。根据能量守恒定律，可得：

$$Q = Q_A + Q_R + Q_D \tag{4-61}$$

或

$$\frac{Q_A}{Q} + \frac{Q_R}{Q} + \frac{Q_D}{Q} = 1 \tag{4-61a}$$

令 $A = \frac{Q_A}{Q} \quad R = \frac{Q_R}{Q} \quad D = \frac{Q_D}{Q}$

则

$$A + R + D = 1 \tag{4-61b}$$

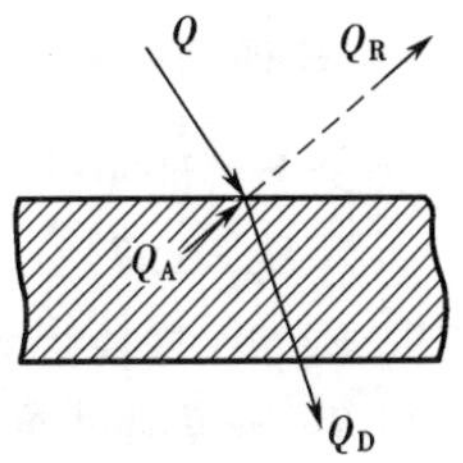

图 4-19　辐射能的吸收、反射和透过

式中 A、R 和 D 分别称为物体的吸收率、反射率和透过率。

若 $A = 1$,则表示该物体能全部吸收投射其上的辐射能。这种物体称为绝对黑体,简称黑体。

若 $R = 1$,则表示该物体能将投射其上的辐射能全部反射出去,该物体称为镜体或绝对白体。

若 $D = 1$,则表示该物体能透过全部辐射能,这种物体称为透热体。

黑体、镜体和透热体都是假定的理想物体。实际物体只是或多或少地接近这种理想物体。例如无光泽的黑煤,其 A 约为 0.97,接近于黑体;磨光的铜表面,R 约为 0.97,接近于镜体;单原子气体和对称的双原子气体可视为透热体。

物体的吸收率、反射率和透过率的大小取决于物体的性质、表面状况及辐射能的波长等。一般固体和液体都是不透热体,即 $D = 0, A + R = 1$。由此可见,吸收能力小的物体,其反射能力就大,反之则相反。气体则不同,其反射率 R 为零,故 $A + D = 1$。显然吸收能力大的气体,其透过能力就差。某些气体只能部分地吸收一定波长范围的辐射能。

一般的固体能部分地吸收由 0 到 ∞ 的所有波长范围的辐射能。凡能以相同的吸收率吸收所有波长范围辐射能的物体,定义为灰体。灰体也是理想物体,但是大多数工程材料可视为灰体。灰体具有以下特点:

(1)它的吸收率不随辐射能波长而变;

(2)它是不透热体,即 $A + R = 1$。

三、辐射传热

物体在向外发射辐射能的同时,也可能不断地吸收周围其他物体发射的辐射能,并将吸收的辐射能转变为热能。这种物体间相互发射和吸收辐射能的传热过程称为辐射传热。若两个温度不等的物体间进行辐射传热,则其净的结果是高温物体向低温物体传递了热量。若两个换热物体的温度相等,则物体间净的辐射传热量等于零,但是它们之间的相互辐射和吸收过程仍在进行。本节重点讨论固体表面之间的辐射传热。

4.6.2　物体的辐射能力

物体的辐射能力是指物体在一定的温度下单位表面积、单位时间内所发射的全部波长(从 0 到 ∞)的总能量,用 E 表示,单位为 W/m^2。在相同的条件下,物体发射特定波长的辐射能力,称为单色辐射能力,用 E_λ 表示。

一、黑体的辐射能力　斯蒂藩-波耳兹曼定律

理论上可证明，黑体的辐射能力与其表面绝对温度的四次方成正比，即：

$$E_b = \sigma_0 T^4 \tag{4-62}$$

式中　E_b——黑体辐射能力，W/m^2；

T——黑体表面的热力学温度，K；

σ_0——黑体的辐射常数，其值为 5.67×10^{-8} $W/(m^2 \cdot K^4)$。

式 4-62 即为斯蒂藩-波耳兹曼定律。它表明黑体的辐射能力与其表面热力学温度的四次方成正比，故又称为四次方定律。为了工程计算上的方便，通常将式 4-62 写成以下形式：

$$E_b = C_0\left(\frac{T}{100}\right)^4 \tag{4-63}$$

式中 C_0 为黑体的辐射系数，其值为 5.67 $W/(m^2 \cdot K^4)$。

二、灰体的辐射能力

实验表明，斯-波定律也可应用于灰体。灰体的辐射能力可表示为：

$$E = C\left(\frac{T}{100}\right)^4 \tag{4-64}$$

式中 C 称为灰体的辐射系数。

在同一温度下，灰体的辐射能力与黑体的辐射能力之比定义为物体的黑度，用 ε 表示，即：

$$\varepsilon = \frac{E}{E_b} \tag{4-65}$$

由式 4-63 和式 4-65 可得：

$$E = \varepsilon C_0\left(\frac{T}{100}\right)^4 \tag{4-66}$$

只要已知物体的黑度，便可由上式求得该物体的辐射能力。

物体的黑度 ε 值取决于物体的性质、温度及表面状况（如表面粗糙度及氧化程度），一般由实验测得。常见的工业材料的黑度列于表 4-7 中。

表 4-7　某些工业材料的黑度

材　料	温　度，℃	黑　度，ε
红砖	20	0.93
耐火砖	—	0.8～0.9
钢板（氧化的）	200～600	0.8
钢板（磨光的）	940～1 100	0.55～0.61
铝（氧化的）	200～600	0.11～0.19
铝（磨光的）	225～575	0.039～0.057
铜（氧化的）	200～600	0.57～0.87
铜（磨光的）	—	0.03
铸铁（氧化的）	200～600	0.64～0.78
铸铁（磨光的）	330～910	0.6～0.7

三、基尔霍夫定律

基尔霍夫定律表达物体的辐射能力 E 和吸收率 A 之间的关系。假设有两块相距很近

的平行平板，一块板上的辐射能可以全部落在另一板上，如图 4-20 所示。若板 1 为灰体，其辐射能力、吸收率和表面温度分别为 E_1、A_1 和 T_1；板 2 为黑体，其辐射能力、吸收率和表面温度分别为 E_2（$E_2 = E_b$）、A_2（$A_2 = 1$）和 T_2。两板之间为透热体，系统与外界绝热。以单位时间、单位平板面积为基准，讨论两板间辐射传热的情况。

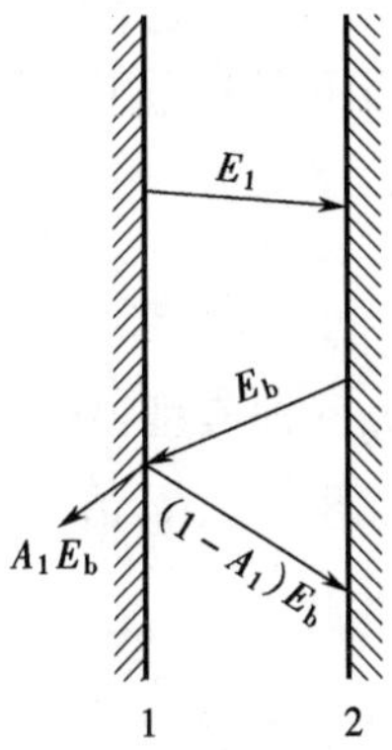

图 4-20　平行平板间辐射传热

由于板 2 为黑体，板 1 所辐射出的能量 E_1 能被板 2 全部吸收，而板 2 所辐射出的 E_b 被板 1 吸收了 A_1E_b，余下的 $(1-A_1)E_b$ 被反射至板 2，并被其全部吸收。故对板 1 而言，净的辐射传热结果为：

$$q = E_1 - A_1E_b$$

当两板达到热平衡，即 $T_1 = T_2$ 时，$q = 0$，故

$$E_1 = A_1E_b$$

或

$$\frac{E_1}{A_1} = E_b$$

以上关系可推广至任何灰体，故上式可改写为：

$$\frac{E_1}{A_1} = \frac{E_2}{A_2} = \cdots = \frac{E}{A} = E_b = f(T) \tag{4-67}$$

式 4-67 为基尔霍夫定律的数学表达式。该式表明任何物体的辐射能力和吸收率的比值恒等于同温度下黑体的辐射能力，即仅和物体的温度有关。实际物体的吸收率均小于 1，故在任一温度下，黑体的辐射能力最大，而且物体的吸收率愈大，其辐射能力也愈大。

比较式 4-65 和式 4-67，可以看出 $A = \varepsilon$，即在同一温度下物体的吸收率在数值上等于该物体的黑度。

4.6.3　两固体间的辐射传热

化工中常遇到两固体壁面之间的辐射传热。由于大多数工程材料可视为灰体，故讨论两灰体间的辐射传热。

在两灰体间的相互辐射中，由于它们的吸收率不等于 1，存在着辐射能的多次被吸收和多次被反射的过程，因此它比黑体与灰体之间的辐射传热过程复杂得多。在计算两灰体间的辐射传热时，必须考虑它们的吸收率、物体的形状和大小以及两灰体间的位置和距离等因素的影响。

对平行平壁间的辐射传热，可导得以下形式的辐射传热速率计算式：

$$Q_{1\text{-}2} = C_{1\text{-}2}S\left[\left(\frac{T_1}{100}\right)^4 - \left(\frac{T_2}{100}\right)^4\right] \tag{4-68}$$

式中　$Q_{1\text{-}2}$——净的辐射传热速率，W；

$C_{1\text{-}2}$——总辐射系数，$W/(m^2 \cdot K^4)$；

S——辐射面积，m^2；

T_1、T_2——分别为高温和低温表面的温度，K。

对任意两灰体间的辐射传热速率，应考虑一个壁面发射的辐射能可能只有一部分落到另一壁面上，为此需引入角系数 φ 的概念。φ 表示一物体发射的总能量投射到另一物体表

面的分率。它和物体的形状、大小及两物体间的相互位置与距离有关。于是式 4-68 可改写成以下普遍适用的形式：

$$Q_{1\text{-}2}=C_{1\text{-}2}\varphi S\left[\left(\frac{T_1}{100}\right)^4-\left(\frac{T_2}{100}\right)^4\right] \tag{4-68a}$$

总辐射系数 $C_{1\text{-}2}$ 值取决于壁面的性质（ε 值）和两个壁面的几何因素（形状、大小和位置等），几种典型辐射情况下 $C_{1\text{-}2}$ 计算式列于表 4-8 中。

角系数 φ 值一般利用模型通过实验测定。几种简单情况下的 φ 值见表 4-8 和图 4-21。

表 4-8　φ 值与 $C_{1\text{-}2}$ 的计算式

序　号	辐射情况	面积 S	角系数 φ	总辐射系数 $C_{1\text{-}2}$
1	极大的两平行面	S_1 或 S_2	1	$C_0\Big/\left(\frac{1}{\varepsilon_1}+\frac{1}{\varepsilon_2}-1\right)$
2	面积有限的两相等的平行面	S_1	<1*	$\varepsilon_1\varepsilon_2C_0$
3	很大的物体 2 包住物体 1	S_1	1	ε_1C_0
4	物体 2 恰好包住物体 1，$S_2\approx S_1$	S_1	1	$C_0\Big/\left(\frac{1}{\varepsilon_1}+\frac{1}{\varepsilon_2}-1\right)$
5	在 3、4 两种情况之间	S_1	1	$C_0\Big/\left[\frac{1}{\varepsilon_1}+\frac{S_1}{S_2}\left(\frac{1}{\varepsilon_2}-1\right)\right]$

* 此种情况的 φ 值由图 4-21 查得。

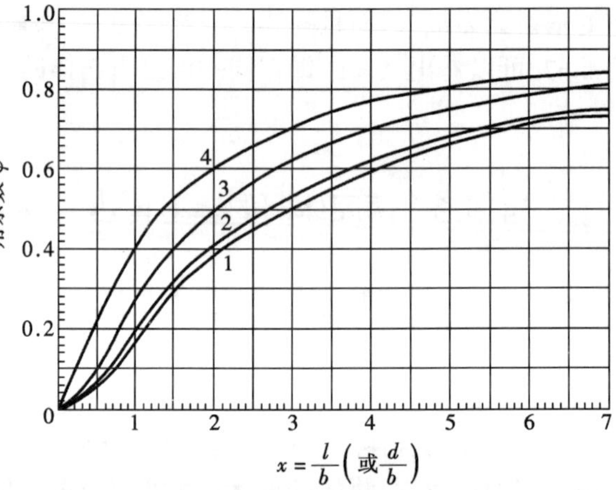

$$x=\frac{l}{b}\text{或}\frac{d}{b}=\frac{\text{边长(长方形用短边)或直径}}{\text{辐射面间的距离}}$$

图 4-21　平行面间辐射传热的角系数

1—圆盘形　2—正方形　3—长方形(边长之比为 2:1)　4—长方形(狭长)

［例 4-17］　车间内有一高和宽各为 1 m 的铸铁炉门，温度为 427 ℃，室内温度为 27 ℃。为了减少热损失，在炉门前 40 mm 处放置一块尺寸和炉门相同的铝板（氧化），试求放置铝板前、后因辐射损失的热量。

解：查表 4-8，得铸铁黑度 $\varepsilon_1=0.75$，铝的黑度 $\varepsilon_i=0.15$。

(1)放置铝板前因辐射损失的热量

$$Q_{1\text{-}2}=C_{1\text{-}2}\varphi S\left[\left(\frac{T_1}{100}\right)^4-\left(\frac{T_2}{100}\right)^4\right]$$

本题属于很大物体 2 包住物体 1 的情况，故：

$$S = S_1 = 1 \times 1 = 1\ \text{m}^2$$

$$C_{1\text{-}2} = C_0 \varepsilon_1 = 5.67 \times 0.75 = 4.253\ \text{W/(m}^2 \cdot \text{K}^4)$$

$$\varphi = 1$$

所以 $$Q_{1\text{-}2} = 4.253 \times 1 \times 1 \times \left[\left(\frac{427 + 273}{100} \right)^4 - \left(\frac{27 + 273}{100} \right)^4 \right] = 9\,870\ \text{W}$$

(2)放置铝板后因辐射损失的热量

以下标 1、2 和 i 分别表示炉门、房间和铝板。设铝板的温度为 T_i K，则铝板向房间的辐射热量为：

$$Q_{i\text{-}2} = C_{i\text{-}2} \varphi S_i \left[\left(\frac{T_i}{100} \right)^4 - \left(\frac{T_2}{100} \right)^4 \right]$$

其中 $$S_i = 1 \times 1 = m^2$$

$$C_{i\text{-}2} = C_0 \varepsilon_i = 5.67 \times 0.15 = 0.851\ \text{W/(m}^2 \cdot \text{K}^4)$$

$$\varphi = 1$$

所以 $$Q_{i\text{-}2} = 0.851 \times 1 \times 1 \times \left[\left(\frac{T_i}{100} \right)^4 - \left(\frac{27 + 273}{100} \right)^4 \right] \tag{a}$$

炉门对铝板的辐射传热可视为两无限大平板之间的传热，故放置铝板后因辐射损失的热量为：

$$Q_{1\text{-}i} = C_{1\text{-}i} \varphi S_1 \left[\left(\frac{T_1}{100} \right)^4 - \left(\frac{T_i}{100} \right)^4 \right]$$

其中 $$\varphi = 1$$

$$C_{1\text{-}i} = \frac{C_0}{\dfrac{1}{\varepsilon_1} + \dfrac{1}{\varepsilon_i} - 1} = \frac{5.67}{\dfrac{1}{0.75} + \dfrac{1}{0.15} - 1} = 0.81\ \text{W/(m}^2 \cdot \text{K}^4)$$

所以 $$Q_{1\text{-}i} = 0.81 \times 1 \times 1 \times \left[\left(\frac{427 + 273}{100} \right)^4 - \left(\frac{T_i}{100} \right)^4 \right] \tag{b}$$

当传热达到稳定时，$Q_{1\text{-}i} = Q_{i\text{-}2}$，即

$$0.81 \times \left[2\,401 - \left(\frac{T_i}{100} \right)^4 \right] = 0.851 \times \left[\left(\frac{T_i}{100} \right)^4 - 81 \right]$$

解得 $$T_i \approx 590\ \text{K}$$

将 T_i 值代入式(b)，得：

$$Q_{1\text{-}i} = 0.81 \times 1 \times \left[2\,401 - \left(\frac{590}{100} \right)^4 \right] = 960\ \text{W}$$

放置铝板后因辐射的热损失减少百分率为：

$$\frac{Q_{1\text{-}2} - Q_{1\text{-}i}}{Q_{1\text{-}2}} \times 100\% = \frac{9\,870 - 960}{9\,870} \times 100\% = 90.3\%$$

由以上计算结果可知，设置隔热挡板是减少辐射散热的有效方法，而且挡板材料的黑度愈低，挡板的层数愈多，则热损失愈少。

4.6.4 对流和辐射的联合传热

在化工生产中，许多设备的外壁温度往往高于周围环境的温度，因此热量将以对流和辐射两种方式散失于周围环境中。许多温度较高的设备，如换热器、塔器和蒸汽管道等都必须进行保温隔热，以减少热损失。设备的热损失应等于对流传热和辐射传热之和。

由于对流传热而损失的热量为：

$$Q_C = \alpha S_w (t_w - t) \tag{4-69}$$

式中 S_w——设备外壁面积，m^2；

t_w——设备外壁温度，℃；

t——环境温度，℃。

由于辐射传热而损失的热量为：

$$Q_R = C_{1\text{-}2}\varphi S_w\left[\left(\frac{T_w}{100}\right)^4 - \left(\frac{T}{100}\right)^4\right] \tag{4-70}$$

式中 T_w——设备外壁温度，K；

T——环境温度，K。

为计算方便，通常将辐射传热速率方程改为对流传热速度方程的形式，即：

$$Q_R = \alpha_R S_w(t_w - t) \tag{4-71}$$

比较式4-70和式4-71，可得：

$$\alpha_R = \frac{C_{1\text{-}2}\varphi\left[\left(\frac{T_w}{100}\right)^4 - \left(\frac{T}{100}\right)^4\right]}{t_w - t}$$

式中 α_R 称为辐射传热系数。

设备总的热损失为：

$$Q = Q_C + Q_R = (\alpha + \alpha_R)S_w(t_w - t) \tag{4-72}$$

或

$$Q = \alpha_T S_w(t_w - t) \tag{4-72a}$$

式中 $\alpha_T = \alpha + \alpha_R$，称为对流-辐射联合传热系数，单位为 $W/(m^2 \cdot ℃)$。α_T 可用以下各式计算。

(1)空气自然对流：

在平壁保温层外

$$\alpha_T = 9.8 + 0.07(t_w - t) \tag{4-73}$$

在管道或圆筒壁保温层外

$$\alpha_T = 9.4 + 0.052(t_w - t) \tag{4-74}$$

以上两式适用于 $t_w < 150$ ℃的情况。

(2)空气沿粗糙壁面强制对流：

空气流速 $u \leqslant 5$ m/s 时

$$\alpha_T = 6.2 + 4.2u \tag{4-75}$$

空气流速 $u > 5$ m/s 时

$$\alpha_T = 7.8u^{0.78} \tag{4-76}$$

第7节　换热器

换热器是化工、石油、动力等许多工业部门的通用设备。由于生产中物料的性质、传热的要求等各不相同，因此换热器的种类很多，它们的特点不一，设计和使用时可根据生产工艺要求进行选择。

4.7.1 换热器的分类

化工生产中所用的换热器种类很多，通常可按其用途分类，亦可按传热原理及换热方法分类。

一、按换热器的用途分类

1.加热器

加热器用于将流体加热到所需的温度，被加热的流体在加热过程中不发生相变化。

2.冷却器

冷却器用于冷却流体至所需的温度，冷却过程中流体无相变化。

3.蒸发器

蒸发器用于加热液体，使之蒸发汽化。

4.再沸器

再沸器是蒸馏过程的附属设备，用于加热已被冷凝的液体，使之部分汽化。

5.冷凝器和分凝器

冷凝器和分凝器用于冷凝饱和蒸气，使之放出潜热而凝结或部分凝结为液体。

二、按换热器传热原理分类

1.间壁式换热器

间壁式换热器又称间接式换热器或表面式换热器。在此类换热器中，冷、热流体被固体壁面隔开，使它们不互相混合，热量由热流体通过壁面传给冷流体。这类换热器的种类很多，其中以管壳式换热器应用最广，下面将重点介绍。

2.混合式换热器

混合式换热器又称直接接触式换热器。在此类换热器中，冷、热流体直接接触，互相混合传递热量。它主要用于气体的冷却及蒸气的冷凝。该类换热器传热效果好、结构简单、易于防腐蚀，但是它适用于冷、热流体允许混合的场合。

3.蓄热式换热器

蓄热式换热器又称回流式换热器或蓄热器。它是借热容量较大的固体蓄热体，将热量由热流体传给冷流体。通常，在生产中采用两个并联的蓄热器交替地使用。

蓄热器结构简单，可耐高温，因此多用于高温气体热量的回收和冷却。其缺点是设备体积庞大，且不能完全避免两流体的混合，所以这类设备在化工生产中使用较少。

三、按换热器所用材料分类

1.金属材料换热器

金属材料换热器由金属材料制成，常用的金属有碳钢、合金钢、不锈钢、铜、铝等。因金属材料的导热系数较大，其传热效率较高。

2.非金属材料换热器

非金属材料换热器由非金属材料制成，常用的材料有塑料、石墨、陶瓷、玻璃等。因非金属材料导热系数较小，其传热效率较低。这类换热器用于具有腐蚀性物系的换热。

4.7.2 间壁式换热器的类型

按照换热面的形式分类,间壁式换热器主要有管式、板式和翅片式三种类型。

一、管式换热器

(一)蛇管式换热器

蛇管式换热器可分为两类。

1.沉浸式蛇管换热器

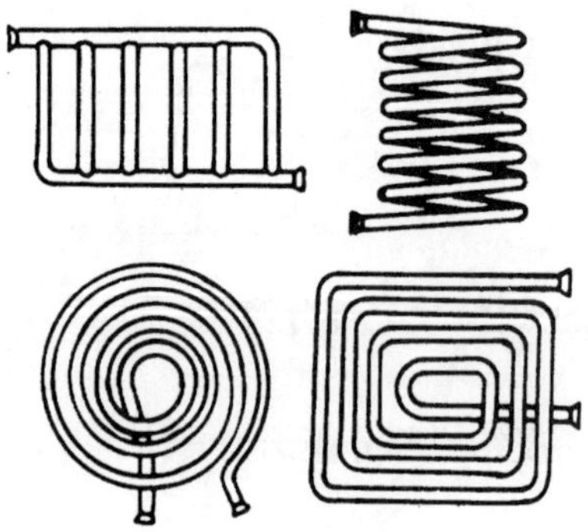

图 4-22 蛇管的形状

蛇管多以金属管弯制而成,或制成适应容器要求的形状,沉浸在容器中。两种流体分别在蛇管内、外流动进行热量交换。几种常用的蛇管形状如图 4-22 所示。

蛇管换热器的优点是结构简单,造价低廉,能承受高压,可用耐腐蚀材料制造。缺点是容器内液体湍动程度低,管外对流传热系数较小。为提高传热系数,可在容器内安装搅拌器。

2.喷淋式换热器

喷淋式换热器如图 4-23 所示,多用作冷却器。蛇管成行地固定在支架上,热流体在蛇管内流动,自最上管进入,由最下管流出。冷水由最上面的淋水管流下,均匀地分布在蛇管上,并沿其两侧下降至下面的管子表面,最后流入水槽而排出。冷水在各管表面上流过时,与管内流体进行热交换。这种设备常放置在室外空气流通处,冷却水在空气中汽化时可带走部分热量,提高了冷却效果。它与沉浸式换热器相比,具有传热效果较好、耐高压、便于检修和清洗等优点,缺点是喷淋不易均匀。

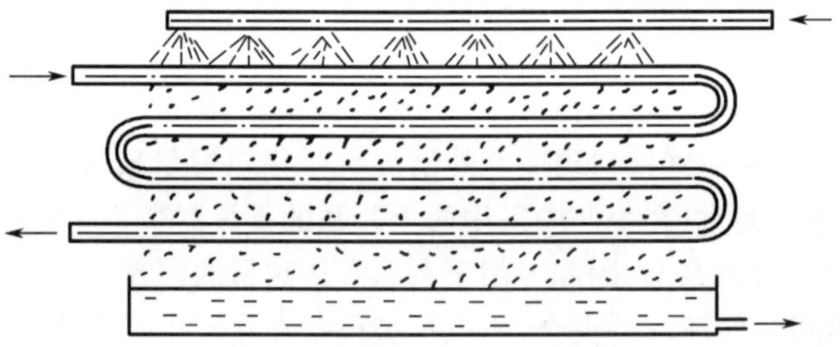

图 4-23 喷淋式换热器

(二)套管式换热器

套管式换热器是由直径不同的直管制成的同心套管,然后用 U 形弯管将多段套管串连而成,如图 4-24 所示。每一段套管称为一程,程数可根据传热要求而增减。每程的有效长度为 4~6 m。若管子过长,管中间会向下弯曲,使环隙中的流体分布不匀。

套管换热器的优点有:构造简单;能耐高压;传热面积可根据需要增减,应用方便;若适当选择两管的直径,可使两流体的流速增大,且两流体可作逆流,对传热有利。

这种热换器的缺点为:管间接头多,易泄漏;占地较多,单位传热面消耗金属量大。因此它较适用于流量不大、所需传热面积不多而要求压强较高的场合。

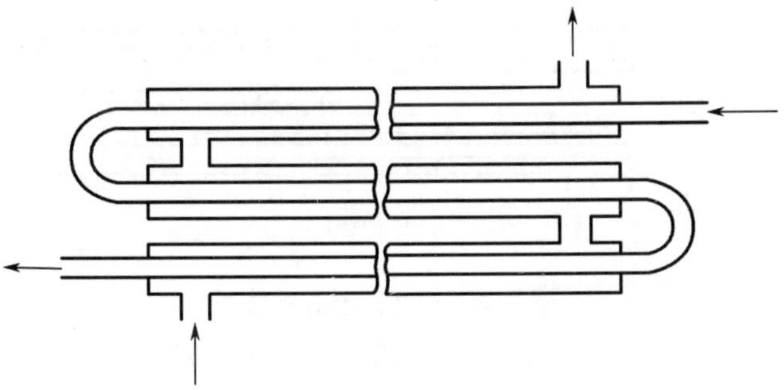

图 4-24　套管式换热器

(三)管壳式换热器

管壳式(又称列管式)换式器是目前化工生产中应用最广泛的换热设备。它与前述几种换热器相比,主要优点是:单位体积所具有的传热面积大及传热效果好;结构简单,操作弹性较大,可用多种材料制造,适用性较强等,尤其在高温、高压和大型装置上多采用管壳式换热器。

在管壳式换热器中,由于管内、外流体温度不同,管束和壳体的温度也不相同,因此它们的热膨胀程度也有差别。若两流体温度差较大,由于有热应力而可能引起设备变形、管子弯曲,甚至破裂。因此,当两流体的温差超过 50 ℃时,就应采取热补偿的措施。根据热补偿方法的不同,管壳式换热器的类型主要有以下几种。

1.固定管板式

固定管板式换热器如前面的图 4-2 所示。这种换热器的两端管板和壳体制成一体,因此它具有结构简单和造价低廉的优点。但是壳程清洗和检修困难,因此要求壳程流体必须是洁净而不易结垢的物料。当两流体的温差较大时,应考虑热补偿。图 4-25 为具有补偿圈(或称膨胀节)的固定管板式换热器。在外壳的适当部位上焊上一个补偿圈,当外壳和管束热膨胀不同时,补偿圈发生弹性变形(拉伸或压缩),可以适应外壳和管束不同的热膨胀程度。这种热补偿方法简单,但不宜应用于两流体温差过大(应不大于 70 ℃)和壳程流体压强过高(一般不高于 600 Pa)的场合。

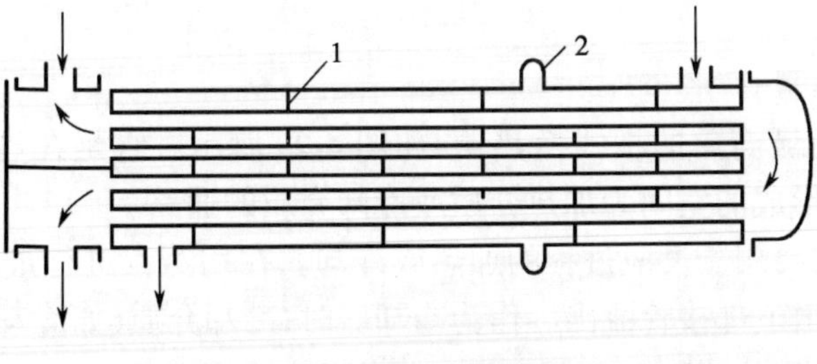

图 4-25　具有补偿圈的固定管板式换热器

1—挡板　2—补偿圈

2.U 形管式换热器

如图 4-26 所示,U 形管式换热器的每根管子弯成 U 形,流体进、出口分别安装在同一端的两侧，封头内用隔板分成两室，因此每根管子可以自由伸缩，与其他管子及壳体均无关。

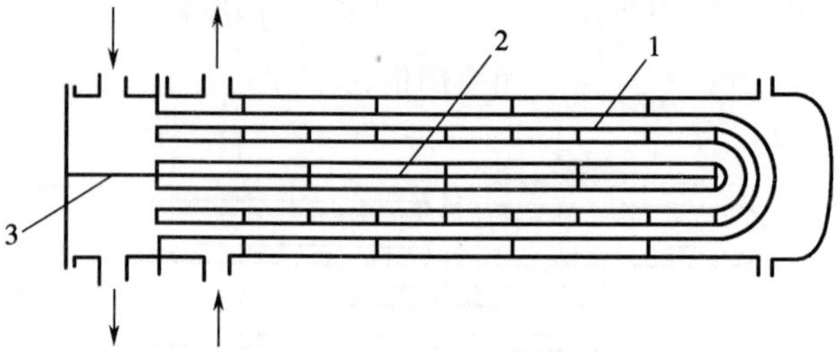

图 4-26 U形管式换热器

1—U形管 2—壳程隔板 3—管程隔板

这种类型换热器的结构也较简单，质量轻，适用于高温和高压的场合。其主要缺点是：管内清洗较困难，因此要求管程流体须是洁净和不易结垢的物料；此外因管子需一定的弯曲半径，故管板的利用率较低。

3. 浮头式换热器

浮头式换热器如图 4-27 所示，其一端管板不与外壳连为一体，该端称为浮头。当管子受热时，管束连同浮头可以自由伸缩，与外壳的膨胀无关。这种结构不但完全消除了热应力的影响，而且由于固定端的管板以法兰与壳体联结，整个管束可从壳体中抽出，因此便于清洗和检修，故浮头式换热器应用较为普遍，但它的结构比较复杂，造价较高。

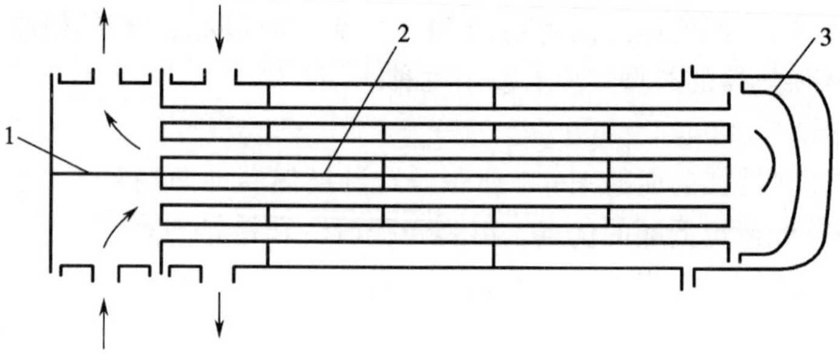

图 4-27 浮头式换热器

1—管程隔板 2—壳程隔板 3—浮头

二、板式换热器

(一)夹套式换热器

夹套式换热器是最简单的板式换热器，如图 4-28 所示。它是在容器外壁安装夹套而成，夹套与器壁之间形成的空间为加热介质或冷却介质的通路。

夹套式换热器主要用于反应过程的加热或冷却。在用蒸汽进行加热时，蒸汽由上部接管进入夹套，冷凝水由下部接管流出。作为冷却器时，冷却介质(如冷却水)由夹套下部接管进入，由上部接管流出。

这种换热器结构简单，但其传热面受容器壁面的限制，且传热系数也较小。为提高传热系数，可在容器内安装搅拌器，为弥补传热面的不足，也可在容器内安装蛇管。

（二）螺旋板式换热器

如图 4-29 所示，螺旋板式换热器是由两张间距一定的平行的薄金属板卷制而成，在其中央设有隔离挡板，将两螺旋形通道隔开，两板之间焊有定距柱以保持通道的间距，在换热器的顶、底部上分别焊有盖板或封头。冷、热流体分别进入两条通道，在换热器内逆向流动，通过薄金属壁进行换热。因换热用途不同，螺旋板式换热器的流道布置和封盖形式可以有不同类型。

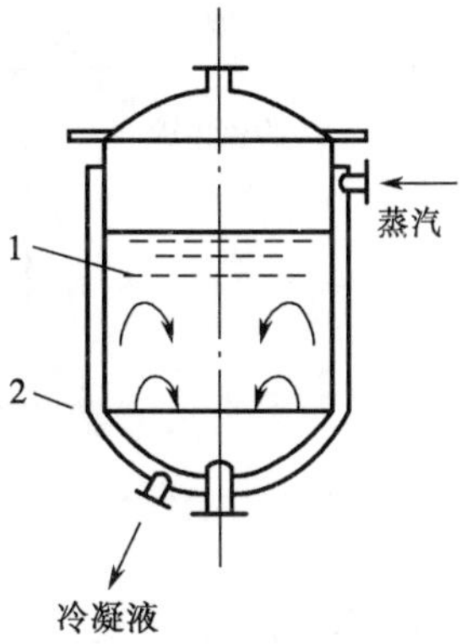

图 4-28　夹套式换热器

1—容器　2—夹套

螺旋板式换热器有以下优点。

(1)总传热系数高。由于流体在螺旋通道中流动，在较低的雷诺数(一般 Re = 1 400 ~ 1 800，或更低些)下即可达到湍流，并且允许选用较高的流速(液体为 2 m/s，气体为 20 m/s)，故总传热系数较高。如水对水的换热，总传热系数可达 2 000 ~ 3 000 W/(m^2·℃)，而在管壳式换热器中，传热系数一般为 1 000 ~ 2 000 W/(m^2·℃)。

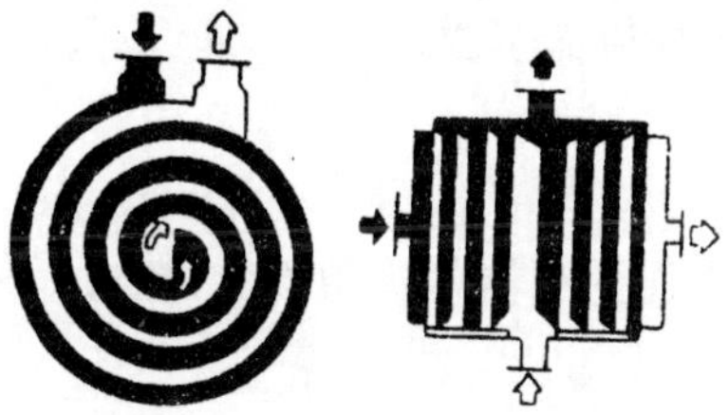
图 4-29　螺旋板式换热器

(2)不易结垢和堵塞。由于流体的流速较高，又有惯性离心力的作用，流体中悬浮物不易沉积下来，并且任何沉积物将减小单流道的流通面积，使流速增高，对堵塞区域又起到冲刷作用，故螺旋板式换热器不易被堵塞，它适用于悬浮液及黏性较大的液体。

(3)能利用温度较低的热源。由于流体流动的流道长及两流体作完全的逆流，故能在较低的温度差下操作，可采用温度较低的热源。

(4)结构紧凑。单位体积的传热面积约为管壳式换热器的 3 倍，可节省金属材料。

螺旋板式换热器有以下缺点。

(1)操作压强和温度不宜太高。目前使用的最高压强不超过 2 MPa，温度不超过 300 ~ 400 ℃。

(2)不易检修。因整个换热器卷制而成，一旦损坏，修理内部很困难。

（三）平板式换热器

平板式换热器又称板式换热器，其示意图如图 4-30 所示。它主要由一组长方形的薄金属板平行排列、夹紧组装于支架上而构成。两相邻板片的边缘衬有垫片，压紧后板间形成流体通道，且可用垫片的厚度调节通道的大小。每块板的四个角上各开一个圆孔，其中有一对圆孔和板面上的流道相通，另外一对圆孔则不相通，它们的位置在相邻的板上是错开的，以分别形成两流体的通道。冷、热流体交错地在板片两侧流过，通过板片进行换热。每块金属板面冲压成凹凸的波纹状，使流体均匀地流过，增强了流体的湍动，又增加了传热面积，有利于传热。

平板式换热器有以下优点。

(1)传热系数高。由于板面有波纹和沟槽，在低雷诺数(Re 为 200 左右)下即可达到湍流，故传热系数高，且污垢热阻也较低。例如对水与水传热，总传热系数可达 1 500 ~ 4 700 W/(m^2·℃)，而在管壳式换热器中，一般为 1 000 ~ 2 000 W/(m^2·℃)。

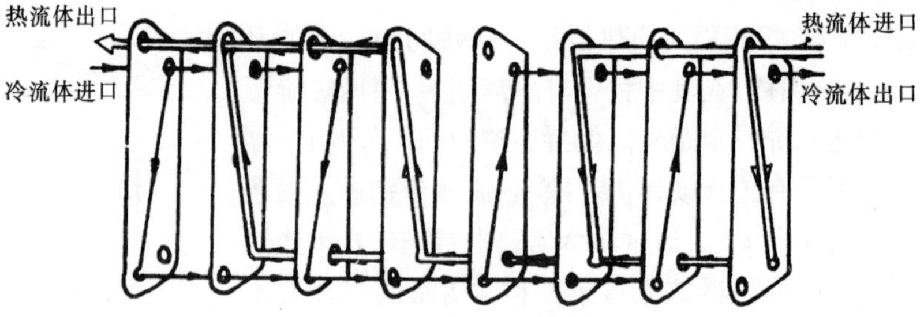

图 4-30　板式换热器示意图

(2)结构紧凑,单位体积设备提供的传热面积大。一般板间距为 4 ~ 6 mm,单位体积提供的传热面积为 250 ~ 1 000 m^2/m^3(管壳式换热器仅为 40 ~ 150 m^2/m^3)。

(3)具有可拆结构。可根据需要调节板片数目以增减传热面积,操作灵活,检修和清洗都较方便。

板式换热器的主要缺点有:处理量较小;操作压强较低,一般低于 1.5 MPa;操作温度不能太高,对合成橡胶垫片应不超过 130 ℃,对压缩石棉垫片应低于 250 ℃。

三、翅片式换热器

在传热面上加装翅片,不仅增加了传热面积,而且增强了流体的扰动程度,故可强化传热过程。

翅片式换热器有翅片管换热器和板翅换热器两类。

(一)翅片管换热器

翅片管换热器的构造特点是,在管子表面上装有径向或轴向翅片。常见的翅片如图 4-31 所示。

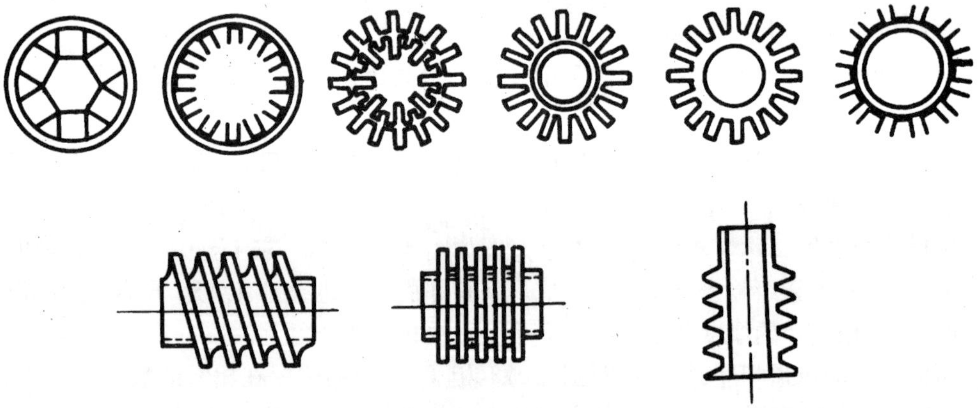

图 4-31　常见的几种翅片形式

当两种流体的对流传热系数相差很大时,在传热系数较小的一侧加翅片可以强化传热。例如用水蒸气加热空气,该过程的热阻主要在空气侧的对流传热方面。因此在空气侧加装翅片,可以强化换热器的传热效果。一般来说,当两种流体的对流传热系数之比为 3:1 或更大时,宜采用翅片管式换热器。

翅片的种类很多,按翅片的高度可分为低翅片和高翅片两种。低翅片一般为螺纹管,适用于两流体的对流传热系数相差不太大的场合。高翅片适用于管内外对流传热系数相差较大的场合,现已广泛地应用于空气冷却器上。

(二)板翅式换热器

板翅式换热器是一种更为紧凑、轻巧、高效的换热器。板翅式换热器的结构形式很多,但是基本结构元件相同,即在两块平行的薄金属板间夹入波纹状或其他形状的金属翅片,两边以侧条密封,组成一个换热基本单元。将各基本单元进行不同的叠积和适当地排列,并用钎焊固定,即可制成并流、逆流或错流的板束(又称芯部),如图4-32所示。然后将带有流体进、出口的集流箱焊到板束上,即成为板翅式换热器。目前我国常用的翅片形式有光直形翅片、锯齿形翅片和多孔形翅片三种,如图4-33所示。

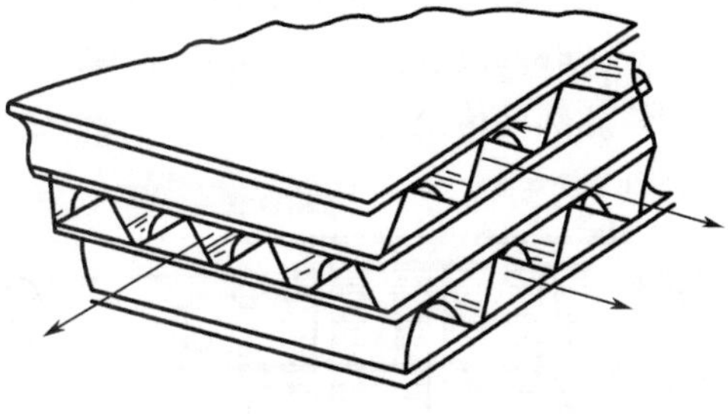

图4-32 板翅式换热器的板束

(a) (b) (c)

图4-33 板翅式换热器的翅片形式

(a)光直形翅片 (b)锯齿形翅片 (c)多孔形翅片

板翅式换热器的主要优点如下。

(1)总传热系数高,传热效果好。由于翅片促进了流体的湍动并破坏了热边界层的发展,故其传热系数很高,并且大部分热量通过翅片传递,因此提高了传热效果。

(2)结构紧凑,轻巧牢固。单位体积设备提供的传热面积一般能达到2 500 m^2/m^3,最高可达4 300 m^2/m^3。它通常用铝合金制造,故质量轻。在相同的传热面积下,其质量约为管壳式换热器的十分之一。波形翅片不单是传热面,又是两板间的支撑,故强度很高。

(3)适应性强,操作范围广。铝合金不仅导热系数高,而且在零度以下操作时,其延性和抗拉强度都较高,故操作范围广,可在200 ℃至绝对零度范围内使用,适用于低温和超低温的场合。它既可用于各种情况下的热交换,也可用于蒸发或冷凝。在操作方式上可以为逆流、并流、错流或错、逆流同时并进等。此外还可用于多种介质在同一设备内进行换热。

板翅式换热器的缺点如下。

(1)设备流道小,故易堵塞,压强降也较高,且换热器清洗和检修很困难,故处理的物料应洁净或需预先净制。

(2)由于隔板和翅片都由薄铝板制成,要求介质对铝不腐蚀。

四、热管换热器

以热管为传热单元的热管换热器是一种新型的高效换热器。换热器由热管束构成,中间用隔板把冷、热流体隔开,如图 4-34 所示。

热管是一种真空容器,其基本部件为壳体、吸液芯和工作液,如图 4-35 所示。常用的工作液有水、氨、乙醇、丙酮、钠、锂和汞等。不同的工作液体适用于不同的工作温度。当热源对热管一端供热时,工作液自热源吸收热量而蒸发汽化,蒸气在压差作用下高速流动至热管的另一端,向冷源放出潜热而凝结,冷凝液回至热端再次沸腾汽化。过程如此反复循环,热量不断地从热端传至冷端。

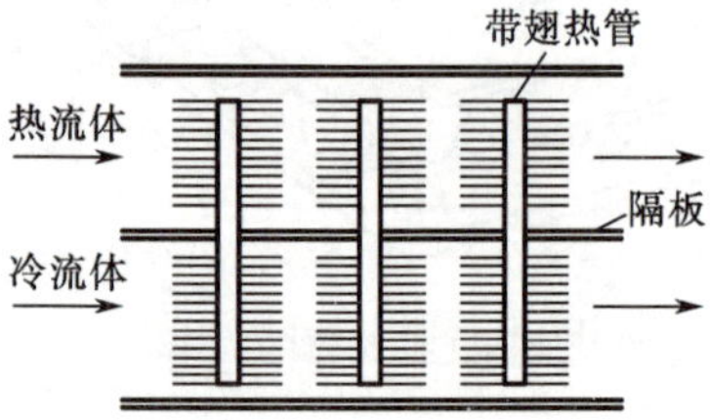

图 4-34　热管换热器

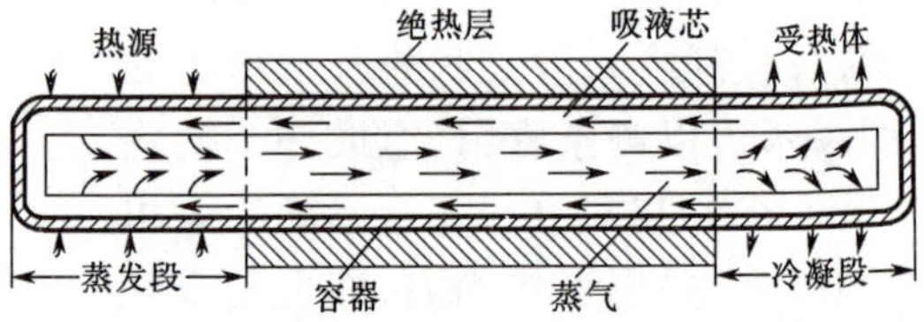

图 4-35　热管示意图

热管的传热特点是通过沸腾汽化、蒸气流动和蒸气冷凝三步进行。由于沸腾和冷凝的对流传热系数很大,而蒸气流动阻力损失又较小,因此热管两端的温度差很小,它特别适用于低温差传热。

热管换热器具有结构简单、使用寿命长、工作可靠、应用范围广等特点,可用于气—气、气—液和液—液间的换热过程。

应予指出,以上介绍的各种类型的间壁式换热器,其中有较老式的换热器(如蛇管式换热器和夹套式换热器),也有新型高效换热器(如螺旋板式、平板式和板翅式换热器),但是每种换热器都有其优缺点及适用的场合。由于化工生产中需要在不同条件下进行换热,例如流体的温度范围、操作压强、两流体的温差、流量的大小及流体的特点等各不相同,因此在选择换热器时,要针对不同情况进行选择。对某种换热器,在某种情况下使用是好的,而在另外的情况下却不能令人满意,甚至根本不能使用。如在釜式反应器中的换热,采用老式的蛇管或夹套换热器很合适,而采用其他类型的换热器就难于完成这种传热任务。又如管壳式换热器在传热效果、紧凑性及金属消耗量方面不如新型换热器,但它结构坚固、材料范围广及可在高温、高压下操作,因此管壳式换热器的使用仍然是很普遍的。当操作温度和压强都不很高,流量又不太大,或处理腐蚀性流体而要求用贵重金属材料时,宜采用新型换热器。总之,采用什么类型的换热器,要视具体情况,通过比较,择优选取。

4.7.3　换热器传热过程的强化

换热器传热过程的强化,就是提高冷、热流体间的传热速率。由总传热速度方程 $Q = KS\Delta t_m$ 可以看出,增大总传热系数 K、传热面积 S 或平均温度差 Δt_m 都可提高传热速度 Q。在换热器的设计、操作中,或在换热器的改进开发中,也多从这三方面考虑强化传热的途径。

一、增大平均温度差

增大平均温度差,可以提高换热器的传热速率。平均温度差的大小取决于两流体的温度条件和两流体在换热器中的流动形式。一般来说,流体的温度由生产工艺条件决定,可变动范围是有限的。因所选介质的不同,加热介质和冷却介质的温度有很大的差异。例如,在化工厂中常用的饱和水蒸气,若提高蒸汽的压强就可以提高蒸汽的温度,从而提高平均温度差。但是提高介质的温度必须考虑经济上的合理性和技术上的可行性。另外当两侧流体均变温时,从换热器结构上采用逆流操作或增加壳程数,均可得到较大的平均温度差。

二、增大传热面积

增大传热面积,可以提高换热器的传热速率。但是增大传热面积不能靠增大换热器的尺寸来实现,而是应从改进设备的结构入手,即提高单位体积的传热面积。工业上可通过改进传热面的结构来实现,主要有如下方法。

1.翅化面(肋化面)

用翅片来增大传热面积,并可加剧流体湍动以提高传热速率。翅化面的种类和形式很多,前面介绍的翅片管式换热器和板翅式换热器均属此类。翅片结构通常用于传热面两侧中传热系数较小的一侧。

2.异形表面

将传热面制造成各种凹凸形、波纹形、扁平状等,使流道截面的形状和大小均发生变化。例如常用波纹管、螺纹管代替光滑管,这不仅可增大传热面积,而且可增加流体的扰动,从而强化传热。

3.多孔物质结构

将细小的金属颗粒涂结于传热表面,可增大传热面积。

4.采用小直径传热管

在管壳式换热器中采用小直径管子,可增加单位体积的传热面积。

应予指出,上述方法可提高单位体积的传热面积,强化传热过程。但是由于流道的变化,流体流动阻力会有所增加,因此应综合考虑,选择适宜的方法。

二、增大总传热系数

增大总传热系数,可以提高换热器的传热速率,并且是强化传热方法中应予重点考虑的方面。

换热器中的传热过程可视为串联传热过程,欲提高总传热系数,就须减小管壁两侧的对流传热热阻、污垢热阻和管壁热阻。因各项热阻所占比例不同,应设法减少对 K 值影响较大的热阻。一般来说,在金属材料换热器中,金属壁面较薄且其导热系数较高,不会成为主要热阻。污垢热阻是可变的因素,在换热器使用初期,污垢热阻很小,随着使用时间增长,垢层逐渐增厚,可能成为主要热阻。同时对流传热热阻经常是传热过程的主要控制因素,应设法提高对流传热系数,以减小对流传热热阻。为此,可采用如下方法。

1.提高流体的流速

在管壳式换热器中增加管程数和壳程的挡板数,可分别提高换热器管程和壳程的流速。由于加大流速,加剧流体的湍动程度,可减小传热边界层中滞流内层的厚度,提高对流传热系数,以减小对流传热热阻。

2.增强流体的扰动

在管壳式换热器中,采用各种异形管或在管内加装麻花铁、螺旋圈或金属卷片等添加物,采用波纹状或粗糙的换热面等,均可增强流体的扰动。此外也可采用板式或螺旋板式换热器等。由于在换热器中增强流体的扰动，使滞流内层减薄，可提高对流传热系数。

3.在流体中加固体颗粒

在流体中加固体颗粒，由于颗粒的扰动作用，使对流传热系数增加；同时由于颗粒不断地冲刷壁面，减小了污垢形成，使污垢热阻降低。

4.采用短管换热器

由于流动入口段对传热的影响，即在入口处滞流内层很薄，所以对流传热系数较高。

5.防止垢层形成和及时清除垢层

为防止结垢，可增加流体的速度，加强流体的扰动；为便于清除垢层，让易结垢的流体在管程流动或采用可拆式的换热器结构；采用机械或化学的方法定期进行清垢。

应予指出，强化传热过程要权衡得失、综合考虑。如通过增加流速或增强流体扰动程度来强化传热，都伴随有流动阻力的增加，或使设备结构复杂、清洗和检修困难等。由此可见，在采取强化传热措施时，要对设备结构、制造费用、动力消耗、运行维修等方面予以全面考虑，选用经济而合理的强化方法。

4.7.4 管壳式换热器的设计和选型

管壳式换热器设计和选型的核心是计算换热器的传热面积，进而确定换热器的其他尺寸或选择换热器的型号。

由总传热速度方程可知，为计算所需要的传热面积，必须先确定总传热系数 K 和平均温度差 Δt_m。由于 K 值与设备结构、尺寸及流体流道等很多因素有关，Δt_m 与两流体的相对流向、加热(或冷却)介质终温的选择等有关，因此换热器的设计和选用需要考虑许多问题，通过多次试算和比较才能设计出适宜的换热器。

一、管壳式换热器的型号与系列标准

(一)管壳式换热器的基本参数和型号

1.基本参数

管壳式换热器的基本参数包括以下各项：

(1)公称换热面积 S_N；

(2)公称直径 D_N；

(3)公称压力 P_N；

(4)换热器管长度 L；

(5)换热管规格和排列；

(6)管程数 N_P。

2.型号表示方法

管壳式换热器的型号由五部分组成：

$$\underset{1}{\underline{X}}\quad\underset{2}{\underline{XXXX}}\quad\underset{3}{\underline{X}}\quad\underset{4}{\underline{—XX}}\quad\underset{5}{\underline{—XXX}}$$

其中 1——换热器代号，G 表示固定管板式，F 表示浮头式；

2——公称直径 D_N，mm；

3——管程数 N_P：Ⅰ、Ⅱ、Ⅳ、Ⅵ；

4——公称压力 P_N，MPa；

5——公称换热面积 S_N，m^2。

例如型号为 G600Ⅱ—1.6—120 的管壳式换热器，代表 D_N600 mm、P_N1.6 MPa 的两管程、换热面积为 120 m^2 的固定管板式换热器。

(二)管壳式换热器的系列标准

为便于管壳换热器的选型，有关部门制订了系列标准，其中固定管板式换热器及浮头式换热器的系列标准列于本书附录中，可供参考选用。

二、管壳式换热器设计或选型应考虑的问题

(一)流体流径的选择

流体流径的选择有以下原则可供参考。

(1)不洁净和易结垢的流体宜走管程，因管内清洗方便容易(指固定管板式换热器)。

(2)腐蚀性的流体宜走管程，以避免管束和壳体同时被腐蚀，且管子也便于清洗和检修。

(3)压强高的流体宜走管程，以免壳体受压，可节省壳体金属消耗量。

(4)饱和蒸气宜走壳程，以便于及时排除冷凝液，且蒸气较洁净，一般不需清洗。

(5)被冷却的流体宜走壳程，便于散热，增强冷却效果。

(6)有毒流体宜走管程，以减少向环境泄漏的机会。

(7)黏度大的液体或流量小的流体宜走壳程。因流体在有折流挡板的壳程中流动时，由于流向和流速不断改变，在低雷诺数($Re > 100$)下即可达到湍流，以提高对流传热系数。

(8)若两流体温度差较大，对流传热系数较大的流体宜走壳程，以减小管壁和壳壁的温度差，减小温差应力。

在选择流体流动通道时，上述原则常不能同时兼顾，应视具体情况抓住主要矛盾。一般首先考虑流体的压强、防腐蚀及清洗等要求，然后再校核对流传热系数和流动阻力，以便作出较恰当的选择。

(二)流体流速的选择

增加流体在热换器中的流速，将增大对流传热系数，减小污垢在壁面上沉积，即降低污垢热阻，使总传热系数增大，从而可减小换热器的传热面积。但是增加流速，又使流体通过换热器的阻力增大，增加动力消耗。所以适宜的流速要通过经济衡算才能确定。充分利用工艺上允许的压强降来选择较高的流速，是换热器设计的一条重要原则。

同时，在选择流速时还需考虑换热器结构上的要求。例如，选择高的流速，使管子数目减少，对一定的传热面积，就要采用较长的管子或增加管程数。管子太长不易清洗，且一般管长都有一定的标准；单程变为多程，不但结构复杂且使平均温度差下降。可见，流速的选择也要全面考虑，既要经济权衡，也要兼顾结构上的要求。

在设计换热器时，常先选取经验流速。表 4-9 至表 4-11 列出工业上常用的流速范围，供设计时参考。

表 4-9　管壳式换热器中常用的流速范围

流体的种类		一般流体	易结垢液体	气　体
流速，m/s	管程	0.5～3	>1	5～30
	壳程	0.2～1.5	>0.5	3～15

表 4-10　管壳式换热器中易燃、易爆液体的安全允许速度

液体名称	乙醚、二硫化碳、苯	甲醇、乙醇、汽油	丙酮
安全允许速度，m/s	< 1	< 2 ~ 3	< 10

表 4-11　管壳式换热器中不同黏度液体的常用流速

液体黏度，MPa·s	> 1 500	1 500 ~ 500	500 ~ 100	100 ~ 35	35 ~ 1	< 1
最大流速，m/s	0.6	0.75	1.1	1.5	1.8	2.4

（三）流体两端温度的确定

一般换热器中冷、热流体两端的温度都由工艺条件规定，但是对加热介质或冷却介质，往往仅知进口温度，出口温度需由设计者确定。例如用冷却水冷却某种热流体，冷水的进口温度可以根据当地的气候条件作出估计，而冷却水在换热器出口的温度，则需通过经济权衡作出决定。为了节省用水量，可使水的出口温度高些，但是传热面积就要加大；反之，为了减小传热面积，就需要增大水量。两者相互矛盾。一些设计中冷却水两端温度差可取为 5 ~ 10 ℃。缺水地区选取较大的温度差；水源丰富地区选取较小的温度差。若用加热介质加热冷流体，则可按上述原则选择加热介质的出口温度。

（四）管子的规格和排列方式

管子的直径愈小，换热器单位体积的传热面积愈大。对于易结垢、黏度较大的液体，管径应取得大些。我国目前管壳式换热器系列标准中仅采用 $\phi 25 \times 2.5$(mm) 及 $\phi 19 \times 2$(mm) 两种规格的管子。

管长是以清洗方便及合理使用管材为原则。长管不便于清洗，且易弯曲。一般标准钢管长度为 6 m，则合理的管长应为 1.5、2、3 或 6，单位均为 m。系列标准中也采用这四种管长，其中以 3 m 和 6 m 更为多用。此外管长 L 和壳径 D 应适当，一般 L/D 为 4 ~ 6。

管子在管板上的排列方式有正三角形、正方形直列和转角正方形，见第 5 节中的图 4-14。正三角形排列较紧凑，管板强度高，管外流体扰动较剧，因而壳方对流传热系数较高。正方形直列管子排列较松散，壳方对传热系数较正三角形排列的为低，但是管外壁清洗方便，适用于壳程流体易产生污垢的场合。转角正方形排列则介于上述两者之间，其壳方对流传热系数较正方形直列排列的为高。

在管板上，管子排列的间距 t（指相邻两根管子的中心距）与管子和管板的连接方法有关。通常，胀管法取 $t = (1.3 \sim 1.5) d_0$，且相邻两管外壁间距不应小于 6 mm，即 $t \geqslant (d_0 + 6)$；焊接法取 $t = 1.25 d_0$。

（五）管程数和壳程数的确定

为了提高管内流速，增大管程对流传热系数，可采用多管程。但是管程数过多，导致管程流动阻力增加；同时多程会使平均温度差下降；多程隔板使管板上可利用的面积减少。设计时应综合考虑这些问题。管壳式换热器的系列标准中管程数有 1、2、4 和 6 程等四种。采用多程，一般应使每程的管数大致相等。

管程数 N_P 可按下式计算，即：

$$N_P = \frac{u}{u'} \tag{4-77}$$

式中　u——管程内流体的适宜速度，m/s；

u'——管程内流体的实际速度，m/s。

当温度差修正系数 $\varphi_{\Delta t}$ 低于 0.8 时，可采用多壳程。如壳体内安装一块与管束平行的隔板，流体在壳体内流经二次，称为二壳程，如本节的图 4-26 和图 4-27 所示。由于纵向隔板在安装和检修上有困难，故一般是将几个换热器串联使用以代替壳方多程。例如当采用二壳程时，则将总管数等分为两部分，分别安装在两个内径相同而直径较小的外壳中，然后将这两个换热器串联使用。

(六)折流挡板

安装折流挡板的目的是提高壳程对流传热系数。

第 5 节中图 4-15 已示出各种挡板的形式。最常用的为圆缺形挡板，切去弓形的高度约为外壳内径的 10% ~ 40%，一般取 20% ~ 25%，过高或过低都不利于传热。

两相邻挡板的距离(板间距) h 一般为外壳内径 D 的 0.2 ~ 1 倍。系列标准中采用的 h 值为：固定管板式换热器的有 150、300 和 600(单位均为 mm)三种；浮头式换热器的有 150、200、300、480 和 600(单位均为 mm)五种。板间距过小，不便于制造和检修，流动阻力也较大；板间距过大，不能使流体垂直地流过管束而减小对流传热系数。

挡板弓形缺口高度及板间距对流体流动的影响如图 4-36 所示。

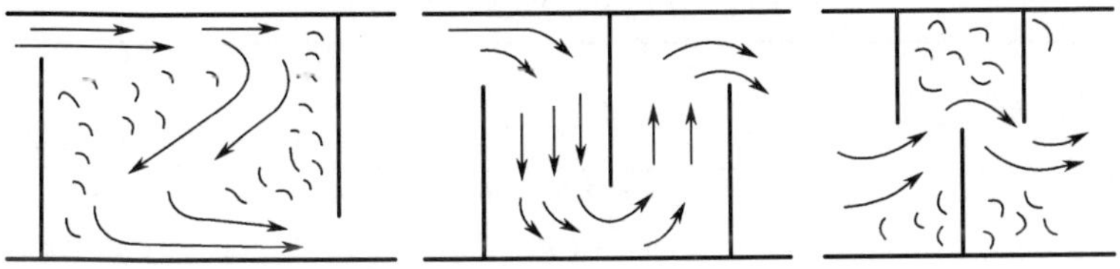

(a)　　(b)　　(c)

图 4-36　挡板缺口高度及板间距对流体流动的影响

(a)缺口高度过低、板间距过大　(b)正常　(c)缺口高度过高、板间距过小

(七)外壳直径的确定

换热器壳体的内径应等于或稍大于管板的直径。通常是根据计算中的管数、管径、管中心距及管子排列方法，用作图法确定壳体内径。但是当管数较多又要反复计算时，可参考系列标准或通过估算初选外壳直径，待全部设计完成后，再用作图法绘出管子的排列图。为使管子排列均匀，防止流体“短路”，可以适当增减一些管子。

在初步设计中，可采用下式估算壳体的内径：

$$D = t(n_c - 1) + 2b' \tag{4-78}$$

式中　D——壳体内径，m；

t——管中心距，m；

n_c——位于管束中心线上的管数；

b'——管束中心线上最外层管的中心至壳体内壁的距离，一般取 $b' = (1 \sim 1.5)d_0$，m。

n_c 值可由以下公式计算：

管子按正三角形排列时

$$n_c = 1.1\sqrt{n} \tag{4-79}$$

管子按正方形排列时

$$n_c = 1.19\sqrt{n} \tag{4-80}$$

式中 n 为换热器的总管数。

根据计算得到的壳径应圆整到系列中规定的标准尺寸。壳体标准尺寸见表 4-12。

表 4-12　壳体标准尺寸

壳体外径,mm	325	400　500　600　700	800　900　1 000	1 100　1 200
最小壁厚,mm	8	10	12	14

(八)材料选用

管壳式换热器的材料应根据操作压强、温度及流体的腐蚀性等来选用。目前常用的金属材料有碳钢、低合金钢、不锈钢、铜和铝等;非金属材料有石墨、聚四氟乙烯和玻璃等。不锈钢和有色金属抗腐蚀性能好,但价格高。

管壳式换热器各部件的常用材料见表 4-13。

表 4-13　管壳式换热器部件常用材料

部件或零件名称	材料牌号	
	碳　素　钢	不　锈　钢
壳体、法兰	A_3F、A_3R、16MnR	16Mn + 0Cr18Ni 9Ti
法兰、法兰盖	16Mn、A_3(法兰盖)A_4	16Mn + 1Cr18Ni 9Ti
管板	A_4	1Cr18Ni 9Ti
膨胀节	A_3R、16MnR	1Cr18Ni 9Ti
挡板和支承板	A_3F	1Cr18Ni 9Ti
螺栓	16Mn、40Mn、40MnB	
换热管	10	1Cr18Ni 9Ti
螺母	A_3、40Mn	
垫片	石棉橡胶板	
支座	A_3F	

(九)流体通过换热器的阻力(压强降)计算

流体流经管壳式换热器的阻力应按管程和壳程分别计算。

1.管程阻力

管程阻力可按一般阻力公式计算。对于多程换热器,其阻力 $\Sigma\Delta p_i$ 等于各程直管阻力、回弯阻力及进出口阻力之和。一般进出口阻力可忽略不计,故管程总阻力的计算式为:

$$\Sigma\Delta p_i = (\Delta p_1 + \Delta p_2) F_t N_s N_p \tag{4-81}$$

式中　Δp_1、Δp_2——分别为直管及回弯管中流动阻力引起的压强降,Pa;

F_t——结垢校正因数,量纲为 1,对于管径为 $\phi25\times2.5$(mm)的管子,取为 1.4,对于 $\phi19\times2$(mm)的管子,取为 1.5;

N_p——管程数;

N_s——串联的壳程数,即串联的换热器数。

上式中直管阻力可按第 1 章介绍的公式计算,即:

$$\Delta p_1 = \lambda \frac{L}{d_i}\frac{\rho u_i^2}{2} \tag{4-82}$$

回弯管的阻力可用下面的经验公式估算：

$$\Delta p_2 = 3 \times \frac{\rho u_i^2}{2} \tag{4-83}$$

2.壳程阻力

计算壳程阻力公式很多,但由于壳程流动情况复杂,用不同公式计算的结果往往很不一致。下面介绍埃索法计算壳程阻力的公式：

$$\Sigma\Delta p_o = (\Delta p'_1 + \Delta p'_2) F_s N_s \tag{4-84}$$

式中 $\Sigma\Delta p_o$——壳程总阻力引起的压强降,Pa;

$\Delta p'_1$——流体横向通过管束的压强降,Pa;

$\Delta p'_2$——流体通过折流板缺口的压强降,Pa;

F_s——壳程结垢校正系数,无因次,对液体可取 1.15,对气体或蒸气可取 1.0。

其中

$$\Delta p'_1 = F f_o n_c (N_B + 1)\frac{\rho u_o^2}{2} \tag{4-85}$$

$$\Delta p'_2 = N_B\left(3.5 - \frac{2h}{D}\right)\frac{\rho u_o^2}{2} \tag{4-86}$$

式中 F——管子排列方式对压强降的校正因数,对正三角形排列 F 为 0.5,正方形斜转 45°排列 F 为 0.4,正方形直列 F 为 0.3;

f_o——壳程流体摩擦系数,当 $Re_o > 500$ 时,$f_o = 5.0Re_o^{-0.228}$,其中 $Re_o = \dfrac{d_o u_o \rho}{\mu}$;

u_o——按壳程最大流动截面积 A_o 计算的流速,m/s,而 $A_o = h(D - n_c d_o)$;

n_c——位于管束中心线的管子数,可由式 4-79 或式 4-80 计算;

N_B——折流板数;

h——折流板间距,m。

一般,液体流经换热器的压强降为 10 ~ 100 kPa,气体的压强降为 1 ~ 10 kPa。

三、管壳式换热器的选型和设计计算步骤

管壳式换热器的选型和设计计算步骤基本一致。在设计时,如以系列标准为参考,对某些参数进行估计或调整,则计算可简便一些。管壳式换热器选型和设计计算的基本步骤如下。

1.估算传热面积,并初选换热器型号

(1)确定两流体在换热器中的流动通道。

(2)根据传热任务,计算传热量。

(3)确定流体在换热器两端的温度,计算定性温度,并查定或计算流体物性。

(4)根据两流体的温度差,确定换热器的类型。

(5)计算平均温度差,并根据温度差校正系数不应小于 0.8 的原则,确定壳程数或调整加热介质或冷却介质的终温。

(6)依据总传热系数的经验范围或生产实际情况,选取总传热系数。

(7)由总传热速率方程估算传热面积,并确定换热器的基本尺寸或按系列标准选择设备规格。

2.计算管程、壳程阻力

根据初选的设备规格，计算管程、壳程的流速和阻力。检查结果是否合理和满足工艺要求。若不符合要求，再调整管程数和折流板间距，或选择另一型号的换热器，重新计算管程、壳程阻力，直至满足要求为止。

3.核算总传热系数和传热面积

计算管程、壳程对流传热系数，确定污垢热阻，计算总传热系数和传热面积。选用的换热器实际传热面积应比计算所需的传热面积约大10% ~ 25%，否则需再设总传热系数，按以上计算步骤，重新进行核算，直至符合要求。

应予指出，上述计算步骤为一般原则，设计和选用换热器时，视具体情况可以灵活变动。

[例4-18] 用原油将柴油从175 ℃冷却到130 ℃。柴油走管程，流量为12 500 kg/h。原油初温为70 ℃，经换热后升高到110 ℃。管程、壳程压强降均不大于30 kPa。试选择合适的管壳式换热器。换热器的热损失可忽略。

定性温度下流体的物性如下：

原油	$\rho = 815\ \text{kg/m}^3$	$c_p = 2.2 \times 10^3\ \text{J/(kg·℃)}$
	$\lambda = 0.128\ \text{W/(m·℃)}$	$\mu = 6.65 \times 10^{-3}\ \text{Pa·s}$
柴油	$\rho = 715\ \text{kg/m}^3$	$c_p = 2.48 \times 10^3\ \text{J/(kg·℃)}$
	$\lambda = 0.133\ \text{W/(m·℃)}$	$\mu = 0.64 \times 10^{-3}\ \text{Pa·s}$

解： 本题为两流体均不发生相变的传热，根据两流体的情况，原油的黏度较大，故选择柴油走管内，原油走管外。

1.估算传热面积，初选换热器型号

(1)计算传热量，按柴油所需热量计算：

$$Q = W_h c_{p,\text{h}}(T_1 - T_2) = \frac{12\ 500}{3\ 600} \times 2.48 \times 10^3 (175 - 130)$$

$$= 3.875 \times 10^5\ \text{W}$$

原油的流量可由热量衡算求得，即

$$W_\text{c} = \frac{Q}{c_{p,\text{c}}(t_2 - t_1)} = \frac{3.875 \times 10^5}{2.2 \times 10^3 (110 - 70)} = 4.40\ \text{kg/s}$$

(2)计算平均温度差，暂按单壳程、多管程计算，先求逆流时平均温度差：

柴油	175 ℃→130 ℃
原油	110 ℃←70 ℃
Δt	65 ℃　60 ℃

因 $\Delta t_2/\Delta t_1 < 2$

故 $\Delta t'_\text{m} = \frac{1}{2}(\Delta t_1 + \Delta t_2) = \frac{1}{2}(65 + 60) = 62.5\ ℃$

而

$$R = \frac{T_1 - T_2}{t_2 - t_1} = \frac{175 - 130}{110 - 70} = 1.13$$

$$P = \frac{t_2 - t_1}{T_1 - t_1} = \frac{110 - 70}{175 - 70} = 0.38$$

由 R、P 值，查图4-13a得：$\varphi_{\Delta t} = 0.92$。故

$$\Delta t_\text{m} = \varphi_{\Delta t} \Delta t'_\text{m} = 0.92 \times 62.5 = 57.5\ ℃$$

(3)初选换热器型号，根据两流体的情况，取 $K_\text{选} = 250\ \text{W/(m}^2\text{·℃)}$，则：

$$S = \frac{Q}{K_\text{选}\ \Delta t_\text{m}} = \frac{3.875 \times 10^5}{250 \times 57.5} = 27\ \text{m}^2$$

由于 $T_\text{m} - t_\text{m} = 152.5 - 90 = 62.5\ ℃ > 50\ ℃$，故选用浮头式管壳换热器。由附录中换热器的系列标准，初选换热器型号为：F_B400Ⅳ—2.5—32。主要参数如下：

壳径 D, mm	400
公称面积 S_0, m^2	32
管子尺寸, mm	$\phi 25\times 25$
管子总数	68
管子排列方式	◇
管程数	4

实际传热面积为：

$$S_0 = n\pi d_0(L-0.1) = 68\times 3.14\times 0.025(6-0.1) = 31.5\ \mathrm{m}^2$$

2.核算压强降

(1)管程压强降：

$$\Sigma\Delta p_i = (\Delta p_1 + \Delta p_2)F_t N_p N_s$$

管程流通面积为：

$$A_i = \frac{68}{4}\times 0.785(0.02)^2 = 0.005\ 3\ \mathrm{m}^2$$

管内柴油流速为：

$$u_i = \frac{W_h}{3\ 600\times \rho A_i} = \frac{12\ 500}{3\ 600\times 715\times 0.005\ 3} = 0.92\ \mathrm{m/s}$$

$$Re_i = \frac{d_i u_i \rho}{\mu} = \frac{0.02\times 0.92\times 715}{0.64\times 10^{-3}} = 20\ 560$$

设管壁粗糙度为 0.1 mm,则$\frac{\varepsilon}{d} = \frac{0.1}{20} = 0.005$,由第 1 章的图 1-24 查得摩擦系数为:$\lambda = 0.030$。

所以 $$\Delta p_1 = \lambda \frac{L}{d_i}\frac{\rho u_i^2}{2} = 0.030\times\frac{6}{0.02}\times\frac{715\times 0.92^2}{2} = 2\ 720\ \mathrm{Pa}$$

$$\Delta p_2 = 3\times\frac{\rho u_i^2}{2} = 3\times\frac{715\times 0.92^2}{2} = 908\ \mathrm{Pa}$$

而 $F_t = 1.4 \quad N_p = 4$

所以 $\Sigma\Delta p_i = (2\ 720 + 908)\times 1.4\times 4\times 1 = 2.03\times 10^4\ \mathrm{Pa} = 20.3\ \mathrm{kPa} < 30\ \mathrm{kPa}$

(2)壳程压强降：

$$\Sigma\Delta p_o = (\Delta p_1' + \Delta p_2')F_s N_s$$

其中 $F_s = 1.15 \quad N_s = 1$

$$\Delta p_1' = Ff_o n_c(N_B + 1)\frac{\rho u_o^2}{2}$$

管子为正方形错列,取 $F = 0.4$。

取折流板间距为 $h = 0.15$ m。

挡板数 $N_B = \frac{L}{h} - 1 = \frac{6}{0.15} - 1 = 39$

$$n_c = 1.19\sqrt{n} = 1.19\sqrt{68} \approx 10$$

$$A_o = h(D - n_c d_o) = 0.15(0.4 - 10\times 0.025) = 0.022\ 5\ \mathrm{m}^2$$

$$u_o = \frac{V_s}{A_o} = \frac{4.4}{0.022\ 5\times 815} = 0.24\ \mathrm{m/s}$$

$$Re_o = \frac{d_o u_o \rho}{\mu} = \frac{0.025\times 0.24\times 815}{6.65\times 10^{-3}} = 735 > 500$$

$$f_o = 5Re_o^{-0.228} = 5(735)^{-0.228} = 1.11$$

所以 $$\Delta p'_1 = 0.4\times 1.11\times 10(39+1)\times\frac{815\times 0.24^2}{2} = 4\ 168\ \mathrm{Pa}$$

$$\Delta p'_2 = N_B\left(3.5 - \frac{2h}{D}\right)\frac{\rho u_o^2}{2} = 39\left(3.5 - \frac{2\times 0.15}{0.4}\right)\times\frac{815\times 0.24^2}{2} = 2\ 517\ \mathrm{Pa}$$

故 $\Sigma\Delta p_o = (4\ 168 + 2\ 517) \times 1.15 = 7.69 \times 10^3\ \text{Pa} = 7.69\ \text{kPa} < 30\ \text{kPa}$

管程和壳程压强降均符合题设要求。

3.核算总传热系数和传热面积

(1)管程对流传热系数

$$Re_i = 20\ 560 > 10\ 000$$

$$Pr_i = \frac{\mu c_p}{\lambda} = \frac{0.64 \times 10^{-3} \times 2.48 \times 10^3}{0.133} = 11.9$$

故 $$\alpha_i = 0.023\frac{\lambda}{d_i} Re_i^{0.8} Pr_i^{0.3} = 0.023 \times \frac{0.133}{0.02}(20\ 560)^{0.8}(11.9)^{0.3} = 907\ \text{W/(m}^2 \cdot ℃)$$

(2)壳程对流传热系数

$$\alpha_o = 0.36\frac{\lambda}{d_e}\left(\frac{d_e u_0 \rho}{\mu}\right)^{0.55}\left(\frac{c_p \mu}{\lambda}\right)^{1/3}\left(\frac{\mu}{\mu_W}\right)^{0.14}$$

取换热器列管中心距 $t = 32$ mm。

流体通过管间最大截面积为:

$$A = hD\left(1 - \frac{d_o}{t}\right) = 0.15 \times 0.4\left(1 - \frac{25}{32}\right) = 0.013\ 1\ \text{m}^2$$

$$u_o = \frac{V_s}{A} = \frac{4.4}{0.013\ 1 \times 815} = 0.412\ \text{m/s}$$

当量直径为:

$$d_e = \frac{4\left(t^2 - \frac{\pi}{4}d_o^2\right)}{\pi d_o} = \frac{4\left(0.032^2 - \frac{\pi}{4} \times 0.025^2\right)}{\pi \times 0.025} = 0.027\ \text{m}$$

$$Re_o = \frac{d_e u_o \rho}{\mu} = \frac{0.027 \times 0.412 \times 815}{6.65 \times 10^{-3}} = 1\ 360$$

$$Pr_o = \frac{c_p \mu}{\lambda} = \frac{2.2 \times 10^3 \times 6.65 \times 10^{-3}}{0.128} = 114$$

取 $$\left(\frac{\mu}{\mu_W}\right)^{0.14} = 1.05$$

故 $$\alpha_o = 0.36 \times \frac{0.128}{0.027}(1\ 360)^{0.55}(114)^{1/3} \times 1.05 = 460\ \text{W/(m}^2 \cdot ℃)$$

(3)计算总传热系数

取污垢热阻 $R_{s,i} = R_{s,o} = 0.000\ 3\ \text{m}^2 \cdot ℃/\text{W}$

故 $$K_{计} = \frac{1}{\frac{1}{\alpha_o} + R_{s,o} + R_{s,i}\frac{d_o}{d_i} + \frac{d_o}{\alpha_i d_i}} = \frac{1}{\frac{1}{460} + 0.000\ 3 + 0.000\ 3 \times \frac{25}{20} + \frac{25}{907 \times 20}} = 237\ \text{W/(m}^2 \cdot ℃)$$

(4)核算传热面积

$$S_{计} = \frac{Q}{K_{计}\Delta t_m} = \frac{3.875 \times 10^5}{237 \times 57.5} = 28.4\ \text{m}^2$$

故 $$\frac{S_{选} - S_{计}}{S_{计}} = \frac{31.5 - 28.4}{28.4} = 0.109 = 10.9\%$$

从以上计算结果可以看出,选 F_B400Ⅳ—2.5—32 型换热器是合适的。

习　题

1.普通砖平壁厚度为 460 mm,一侧壁面温度为 200 ℃,另一侧壁面温度为 30 ℃,已知砖的平均导热系数为 0.93 W/(m·℃),试求:

(1)通过平壁的热传导通量,W/m^2;

(2)平壁内距离高温侧 300 mm 处的温度，℃。

答：(1) $q = 343.7\ W/m^2$；(2) $t = 89.1$ ℃

2. 通过三层平壁的热传导中，若测得各层壁面温度 t_1、t_2、t_3 和 t_4 分别为 500 ℃、400 ℃、200 ℃和 100 ℃，试求各层热阻之比。假设各层壁面间接触良好。

答：$R_1 : R_2 : R_3 = 1:2:1$

3. 某燃烧炉的平壁由下列三种砖依次砌成：

耐火砖　导热系数 $\lambda_1 = 1.05\ W/(m\cdot℃)$、壁厚 $b_1 = 0.23\ m$

绝热砖　$\lambda_2 = 0.095\ W/(m\cdot℃)$

普通砖　$\lambda_3 = 0.71\ W/(m\cdot℃)$、$b_3 = 0.24\ m$

若已知耐火砖内侧面温度为 860 ℃，耐火砖与绝热砖接触面温度为 800 ℃，而绝热砖与普通砖接触面温度为 135 ℃，试求：

(1)通过炉墙损失的热量，W/m^2；

(2)绝热砖层厚度，m；

(3)普通砖外壁面温度，℃。

答：(1) $q = 274\ W/m^2$；(2) $b_2 = 0.23\ m$；(3) $t_4 = 42.4$ ℃

4. 直径为 $\phi 60 \times 3$(mm)的钢管用 30 mm 厚的软木包扎，其外又用 100 mm 厚的保温灰包扎，以作为绝热层。现测得钢管外壁面温度为 −110 ℃，绝热层外表面温度为 10 ℃。已知软木和保温灰的平均导热系数分别为 0.043 W/(m·℃)和 0.07 W/(m·℃)，试求每米管长的冷量损失量，W/m。

答：$Q/L = -25\ W/m$

5. 用 $\phi 170 \times 5$(mm)钢管输送水蒸气，为减少热损失，钢管外包扎两层绝热材料，第一层厚度为 30 mm，第二层厚度为 50 mm，管壁及两层绝热材料的平均导热系数分别为 45 W/(m·℃)、0.093 W/(m·℃)和 0.175 W/(m·℃)，钢管内壁面温度为 300 ℃，第二层保温层外表面温度为 50 ℃，试求单位管长的热损失量和各层间接触界面的温度。

答：$\dfrac{Q}{L} = 296\ W/m$，$t_2 = 300$ ℃，$t_3 = 147$ ℃

6. 在蒸汽管道外包扎有两层厚度相等而导热系数 λ 不同的绝热层，外层的平均直径为内层的 2 倍，其 λ 也为内层的 2 倍。若将两层材料互换而其他条件不变，试计算热阻的变化。说明在本题情况下，哪一种材料包扎在内层较为合适。

答：$R' = 0.8R$

7. 在套管换热器中，用冷水将硝基苯从 85 ℃冷却到 35 ℃，硝基苯流量为 2 000 kg/h。冷却水进、出口温度分别为 20 ℃和 30 ℃，试求冷却水用量。假设换热器热损失可忽略。

答：$W_c = 3\ 850\ kg/h$

8. 在一管壳式换热器中，壳程有绝压为 180 kPa 的饱和水蒸气冷凝。某种液体在管内流过，其流量为 2 000 kg/h，进口温度为 20 ℃，出口温度为 70 ℃，平均温度下比热容为 2.5 kJ/(kg·℃)，试求蒸汽用量。假设换热器热损失可忽略，壳方蒸汽冷凝后排出的为饱和水。

答：$W_h = 112.9\ kg/h$

9. 在一套管换热器中，热流体由 300 ℃降到 200 ℃，冷流体由 30 ℃升到 150 ℃，试分别计算并流和逆流操作时的对数平均温度差。

答：$\Delta t_{m逆} = 160$ ℃，$\Delta t_{m并} = 130.5$ ℃

10. 在管壳式换热器中，冷流体在管内流过，由 20 ℃加热到 50 ℃，热流体在壳程流动，由 100 ℃冷却到 60 ℃，试求以下两种情况下的对数平均温度差。

(1)壳方单程，管方四程；

(2)壳方二程，管方四程。

答：(1) $\Delta t_m = 39.9$ ℃；(2) $\Delta t_m = 43.7$ ℃

11. 在一套管换热器中，内管为 $\phi175\times5$(mm)的钢管，热水在内管内流动，热水流量为 2 500 kg/h，进、出口温度分别为 90 ℃和 50 ℃，冷水在环隙中流动，冷水进、出口温度分别为 20 ℃和 30 ℃。逆流操作。若已知基于管外表面积的总传热系数 K_o 为 1 500 W/(m²·℃)，试求套管换热器的长度。假设换热器的热损失可忽略。

答：$L = 3.13$ m

12. 在一套管换热器中，苯在管内流动，流量为 3 000 kg/h，进、出口温度分别为 80 ℃和 30 ℃，在平均温度下苯的比热容可取为 1.9 kJ/(kg·℃)。水在环隙中流动，进、出口温度分别为 15 ℃和 30 ℃。逆流操作。若换热器的传热面积为 2.5 m²，试求总传热系数。

答：$K = 1\ 090$ W/(m²·℃)

13. 在一逆流操作的单程管壳式换热器中，用冷水将 1.25 kg/s 的液体(比热容为 1.9 kJ/(kg·℃))从 80 ℃冷却到 30 ℃。水在管内流动，进、出口温度分别为 20 ℃和 50 ℃。换热器的列管直径为 $\phi25\times2.5$(mm)，若已知管内、管外的对流传热系数分别为 0.85 kW/(m²·℃)和 1.70 kW/(m²·℃)，试求换热器的传热面积。假设污垢热阻、管壁热阻及换热器的热损失均可忽略。

答：$S_o = 13.5$ m²

14. 在管壳式换热器中，用冷水冷却某油品，水在直径为 $\phi19\times2$(mm)的列管内流动。已知管内水侧对流传热系数为 2 000 W/(m²·℃)，管外油侧对流传热系数为 250 W/(m²·℃)。该换热器使用一段时间后，管壁两侧均形成垢层，水侧垢层热阻为 0.000 25 m²·℃/W，油侧垢层热阻为 0.000 2 m²·℃/W。管壁导热系数为 45 W/(m·℃)。试求产生污垢后热阻增加的百分数及总传热系数。

答：11%，$K_o = 192$ W/(m²·℃)

15. 常压下空气以 10 m/s 的平均流速在长为 4 m、管径为 $\phi60\times3.5$(mm)的钢管中流动，温度从 150 ℃升高到 250 ℃，试求管壁对空气的对流传热系数。

答：$\alpha = 32.4$ W/(m²·℃)

16. 在套管换热器中，内管直径为 $\phi38\times2.5$(mm)，外管直径为 $\phi57\times3.5$(mm)。甲苯在环隙中流动，流速为 0.8 m/s，进、出口温度分别为 90 ℃和 30 ℃。试求甲苯侧的对流传热系数。

答：$\alpha = 1\ 149$ W/(m²·℃)

17. 质量流量为 3 kg/s 的水通过内径为 10 cm 的铜管，水的温度从 5 ℃被加热到 15 ℃，管壁的温度保持为 90 ℃，试求铜管的长度。

答：$L = 4.12$ m

18. 在套管换热器中，一定流量的水在内管流过，温度从 25 ℃升高到 75 ℃，并测得管内水侧的对流传热系数为 1 500 W/(m²·℃)。若相同体积流量的某油品通过该换热器的内管内而被加热，试求此时管内油侧的对流传热系数。假设两种情况下流体均呈湍流流动。已知两流体在定性温度下的物性如下：

	ρ, kg/m³	μ, Pa·s	c_p, kJ/(kg·℃)	λ, W/(m·℃)
水	1 000	0.54×10^{-3}	4.17	0.65
油品	810	5.1×10^{-3}	2.01	0.15

答：$\alpha = 160$ W/(m²·℃)

19. 流量为 720 kg/h 的常压饱和蒸汽在直立的管壳式换热器的列管外冷凝。换热器的列管直径为 $\phi25\times2.5$(mm)，长为 2 m。列管外壁面温度为 94 ℃。试按冷凝要求估算换热器的管数(设管内侧传热可满足要求)。换热器的热损失可忽略。

答：$n = 64$

20. 在管壳式换热器中，管间通入 133 ℃的饱和蒸汽。管内冷水温度由 20 ℃升到 80 ℃。换热器的列管直径为 $\phi25\times2.5$(mm)。现测得基于管外表面积的总传热系数为 700 W/(m²·℃)。换热器使用一段时间后，由于生成垢层，传热能力下降。若水量不变，水进口温度仍为 20 ℃，出口温度变为 70 ℃。试求此时的总传热系数 K_o 和水垢层热阻。

答：$K_o = 540\ W/(m^2 \cdot ℃)$，$R_{s,i} = 0.000\ 336\ m^2 \cdot ℃/W$

21. 一定流量的空气在蒸汽加热器中从 20 ℃加热到 80 ℃。空气在换热器的管内呈湍流流动。绝压为 180 kPa 的饱和蒸汽在管外冷凝。现因生产要求空气流量增加30%，而空气的进、出口温度不变，试问应采取什么措施才能完成任务？做出定量计算。假设管壁及污垢热阻均可忽略。

答：蒸汽压强增至 200 kPa

22. 一套管换热器，内管直径为 $\phi170 \times 5$(mm)，内管内流体的对流传热系数为 200 $W/(m^2 \cdot ℃)$，内管外流体的对流传热系数为 350 $W/(m^2 \cdot ℃)$。若两流体均在湍流下进行换热，试分别估算下列情况下总传热系数 K_o 增加的百分数。假设污垢和管壁热阻均可忽略。

(1)管内流速增加一倍。

(2)管外流速增加一倍。

答：(1)38.2%；(2)17.5%

23. 在一管壳式换热器中，壳方用 110 ℃的饱和蒸汽加热管方呈湍流流动的空气，空气的温度由 30 ℃升到 45 ℃。若空气的流量增加 0.5 倍，试求空气的出口温度。假设管壁和污垢热阻可忽略(计算中可作合理的假设)。

答：$t_2 = 43.94$ ℃

24. 一单程管壳式换热器，内装直径为 $\phi25 \times 2.5$(mm)的钢管 300 根，管长为 2 m。流量为8 000 kg/h 的常压空气在管内流动，温度由 20 ℃加热到 85 ℃。壳程为 108 ℃饱和蒸汽冷凝。若已知蒸汽冷凝传热系数为 $1 \times 10^4\ W/(m^2 \cdot ℃)$，换热器热损失及管壁、污垢热阻均可忽略，试求：

(1)管内空气对流传热系数；

(2)基于管外表面积的总传热系数；

(3)说明该换热器能否满足要求。

答：(1)$\alpha_i = 90.6\ W/(m^2 \cdot ℃)$；(2)$K_o = 72\ W/(m^2 \cdot ℃)$；(3)能满足要求

25. 欲用循环水将流量为 14.65 kg/s 的粗苯液体从 80 ℃冷却到 35 ℃，循环水的初温为 30 ℃，试选择适宜的管壳式换热器。

计算时不要求核算压强降。

答：略

第5章 蒸　发

本章符号说明

英文字母

b——壁厚，m；
c——比热容，kJ/(kg·℃)；
d——管径，m 或 mm；
D——加热蒸汽消耗量，kg/h；
e——单位蒸汽消耗量，kg/kg；
f——校正系数，量纲为1；
F——进料量，kg/h；
g——重力加速度，m/s^2；
h——液体的焓，kJ/kg；
H——蒸汽的焓，kJ/kg；
H'——分离室的高度，m；
k——杜林线的斜率，量纲为1；
K——总传热系数，W/(m^2·℃)；
l——液柱高度，m；
n——效数；
p——压强，Pa 或 kPa；
Q——传热速率，W 或 kW；
r——汽化热，kJ/kg；
R——热阻，m^2·℃/W；
S——传热表面积，m^2；
t——溶液的沸点，℃；
T——蒸汽的温度，℃；
U——蒸发强度，kg/(m^2·h)；
V'_s——蒸发体积强度，m^3/(s·m^2)；
W——蒸发量，kg/h；
x——溶质在溶液中的质量分数。

希腊字母

α——对流传热系数，W/(m^2·℃)；
Δ——温度差损失，℃；
η——热损失系数；
λ——材料的导热系数，W/(m·℃)；
ρ——密度，kg/m^3；
Σ——总和。

下标

1、2、……、n——效数的序号；
o——进料的；
a——常压的；
k——冷凝器的；
i——内侧的；
m——平均的；
o——外侧的；
s——秒的；
w——水的。

上标

′——二次蒸汽的；
′——因溶液蒸汽压下降而引起的；
″——因液柱静压强而引起的；
‴——因流动阻力而引起的。

用加热方法使含有不挥发溶质(如无机盐)的溶液沸腾汽化并移出蒸汽，从而使溶液中的溶质浓度提高的单元操作称为蒸发，所采用的设备称为蒸发器。蒸发操作广泛应用于化工、轻工、食品、制药、生物制品、原子能等工业中。

被蒸发的溶液可以是水溶液，也可以是其他溶剂的溶液。化学工业中以蒸发水溶液为主，故本章只限于讨论水溶液的蒸发。蒸发出的蒸汽称为二次蒸汽，以区别于新鲜的加热蒸汽(又称生蒸汽)。在操作中一般将二次蒸汽引出使其冷凝，否则二次蒸汽与沸腾溶液趋于平衡，使蒸发过程无法进行。将二次蒸汽直接冷凝，而不利用其冷凝热的蒸发操作称为单效蒸发。将二次蒸汽引到另一台蒸发器作为加热蒸汽，以利用其冷凝热，这种串联的蒸发操作称为多效蒸发。

蒸发操作可以在加压、常压或减压下进行。工业上的蒸发操作经常在减压下进行，称为真空蒸发。真空操作的特点在于：①减压下溶液沸点下降，有利于处理热敏性物料，且可利用低压强的蒸汽或废蒸汽作为热源；②溶液的沸点随所处的压强减小而降低，故对相同压强的加热蒸汽而言，当溶液处于减压时可以提高传热总温度差，但与此同时，溶液的黏度加大，使总传热系数下降；③真空蒸发系统要求有造成减压的装置，使系统的投资费和操作费提高。

图 5-1 所示的为简单真空蒸发的典型流程示意图。图中 1 为蒸发器的加热室，加热蒸汽在加热室的列管间冷凝，放出的热量通过管壁传给管内溶液，被浓缩后的完成液由蒸发器的底部排出。蒸发时产生的二次蒸汽经分离室 2 送至冷凝器 3 与冷却水相混合而被冷凝，冷凝液由冷凝器的底部排出。溶液中的不凝性气体经分离器 4 和缓冲罐 5 由真空泵 6 抽出而排至大气中。

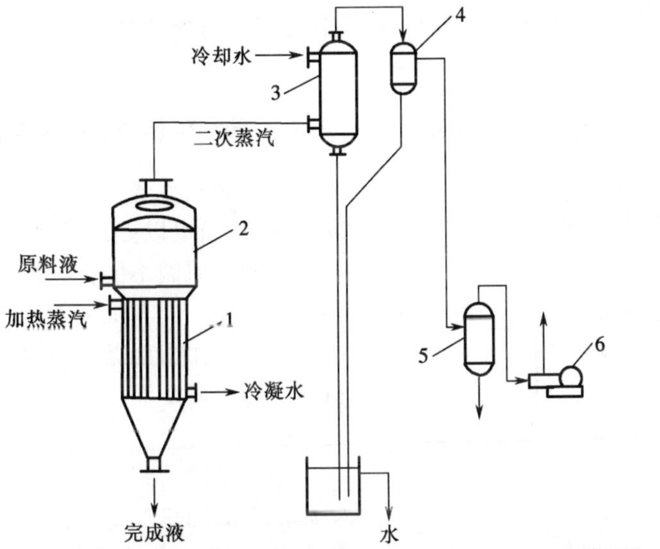

图 5-1　单效真空蒸发的典型流程图

1—加热室　2—分离室　3—混合冷凝器　4—分离器　5—缓冲罐　6—真空泵

一般情况下，经浓缩后的液体为产品，二次蒸汽冷凝液则被排出，但在海水淡化操作中，二次蒸汽的冷凝液是要求的产品，即淡水，浓缩后的残液则被废弃。由此看来，蒸发操作总是从溶液中分离出部分溶剂，而过程的实质是列管传热壁面一侧的蒸汽冷凝与另一侧的溶液沸腾间的传热过程，溶剂的汽化速率由传热速率控制，故蒸发属于热量传递过程，但有别于一般的传热过程，因为蒸发过程具有下述特点。

1)传热性质　传热壁面一侧为溶液沸腾，另一侧为蒸汽冷凝，故属于壁面两侧均有相变化的恒温操作。

2)溶液性质　有些溶液在蒸发过程中有晶体析出，易结垢和生泡沫，高温下易分解或聚合，溶液的黏度在蒸发过程中逐渐增高，腐蚀性逐渐加大。因此，溶液的各种性质就对蒸发器提出特殊要求。例如蒸发易结垢的溶液时，要求溶液在蒸发器内的循环速度大；蒸发热敏性溶液时，要求溶液在蒸发器内停留时间短。

3)液沫挟带　二次蒸汽中挟带着大量液沫，冷凝前必须设法除去，否则不但损失物料，而且要污染冷凝设备。所以在图 5-1 的加热室上方设置了空间较大的分离室 2，使二次蒸汽中液沫得以沉降下来。有时还在分离室顶部设置各种形式的除沫器，进一步除去液沫。

由于蒸发操作具有上述的特殊性，所以蒸发操作虽属于传热过程，但它的操作和所采用的设备(蒸发器)有别于通常的传热操作和换热器。

第 1 节　蒸发器的形式

5.1.1　蒸发器的结构

蒸发器有用直接热源加热的，也有用间接热源加热的，工业上经常采用的是间接蒸汽加热的蒸发器。

按照溶液在加热室中运动的情况，可将蒸发器分为循环型(非膜式)和非循环型(膜式)两大类。

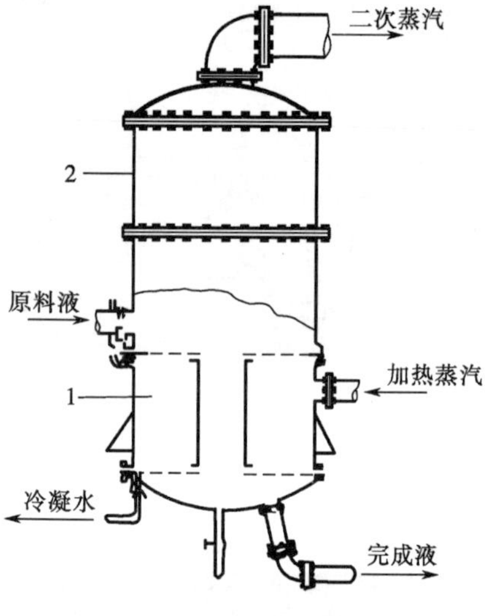

图 5-2　中央循环管式蒸发器
1—加热室　2—分离室

一、循环型(非膜式)蒸发器

循环型蒸发器的特点是溶液在蒸发器中循环流动，因而可以提高传热效果。由于引起溶液循环运动的原因不同，又分为自然循环和强制循环两种类型。前者是由于溶液受热程度不同，产生了密度差而引起循环运动的；后者是由于外加机械(泵)迫使溶液沿一定方向流动。

(一)中央循环管式(标准式)蒸发器

中央循环管式蒸发器的结构如图 5-2 所示，主体由下部加热室 1 和上部分离室(又称二次蒸汽室)2 组成。它是工业生产中广泛使用且历史悠久的大型蒸发器，至今在化工、轻工等行业中仍被广泛采用。它的加热室由管径为 25 ~ 75 mm，长度为 1 ~ 2 m(长径之比为 20 ~ 40)的直立管束组成，在管束中央安装一根较粗的管子。操作时，管束内单位体积溶液的受热面大于粗管内的，即前者受热好，溶液汽化得多，因此细管内的溶液含汽量多，致使密度比粗管内溶液的要小，这种密度差促使溶液作沿粗管下降而沿细管上升的循环运动，故粗管除称为中央循环管外还称为降液管，细管称为加热管或沸腾管。为了促使溶液有良好的循环，设计时取中央循环管截面积为加热管束总截面积的 40% ~ 100%。

中央循环管式蒸发器是从水平加热室及蛇管加热室蒸发器发展而来的。相对于这些老式蒸发器而言，它具有溶液循环好、传热速率快等优点，同时由于结构紧凑、制造方便，应用十分广泛，有“标准蒸发器”之称。但实际上由于结构的限制，循环速度一般在 0.4 ~ 0.5 m/s 以下；由于溶液不断循环，使加热管内溶液始终接近完成液的浓度，故有溶液黏度大、沸点高等缺点，此外，蒸发器的加热室不易清洗。中央循环管蒸发器适用于蒸发结垢不严重、有少量结晶析出和腐蚀性较小的溶液。这种蒸发器的传热面积可高达数百平方米，传热系数为600～3 000 W/(m^2·℃)。

（二）悬筐式蒸发器

悬筐式蒸发器如图5-3所示，它是中央循环管式蒸发器的改进，清洗时加热管束可以取出，用备用的加热管束替换，节省了等待清洗时间。加热蒸汽由中央管进入管束的管间。包围管束的外壳外壁面与蒸发器外壳内壁面间的环隙通道代替了中央循环管，操作时溶液沿环隙通道下降而沿加热管束上升。一般环隙截面积为加热管束总截面积的100%～150%，较中央循环管蒸发器的比例大，故改善与加速了料液的循环速度，循环速度可达1～1.5 m/s，不但提高了传热效果，也阻止了加热管内的结垢，这种蒸发器传热面积限于100 m^2 以下，总传热系数在600～3 500 W/(m^2·℃)之间。

悬筐式蒸发器适用于有晶体析出或结垢不严重的溶液蒸发，缺点是设备结构较复杂且质量、占地面积、溶液滞留量等均较大。

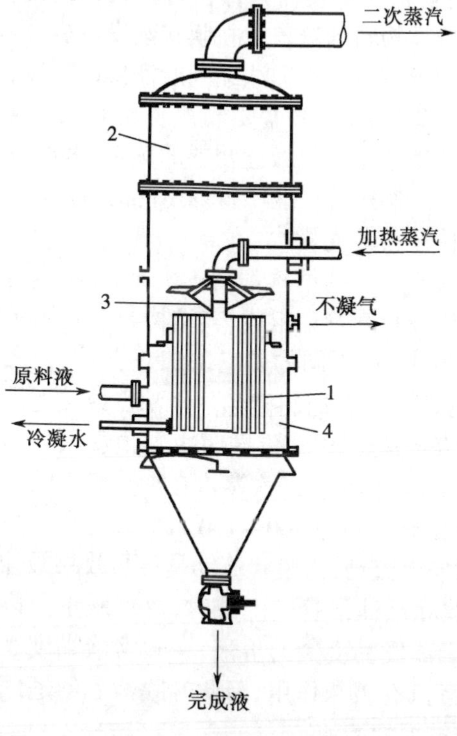

图5-3　悬筐式蒸发器

1—加热室　2—分离室　3—除沫室　4—环形循环通道

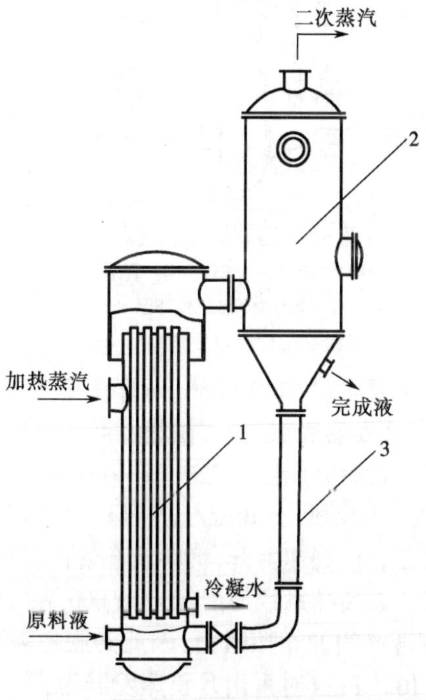

图5-4　外热式蒸发器

1—加热室　2—分离室　3—循环管

（三）外热式蒸发器

外热式蒸发器如图5-4所示，它的加热管较长，加热管的长径之比为50～100。加热室与分离室用循环管相连，由于循环管内的溶液未受蒸汽加热，其密度较加热管内的大，因此形成溶液沿循环管下降而沿加热管上升的循环运动。循环速度可达1.5 m/s，总传热系数在1 400～3 500 W/(m^2·℃)之间。外热式蒸发器的加热面不受限制，可高达数百甚至数千平方米，一台蒸发器还可设两个加热室，清洗时轮换使用。

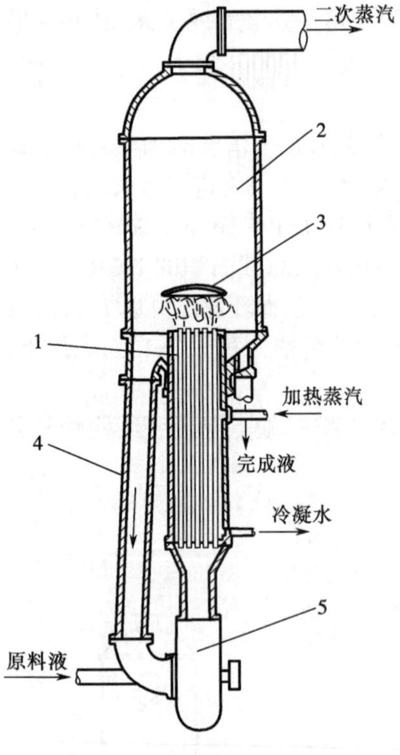

图 5-5　强制循环蒸发器
1—加热室　2—分离室　3—除沫器
4—循环管　5—循环泵

(四)强制循环蒸发器

前述各种蒸发器都是利用溶液自身的密度差而引起循环的,称为自然循环,循环速度不太高。图 5-5 所示为强制循环蒸发器。在循环通道中装置一台循环泵,迫使溶液沿一个方向流动而产生循环运动,循环速度一般为 2 ~ 5 m/s,总传热系数为 1 200 ~ 6 000 W/(m^2·℃)。这种蒸发器适用于处理黏度大、易结垢或易结晶的溶液。它的缺点是动力消耗大,通常为 0.4 ~ 0.8 kW/(m^2 传热面),因此使用受到一定的限制。

二、单程型(膜式)蒸发器

前述各种蒸发器的主要缺点是加热室内滞料量大,致使物料在蒸发器内停留时间长,故特别不适用于热敏性物料的蒸发。在膜式蒸发器内,溶液仅在加热管内流过一次即浓缩到所需要的浓度,溶液通过加热管的时间只需要数秒或数十秒。故膜式蒸发器特别适用于热敏性物料的蒸发,因而在食品、生物制品、制药等工业中得到广泛的应用。

(一)升膜式蒸发器

升膜式蒸发器的结构如图 5-6 所示,加热室由一根竖直管或垂直管束组成,其结构与竖式固定管板式换热器类似,不同的是它的加热管长、径之比有一定要求,为 100 ~ 150,列管管径在 25 ~ 50 mm 之间。操作时料液预热至沸点或接近沸点后,由蒸发器底部进入,在蒸发器 1 内受热汽化,浓缩液与二次蒸汽同时由器顶进入分离器 2,经分离后完成液与二次蒸汽分别由分离器底部和顶部排出。二次蒸汽在加热管内的流速很大,一般不低于 10 m/s,常压时为 20 ~ 50 m/s,减压时可高达 100 ~ 160 m/s 或更高。二次蒸汽在管内高速上升,将料液在管内拉曳成薄膜状向上流动,而膜状流动是传热效果最佳的状态。总传热系数为 1 200 ~ 6 000 W/(m^2·℃)。膜状液体沿管壁上升时,要克服重力以及膜与管壁间的摩擦阻力,因此升膜蒸发器不适用于蒸发黏度大的溶液,一般溶液黏度小于 50×10^{-3} Pa·s 时采用升膜蒸发器为宜。高速二次蒸汽有破沫作用,因此升膜蒸发器适用于蒸发易产生泡沫的溶液,但不适用于蒸发易结晶与结垢的溶液。

应指出,若将常温的原料液直接引入膜式蒸发器中,则在加热室底部必有一部分受热面用来加热溶液,使溶液达到沸点后才能汽化,溶液在这部分的壁面上不能呈膜状流动。前已述及,各种流动状态中又以膜状流动状态传热效果最好,所以进入升膜式蒸发器的原料液应加热到沸点或近于沸点后再引入器内。

(二)降膜式蒸发器

对蒸发浓度或黏度较大的溶液可采用如图 5-7 所示的降膜式蒸发器。降膜式蒸发器的结构与升膜式蒸发器的大致相同,只是料液由蒸发器顶部的液体分布器均匀地送入加热管内。溶液在本身的重力作用下沿管壁呈膜状向下流动的同时并进行蒸发。利用溶液本身的重力作用是这种蒸发器可以蒸发高黏度溶液的有利因素,黏度在 0.05 ~ 0.4 Pa·s 范围内的

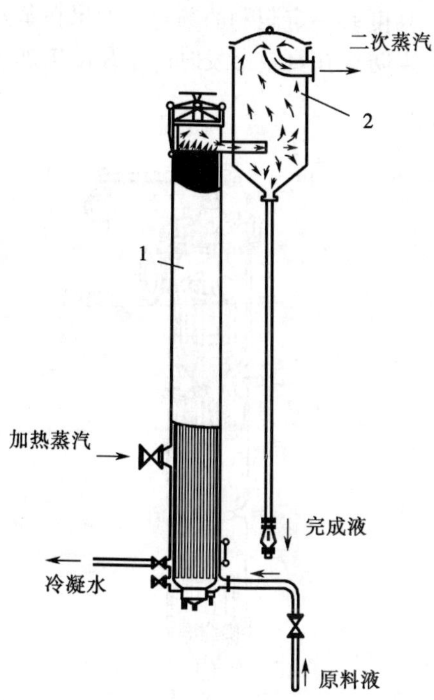

图 5-6　升膜式蒸发器

1—蒸发器　2—分离器

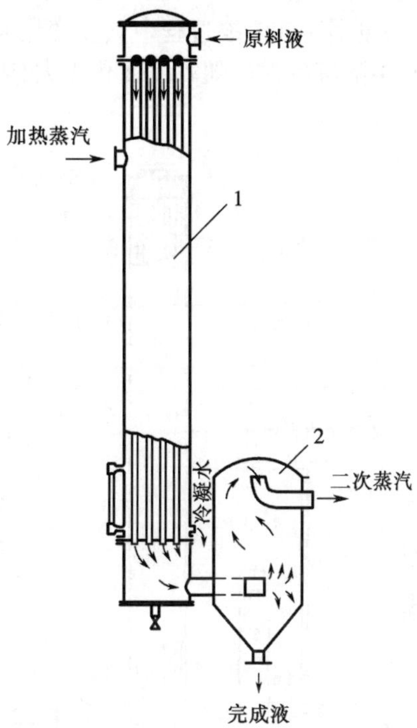

图 5-7　降膜式蒸发器

1—蒸发室　2—分离室

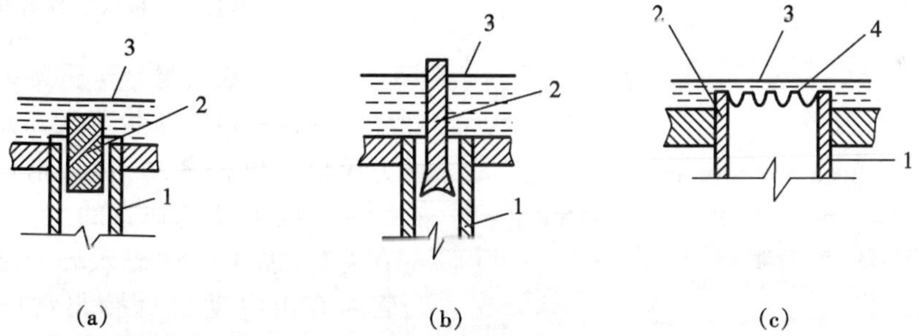

图 5-8　液体分布器

(a)具有螺旋形沟槽的圆柱体分布器　(b)下端为圆锥体且底面为凹面的分布器　(c)管边周边为齿缝形分布器

1—加热管　2—分布器　3—液面　4—齿缝

溶液都可以采用这种蒸发器。总传热系数为 1 200 ~ 3 500 W/(m^2·℃)。降膜式蒸发器不适用蒸发过程中有晶体析出和易结垢的溶液。

为了使溶液能在壁上均匀布膜,且防止二次蒸汽由加热管顶端直接窜出,加热管顶部必须设置加工良好的液体分布器。图 5-8 列出三种最常用的液体分布器。图(a)的分布器为有螺旋形沟槽的圆柱体;图(b)的分布器下端为圆锥体,且底面为凹面,以防止沿锥体斜面下流的液体向中央聚积;图(c)的分布器是将管端周边加工成齿缝形。

(三)升-降膜式蒸发器

升-降膜式蒸发器的结构如图 5-9 所示,蒸发器底部封头内装有隔板,将加热管束均分为两部分。原料液经预热达到沸点或接近沸点后引入升膜加热管束 2 的底部,液体沿管壁向上呈膜状流动,汽、液混合物由顶部流入降膜加热管束 3,液体又呈膜状沿管壁边向下流动边进行蒸发,最后汽、液混合物进入分离器4进行分离。升-降膜式蒸发器也是单程蒸发器,一般用于在浓缩过程中黏度变化大的溶液,或厂房高度有一定限制的场合。如果在蒸发过程中溶液的黏度随浓度变化很大,应采用常压蒸发,以防止在真空蒸发时产生黏度增加之弊。

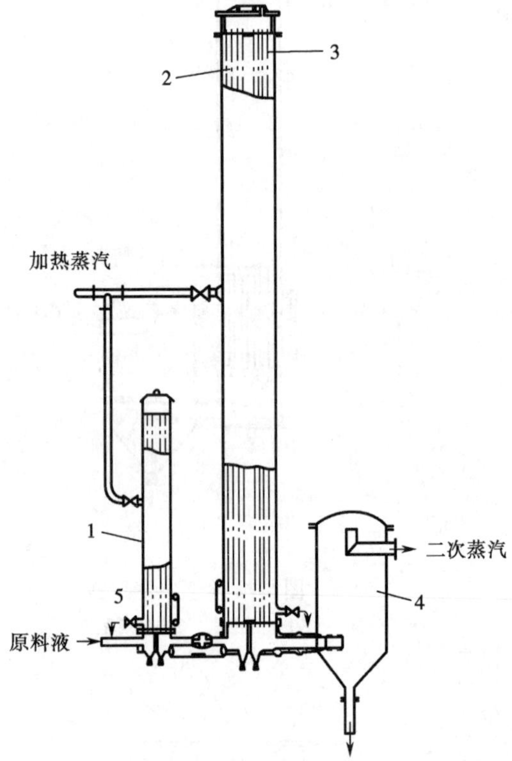

图5-9　升-降膜式蒸发器

1—预热器　2—升膜加热室　3—降膜加热室

4—分离器　5—冷凝液排出口

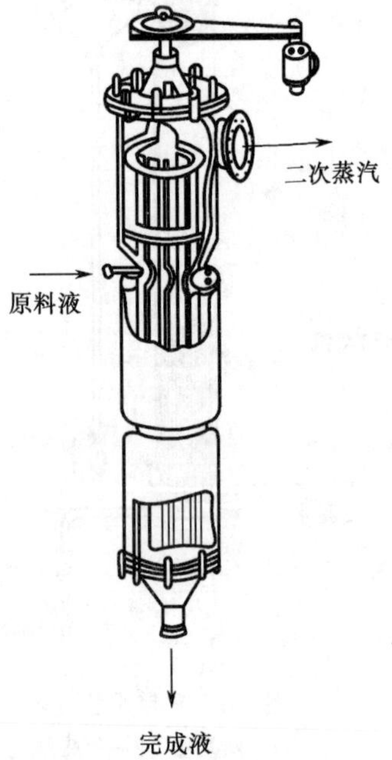

图5-10　刮板式搅拌薄膜蒸发器

(四)刮板式搅拌薄膜蒸发器

刮板式搅拌薄膜蒸发器是用外加动力成膜的单程蒸发器,其结构如图5-10所示。加热管是垂直的空心圆管,其外有夹套,加热蒸汽送入环隙空间内。圆管内有由电动机直接驱动的立式旋转轴,轴上有3~8片固定的刮板(又称叶片),刮板外缘与壳内壁间的间距为0.75~1.5 mm。原料由蒸发器上部以切线方向进入器内,被刮板带动旋转。由于重力与离心力的作用,料液在内壁形成螺旋下降的薄膜,溶液在布膜过程中同时进行蒸发浓缩,完成液由底部排出,二次蒸汽由顶部排出。所以这种蒸发器也属于单程膜式蒸发器,料液在蒸发器内停留时间为数秒至数十秒。所以特别适用于处理易结晶、易结垢、高黏度或热敏性溶液的蒸发。它的缺点是结构复杂,刮板的转速在100~600 r/min的范围内,动力消耗定额约为3 kW/(m^2传热面)。单位体积设备的传热面积不大,因而限制了每台蒸发器的传热面积,一般为3~4 m^2/台。

以上介绍的蒸发器都属于间接加热蒸发器,原料液与加热蒸汽由管壁隔开。此外,还有直接加热蒸发器,原料液与热源(一般为烟道气)直接接触,没有间壁传热面。优点是热效率高;缺点是溶液受热源的污染,且二次蒸汽无法利用。

5.1.2 蒸发器的辅助设备

蒸发器的辅助设备包括冷凝器、形成真空的装置和除沫器。

一、冷凝器

在蒸发操作中,若二次蒸汽有价值需要回收或严重污染冷却水时,采用间壁式冷凝器,否则采用干式逆流高位混合冷凝器。这两种冷凝器已在第4章中介绍过,此处不重述。

二、真空泵

当蒸发器采用减压操作时,无论用哪一种冷凝器,均需要在冷凝器后安装真空装置,不断地抽出由溶液带入的不凝性气体,以维持蒸发操作所需要的真空度。常用的真空装置有喷射泵、往复式真空泵及水环式真空泵。这些真空泵都在第2章中介绍过,此处也不重述。

三、除沫器

蒸发操作时,二次蒸汽中挟带大量的液沫,尤其蒸发易起泡的溶液时,这种挟带现象更严重,虽然在蒸发器分离室中进行了分离,但为了防止损失有价值的产品或污染冷凝器,必须进一步减少挟带的液沫,为此常在蒸发器内或外设置除沫器。除沫器形式很多,图5-11所示的为经常采用的形式。图中(a)至(d)可装在蒸发器分离室的顶部,后面几种安装在蒸发器外部。

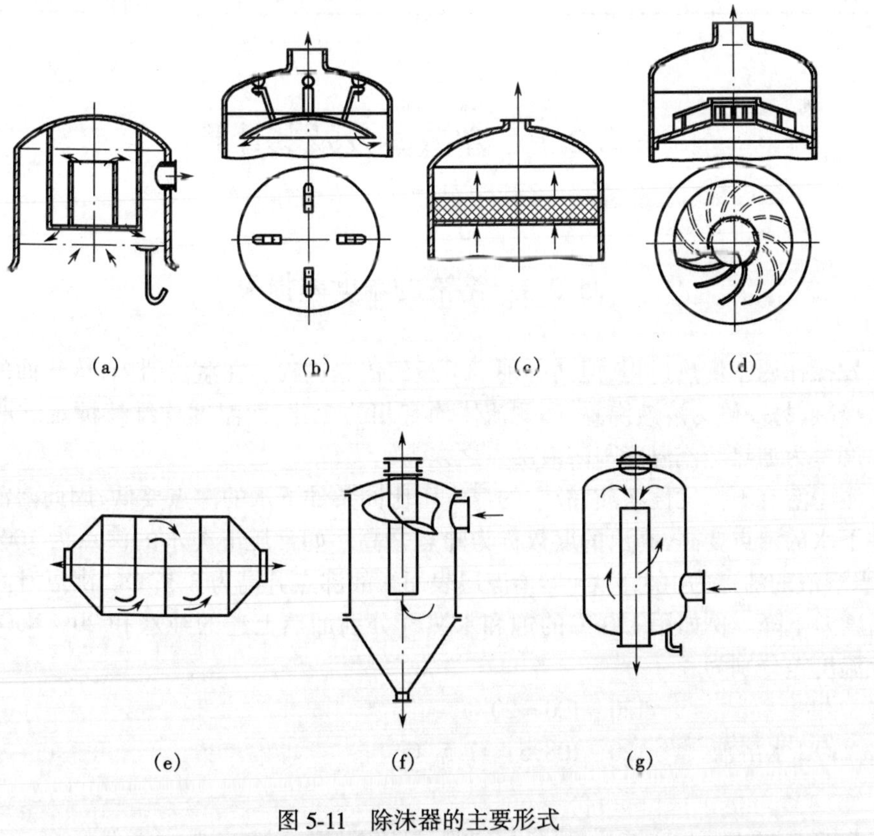

图5-11 除沫器的主要形式
(a)折流式除沫器 (b)球体除沫器 (c)金属丝网除沫器 (d)离心式除沫器
(e)冲击式除沫器 (f)旋风式除沫器 (g)离心式除沫器

5.1.3 蒸发器的选型

在选蒸发器类型时,应首先考虑能保证产品质量和生产能力;然后考虑:①结构简单,②传热效果好,③便于制造与维修,④价格低,⑤对待蒸发的溶液有良好的适应性,如溶液的黏度、发泡性、腐蚀性、热敏性以及蒸发过程中可能有晶体析出及结垢等现象。

表 5-1 列出各种蒸发器的主要性能,供设计选型时参考。

表 5-1 蒸发器的主要性能

蒸发器的类型	造价	总传热系数		溶液在管内的流速 m/s	停留时间	完成液的浓度能否恒定	浓缩比	处理量	对溶液性质的适应性					
		稀溶液	高黏度						稀溶液	高黏度	易生泡沫	易结垢	热敏性	有晶体析出
标准型	最廉	良好	低	0.1~0.5	长	能	良好	一般	适	适	适	尚适	尚适	稍适
悬筐式	较高	较好	低	1~1.5	长	能	良好	一般	适	适	适	适	尚适	适
外热式(自然循环)	廉	高	良好	0.4~1.5	较长	能	良好	较大	适	尚适	较好	尚适	尚适	稍适
强制循环	高	高	高	2.0~3.5	—	能	较高	大	适	好	好	适	尚适	适
升膜式	廉	高	较好	0.4~1.6	短	较难	高	大	适	尚适	好	尚适	良好	不适
降膜式	廉	良好	高	0.4~1.6	短	尚能	高	大	较适	好	适	不适	良好	不适
刮板式	最高	高	高	—	短	尚能	高	较小	较适	好	较好	不适	良好	不适

第 2 节 单效蒸发及其计算

5.2.1 溶液的温度差损失

蒸发操作属于传热过程,但又有别于一般的传热过程。在蒸发器内,传热面的一侧为加热蒸汽冷凝,另一侧为溶液沸腾,两侧流体均有相的变化,而温度均维持恒定。所以蒸发操作的温度差为加热蒸汽温度与溶液沸点之差。

溶液中溶有不挥发性溶质,故它的蒸汽压比同条件下水的沸点要低,因此溶液的沸点比同条件下水的沸点要高,高出的度数称为沸点升高。如常压下纯水的沸点为 100 ℃、20%* NaOH 水溶液的沸点为 108.5 ℃(均指液层表面),故沸点升高为 8.5 ℃。沸点升高的后果使有效温度差下降。例如用 120 ℃的饱和水蒸气分别加热上述的纯水和 20% NaOH 水溶液,则有效温度差分别为:

对纯水　　　　　　$120 - 100 = 20$ ℃

对 20% NaOH 水溶液　　$120 - 108.5 = 11.5$ ℃

* 本章中溶液的浓度若不特别指明,都是指质量浓度,在以后的例题、习题中不再一一指出。

由此看出有效温度差下降 8.5 ℃，正好与溶液沸点升高值相等，故沸点升高又称为温度差损失。下面介绍蒸发过程中引起温度差损失的原因。

一、蒸发过程中引起温度差损失的原因

1.溶液蒸气压下降而引起的温度差损失 Δ'

前述的温度差损失即为因溶液蒸汽压下降而引起的温度差损失，以 Δ' 表示，单位为℃。

溶液的沸点升高 Δ' 与溶液类别、浓度及压强有关，一般由实验测定。常压下常见溶液的沸点升高值与浓度的关系列于附录二十一中。一般稀溶液和有机溶液的沸点升高值较小，而无机盐溶液的沸点升高值较大，有时可高达数十度。

有时蒸发操作在加压或减压下进行，因此必须求出各种浓度的溶液在不同压强下的沸点升高。当缺乏实验数据时，可用下式估算，即：

$$\Delta' = f\Delta'_a \tag{5-1}$$

式中 Δ'——操作压强下由于溶液蒸汽压下降而引起的沸点升高，即温度差损失，℃；

Δ'_a——常压下由于溶液蒸汽压下降而引起的沸点升高，℃；

f——校正系数，量纲为 1。

校正系数的经验计算式为：

$$f = \frac{0.016\,2(T' + 273)^2}{r'} \tag{5-2}$$

式中 T'——操作压强下二次蒸汽的温度，℃；

r'——操作压强下二次蒸汽的汽化热，kJ/kg。

此外，也可从杜林法则图查出操作压强下溶液的沸点，然后再算出因溶液蒸汽压下降而引起的沸点升高，也即温度差损失。杜林法则表明：溶液的沸点和同压强下标准溶液沸点呈线性关系。由于容易获得纯水在各种压强下的沸点，故选用纯水作为标准溶液。例如，若压强为 p_N 及 p_M 时，80% NaOH 水溶液的沸点分别为 t'_A 及 t_A、纯水的沸点分别为 t'_w 及 t_w，以 t'_A，t'_w 及 t_A，t_w 为坐标，在直角坐标图上确定这两点位置，例如图 5-12 中的 N 及 M 点，连该两点的直线即为 80% NaOH 水溶液的杜林直线。图 5-12 为各种不同浓度 NaOH 水溶液的杜林直线群。

[例 5-1]　在中央循环管式蒸发器内，将 5% NaOH 水溶液浓缩到 30%。求：

(1)利用附录二十一中的数据，分别计算分离室绝对压强为 101.33 kPa 和 50 kPa 时溶液的沸点*。

(2)利用杜林法则求 50 kPa 时溶液的沸点*。

解：由于溶液在加热管内不断循环，管内溶液浓度始终接近完成液浓度，故按 30% 计算溶液浓度。

(1)利用附录二十一求溶液的沸点

①分离室绝对压强为 101.33 kPa 时：从附录查出常压下 30% NaOH 水溶液沸点升高(即温度差损失 Δ'_a)值为 17.5 ℃，故溶液沸点

$$t_1 = 100 + 17.5 = 117.5\ ℃$$

②分离室绝对压强为 50 kPa 时：50 kPa 下水蒸气的温度 $T' = 81.2$ ℃，汽化热 $r' = 2\,304.5$ kJ/kg，已查出常压下 $\Delta'_a = 17.5$ ℃，将此值换算至 50 kPa 压强下的相应值时，应先算出校正系数 f，即

---

* 均指液层表面沸点

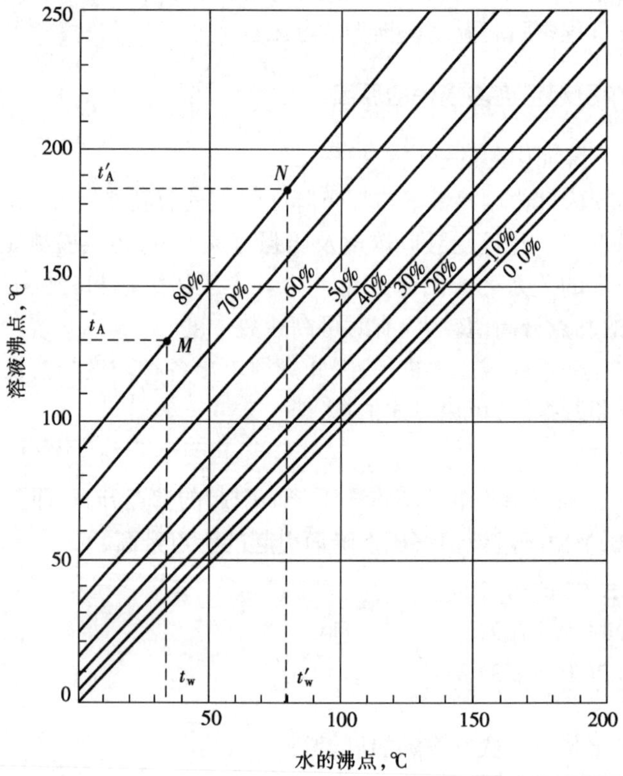

图 5-12　NaOH 水溶液的杜林法则图

$$f=\frac{0.016\,2(T'+273)^2}{r'}=\frac{0.016\,2(81.2+273)^2}{2\,304.5}=0.882$$

$$\Delta'=f\Delta'_a=0.882\times17.5=15.44\ ℃$$

绝压为 50 kPa 时，30% NaOH 水溶液沸点

$$t_1=81.2+15.44=96.64\ ℃$$

(2)利用杜林直线求 50 kPa 时溶液的沸点

绝压为 50 kPa 时水的沸点为 81.2 ℃，在图 5-12 的横标上找出与此温度对应的点，由此点向上作垂线与浓度为 30% NaOH 水溶液的杜林线相交，从交点向左作水平线与纵坐标相交，交点温度为 97 ℃，即为 30% NaOH 水溶液在 50 kPa 压强下的沸点。

用经验公式和用杜林法则的结果基本相同。

2.因加热管内液柱静压强而引起的温度差损失 Δ''

液体的沸点随它所处的液层深度而逐渐加大。对某些蒸发器，如循环管式蒸发器的加热管内有一定高度的液层，故液体的沸点由液面向底部逐渐加大，液层内部沸点与表面沸点之差称为因液柱静压强而引起的温度差损失。Δ''值沿液层高度而变，为了简便，计算时以液层中部的平均压强 p_m 为准，但很难找到各种溶液的饱和温度与压强的对应关系，故根据压强 p_m 查出与之对应的水的温度 t_{p_m}，t_{p_m} 与液层表面温度(也按水计)T'之差表示因液柱静压强而引起的温度差损失，即：

$$\Delta''=t_{p_m}-T' \tag{5-3}$$

式中　t_{p_m}——液柱中部的沸点，℃；

T'——二次蒸汽的温度,℃。

中部压强 p_m 的计算式:

$$p_m = p' + \frac{\rho g l}{2} \tag{5-4}$$

式中 p_m——液层中部的压强,Pa;

p'——液面的压强,即二次蒸汽的压强,Pa;

g——重力加速度,m/s^2;

ρ——溶液的密度,kg/m^3;

l——液层深度,m。

由于溶液沸腾时液层内混有气泡,故液层的实际密度较式 5-4 采用的液体密度要小,因此用式 5-3 算出的 Δ'' 值偏大。此外,当溶液在加热管内的循环速度较大时,就会因流动阻力使平均压强增高,式 5-4 中并没有考虑这项影响,但可以抵消前述的部分误差。可见,由式 5-3 算出的 Δ'' 值仅为估计值。

应指出,在膜式蒸发器的加热管内,液体沿管壁成膜状流动,管内没有液层,故这类蒸发器中因液柱静压强而引起的温度差损失可以忽略不计。

[例 5-2] 前例中若加热管内液柱高度为 2.5 m,液体的平均密度为 1 275 kg/m^3,试求分离室的绝对压强为 50 kPa 时溶液的沸点。

解:前例已查出绝对压强为 50 kPa 时水的相应沸点为 81.2 ℃,并计算出因溶液蒸汽压下降而引起的沸点升高为 15.44 ℃。

液柱中部压强为:

$$p_m = p' + \frac{\rho g l}{2} = 50 + \frac{1\,275 \times 9.81 \times 2.5}{2 \times 1\,000} = 65.6 \text{ kPa}$$

据此从附录十查出水的相应沸点为 88 ℃。故因液柱静压强而引起的沸点升高为:

$$\Delta'' = 88 - 81.2 = 6.8 \text{ ℃}$$

溶液沸点 $t_1 = T' + \Delta' + \Delta'' = 81.2 + 15.44 + 6.8 = 103.44$ ℃

3. 由于管路阻力而引起的温度差损失 Δ'''

二次蒸汽由分离器送至冷凝器要克服管道中流动阻力,所以分离室内二次蒸汽压强应略高于冷凝器中规定的压强,或者说分离室的二次蒸汽温度略高于冷凝器的温度,其值约为 1 ℃~1.5 ℃。例如,规定冷凝器中绝对压强为 50 kPa,相应温度为 81.2 ℃,则分离室温度至少应为 82.2 ℃,这样,又使有效温度差损失 1 ℃,这种损失称为因流动阻力而引起的温度差损失,以 Δ''' 表示。计算这种温度差损失相当麻烦,一般取 $\Delta''' \approx 1$ ℃~1.5 ℃。

二、蒸发器的总温度差损失

蒸发器内的总温度差损失为三种温度差损失之和,即:

$$\Sigma\Delta = \Delta' + \Delta'' + \Delta''' \tag{5-5}$$

溶液的沸点为冷凝器的温度 T_K 与总温度差损失之和,即:

$$t_1 = T_k + \Sigma\Delta = T_k + \Delta' + \Delta'' + \Delta''' \tag{5-6}$$

蒸发器内有效温度差是蒸发系统两端点的温度差再减去总温度差损失,即:

$$\Delta t = (T - T_k) - \Sigma\Delta = (T - T_k) - (\Delta' + \Delta'' + \Delta''') \tag{5-7}$$

5.2.2　单效蒸发的计算

在蒸发生产任务中一般规定：

(1)单位时间内要处理的原料液质量 F 及其浓度 x_0，经过蒸发后要求完成液达到的浓度为 x_1；

(2)能提供的加热蒸汽的绝对压强 p 或温度 T；

(3)冷凝器能达到的绝对压强 p_K 或温度 T_K(有时冷凝器的状态由设计者选定)。

单效蒸发中要计算的项目有：

(1)蒸发量；

(2)单位时间内消耗的加热蒸汽量 D；

(3)所需的蒸发器传热表面积 S。

计算中所采用的手段仍然是物料衡算、焓衡算及传热速率三种基本关系。

一、蒸发量

单位时间内由溶液中蒸出的二次蒸汽质量称为蒸发量，以 W 表示，单位为 kg/h。

围绕图 5-13 作溶质的物料衡算，得：

$$Fx_0 = (F - W)x_1 \tag{5-8}$$

或
$$W = \left(1 - \frac{x_0}{x_1}\right) \tag{5-9}$$

及
$$x_1 = \frac{Fx_0}{F - W} \tag{5-10}$$

式中　F——进料量，kg/h；

W——蒸发量，kg/h；

x_0——原料液中溶质的质量分数；

x_1——完成液中溶质的质量分数。

二、加热蒸汽消耗量 D

蒸发操作中，加热蒸汽的热量一般消耗于将溶液加热至沸点，将水分蒸发成二次蒸汽以及向周围的损失。对某些溶液，在浓缩时要吸收浓缩热，故也消耗一部分加热蒸汽。这种溶液称为有浓缩热效应的溶液，例如 NaOH、$CaCl_2$ 等盐类的水溶液。

(一)溶液浓缩热不可忽略时

围绕图 5-13 对各流股作焓衡算：

基准　小时

基温　0 ℃，并规定 0 ℃时液体的焓为零

$$DH + Fh_0 = WH' + (F - W)h_1 + Dh_w + Q_L \tag{5-11}$$

或
$$D = \frac{WH' + (F - W)h_1 - Fh_0 + Q_L}{H - h_w} \tag{5-12}$$

式中　D——加热蒸汽的消耗量，kg/h；

H——加热蒸汽的焓，kJ/kg；

h_0——原料液的焓，kJ/kg；

H'——二次蒸汽的焓，kJ/kg；

h_1——完成液的焓，kJ/kg；

h_w——冷凝水的焓，kJ/kg；

Q_L——热损失，kJ/h。

若加热蒸汽的冷凝液在蒸汽饱和温度下排除，则：

$$H - h_W = r \tag{5-13}$$

或式 5-12 变为：

$$D = \frac{WH' + (F - W)h_1 - Fh_1 + Q_L}{r} \tag{5-14}$$

式中　r——加热蒸汽的汽化热，kJ/kg。

溶液的焓由焓浓图查得。图 5-14 为 NaOH 水溶液的焓浓图。

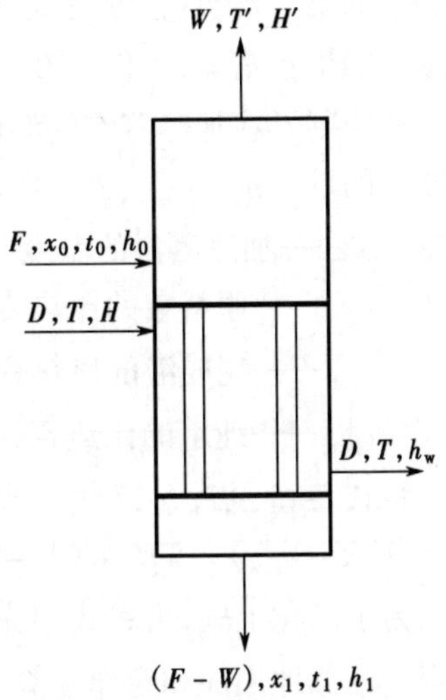

图 5-13　单效蒸发示意图

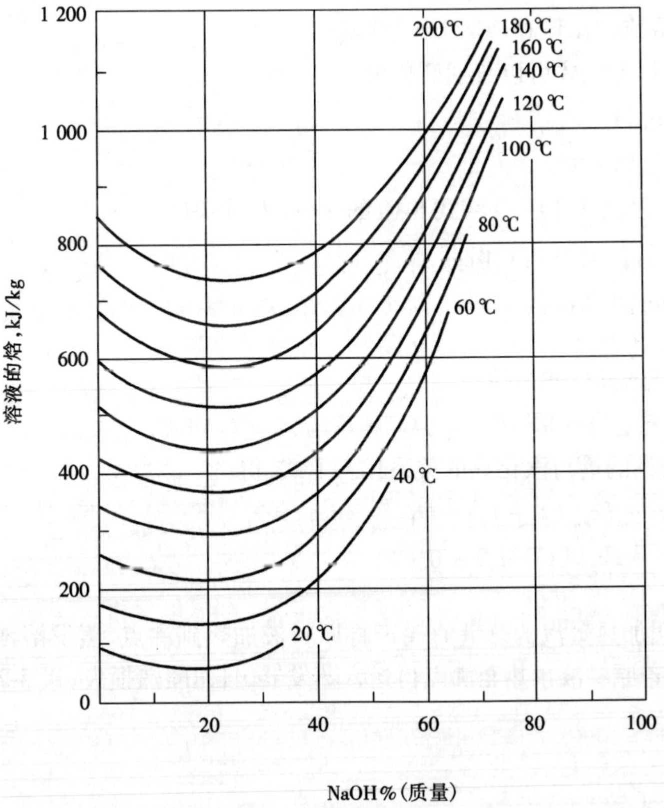

图 5-14　NaOH 水溶液的焓浓图

（二）浓缩热可以忽略时

以上计算中将需要供给的浓缩热归入溶液焓的变化中。当浓缩热可以忽略时，则溶液的焓可由溶液的比热容近似计算，即：

原料液的焓　$h_0 = c_{p,0}(t_0 - 0) = c_{p,0} t_0$　(5-15)

完成液的焓　$h_1 = c_{p,1}(t_1 - 0) = c_{p,1} t_1$　(5-16)

若冷凝水在加热蒸汽的温度 T 下排出,则:

冷凝水的焓　$h_w = c_{p,w}(T - 0) = c_{p,w} T$　(5-17)

式中　T——加热蒸汽的温度,℃;

$c_{p,0}$——原料液的比热容,kJ/(kg·℃);

$c_{p,1}$——完成液的比热容,kJ/(kg·℃);

$c_{p,w}$——纯水的比热容,kJ/(kg·℃)。

将式 5-15 至式 5-17 代入式 5-11,并整理:

$$D(H - c_{p,w}) = WH' + (F - W)c_{p,1} t_1 - Fc_{p,0} t_0 + Q_L \tag{5-11a}$$

为了简化上式,可将式中完成液的比热容 $c_{p,1}$ 改用原料液比热容 $c_{p,0}$ 来表示。溶液的比热容可近似地用加和定律求算:

原料液比热容　$c_{p,0} = c_{p,w}(1 - x_0) + c_{p,B} x_0$　(5-18)

完成液比热容　$c_{p,1} = c_{p,w}(1 - x_1) + c_{p,B} x_1$　(5-18a)

式中　$c_{p,B}$——溶质的比热容,kJ/(kg·℃)。

当 $x < 0.2$ 时,上二式可以分别简化为.

$$c_{p,0} \approx c_{p,w}(1 - x_0)$$

$$c_{p,1} \approx c_{p,w}(1 - x_1)$$

联立式 5-18 及式 5-18a,并将式 5-10 的 x_1 代入,整理得:

$$(F - W)c_{p,1} = Fc_{p,0} - Wc_{p,w} \tag{5-19}$$

或

$$c_{p,1} = \frac{Fc_{p,0} - Wc_{p,w}}{F - W} \tag{5-19a}$$

将式 5-19a 代入式 5-11a,得:

$$D(H - c_{p,w} T) = W(H' - c_{p,w} t_1) + Fc_{p,0}(t_1 - t_0) + Q_L \tag{5-20}$$

将式 5-13 蒸汽的焓与汽化热的关系代入上式,得:

$$Dr = Wr' + Fc_{p,0}(t_1 - t_0) + Q_L \tag{5-21}$$

或

$$D = \frac{Wr' + Fc_{p,0}(t_1 - t_0) + Q_L}{r} \tag{5-21a}$$

式 5-21a 说明加热蒸汽的热量消耗于将原料液加热到沸点、蒸发溶液中的水分以及向周围的热损失。若原料液预热至沸点再送入蒸发器,且忽略热损失,式 5-21a 可以简化为:

$$D = \frac{Wr'}{r} \tag{5-22}$$

或

$$e = \frac{D}{W} = \frac{r'}{r} \tag{5-23}$$

式中 e 为蒸发 1 kg 水分的加热蒸汽消耗量,称为单位蒸汽消耗量,kg/kg。

由于饱和水蒸气的汽化热随温度变化不大,即 $r \approx r'$,故单效蒸发操作中 $e \approx 1$,即每蒸发 1 kg 的水分约消耗 1 kg 的加热蒸汽,但实际蒸发操作时因有热损失等因素,e 值约为 1.1 或更大。e 值是衡量蒸发装置经济性的指标。

应予指出:用式 5-12 或式 5-14 计算浓缩热不可忽略时的加热蒸汽消耗量,虽然计算式准确,但难于寻求各种溶液的焓浓关系,故对浓缩热不可忽略时,往往也采用式 5-21a 计算加热蒸汽消耗量,引起的误差予以修正,修正方法于多效蒸发计算中介绍。

三、蒸发器的传热表面积

蒸发器的传热表面积由传热速率公式计算,即:

$$Q = S_o K_o \Delta t_m \tag{5-24}$$

或

$$S_o = \frac{Q}{K_o \Delta t_m} \tag{5-25}$$

式中 S_o——蒸发器的传热外表面积,m^2;

K_o——基于蒸发器传热外表面积的总传热系数,$W/(m^2 \cdot ℃)$;

Δt_m——平均温度差,℃;

Q——蒸发器的热负荷,即蒸发器的传热速率,W。

若加热蒸汽的冷凝水在饱和温度下排除,则 S_o 可根据式 5-25 直接算出,否则应分段计算。下面对前者情况进行讨论。

(一)平均温度差 Δt_m

在蒸发过程中,加热壁面两侧的流体均处于恒温、变相状态下,故

$$\Delta t_m = T - t_1 \tag{5-26}$$

式中 T——加热蒸汽的温度,℃;

t_1——操作条件下溶液的沸点,℃。

(二)基于传热外表面积的总传热系数 K_o

基于传热外表面积的总传热系数按下式计算:

$$K_o = \frac{1}{\dfrac{1}{\alpha_i}\dfrac{d_o}{d_i} + R_{s,i}\dfrac{d_o}{d_i} + \dfrac{b}{\lambda}\dfrac{d_o}{d_m} + R_{s,o} + \dfrac{1}{\alpha_o}} \tag{5-27}$$

式中 α——对流传热系数,$W/(m^2 \cdot ℃)$;

d——管径,m;

R_s——垢层热阻,$m^2 \cdot ℃/W$;

b——管壁的厚度,m;

λ——管材的导热系数,$W/(m \cdot ℃)$。

下标 i 表示管壁内侧,o 表示管壁外侧,m 表示平均。

(三)蒸发器的传热速率 Q

若加热蒸汽的冷凝水在饱和温度下排走,且忽略热损失,则蒸发器的传热速率为:

$$Q = Dr \tag{5-28}$$

由式 5-25 算出蒸发器传热外表面积 S_o 后,应视具体情况选用适当的安全系数加以校正。

由式 5-25 看出,要减小蒸发器的传热表面积,可以减小传热速率 Q,或加大有效温度差 Δt_m,或加大传热系数 K_o,也可以三者同时考虑。传热速率由生产任务规定,难于调整。传热温度差取决于加热蒸汽的压强、各种温度差损失和冷凝器的压强。加热蒸汽的压强越高,相应的饱和温度也越高,但加热蒸汽压强经常受工厂具体供气条件限制,一般约为 300 ~ 500 kPa,高的可达 600 ~ 800 kPa。若提高冷凝器的真空度,使溶液的沸点降低,也可以加大

温度差 Δt_m，但是这样不仅增加真空泵的功率消耗，而且因溶液的沸点降低，使溶液黏度增高，导致沸腾传热系数下降，因此一般冷凝器中的压强不低于 10～20 kPa。另外，对于循环型蒸发器，为了控制沸腾操作局限于泡核沸腾区，也不宜采用过高的传热温度差。由以上分析可知，传热温度差的提高是有一定限制的。一般来说，增大传热系数 K 是减小传热表面积的主要途径。在管壁两侧的对流传热系数 α 中，蒸汽冷凝传热系数总是大于溶液沸腾传热系数，所以设法提高溶液沸腾传热系数是关键所在。但在蒸发器的设计和操作中，必须考虑蒸汽中不凝气(一般为空气)的及时排除，否则蒸汽冷凝传热系数将大幅度地下降。冷凝传热系数可按前章介绍的膜式冷凝计算。溶液沸腾传热系数受多种因素的影响，例如溶质的性质、溶液在蒸发器内的循环情况、沸腾传热的形式、操作条件等，且管内是汽、液两相共存，使管内沸腾情况更加复杂。前章介绍的沸腾传热系数计算式只限于管外大容积的情况，至于管内沸腾传热系数至今尚无可靠的计算式，一些经验公式很不准确，目前只有依靠实验或实践经验的总结数据作参考。管外侧污垢热阻可以忽略，管内侧污垢热阻往往是影响蒸发操作总传热系数的另一个主要因素，尤其在蒸发易结垢和有晶体析出的溶液时，在传热壁面上很快形成垢层，使总传热系数急剧下降，为了减少垢层热阻，蒸发器必须定期清洗。此外减小垢层热阻的措施还有：选用类型适宜的蒸发器，例如强制循环蒸发器；在溶液中加入微量阻垢剂，以阻止在传热壁面上形成垢层。在设计蒸发器时总传热系数往往不是通过计算获得的，而是由实验测定，无条件做实验时，可从实践经验总结出的数据中选用。表 5-2 列出蒸发器的总传热系数 K 值的推荐值。设计选用 K 值时，应选择与设计条件相类似的数值，尽量使所选用的总传热系数合理。

表 5-2　蒸发器的总传热系数 K 值

蒸发器的类型	总传热系数 K_o W/(m^2·℃)
标准式(自然循环)	600～3 000
标准式(强制循环)	1 200～6 000
悬筐式	600～3 500
外加热式(自然循环)	1 400～3 500
外加热式(强制循环)	1 200～7 000
升膜式	1 200～7 000
降膜式	1 200～3 500

[**例** 5-3]　在单效中央循环管式蒸发器内，每小时将 4 000 kg 的 NaOH 水溶液从 25%浓缩到 50%，原料液的温度为 40 ℃。加热蒸汽绝对压强为 170 kPa，冷凝器内绝对压强为 15 kPa。已测得因溶液蒸气压下降而引起的温度差损失为 31 ℃，因液柱静压强而引起的温度差损失为 10 ℃，基于传热外表面积的总传热系数为 1 300 W/(m^2·℃)。热损失可以忽略不计。冷凝水在加热蒸汽温度下排走。溶液的浓缩热不可忽略，试求：

(1)加热蒸汽消耗量及单位蒸汽消耗量。

(2)蒸发器的传热外表面积。

解：先查出加热蒸汽压强为 170 kPa 及冷凝器压强为 15 kPa 时的各种相应的参数，并列于下表中。

	加热蒸汽	冷凝器内
绝对压强，kPa	170	15
饱和温度，℃	114.8	53.5
汽化热，kJ/kg	2 219.3	—

设由蒸发器至冷凝器的温度差损失 Δ'''为 1 ℃，则分离器内二次蒸汽温度应为：

$$T' = T_K + \Delta''' = 53.5 + 1 = 54.5\ ℃$$

溶液沸点 $t_1 = T' + \Delta' + \Delta'' = 54.5 + 31 + 10 = 95.5\ ℃$

(1)加热蒸汽消耗量 D 及单位蒸汽消耗量 e

因溶液浓缩热不可以忽略，而热损失可以忽略不计，且冷凝水在加热蒸汽温度下排走，故加热蒸汽消耗量用式 5-14 计算，即：

$$D = \frac{WH' + (F - W)h_1 - Fh_0}{r}$$

其中 $W = F\left(1 - \frac{x_0}{x_1}\right) = 4\ 000\left(1 - \frac{0.25}{0.5}\right) = 2\ 000\ \text{kg/h}$

从附录九查出 54.5 ℃时水蒸气的焓 H' 为 2 595.8 kJ/kg。

当 $x_0 = 0.25$、$t_0 = 40$ ℃时，由图 5-14 查出 NaOH 水溶液的焓 $h_0 = 140$ kJ/kg；当 $x_1 = 0.5$、$t_1 = 95.5$ ℃，由图 5-14 查出完成液的焓 $h_1 = 510$ kJ/kg。加热蒸汽消耗量用式 5-21a 计算，即：

$$D = \frac{2\ 000 \times 2\ 595.8 + (4\ 000 - 2\ 000) \times 510 - 4\ 000 \times 140}{2\ 219.3} = 2\ 546.6\ \text{kg/h}$$

单位蒸汽消耗量 $e = \frac{D}{W} = \frac{2\ 546.6}{2\ 000} = 1.27$

(2)蒸发器传热外表面积 S_o

蒸发器传热表面积用式 5-25 计算，即：

$$S_o = \frac{Q}{K_o \Delta t_m}$$

其中 $K_o = 1\ 300\ \text{W/(m}^2 \cdot ℃)$

$$\Delta t_m = T - t_1 = 114.8 - 95.5 = 19.3\ ℃$$

$$Q = Dr = 2\ 546.6 \times 2\ 219.3 = 56.5 \times 10^5\ \text{kJ/h}$$

因此

$$S_o = \frac{56.5 \times 10^5}{\frac{1\ 300 \times 3\ 600}{1\ 000} \times 19.3} = 59.8\ \text{m}^2$$

［例 5-4］ 在前题的蒸发操作中，若忽略溶液的稀释热，重算前题中的第 1 项。取溶液平均比热容为 3.77 kJ/(kg·℃)。

解：前题已算出二次蒸汽的温度为 54.5 ℃，由附录九查出相应的汽化热为 2 367.6 kJ/kg。

溶液浓缩热及热损失均可以忽略时，加热蒸汽消耗量用式 5-21a 计算，即：

$$D = \frac{Wr' + Fc_{p,0}(t_1 - t_0)}{r}$$

$$= \frac{2\ 000 \times 2\ 367.6 + 4\ 000 \times 3.77(95.5 - 40)}{2\ 219.3} = 2\ 510.8\ \text{kg/h}$$

$$e = \frac{D}{W} = \frac{2\ 510.8}{2\ 000} = 1.25$$

由此看出，若不考虑溶液的浓缩热，约少消耗 2% 加热蒸汽用量，故当缺乏溶液焓的数值时，可先不考虑浓缩热，按式 5-19 计算蒸汽耗用量，然后再加以校正。校正方法将在多效蒸发计算中介绍。

第3节 多效蒸发

前已述及，在单效蒸发器中每蒸发 1 kg 的水要消耗比 1 kg 多一些的加热蒸汽，蒸发大量的水分必然要消耗大量的蒸汽。为了减少加热蒸汽消耗量，可采用多效蒸发操作。多效蒸发时要求后效的操作压强和溶液的沸点均较前效的为低，因此可引入前效的二次蒸汽作为后效的加热介质，即后效的加热室成为前效二次蒸汽的冷凝器，仅第 1 效需要消耗生蒸汽，这就是多效蒸发的操作原理。一般多效蒸发装置的末效或后几效总是在真空下操作。由于各效（末效除外）的二次蒸汽都作为下一效蒸发器的加热蒸汽，故提高了生蒸汽的利用率，即提高了经济效益。若单效蒸发和多效蒸发装置中所蒸发的水量相等，则前者需要的生蒸汽量远大于后者。例如，当原料液在沸点下进入蒸发器，并忽略热损失、各种温度差损失及不同压强下汽化热的差别时，则理论上单效的 $D/W\approx1$，双效的 $D/W\approx1/2$，3 效的 $D/W\approx1/3$，…，n 效的 $D/W\approx1/n$。若考虑实际存在的温度差损失、热损失及不同压强下汽化热的差异因素，则多效蒸发时便达不到上述的经济性。表 5-3 列出最小的 $(D/W)_{min}$ 值。

表 5-3 单位蒸汽消耗量

效数	单效	双效	3 效	4 效	5 效
$(D/W)_{min}$	1.1	0.57	0.4	0.3	0.27

5.3.1 多效蒸发的操作流程

按加料方式的不同，常见的多效蒸发操作流程（以 3 效为例）有以下几种。

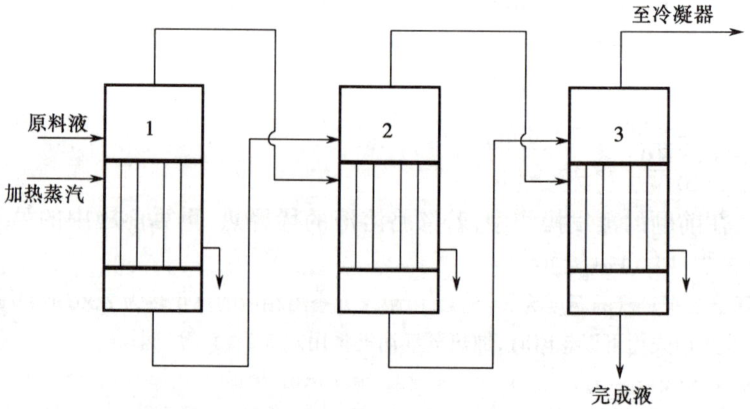

图 5-15 并流加料的三效蒸发流程示意图

一、并流（顺流）加料法的蒸发流程

图 5-15 是 3 效并流加料法的蒸发操作流程图，溶液和蒸汽的流向相同，都由第 1 效顺序

流至末效，故称为并流加料法。生蒸汽送入第 1 效加热室，第 1、2 效的二次蒸汽分别送入下效的加热室作为加热蒸汽，末效(第 3 效)的 2 次蒸汽则送至冷凝器全部冷凝。原料液进入第 1 效，浓缩后由底部排出，依次流过后面各效时即被连续不断地浓缩，完成液由末效底部取出。

并流加料法的优点为：由于后效蒸发室的压强比前效的低，故可利用效间的压强差输送料液，而不必另外用泵；此外，由于后效溶液的沸点较前效的低，故前效的溶液进入后效时，会因过热而自动蒸发(称为自蒸发或闪蒸)，因而可以多产生一部分二次蒸汽。

并流加料的缺点为：由于后效溶液的浓度较前效的高，且温度又低，所以沿溶液流动方向浓度和黏度逐渐增高，致使传热系数逐渐下降，这种情况在后两效中尤为严重。

二、逆流加料法的蒸发流程

图 5-16 为 3 效逆流加料法的蒸发流程，原料液由末效进入，用泵依次输送至前效，完成液由第 1 效底部取出。加热蒸汽流向仍是由第 1 效顺序至末效。因蒸汽和溶液流动方向相反，故称为逆流加料方法。这种流程的主要优点是：溶液的浓度沿着流动方向不断提高，同时温度也逐渐上升，因此各效溶液的黏度较为接近，使各效的传热系数大致相等。其缺点是：效间的溶液需用泵输送，能量消耗较大；各效的进料温度均低于沸点，与并流加料法相比，产生的二次蒸汽量较少。逆流加料法宜于处理黏度随温度和浓度变化较大的溶液，不宜处理热敏性溶液。

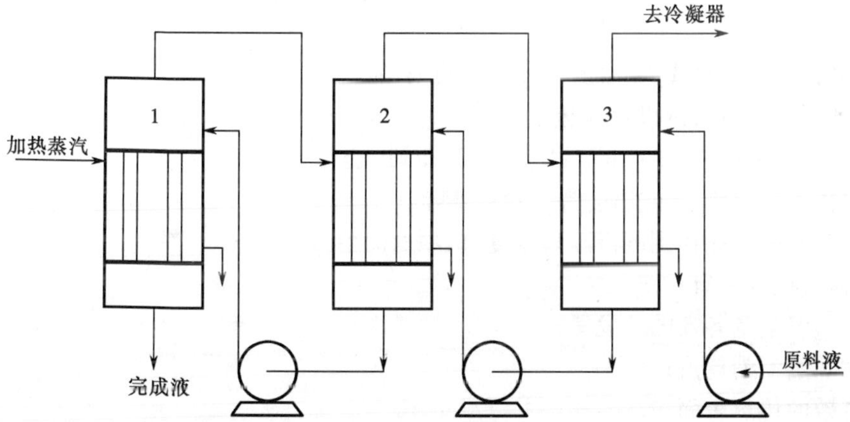

图 5-16　逆流加料法的 3 效蒸发流程示意图

三、平流加料法的蒸发流程

图 5-17 为平流加料法的蒸发流程，原料液分别加入各效也分别从各效底部取出完成液，蒸汽流向仍是由第 1 效至末效。这种流程适用于处理蒸发过程中伴有晶体析出的蒸发操作。例如某些盐溶液的浓缩，因为含有晶体的溶液不便于效间输送，则宜采用平流加料法。

除了上述几种多效蒸发流程外，生产中还可以根据具体情况采用上述基本流程的变型。例如，NaOH 水溶液的蒸发，有时用并流和逆流相结合的流程。

此外在多效蒸发中，有时并不将每一效产生的二次蒸汽全部引入后一效作为加热蒸汽

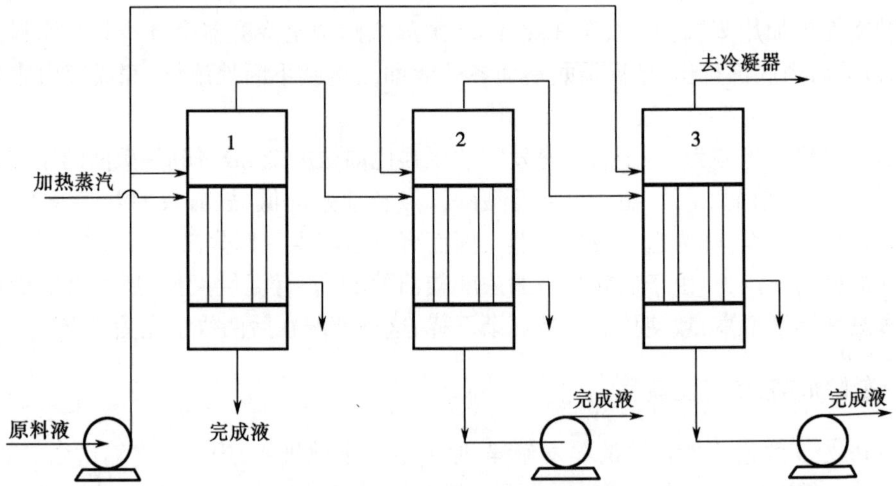

图 5-17　平流加料法的 3 效蒸发流程示意图

用,而是将其中一部分引出预热原料液或用于其他和蒸发操作无关的传热过程。引出的蒸汽称为额外蒸汽。但末效的二次蒸汽因其压强较低,一般不作他用,直接引入冷凝器中冷凝。

5.3.2　多效蒸发的计算

在多效蒸发的计算中,由任务规定的条件是:

(1)规定效数,有时由设计者选定;

(2)将 F kg/h、温度为 t_0 的溶液从 x_0 浓缩到 x_n;

(3)可提供压强为 p(或温度为 T)的生蒸汽;

(4)冷凝器中可能达到的极限真空度,该项有时由设计者选定。

需要设计的项目有:

(1)总蒸发量及各效的蒸发量;

(2)加热蒸汽消耗量;

(3)各效的传热表面积。

解决上述设计项目的方法仍是采用蒸发系统的物料衡算、焓衡算和传热速率三个基本方程式。多效蒸发的计算比单效的要复杂得多。为此,经常作一些简化和假定,然后用经验法进行计算。下面讨论图 5-18 所示的并流加料流程。

一、物料衡算

围绕图 5-18 对全系统作溶质衡算:

$$Fx_0 = (F - W)x_n$$

或
$$W = \frac{F(x_n - x_0)}{x_n} = F\left(1 - \frac{x_0}{x_n}\right) \tag{5-29}$$

而
$$W = W_1 + W_2 + \cdots + W_n \tag{5-30}$$

对任一效作溶质衡算,得:

$$Fx_0 = (F - W_1 - W_2 - \cdots - W_n)x_i \quad i \geqslant 2$$

或
$$x_i = \frac{Fx_0}{F - W_1 - W_2 - \cdots - W_n} \tag{5-31}$$

一般已知原料液和末效完成液的浓度 x_0 及 x_n，因此只能由式 5-29 计算出总蒸发量，而各效的蒸发量 W_i 及排出的完成液浓度 x_i 要通过各效的焓衡算才能求得。计算开始时尚缺乏必要的列焓衡算的数据，故先按生产实践数据估计各效的蒸发量，也可按下式估算：

$$W_i = \frac{W}{n} \tag{5-32}$$

对并流加料，还可按下式估算：

双效 $W_1 : W_2 = 1 : 1.1$ (5-33)

3 效 $W_1 : W_2 : W_3 = 1 : 1.1 : 1.2$ (5-34)

估算出 W_i 后，即可用式 5-31 算出各效排出溶液的浓度 x_i。

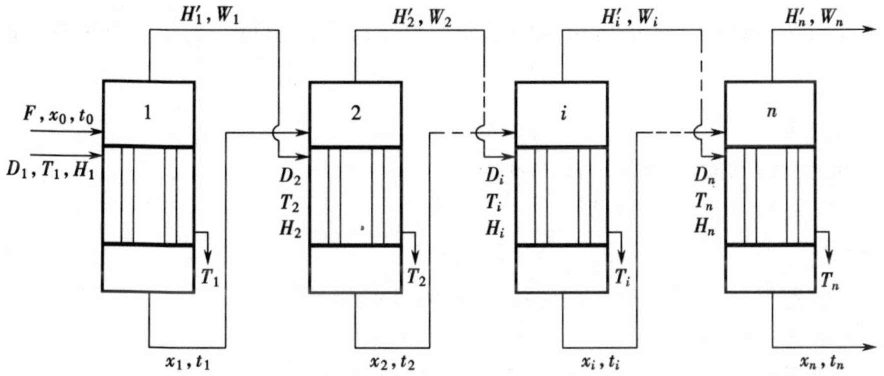

图 5-18 并流加料多效蒸发的物料衡算和焓衡算示意图

图中标注的符号及计算中常用物理量均说明如下：

W_1、W_2、……、W_n——各效的蒸发量，kg/h；
F——原料液质量流量，kg/h；
W——总蒸发量，kg/h；
x_0——原料液中溶质的质量浓度；
t_0——原料液的温度，℃；
x_n——完成液中溶质的质量浓度；
t——溶液的沸点，℃；
D_1——生蒸汽的消耗量，kg/h；
p——加热蒸汽压强，kPa；
p'——二次蒸汽压强，kPa；
T——加热蒸汽温度，℃；
T'——二次蒸汽温度，℃；
H——加热蒸汽的焓，kJ/kg；
H'——二次蒸汽的焓，kJ/kg；
h——溶液的焓，kJ/kg；
下标 1、2、……、n 表示蒸发器的序号。

二、焓衡算

（一）各效二次蒸汽压强

各效二次蒸汽压强是按经验估算的，最简便的方法是取加热蒸汽通过各效的压强降相等：

$$\Delta p_i = \frac{p_1 - p_k}{n} \tag{5-35}$$

式中 p_1、p_k 分别为加热蒸汽及冷凝器内的压强，kPa 或 Pa。

p_1 及 p_k 均为任务规定值，由上式算出 Δp_i 后，可以从 p_1 开始逐效算出各效二次蒸汽的压强 p'_i，即：

$$p'_i = p_1 - i\Delta p \tag{5-36}$$

（二）各效的温度差损失

1.溶液蒸气压下降引起的温度差损失 Δ'

对循环型蒸发器，可根据排出液浓度 x_i 从附录或化工手册中查出常压下沸点或沸点升高值（即温度差损失 Δ'_a），然后校正到操作压强下。各效因溶液蒸气压下降而引起的温度差损失总和为：

$$\Sigma\Delta' = \Delta'_1 + \Delta'_2 + \cdots + \Delta'_n \tag{5-37}$$

2.液柱静压强引起的温度差损失 Δ''

用式 5-4 计算液柱中部的压强，即：

$$p_{m,i} = p'_i + \frac{\rho g l}{2}$$

式中加热管内液柱高度 l 根据所选的蒸发器类型来确定。由算出的 $p_{m,i}$ 查出相应的蒸汽温度 $t_{p,m}$，故 Δ''_i 为：

$$\Delta''_i = t_{p,m} - T'_i \tag{5-38}$$

由液柱静压强引起的温度差损失总和为：

$$\Sigma\Delta'' = \Delta''_1 + \Delta''_2 + \cdots + \Delta''_n \tag{5-39}$$

3.管路阻力引起的温度差损失 Δ'''

此项温度差损失可取经验值，取各效间温度差损失相等，且取为 1～1.5℃。

（三）各效溶液的沸点

用下式求各效溶液的沸点：

$$t_i = T'_i + \Delta'_i + \Delta''_i \tag{5-40}$$

（四）有效总温度差

有效总温度差的计算式为：

$$\Sigma\Delta t = T_1 - T_K - \Sigma\Delta \tag{5-41}$$

或

$$\Sigma\Delta t = T_1 - T_K - (\Sigma\Delta' + \Sigma\Delta'' + \Sigma\Delta''') \tag{5-41a}$$

至此已将各效的沸点以及各种温度差损失算出，但都是以一些经验数据或经验公式为依据的，下面应通过焓衡算予以校核。

（五）焓衡算、第 1 效加热蒸汽消耗量及各效蒸发量

若忽略蒸发系统中的热损失及溶液的浓缩热，并认为冷凝水为饱和液体。以 1 h 为基准、0 ℃为基温并规定 0 ℃时液体的焓为零。

分别对各效作焓衡算，得：

第 1 效：$$Q_1 = D_1 r_1 = Fc_{p,0}(t_1 - t_0) + W_1 r'_1 \tag{5-42}$$

第 2 效：$$Q_2 = D_2 r_2 = (Fc_{p,0} - W_1 c_{p,w})(t_2 - t_1) + W_2 r'_2 \tag{5-43}$$

第 i 效：$$Q_i = D_i r_i = (Fc_{p,0} - W_1 c_{p,w} - W_2 c_{p,w} - \cdots - W_i c_{p,w})(t_i - t_{i-1}) + W_i r'_i \tag{5-44}$$

式中　r, r'——分别为加热蒸汽及二次蒸汽的汽化热，kJ/kg；

其他符号与前同。

上面诸式中 $D_i = W_{i-1}$。

整理式 5-44 可以求得任一效蒸发量为：

$$W_i = D_i \frac{r_i}{r_i'} + (Fc_{p,0} - W_1 c_{p,w} - W_2 c_{p,w} - \cdots - W_{i-1} c_{p,w}) \frac{t_{i-1} - t_i}{r_i'} \tag{5-44a}$$

由式 5-42 可以算出第 1 效加热蒸汽消耗量 D_1。

上面诸式是在忽略热损失及浓缩热等条件下推导的，若要求焓衡算中引入这两项时，最简便的方法是于式 5-44a 等号右侧乘以热损失系数 η_i。一般取 $\eta_i = 0.96 \sim 0.98$；对于稀释热较大的溶液，η_i 与溶液的浓度 x 有关，例如对 NaOH 水溶液：

$$\eta_0 = 0.98 - 0.7\,\Delta x \tag{5-45}$$

式中 Δx 为溶液的质量浓度变化。

以上计算都是在假设各效 W_i 的基础上进行的，但对 W_i 先不需作校核计算。因为为了制造、安装、库存、操作等环节的方便，常将各效传热表面制成相等。若后面算出的各效传热表面积相等，则表示前面的假设合适，否则应重假设 W_i 值，重复前述计算，直到各效传热表面积相等或相近为止。

（六）各效传热表面积

由传热速率式计算各效传热表面积：

$$S_i = \frac{Q_i}{K_i(T_i - t_i)} = \frac{Q_i}{K_i \Delta t_{m,i}} \tag{5-46}$$

若由式 5-46 算出的各效传热表面积不相等，应重新调整前面已算出的有关数值。由式 5-46 可知，调节 K_i、Q_i 或 $\Delta t_{m,i}$ 即可调节传热表面积而使之相等。K_i 由溶液性质、蒸发器结构及溶液运动方式所决定；Q_i 由加热蒸汽用量及其状态所决定。二者可调节的余地不多，故调节各效有效温度差 $\Delta t_{m,i}$，即重新分配各效的有效温度差是最合适的方法。

（七）重新分配各效的有效温度差

令 $\Delta t_1'$ 表示各效传热表面积相等时的第一效温度差，S 为相应的等传热表面积，则：

$$\Delta t_1' = \frac{Q_1}{K_1 S}$$

前面算出各效传热表面积不相等时的相应公式为：

$$\Delta t_1 = \frac{Q_1}{K_1 S_1}$$

式中 $\Delta t_1'$——传热表面积相等时第一效的温度差，℃；

Δt_1——传热表面积不相等时第一效的温度差，℃；

S_1——传热表面积不相等时第一效的传热表面积，m^2；

S——等传热表面积，m^2。

比较上两式，得：

$$\left.\begin{aligned} \Delta t_1' &= \frac{\Delta t_1 S_1}{S} \\ \Delta t_2' &= \frac{\Delta t_2 S_2}{S} \\ &\vdots \\ \Delta t_n' &= \frac{\Delta t_n S_n}{S} \end{aligned}\right\} \tag{5-47}$$

若要求各效传热表面积相等,则应按式 5-47 重新分配温度差。式中的等传热表面积 S 的计算由式 5-47 中诸式相加即可:

$$S=\frac{\Delta t_1 S_1+\Delta t_2 S_2+\cdots+\Delta t_n S_n}{\Delta t_1'+\Delta t_2'\cdots+\Delta t_n'}$$

或 $$S=\frac{\Delta t_1 S_1+\Delta t_2 S_2+\cdots+\Delta t_n S_n}{\Sigma\Delta t'} \tag{5-48}$$

式中 $\Sigma\Delta t'$ 为重新分配有效温度差后的总有效温度差,℃。

(八)重算各效传热表面积

各效温度差重新分配后,先根据由焓衡算算出的 W_i 重算各效完成液的浓度 x_i,然后再按前述次序逐项计算,若算出的各效传热表面积仍然不能相等,应再一次分配温度差,重复上述计算步骤,直至算出的各效传热表面积相等或相接近为止,一般重复次数不会太多。

在多效蒸发系统中,规定好蒸发任务后,只要固定加热蒸汽及冷凝器的状态,各效就会自动调节到与上述计算条件相吻合的状态。以上计算步骤通过下面例题予以归纳。

[**例 5-5**] 在双效并流循环型蒸发器内,每小时将 10 000 kg10% NaOH 水溶液浓缩到 50%。原料液的平均比热容为 3.77 kJ/(kg·℃),并于第 1 效溶液沸点温度下进入蒸发器。生蒸汽的温度为 150 ℃、冷凝器温度为 50 ℃。加热管内液层高度为 1.2 m。估计操作条件下各效溶液的密度为 $\rho_1=1\ 100\ \text{kg/m}^3$、$\rho_2=1\ 500\ \text{kg/m}^3$。基于传热外表面积的总传热系数为 $K_1=3\ 490\ \text{W/(m}^2\cdot℃)$、$K_2=2\ 900\ \text{W/(m}^2\cdot℃)$。各效排出的冷凝液均为饱和液体,取系统操作条件下水的比热容 $c_{p,\text{w}}=4.187\ \text{kJ/(kg}\cdot℃)$。试求:

(1)总蒸发量;

(2)第 1 效加热蒸汽的消耗量;

(3)蒸发器的传热外表面积(以各效传热表面积相等为原则)。

解:从附录九查出 150 ℃及 50 ℃蒸汽的相应参数为:

加热蒸汽温度 $T_1=150$ ℃时,压强 $p_1=476.24$ kPa 及汽化热 $r_1=2\ 118.5$ kJ/kg。

冷凝器温度 $T_K=50$ ℃时,压强 $p_K=12.340$ kPa。

(1)总蒸发量 W

$$W=F\left(1-\frac{x_0}{x_2}\right)=10\ 000\left(1-\frac{0.1}{0.5}\right)=8\ 000\ \text{kg/h}$$

(2)第 1 效加热蒸汽消耗量 D_1

①估算各效蒸发量及排出液的浓度

设 $W_1:W_2=1:1.1$

而 $W_1+W_2=8\ 000$

解得 $W_1=3\ 809.5$ kg/h

$W_2=4\ 190.5$ kg/h

由此算出的 W_i 即为初估值。各效排出液的浓度为:

$$x_1=\frac{Fx_0}{F-W_1}=\frac{10\ 000\times0.1}{10\ 000-3\ 809.5}=0.162$$

$x_2=0.5$

②估算各效二次蒸汽压强

设蒸汽通过各效的压强降相等,即:

$$\Delta p_i=\frac{p_1-p_k}{n}=\frac{476.24-12.34}{2}=231.95\ \text{kPa}$$

第 1 效二次蒸汽压强 $p_1' = p_1 - \Delta p_1 = 476.24 - 231.95 = 244.29$ kPa

从附录十查出与第 1 效二次蒸汽压强 p_1' 相对应的温度与汽化热分别为：

$$T_1' = 126.4\ ℃$$

$$r_1' = 2\ 187.6\ \text{kJ/kg}$$

取末效至冷凝器间因流动阻力而引起的温度差损失 $\Delta'''_{2-k} = 1$ ℃，故第 2 效二次蒸汽温度为：

$$T_2' = T_K + \Delta'''_{2-k} = 50 + 1 = 51\ ℃$$

从附录九查出与第 2 效二次蒸汽温度相对应的压强与汽化热分别为：

$$p_2' = 13.02\ \text{kPa}$$

$$r_2' = 2\ 375.8\ \text{kJ/kg}$$

(3)各效的温度差损失：

①因溶液蒸气压下降而引起的温度差损失：

因采用循环型蒸发器，故按各效排出液浓度计算。当 $x_1 = 0.162$ 及 $x_2 = 0.5$ 时，从附录二十一查出常压下 NaOH 水溶液沸点升高分别为 5.9 ℃及 42 ℃。

$$f_1 = \frac{0.016\ 2(T_1' + 273)^2}{r_1'} = \frac{0.016\ 2(126.4 + 273)^2}{2\ 187.6} = 1.18$$

$$f_2 = \frac{0.016\ 2(T_2' + 273)^2}{r_2'} = \frac{0.016\ 2(51 + 273)^2}{2\ 375.8} = 0.716$$

所以 $\Delta_1' = 1.18 \times 5.9 = 7$ ℃

$$\Delta_2' = 0.716 \times 42 = 30.1\ ℃$$

②因液柱静压强而引起的温度差损失：

各效液柱中部的压强分别为：

$$p_{m1} = p_1' + \left(\frac{g\rho l}{2}\right)_1 = 244.29 + \frac{9.81 \times 1\ 100 \times 1.2}{2 \times 1\ 000} = 250.8\ \text{kPa}$$

$$p_{m2} = p_2' + \left(\frac{g\rho l}{2}\right)_2 = 13.02 + \frac{9.81 \times 1\ 500 \times 1.2}{2 \times 1\ 000} = 21.85\ \text{kPa}$$

由此查出各效液柱中部温度分别为：

$$t_{p_{m1}} = 127.3\ ℃$$

$$t_{p_{m2}} = 61.3\ ℃$$

各效因液柱静压强而引起的温度差损失分别为：

$$\Delta_1'' = t_{p_{m1}} - T_1' = 127.3 - 126.4 = 0.9\ ℃$$

$$\Delta_2'' = t_{p_{m2}} - T_2' = 61.3 - 51 = 10.3\ ℃$$

③因流动阻力而引起的温度差损失：取 $\Sigma\Delta''' = 2$ ℃。

(4)总有效温度差

$$\Sigma\Delta t = T_1 - T_K - \Sigma\Delta = 150 - 50 - [(7 + 30.1) + (0.9 + 10.3) + 2] = 49.7\ ℃$$

(5)各效沸点及有效温度差

$$t_1 = T_1' + \Delta_1' + \Delta_1'' = 126.4 + 7 + 0.9 = 134.3\ ℃$$

$$t_2 = T_2' + \Delta_2' = 51 + 30.1 + 10.3 = 91.4\ ℃$$

$$\Delta t_1 = T_1 - t_1 = 150 - 134.3 = 15.7\ ℃$$

$$\Delta t_2 = T_2 - t_2 = (T_1' - \Delta'''_{1-2}) - t_2 = (126.4 - 1) - 91.4 = 34\ ℃$$

$$\Sigma\Delta t = 15.7 + 34 = 49.7\ ℃$$

将各效的操作参数列于本例附表 1 中。

例 5-5 附表 1　各效的操作参数

项目 \ 效数序号		1	2
加热蒸汽	温度 T,℃ 汽化热 r,kJ/kg	150 2 118.5	125.4 2 190.7 (根据 125.4 ℃从附录查出)
二次蒸汽	温度 T',℃ 汽化热 r',kJ/kg	126.4 2 187.6	51 2 735.8 (根据 51 ℃从附录查出)
温度差损失	Δ',℃ Δ'',℃ Δ''',℃	7 0.9 1	30.1 10.3 1
溶液沸点 t,℃		134.3	91.4
有效温度差 Δt,℃		15.7	34
有效总温度差 $\Sigma\Delta t$,℃		49.7	

(6)第 1 效加热蒸汽消耗量及各效蒸发量

因溶液于沸点温度下加入蒸发器,且排出冷凝液为饱和液体,故可用式 5-44a 先算出各效蒸发量,然后再算出第 1 效加热蒸汽消耗量。

对 NaOH 水溶液,各效热损失系统分别为:

$$\eta_1 = 0.98 - 0.7(\Delta x)_1 = 0.98 - 0.7(0.162 - 0.1) = 0.937$$

$$\eta_2 = 0.98 - 0.7(\Delta x)_2 = 0.98 - 0.7(0.5 - 0.162) = 0.743$$

$$W_1 = \frac{\eta_1 r_1 D_1}{r_1'} = \frac{0.937 \times 2\ 118.5}{2\ 187.6} D_1 = 0.907 D_1$$

$$W_2 = \eta_2 \left[\frac{W_1 r_2}{r_2'} + (Fc_{p,0} - W_1 c_{p,\text{w}}) \left(\frac{t_2 - t_1}{r_2'} \right) \right]$$

或

$$W_2 = 8\ 000 - W_1$$

$$= 0.743 \left[\left(\frac{2\ 190.7}{2\ 375.8} W_1 + (10\ 000 \times 3.77 - 4.187\ W_1 \right) \left(\frac{134.3 - 91.4}{2\ 375.8} \right) \right]$$

解得

$$W_1 = 4\ 600 \text{ kg/h}$$

$$W_2 = 3\ 400 \text{ kg/h}$$

$$D_1 = 5\ 072 \text{ kg/h}$$

(7)蒸发器的传热外表面积

蒸发器的传热外表面积用传热速率公式计算:

$$S_1 = \frac{Q_1}{K_1 \Delta t_1} = \frac{D_1 r_1}{K_1 \Delta t_1} = \frac{5\ 072 \times 2\ 118.5}{\frac{3\ 490 \times 3\ 600}{1\ 000} \times 15.7} = 54.5 \text{ m}^2$$

$$S_2 = \frac{Q_2}{K_2 \Delta t_2} = \frac{D_2 r_2}{K_2 \Delta t_2} = \frac{W_1 r_2}{K_2 \Delta t_2} = \frac{4\ 600 \times 2\ 190.7}{\frac{2\ 900 \times 3\ 600}{1\ 000} \times 34} = 28.4 \text{ m}^2$$

相对偏差 $\varepsilon_s = 1 - \frac{S_{min}}{S_{max}} = \left(1 - \frac{28.4}{54.5}\right) \times 100\% = 47.9\% > 3\%$

故应重算以上各项,但计算时采用由焓衡算得到的 W_i 值作为重算的试差初估值。

(8)重新计算各效的传热外表面积

取前面算得的 $\Sigma\Delta t = 49.7$ ℃作为 $\Sigma\Delta t'$。

①各效有效温度差：

等传热表面积 $S=\dfrac{S_1\Delta t_1+S_2\Delta t_2}{\Sigma\Delta t}=\dfrac{54.5\times15.7+28.4\times34}{49.7}=36.64\ \text{m}^2$

$$\Delta t_1'=\frac{S_1\Delta t_1}{S}=\frac{54.5\times15.7}{36.64}\approx23\ ℃$$

$$\Delta t_2'=\frac{S_2\Delta t_2}{S}=\frac{28.4\times34}{36.64}\approx26\ ℃$$

②各效的各种温度差损失：

第 2 效的二次蒸汽温度及完成液浓度没有变化，故温度差损失及溶液仍可用前面算出的数值，即

$T_2'=51\ ℃\quad r_2'=2\ 375.8\ \text{kJ/kg}$

$\Delta_2'=30.1\ ℃$

$\Delta_2''=10.3\ ℃$

$t_2=91.4\ ℃$

第 2 效加热蒸汽温度 $T_2=t_2+\Delta t_2'=91.4+26=117.4\ ℃$

从附录九查出与温度 117.4 ℃相对应的汽化热 $r_2=2\ 212.4\ \text{kJ/kg}$

第 1 效二次蒸汽温度 $T'=T_2+\Delta'''_{1-2}=117.4+1=118.4\ ℃$

从附录九查出与温度 118.4 ℃相对应的压强 $p_1'=189.2\ \text{kPa}$、汽化热 $r_1'=2\ 209.6\ \text{kJ/kg}$

重算第 1 效完成液浓度：

$$x_1=\frac{Fx_0}{F-W_1}=\frac{10\ 000\times0.1}{10\ 000-4\ 600}=0.185$$

从附录二十一查出 18.5% NaOH 水溶液在常压下的沸点升高为 6.9 ℃。校正到操作条件下：

$$f_1=\frac{0.016\ 2(T_1'+273)^2}{r_1'}=\frac{0.016\ 2(118.4+273)^2}{2\ 209.6}=1.12$$

$$\Delta_1'=6.9\times1.12=7.73\ ℃$$

液柱中部压强 $p_{\text{m}1}=p_1'+\left(\dfrac{g\rho l}{2}\right)_1=189.2+\dfrac{9.81\times1\ 100\times1.2}{2\times1\ 000}=195.7\ \text{kPa}$

从附录十查出与压强 195.7 kPa 相对应的温度，即液柱中部温度 $t_{\text{m}1}=119.4\ ℃$

$$\Delta_1''=t_{\text{m}1}-T_1'=119.4-118.4=1\ ℃$$

温度差损失总和 $\Sigma\Delta=\Sigma\Delta'+\Sigma\Delta''+\Sigma\Delta'''=(7.73+30.1)+(1+10.3)+2=51.13\ ℃$

③有效总温度差：

虽然 T_1 及 T_K 没有改变，但 $\Sigma\Delta$ 有了变化，故有效总温度差变为：

$$\Sigma\Delta t'=T_1-T_K-\Sigma\Delta=150-50-51.13=48.87\ ℃$$

计算出 $\Sigma\Delta t'$ 为 48.87 ℃，而前面重新分配温度差时取 $\Sigma\Delta t$ 为 49.7 ℃，两者略有差异，故应对算出的 $\Delta t_1'$ 及 $\Delta t_2'$ 稍作调整，调整后的结果列于本例附表 2 中。

例 5-5 附表 2　调整后的各效操作参数

项目	效数序号	1	2
加热蒸汽	温度 T,℃	150	$T_2=t_2+\Delta t_2$ $=91.4+26=117.4$
	汽化热 r,kJ/kg	2 118.5	2 212.4
二次蒸汽	温度 T',℃	$T_2+\Delta'''_{1-2}$ $=117.4+1=118.4$	51
	汽化热 r',kJ/kg	2 209.6	2 375.8

续表

项目 \ 效数序号		1	2
温度差损失	Δ',℃	7.73	30.1
	Δ'',℃	1	10.3
	Δ''',℃	1	1
溶液沸点 t,℃		$T_1' + \Delta_1' + \Delta_1''$ $= 118.4 + 7.73 + 1$ $= 127.13$	91.4
有效温度差 $\Delta t'$,℃		$T_1 - t_1$ $= 150 - 127.13$ $= 22.87$	26

总温度差 $\Sigma\Delta t = 22.87 + 26 = 48.87$ ℃

④第 1 效加热蒸汽消耗量:

$$\eta_1 = 0.98 - 0.7\Delta x_1 = 0.98 - 0.7(0.185 - 0.1) = 0.92$$

$$\eta_2 = 0.98 - 0.7\Delta x_2 = 0.98 - 0.7(0.5 - 0.185) = 0.76$$

$$W_1 = \frac{\eta_1 D_1 r_1}{r_1'} = \frac{0.92 \times 2\ 118.5}{2\ 209.6} D_1 = 0.882\ D_1$$

$$W_2 = W - W_1 = \eta_2 \left[\frac{W_1 r_2}{r_2'} + (Fc_{p,0} - W_1 c_{p,w}) \frac{t_1 - t_2}{r_2'} \right]$$

或 $$8\ 000 - W_1 = 0.76 \left[\frac{2\ 212.4\ W_1}{2\ 375.8} + (10\ 000 \times 3.77 - 4.187\ W_1) \frac{127.13 - 91.4}{2\ 375.8} \right]$$

解得 $W_1 = 4\ 560$ kg/h

$W_2 = 3\ 440$ kg/h

$D_1 = 5\ 170$ kg/h

⑤蒸发器的传热外表面积:

$$S_1 = \frac{Q_1}{K_1 \Delta t_1'} = \frac{D_1 r_1}{K_1 \Delta t_1'} = \frac{5\ 170 \times 2\ 118.5}{\frac{3\ 490 \times 3\ 600}{1\ 000} \times 22.87} = 38.1\ \text{m}^2$$

$$S_2 = \frac{Q_2}{K_2 \Delta t_2'} = \frac{D_2 r_2}{K_2 \Delta t'} = \frac{W_1 r_2}{K_2 \Delta t_2'} = \frac{4\ 560 \times 2\ 212.4}{\frac{2\ 900 \times 3\ 600}{1\ 000} \times 26} = 37.2\ \text{m}^2$$

$$\varepsilon_s = 1 - \frac{S_{min}}{S_{max}} = 1 - \frac{37.2}{38.1} = 0.023\ 6 = 2.36\% < 3\%$$

所以前面计算可以接受。最后应在此基础上将计算出的传热表面积乘以适宜的安全系数。由以上计算结果看出,因溶液沸点、温度差损失等因素的改变对蒸发量的影响并不大,故重复计算次数不会太多,但效数越多,由焓衡算求加热蒸汽消耗量及蒸发量的联立方程式就越多,手算时颇费时间。

上面的例题仅介绍了多效蒸发计算的一般原则和步骤,在许多实际蒸发问题中,因加料流程的不同,具体计算也有别于上面的计算。

5.3.3 对蒸发操作的进一步分析

一、单效和多效蒸发操作的比较

(一)溶液的温度差损失

若多效和单效的加热蒸汽压强和冷凝器的压强各自相同,则多效蒸发的温度差因经过多次损失,使总温度差损失较单效蒸发的要大。

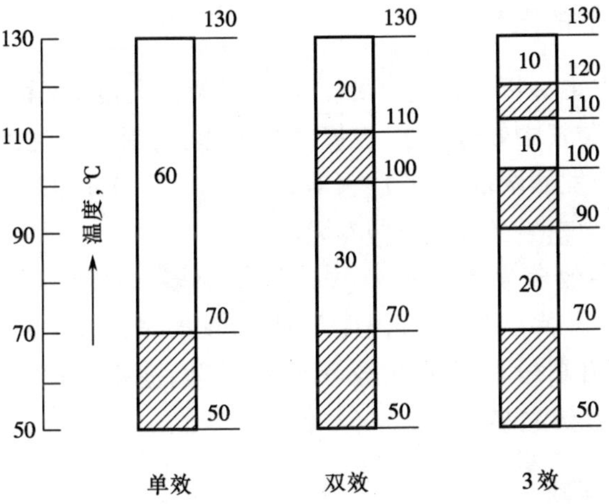

图 5-19 单效、双效、3 效蒸发装置中的温度差损失

单效、双效和 3 效蒸发装置中温度差损失如图 5-19 所示,三种情况均具有相同的操作条件,图中总高度代表加热蒸汽温度和冷凝器中二次蒸汽温度间的总温度差(130 - 50 = 80 ℃),图中阴影部分代表由于各种原因引起的温度差损失,空白部分代表有效温度差,由图可见,多效蒸发操作较单效蒸发的温度差损失要大,且效数越多,温度差损失也越大。

(二)加热蒸汽的经济性

常用单位蒸汽消耗量 e 来评价加热蒸汽的经济效益。前已述及,多效蒸发提高了加热蒸汽的经济性。对于蒸发等量的水而言,采用多效时所需的加热蒸汽较单效时为少。不同效数的单位蒸汽消耗量已列于表 5-3 中。

(三)蒸发器的生产能力

蒸发器的生产能力用单位时间内蒸发的水分(即蒸发量 W)来表示,单位为 kg/h。若以蒸发同样任务为比较基准,则单效蒸发与多效蒸发蒸发出同样的水分,故二者生产能力相同。

(四)蒸发器的生产强度

蒸发器的生产强度是指单位传热表面上单位时间内从溶液中蒸出的水分,以 U 表示,单位为 kg/(m^2·℃),表达式为

$$U = \frac{W}{S} \tag{5-49}$$

常用生产强度来衡量蒸发器的性能。对给定的蒸发量而言,生产强度越大,则所需的传热表面积越小,蒸发器的投资就少。

仍以蒸发同样任务来比较。工厂中常将多效蒸发系统中各效传热表面积设计成相等的表面积，若单效系统中蒸发器的传热表面积与多效中单台的传热表面积相等，对蒸发同样多的水分而言，多效传热表面积为单效的 n 倍，而单效的生产强度为多效的 n 倍。

就以上粗略分析可知：单效和多效蒸发的生产能力基本相同，而单效经济性不如多效的，但不是随效数增加单位蒸汽消耗量按比例减小，可参考表 5-3 中所列的数据。多效的生产强度随效数的增加而成比例地减小，即设备费成倍地加大。实际上，多效是牺牲设备的生产强度来提高加热蒸汽的经济性。因此必须对设备投资费和操作费（主要是生蒸汽的消耗费）进行权衡而决定，单位生产能力的总费用最低时的效数为最佳效数。

二、多效蒸发中效数的限制

前面是从经济观点来分析多效蒸发最佳效数，从操作角度看，多效蒸发的效数也是有限制的。前已述及，蒸发装置中效数越多，温度差损失越大，当效数达到某值时可能出现总温度差损失等于或大于蒸发器两端点温度差，即 $\Sigma\Delta \geqslant (T - T_K)$，此时蒸发操作就无法进行，所以从操作角度分析，多效蒸发的效数也应有限制。

通常，工业中的多效蒸发操作的效数并不是很多。对于电解质溶液，例如，NaOH、NH_4NO_3 等水溶液，由于其沸点升高（即温度差损失）较大，故取 2～3 效；对于非电解质溶液，如有机溶液等，其沸点升高较小，所用效数可取 4～6 效；海水淡化的温度差损失为零，故蒸发装置的效数达 20～30 效之多。

三、蒸发操作节能措施

蒸发操作中耗费大量生蒸汽的同时又产生大量的冷凝水和二次蒸汽，如何节省生蒸汽的用量和利用冷凝水、二次蒸汽的热量，在很大程度上决定蒸发操作的经济性。由单效改为多效蒸发器是节省生蒸汽的措施之一。此外，选择保温性能好的保温材料包扎在设备外表面，以防热量损失于周围环境中，可以节省部分生蒸汽的消耗量。

蒸发操作产生的大量冷凝水都具有一定的压强，尤其是由生蒸汽直接冷凝的水，其压强或温度较高，可以用来预热料液。也可用减压自蒸发的方法使其压强减至与下效加热室的压强相同，则因产生过热现象部分水分自动汽化，生成的蒸汽与二次蒸汽汇合送入下效作为热源。此外，冷凝水也可作为其他工艺水用。

此外，蒸发装置末效产生的二次蒸汽可令其通过蒸汽喷射泵或离心式（或轴流式）压缩机，将其压强提高到与加热蒸汽相同，然后送入加热室作为热源。这种方法称为热泵蒸发，只需在开工时供应生蒸汽，待操作稳定后，经压缩的二次蒸汽即可代替生蒸汽。当然压缩二次蒸汽要消耗压缩功，但利用了二次蒸汽的全部汽化热，节省了冷凝二次蒸汽的冷水，所以这种方法特别适用于缺水地区。应予指出，热泵蒸发不适用于溶液沸点上升过大的操作，因溶液沸点上升过高，二次蒸汽势必要被压缩到相应的较高压强，实际上这也是经济权衡问题。

前已述及，有时在多效系统中抽出额外蒸汽，这样显然要多消耗第 1 效的加热蒸汽，但可以证明多消耗的加热蒸汽费用要小于用额外蒸汽作热源获得的效益，越从后面抽出额外蒸汽这种现象越显著。因此为了提高全厂经济效益，在多效系统中引出额外蒸汽是值得考虑的，目前在制糖工业中广泛采用这种措施。

第4节　蒸发器的工艺设计

设计任务中往往只给出被蒸发溶液的处理量及性质、要求达到完成液的浓度及可提供的加热蒸汽压强等。设计者首先应根据溶液性质选定蒸发器型式、冷凝器中压强、加料方式及最佳效数(最佳效数由设备投资费、折旧费与经常操作费间的经济衡算确定),再根据经验数据选出或算出总传热系数,按例5-5的方法算出蒸发器的传热面积,最后选定或算出蒸发器的主要工艺尺寸,它们是:加热管尺寸及管数、循环管尺寸、加热室外壳直径、分离室尺寸及附属设备的计算或选用。

下面对自然循环型蒸发器几种主要工艺尺寸的计算作简单的介绍。

一、加热室

计算出传热面积后,可按设计列管换热器的方法进行蒸发器的工艺计算。对中央循环管式蒸发器,一般取管径为25~75 mm、管长为1~2 m、管子中心距为(1.25~1.35)d_0(d_0为加热管外径),加热管按正三角形或同心圆排列。管数由作图法或计算法求得,但应扣除中央循环管所占据面积的相应管数。

二、循环管

1)中央循环式蒸发器　循环管截面积取为加热管总截面积的40%~100%。对加热面积较小的蒸发器应取较大的百分数。

2)悬筐式蒸发器　取循环环隙流道截面积的100%~150%。

3)外热式自然循环蒸发器　循环管的大小可参考中央循环管式蒸发器来决定。

三、分离室

1)分离室的高度H'　一般根据经验决定分离室的高度,常采用高径比$H'/D'=1\sim2$。对中央循环式和悬筐蒸发器,分离室的高度不应小于1.8 m才能基本保证液沫不被蒸汽带出。

2)分离室直径D'　可按分离室的蒸发体积强度法计算。分离室的蒸发体积强度是指单位时间从单位体积分离室中排出的二次蒸汽体积。一般允许的分离室的蒸发体积强度V'_s为1.1~1.5 $m^3/(m^3\cdot s)$,因此由选定的允许分离室的蒸发体积强度值和每秒钟蒸发出的二次蒸汽体积即可求得分离室的体积。若分离室的高度或高径比已定,则可求得分离室的直径。

习　题

1.在单效悬筐式蒸发器内,将15% $CaCl_2$水溶液浓缩到30%,分离室内绝对压强为20 kPa,试求因溶液蒸汽压下降而引起的沸点升高及溶液的相应沸点。

答:沸点升高$\Delta'=7.63$ ℃,溶液沸点$t=67.73$ ℃

2.在前题中,若$CaCl_2$水溶液的平均密度ρ为1 250 kg/m^3,加热管内液柱高度为2 m,试求该条件下溶液的沸点。

答:溶液沸点 $t=76.13$ ℃

3.欲将 30 ℃的 NaOH 水溶液由5%浓缩到20%。厂中可利用的加热蒸汽绝对压强为 120 kPa。若选用传热外表面积为 35 m^2 的单效中央循环管式蒸发器,由于受真空泵性能的限制,二次蒸汽的绝对压强不能低于 30 kPa。估计因溶液蒸汽压下降及液柱静压强引起的温度差损失约为 14.9 ℃,基于传热外表面积的总传热系数 K_o 为 1 400 W/(m^2·℃),冷凝水在蒸汽温度下排出,溶液的稀释热不可忽略,测出热损失为 610.5×10^3 kJ/h。试计算加热蒸汽消耗量及该蒸发器每小时能处理的原料液量。

答:加热蒸汽消耗量 $D=2\ 083$ kg/h,原料液处理量 $F=2\ 107$ kg/h

4.在自然循环型单效蒸发器内每小时将 3 600 kg 某种水溶液由10%浓缩到30%,同时消耗绝对压强为 140 kPa 的饱和水蒸气 3 000 kg。冷凝器内温度为 59 ℃,已知因溶液蒸汽压下降及液柱静压强所引起的温度差损失($\Delta'+\Delta''$)为 23 ℃。蒸发器的传热外表面积 S_o 为 40 m^2。溶液于 30 ℃时送入蒸发器,其比热容为 3.5 kJ/(kg·℃)。若忽略溶液的浓缩热,试求热损失占总传热量的百分数及基于传热外表面积的总传热系数。冷凝水在蒸汽温度下排除。

答:热损失占总传热量的6.06%,基于传热外表面积的总传热系数 $K_o=1\ 668$ W/(m^2·℃)

5.在单效膜式蒸发器中,每小时将 10 000 kg 的某种水溶液从5%浓缩到50%。原料液的比热容为 3.7 kJ/(kg·℃),于操作沸点下进入蒸发器。分离室的真空度为 60 kPa、加热蒸汽的表压强为 30 kPa。蒸发器的基于传热外表面积的总传热系数为 2 000 W/(m^2·℃)。忽略溶液的浓缩热效应。已知常压下因溶液的蒸气压下降而引起的沸点升高为 13 ℃,加热蒸汽的热量有10%损失于周围环境中。试求:

(1)蒸发器的传热外表面积;

(2)加热蒸汽消耗量。

当地大气压强为 101.33 kPa。

答:(1)传热外表面积 $S_o=142.3$ m^2;(2)加热蒸汽消耗量 $D=10\ 317$ kg/h

6.在双效并流循环型蒸发器中,每小时蒸发 10 000 kg 的10%某种水溶液,第 1 效完成液的浓度为 15%、第 2 效为 30%。两效中溶液的沸点分别为 108 ℃及 95 ℃。试求溶液自第 1 效进入第 2 效时因温度降低而自蒸发的水量及自蒸发量占第 2 效总蒸发量的百分数。忽略各种温度差损失。

答:自蒸发量为 135.9 kg/h,自蒸发量占第 2 效总蒸发量为4.08%

7.在双效并流自然循环型蒸发器中,每小时将 10 000 kg、比热容为 3.77 kJ/(kg·℃)的某种水溶液由10%浓缩到50%。原料液于第 1 效沸点下加入蒸发器中。第 1 效加热蒸汽的绝对压强为 500 kPa、冷凝器中的绝对压强为 15 kPa。各效基于传热外面积的总传热系数为 $K_1=1\ 170$ W/(m^2·℃)、$K_2=700$ W/(m^2·℃)。测得各种温度差损失为$\Delta_1'=8.8$ ℃、$\Delta_2'=37.5$ ℃、$\Delta_1''=0.9$ ℃、$\Delta_2''=7.9$ ℃。取第 1 效与第 2 效的热损失系数分别为 0.95 及 0.9。在溶液的浓度和温度变化不太大时,上述的各种温度差损失及热损失系数数值均可近似地认为是常数。各效冷凝水均在蒸汽饱和温度下排除。试求:

(1)总蒸发量;

(2)第 1 效加热蒸汽消耗量;

(3)蒸发器的传热外表面积(按各效传热表面积相等的原则计)。

答:略

附　　录

一、中华人民共和国法定计量单位制度

(一)化工中常用的、具有专门名称的导出单位

物理量	专用名称	代　号	与基本单位的关系
力	牛顿	N	$1\ N = 1\ kg \cdot m/s^2$
压强、应力	帕斯卡	Pa	$1\ Pa = 1\ N/m^2$
能、功、热量	焦尔	J	$1\ J = 1\ N \cdot m$
功率	瓦特	W	$1\ W = 1\ J/s$

(二)化工中常用的十进倍数单位和分数单位的词头

词头符号	词头名称	倍数	词头符号	词头名称	分数
M	兆	10^6	d	分	10^{-1}
k	千	10^3	c	厘	10^{-2}
h	百	10^2	m	毫	10^{-3}
da	十	10^1	μ	微	10^{-6}
			n	毫微(纳)	10^{-9}

(三)化工中常用的物理量的单位与单位符号

项　目		单位符号
基本单位	长度	m
	时间	s
		min
		h
	质量	kg
		t(吨)
	温度	K
		℃
	物质的量	mol
辅助单位	平面角	rad
		°(度)
		′(分)
		″(秒)

续表

项	目	单位符号
导出单位	面积	m^2
	容积	m^3
		L
	密度	kg/m^3
	角速度	rad/s
	速度	m/s
	加速度	m/s^2
	旋转速度	r/min
	力	N
	压强,压力	Pa
	黏度	Pa·s
	功、能、热量	J
	功率	W
	热流量	W
	导热系数	W/(m·K) W/(m·℃)

二、常用单位的换算

(一)质量

kg	t(吨)	[磅]*
1	0.001	2.204 62
1 000	1	2 204.62
0.453 6	4.536×10^{-4}	1

(二)长度

m	[英寸]	[英尺]	[码]
1	39.370 1	3.280 8	1.093 61
0.025 400	1	0.073 333	0.027 78
0.304 80	12	1	0.333 33
0.914 4	36	3	1

(三)力

N	[千克](力)	[磅](力)	[达因]
1	0.102	0.224 8	1×10^3
9.806 65	1	2.204 6	$9.806\ 65\times10^5$
4.448	0.453 6	1	4.448×10^3
1×10^{-5}	1.02×10^{-6}	2.248×10^{-6}	1

* 本附录中非法定单位制中的单位符号均用中文加方括号书写。

（四）压强

Pa	bar	[千克(力)/厘米^2]	[大气压]	mmH_2O	mmHg
1	1×10^{-5}	1.02×10^{-5}	0.99×10^{-5}	0.102	0.007 5
1×10^5	1	1.02	0.986 9	10 197	750.1
98.07×10^3	0.980 7	1	0.967 8	1×10^4	735.56
$1.013\ 25\times10^5$	1.013	1.033 2	1	$1.033\ 2\times10^4$	760
9.807	98.07	0.000 1	$0.967\ 8\times10^{-4}$	1	0.073 6
133.32	1.333×10^{-3}	0.136×10^{-2}	0.001 32	13.6	1
6 894.8	0.068 95	0.070 3	0.068	703	51.71

（五）动力黏度（简称黏度）

Pa·s	[泊](P)	[厘泊](cP)	[磅/英尺·秒]	[千克(力)·秒/米^2]
1	10	1×10^3	0.672	0.102
1×10^{-1}	1	1×10^2	0.067 20	0.010 2
1×10^{-3}	0.01	1	6.720×10^{-4}	0.102×10^{-3}
1.488 1	14.881	1 488.1	1	0.151 9
9.81	98.1	9 810	6.59	1

（六）运动黏度

m^2/s	cm^2/s	[英尺^2/秒]
1	1×10^4	10.76
10^{-4}	1	1.076×10^{-3}
92.9×10^{-3}	929	1

注：cm^2/s 又称斯托克斯，简称斯，以 St 表示，斯的百分之一为厘斯，以 cSt 表示。

（七）功、能和热

J(即 N·m)	[千克(力)·米]	kW·h	[英制马力·时]	[千卡]	[英热单位]	[英尺·磅(力)]
1	0.102	2.778×10^{-7}	3.725×10^{-7}	2.39×10^{-4}	9.485×10^{-4}	0.737 7
9.806 7	1	2.724×10^{-6}	3.653×10^{-6}	2.342×10^{-3}	9.296×10^{-3}	7.233
3.6×10^6	3.671×10^5	1	1.341 0	860.0	3 413	$2\ 655\times10^3$
2.685×10^6	273.8×10^3	0.745 7	1	641.33	2 544	$1\ 980\times10^3$
$4.186\ 8\times10^3$	426.9	$1.162\ 2\times10^{-3}$	$1.557\ 6\times10^{-3}$	1	3.963	3 087
1.055×10^3	107.58	2.930×10^{-4}	3.926×10^{-4}	0.252 0	1	778.1
1.355 8	0.138 3	$0.376\ 6\times10^{-6}$	$0.505\ 1\times10^{-6}$	3.239×10^{-4}	1.285×10^{-3}	1

（八）功率

W	[千克(力)·米/秒]	[英尺·磅(力)/秒]	[英制马力]	[千卡/秒]	[英热单位/秒]
1	0.101 97	0.737 6	1.341×10^{-3}	$0.238\ 9\times10^{-3}$	$0.948\ 6\times10^{-3}$
9.806 7	1	7.233 14	0.013 15	$0.234\ 2\times10^{-2}$	$0.929\ 3\times10^{-2}$
1.355 8	0.138 25	1	0.001 818 2	$0.323\ 8\times10^{-3}$	$0.128\ 51\times10^{-2}$
745.69	76.037 5	550	1	0.178 03	0.706 75
4 186.8	426.85	3 087.44	5.613 5	1	3.968 3
1 055	107.58	778.168	1.414 8	0.251 996	1

（九）比热容

kJ/(kg·℃)	[千卡/(千克·℃)]	[英热单位/(磅·°F)]
1	0.238 9	0.238 9
4.186 8	1	1

(十)导热系数

W/(m·℃)	J/(cm·s·℃)	[卡/(厘米·秒·℃)]	[千卡/(米·时·℃)]	[英热单位/(英尺·时·℉)]
1	1×10^{-3}	2.389×10^{-3}	0.859 8	0.578
1×10^{2}	1	0.238 9	86.0	57.79
418.6	4.186	1	360	241.9
1.163	0.011 6	$0.277\,8\times10^{-2}$	1	0.672 0
1.73	0.017 30	$0.413\,4\times10^{-2}$	1.488	1

(十一)传热系数

W/(m²·℃)	[千卡/(米²·时·℃)]	[卡/(厘米²·秒·℃)]	[英热单位/(英尺²·时·℉)]
1	0.86	2.389×10^{-5}	0.176
1.163	1	2.778×10^{-5}	0.204 8
4.186×10^{4}	3.6×10^{4}	1	7 374
5.678	4.882	1.356×10^{-4}	1

(十二)温度

$$℃ = (℉ - 32°)\times\frac{5}{9} \qquad ℉ = ℃\times\frac{9}{5} + 32° \qquad K = 273.3° + ℃$$

$$°R = 460° + ℉ \qquad K = °R\times\frac{5}{9}$$

(十三)温度差

$$1\ ℃ = \frac{9}{5}\times ℉ \qquad 1\ K = \frac{9}{5}\times °R$$

(十四)气体常数

R = 8.315 J/(kmol·K)

= 848[千克·米/(千摩尔·°K)]

= 82.06[大气压·厘米³/(克摩尔·°K)]

= 1.987[千卡/(千摩尔·°K)]

(十五)扩散系数

m²/s	cm²/s	m²/h	[英尺²/时]	[英寸²/秒]
1	10^{4}	3 600	3.875×10^{4}	1 550
10^{-4}	1	0.360	3.875	0.155 0
2.778×10^{-4}	2.778	1	10.764	0.430 6
$0.258\,1\times10^{-4}$	0.258 1	0.092 90	1	0.040
6.452×10^{-4}	6.452	2.323	25.0	1

三、某些气体的重要物理性质

名　称	分子式	密度 (0 ℃,101.33 kPa) kg/m³	比热容 kJ/(kg·℃)	黏度 $\mu \times 10^{-5}$, Pa·s	沸点 (101.33 kPa) ℃	汽化热 kJ/kg	临界点 温度 ℃	临界点 压强 kPa	导热系数 W/(m·℃)
空气	—	1.293	1.009	1.73	-195	197	-140.7	3 768.4	0.024 4
氧	O_2	1.429	0.653	2.03	-132.98	213	-118.83	5 036.6	0.024 0
氮	N_2	1.251	0.745	1.70	-195.78	199.2	-147.13	3 392.5	0.022 8
氢	H_2	0.089 9	10.13	0.842	-252.75	454.2	-239.9	1 296.6	0.163
氦	He	0.178 5	3.18	1.88	-268.95	19.5	-267.96	228.94	0.144
氩	Ar	1.782 0	0.322	2.09	-185.87	163	-122.44	4 862.4	0.017 3
氯	Cl_2	3.217	0.355	1.29(16 ℃)	-33.8	305	+144.0	7 708.9	0.007 2
氨	NH_3	0.771	0.67	0.918	-33.4	1 373	+132.4	11 295	0.021 5
一氧化碳	CO	1.250	0.754	1.66	-191.48	211	-140.2	3 497.9	0.022 6
二氧化碳	CO_2	1.976	0.653	1.37	-78.2	574	+31.1	7 384.8	0.013 7
二氧化硫	SO_2	2.927	0.502	1.17	-10.8	394	+157.5	7 879.1	0.007 7
二氧化氮	NO_2	—	0.615	—	+21.2	712	+158.2	10 130	0.040 0
硫化氢	H_2S	1.539	0.804	1.166	-60.2	548	+100.4	19 136	0.013 1
甲烷	CH_4	0.717	1.70	1.03	-161.58	511	-82.15	4 619.3	0.030 0
乙烷	C_2H_6	1.357	1.44	0.850	-88.50	486	+32.1	4 948.5	0.018 0
丙烷	C_3H_8	2.020	1.65	0.795(18 ℃)	-42.1	427	+95.6	4 355.9	0.014 8
正丁烷	C_4H_{10}	2.673	1.73	0.810	-0.5	386	+152	3 798.8	0.013 5
正戊烷	C_5H_{12}	—	1.57	0.874	-36.08	151	+197.1	3 342.9	0.012 8
乙烯	C_2H_4	1.261	1.222	0.985	-103.7	481	+9.7	5 135.9	0.016 4
丙烯	C_3H_6	1.914	1.436	0.835(20 ℃)	-47.7	440	+91.4	4599.0	—
乙炔	C_2H_2	1.171	1.352	0.935	-83.66(升华)	829	+35.7	6 240.0	0.018 4
氯甲烷	CH_3Cl	2.308	0.582	0.989	-24.1	406	+148	6 685.8	0.008 5
苯	C_6H_6	—	1.139	0.72	+80.2	394	+288.5	4 832.0	0.008 8

四、某些液体的重要物理性质

名　称	分子式	密度 (20 ℃) kg/m³	沸点 (101.33 kPa) ℃	汽化热 kJ/kg	比热容 (20 ℃) kJ/(kg·℃)	黏度 (20 ℃) mPa·s	导热系数 (20 ℃) W/(m·℃)	体积膨胀系数 $\beta \times 10^4$ (20 ℃) 1/℃	表面张力 $\sigma \times 10^3$ (20 ℃) N/m
水	H_2O	998	100	2 258	4.183	1.005	0.599	1.82	72.8
氯化钠盐水 (25%)	—	1 186 (25 ℃)	107	—	3.39	2.3	0.57 (30 ℃)	(4.4)	—
氯化钙盐水 (25%)	—	1 228	107	—	2.89	2.5	0.57	(3.4)	—
硫　酸	H_2SO_4	1 831	340 (分解)	—	1.47 (98%)	—	0.38	5.7	—
硝　酸	HNO_3	1 513	86	481.1	—	1.17 (10 ℃)	—	—	—

续表

名　称	分子式	密　度 (20 ℃) kg/m^3	沸　点 (101.33 kPa) ℃	汽化热 kJ/kg	比热容 (20 ℃) kJ/(kg·℃)	黏度 (20 ℃) mPa·s	导热系数 (20 ℃) W/(m·℃)	体积膨胀系数 $\beta \times 10^4$ (20 ℃) 1/℃	表面张力 $\sigma \times 10^3$ (20 ℃) N/m
盐酸(30%)	HCl	1 149	—	—	2.55	2 (31.5%)	0.42	—	—
二硫化碳	CS_2	1 262	46.3	352	1.005	0.38	0.16	12.1	32
戊　烷	C_5H_{12}	626	36.07	357.4	2.24 (15.6 ℃)	0.229	0.113	15.9	16.2
已　烷	C_6H_{14}	659	68.74	335.1	2.31 (15.6 ℃)	0.313	0.119	—	18.2
庚　烷	C_7H_{16}	684	98.43	316.5	2.21 (15.6 ℃)	0.411	0.123	—	20.1
辛　烷	C_8H_{18}	763	125.67	306.4	2.19 (15.6 ℃)	0.540	0.131	—	21.8
三氯甲烷	$CHCl_3$	1 489	61.2	253.7	0.992	0.58	0.138 (30 ℃)	12.6	28.5 (10 ℃)
四氯化碳	CCl_4	1 594	76.8	195	0.850	1.0	0.12	—	26.8
苯	C_6H_6	879	80.10	393.9	1.704	0.737	0.148	12.4	28.6
甲苯	C_7H_8	867	110.63	363	1.70	0.675	0.138	10.9	27.9
邻二甲苯	C_8H_{10}	880	144.42	347	1.74	0.811	0.142	—	30.2
间二甲苯	C_8H_{10}	864	139.10	343	1.70	0.611	0.167	10.1	29.0
对二甲苯	C_8H_{10}	861	138.35	340	1.704	0.643	0.129	—	28.0
苯乙烯	C_8H_9	911 (15.6 ℃)	145.2	(352)	1.733	0.72	—	—	—
氯　苯	C_6H_5Cl	1 106	131.8	325	1.298	0.85	0.14 (30 ℃)	—	32
硝基苯	$C_6H_5NO_2$	1 203	210.9	396	1.47	2.1	0.15	—	41
苯　胺	$C_6H_5NH_2$	1 022	184.4	448	2.07	4.3	0.17	8.5	42.9
酚	C_6H_5OH	1 050 (50 ℃)	181.8 (熔点 40.9)	511	—	3.4 (50 ℃)	—	—	—
萘	$C_{16}H_8$	1 145 (固体)	217.9 (熔点 80.2)	314	1.80 (100 ℃)	0.59 (100 ℃)	—	—	—
甲　醇	CH_3OH	791	64.7	1 101	2.48	0.6	0.212	12.2	22.6
乙　醇	C_2H_5OH	789	78.3	846	2.39	1.15	0.172	11.6	22.8
乙醇(95%)	—	804	78.2	—	—	1.4	—	—	—
乙二醇	$C_2H_4(OH)_2$	1 113	197.6	780	2.35	23	—	—	47.7
甘　油	$C_3H_5(OH)_3$	1 261	290 (分解)	—	—	1 499	0.59	5.3	63
乙　醚	$(C_2H_5)_2O$	714	34.6	360	2.34	0.24	0.14	16.3	18
乙　醛	CH_3CHO	783 (18 ℃)	20.2	574	1.9	1.3 (18 ℃)	—	—	21.2

续表

名称	分子式	密度 (20 ℃) kg/m³	沸点 (101.33 kPa) ℃	汽化热 kJ/kg	比热容 (20 ℃) kJ/(kg·℃)	黏度 (20 ℃) mPa·s	导热系数 (20 ℃) W/(m·℃)	体积膨胀系数 $\beta\times10^4$ (20 ℃) 1/℃	表面张力 $\sigma\times10^3$ (20 ℃) N/m
糠醛	$C_5H_4O_2$	1 168	161.7	452	1.6	1.15 (50 ℃)	—	—	43.5
丙酮	CH_3COCH_3	792	56.2	523	2.35	0.32	0.17	—	23.7
甲酸	HCOOH	1 220	100.7	494	2.17	1.9	0.26	—	27.8
醋酸	CH_3COOH	1 049	118.1	406	1.99	1.3	0.17	10.7	23.9
醋酸乙酯	$CH_3COOC_2H_5$	901	77.1	368	1.92	0.48	0.14 (10 ℃)	—	—
煤油	—	780 ~ 820	—	—	—	3	0.15	10.0	—
汽油	—	680 ~ 800	—	—	—	0.7 ~ 0.8	0.19 (30 ℃)	12.5	—

五、某些固体的重要物理性质

名称	密度 kg/m³	导热系数 W/(m·℃)	比热容 kJ/(kg·℃)
(1)金属			
钢	7 850	45.3	0.46
不锈钢	7 900	17	0.50
铸铁	7 220	62.8	0.50
铜	8 800	383.8	0.41
黄铜	8 000	64.0	0.38
黄铜	8 600	85.5	0.38
铝	2 670	203.5	0.92
镍	9 000	58.2	0.46
铅	11 400	34.9	0.13
(2)塑料			
酚醛	1 250 ~ 1 300	0.13 ~ 0.26	1.3 ~ 1.7
聚氯乙烯	1 380 ~ 1 400	0.16	1.8
低压聚乙烯	940	0.29	2.6
高压聚乙烯	920	0.26	2.2
有机玻璃	1 180 ~ 1 190	0.14 ~ 0.20	—
(3)建筑、绝热、耐酸材料及其他			
黏土砖	1 600 ~ 1 900	0.47 ~ 0.67	0.92
耐火砖	1 840	1.05 (800 ℃ ~ 1 100 ℃)	0.88 ~ 1.0
绝缘砖(多孔)	600 ~ 1 400	0.16 ~ 0.37	—
石棉板	770	0.11	0.816
石棉水泥板	1 600 ~ 1 900	0.35	—
玻璃	2 500	0.74	0.67
橡胶	1 200	0.06	1.38
冰	900	2.3	2.11

六、干空气的物理性质(101.33×10^3 Pa)

温度 t ℃	密度 ρ kg/m³	比热容 c_p kJ/(kg·℃)	导热系数 $\lambda\times10^2$ W/(m·℃)	黏度 $\mu\times10^{-5}$ Pa·s	普朗特数 Pr
-50	1.584	1.013	2.035	1.46	0.728
-40	1.515	1.013	2.117	1.52	0.728
-30	1.453	1.013	2.198	1.57	0.723
-20	1.395	1.009	2.279	1.62	0.716
-10	1.342	1.009	2.360	1.67	0.712
0	1.293	1.005	2.442	1.72	0.707
10	1.247	1.005	2.512	1.77	0.705
20	1.205	1.005	2.593	1.81	0.703
30	1.165	1.005	2.675	1.86	0.701
40	1.128	1.005	2.756	1.91	0.699
50	1.093	1.005	2.826	1.96	0.698
60	1.060	1.005	2.896	2.01	0.696
70	1.029	1.009	2.966	2.06	0.694
80	1.000	1.009	3.047	2.11	0.692
90	0.972	1.009	3.128	2.15	0.690
100	0.946	1.009	3.210	2.19	0.688
120	0.898	1.009	3.338	2.29	0.686
140	0.854	1.013	3.489	2.37	0.684
160	0.815	1.017	3.640	2.45	0.682
180	0.779	1.022	3.780	2.53	0.681
200	0.746	1.026	3.931	2.60	0.680
250	0.674	1.038	4.288	2.74	0.677
300	0.615	1.048	4.605	2.97	0.674
350	0.566	1.059	4.908	3.14	0.676
400	0.524	1.068	5.210	3.31	0.678
500	0.456	1.093	5.745	3.62	0.687
600	0.404	1.114	6.222	3.91	0.699
700	0.362	1.135	6.711	4.18	0.706
800	0.329	1.156	7.176	4.43	0.713
900	0.301	1.172	7.630	4.67	0.717
1 000	0.277	1.185	8.041	4.90	0.719
1 100	0.257	1.197	8.502	5.12	0.722
1 200	0.239	1.206	9.153	5.35	0.724

七、水的物理性质

温度 ℃	饱和蒸汽压 kPa	密度 kg/m³	焓 kJ/kg	比热容 kJ/(kg·℃)	导热系数 $\lambda\times10^2$ W/(m·℃)	黏　度 $\mu\times10^{-5}$ Pa·s	体积膨胀系数 $\beta\times10^4$ 1/℃	表面张力 $\sigma\times10^5$ N/m	普朗特数 Pr
0	0.608 2	999.9	0	4.212	55.13	179.21	-0.63	75.6	13.66
10	1.226 2	999.7	42.04	4.191	57.45	130.77	+0.70	74.1	9.52
20	2.334 6	998.2	83.90	4.183	59.89	100.50	1.82	72.6	7.01
30	4.247 4	995.7	125.69	4.174	61.76	80.07	3.21	71.2	5.42
40	7.376 6	992.2	167.51	4.174	63.38	65.60	3.87	69.6	4.32

续表

温度 ℃	饱和蒸汽压 kPa	密度 kg/m³	焓 kJ/kg	比热容 kJ/(kg·℃)	导热系数 $\lambda\times10^2$ W/(m·℃)	黏　度 $\mu\times10^{-5}$ Pa·s	体积膨胀系数 $\beta\times10^4$ 1/℃	表面张力 $\sigma\times10^5$ N/m	普朗特数 *Pr*
50	12.34	988.1	209.30	4.174	64.78	54.94	4.49	67.7	3.54
60	19.923	983.2	251.12	4.178	65.94	46.88	5.11	66.2	2.98
70	31.164	977.8	292.99	4.187	66.76	40.61	5.70	64.3	2.54
80	47.379	971.8	334.94	4.195	67.45	35.65	6.32	62.6	2.22
90	70.136	965.3	376.98	4.208	68.04	31.65	6.95	60.7	1.96
100	101.33	958.4	419.10	4.220	68.27	28.38	7.52	58.8	1.76
110	143.31	951.0	461.34	4.238	68.50	25.89	8.08	56.9	1.61
120	198.64	943.1	503.67	4.260	68.62	23.73	8.64	54.8	1.47
130	270.25	934.8	546.38	4.266	68.62	21.77	9.17	52.8	1.36
140	361.47	926.1	589.08	4.287	68.50	20.10	9.72	50.7	1.26
150	476.24	917.0	632.20	4.312	68.38	18.63	10.3	48.6	1.18
160	618.28	907.4	675.33	4.346	68.27	17.36	10.7	46.6	1.11
170	792.59	897.3	719.29	4.379	67.92	16.28	11.3	45.3	1.05
180	1 003.5	886.9	763.25	4.417	67.45	15.30	11.9	42.3	1.00
190	1 255.6	876.0	807.63	4.460	66.99	14.42	12.6	40.0	0.96
200	1 554.77	863.0	852.43	4.505	66.29	13.63	13.3	37.7	0.93
210	1 917.72	852.8	897.65	4.555	65.48	13.04	14.1	35.4	0.91
220	2 320.88	840.3	943.70	4.614	64.55	12.46	14.8	33.1	0.89
230	2 798.59	827.3	990.18	4.681	63.73	11.97	15.9	31	0.88
240	3 347.91	813.6	1 037.49	4.756	62.80	11.47	16.8	28.5	0.87
250	3 977.67	799.0	1 085.64	4.844	61.76	10.98	18.1	26.2	0.86
260	4 693.75	784.0	1 135.04	4.949	60.48	10.59	19.7	23.8	0.87
270	5 503.99	767.9	1 185.28	5.070	59.96	10.20	21.6	21.5	0.88
280	6 417.24	750.7	1 236.28	5.229	57.45	9.81	23.7	19.1	0.89
290	7 443.29	732.3	1 289.95	5.485	55.82	9.42	26.2	16.9	0.93
300	8 592.94	712.5	1 344.80	5.736	53.96	9.12	29.2	14.4	0.97
310	9 877.6	691.1	1 402.16	6.071	52.34	8.83	32.9	12.1	1.02
320	11 300.3	667.1	1 462.03	6.573	50.59	8.3	38.2	9.81	1.11
330	12 879.6	640.2	1 526.19	7.243	48.73	8.14	43.3	7.67	1.22
340	14 615.8	610.1	1 594.75	8.164	45.71	7.75	53.4	5.67	1.38
350	16 538.5	574.4	1 671.37	9.504	43.03	7.26	66.8	3.81	1.60
360	18 667.1	528.0	1 761.39	13.984	39.54	6.67	109	2.02	2.36
370	21 040.9	450.5	1 892.43	40.319	33.73	5.69	264	0.471	6.80

八、水在不同温度下的饱和蒸气压与黏度(－20～100 ℃)

温度 ℃	压　强		黏度 mPa·s
	mmHg	Pa	
－20	0.772	102.93	—
－19	0.850	113.33	—
－18	0.935	124.66	—
17	1.027	136.93	—
－16	1.128	150.40	—
－15	1.238	165.06	—

续表

温度 ℃	压强		黏度 mPa·s
	mmHg	Pa	
-14	1.357	180.93	—
-13	1.486	198.13	—
-12	1.627	216.93	—
-11	1.780	237.33	—
-10	1.946	259.46	—
-9	2.125	283.32	—
-8	2.321	309.46	—
-7	2.532	337.59	—
-6	2.761	368.12	—
-5	3.008	401.05	—
-4	3.276	436.79	—
-3	3.566	475.45	—
-2	3.876	516.78	—
-1	4.216	562.11	—
0	4.579	610.51	1.792 1
+1	4.93	657.31	1.731 3
2	5.29	705.31	1.672 8
3	5.69	758.64	1.619 1
4	6.10	813.31	1.567 4
5	6.54	871.97	1.518 8
6	7.01	934.64	1.472 8
7	7.51	1 001.30	1.428 4
8	8.05	1 073.30	1.386 0
9	8.61	1 147.96	1.346 2
10	9.21	1 227.96	1.307 7
11	9.84	1 311.96	1.271 3
12	10.52	1 402.62	1.236 3
13	11.23	1 497.28	1.202 8
14	11.99	1 598.61	1.170 9
15	12.79	1 705.27	1.140 3
16	13.63	1 817.27	1.111 1
17	14.53	1 937.27	1.082 8
18	15.48	2 063.93	1.055 9
19	16.48	2 197.26	1.029 9
20	17.54	2 338.59	1.005 0
20.2	—	—	1.000 0
21	18.65	2 486.58	0.981 0
22	19.83	2 643.7	0.957 9
23	21.07	2 809.24	0.935 9
24	22.38	2 983.90	0.914 2
25	23.76	3 167.89	0.897 3
26	25.21	3 361.22	0.873 7
27	26.74	3 565.21	0.854 5

续表

温度 ℃	压强 mmHg	压强 Pa	黏度 mPa·s
28	28.35	3 779.87	0.836 0
29	30.04	4 005.20	0.818 0
30	31.82	4 242.53	0.800 7
31	33.70	4 493.18	0.784 0
32	35.66	4 754.51	0.767 9
33	37.73	5 030.50	0.752 3
34	39.90	5 319.82	0.737 1
35	42.18	5 623.81	0.722 5
36	44.56	5 941.14	0.708 5
37	47.07	6 275.79	0.697 4
38	49.65	6 619.78	0.681 4
39	52.44	6 991.77	0.668 5
40	55.32	7 375.75	0.656 0
41	58.34	7 778.41	0.643 9
42	61.50	8 199.73	0.632 1
43	64.80	8 639.71	0.620 7
44	68.26	9 101.03	0.609 7
45	71.88	9 583.68	0.598 8
46	75.65	10 086.33	0.588 3
47	79.60	10 612.98	0.578 2
48	83.71	11 160.96	0.568 3
49	88.02	11 736.61	0.558 8
50	92.51	12 333.43	0.549 4
51	97.20	12 959.57	0.540 4
52	102.10	13 612.88	0.531 5
53	107.2	14 292.86	0.522 9
54	112.5	14 999.50	0.514 6
55	118.0	15 732.81	0.506 4
56	123.8	16 505.12	0.498 5
57	129.8	17 306.09	0.490 7
58	136.1	18 146.06	0.483 2
59	142.6	19 012.70	0.475 9
60	149.4	19 919.34	0.468 8
61	156.4	20 852.64	0.461 8
62	163.8	21 839.27	0.455 0
63	171.4	22 852.57	0.448 3
64	179.3	23 905.87	0.441 8
65	187.5	24 999.17	0.435 5
66	196.1	26 145.80	0.429 3
67	205.0	27 332.42	0.423 3
68	214.2	28 559.05	0.417 4
69	223.7	29 825.67	0.411 7
70	233.7	31 158.96	0.406 1

续表

温度 ℃	压强		黏度 mPa·s
	mmHg	Pa	
71	243.9	32 518.92	0.400 6
72	254.6	33 945.54	0.395 2
73	265.7	35 425.49	0.390 0
74	277.2	36 958.77	0.384 9
75	289.1	38 545.38	0.379 9
76	301.4	40 185.33	0.375 0
77	314.1	41 878.61	0.370 2
78	327.3	43 638.55	0.365 5
79	341.0	45 465.15	0.361 0
80	355.1	47 345.09	0.356 5
81	369.3	49 235.08	0.352 1
82	384.9	51 318.29	0.347 8
83	400.6	53 411.56	0.343 6
84	416.8	55 571.49	0.339 5
85	433.6	57 811.41	0.335 5
86	450.9	60 118.00	0.331 5
87	466.1	62 140.45	0.327 6
88	487.1	64 944.50	0.323 9
89	506.1	67 477.76	0.320 2
90	525.8	70 104.33	0.316 5
91	546.1	72 810.91	0.313 0
92	567.0	75 597.49	0.309 5
93	588.6	78 477.39	0.306 0
94	610.9	81 450.63	0.302 7
95	633.9	84 517.89	0.299 4
96	657.6	87 677.08	0.296 2
97	682.1	90 943.64	0.293 0
98	707.3	94 303.53	0.289 9
99	733.2	97 756.75	0.286 8
100	760.0	101 330.0	0.283 8

九、饱和水蒸气表(按温度顺序排列)

温度 ℃	绝对压强		蒸汽的密度 kg/m³	焓				汽化热	
				液体		蒸汽			
	[千克(力)/厘米²]	kPa		[千卡/千克]	kJ/kg	[千卡/千克]	kJ/kg	[千卡/千克]	kJ/kg
0	0.006 2	0.608 2	0.004 84	0	0	595	2 491.1	595	2 491.1
5	0.008 9	0.873 0	0.006 80	5.0	20.94	597.3	2 500.8	592.3	2 479.9
10	0.012 5	1.226 2	0.009 40	10.0	41.87	599.6	2 510.4	589.6	2 468.5
15	0.017 4	1.706 8	0.012 83	15.0	62.80	602.0	2 520.5	587.0	2 457.7
20	0.023 8	2.334 6	0.017 19	20.0	83.74	604.3	2 530.1	584.3	2 446.3
25	0.032 3	3.168 4	0.023 04	25.0	104.67	606.6	2 539.7	581.6	2 435.0
30	0.043 3	4.247 4	0.030 36	30.0	125.60	608.9	2 549.3	578.9	2 423.7
35	0.057 3	5.620 7	0.039 60	35.0	146.54	611.2	2 559.0	576.2	2 412.4

续表

温度 ℃	绝对压强 [千克(力)/厘米²]	绝对压强 kPa	蒸汽的密度 kg/m³	焓 液体 [千卡/千克]	焓 液体 kJ/kg	焓 蒸汽 [千卡/千克]	焓 蒸汽 kJ/kg	汽化热 [千卡/千克]	汽化热 kJ/kg
40	0.075 2	7.376 6	0.051 14	40.0	167.47	613.5	2 568.6	573.5	2 401.1
45	0.097 7	9.583 7	0.065 43	45.0	188.41	615.7	2 577.8	570.7	2 389.4
50	0.125 8	12.340	0.083 0	50.0	209.34	618.0	2 587.4	568.0	2 378.1
55	0.160 5	15.743	0.104 3	55.0	230.27	620.2	2 596.7	565.2	2 366.4
60	0.203 1	19.923	0.130 1	60.0	251.21	622.5	2 606.3	562.0	2 355.1
65	0.255 0	25.014	0.161 1	65.0	272.14	624.7	2 615.5	559.7	2 343.4
70	0.317 7	31.164	0.197 9	70.0	293.08	626.8	2 624.3	556.8	2 331.2
75	0.393	38.551	0.241 6	75.0	314.01	629.0	2 633.5	554.0	2 319.5
80	0.483	47.379	0.292 9	80.0	334.94	631.1	2 642.3	551.2	2 307.8
85	0.590	57.875	0.353 1	85.0	355.88	633.2	2 651.1	548.2	2 295.2
90	0.715	70.136	0.422 9	90.0	376.81	635.3	2 659.9	545.3	2 283.1
95	0.862	84.556	0.503 9	95.0	397.75	637.4	2 668.7	542.4	2 270.9
100	1.033	101.33	0.597 0	100.0	418.68	639.4	2 677.0	539.4	2 258.4
105	1.232	120.85	0.703 6	105.1	440.03	641.3	2 685.0	536.3	2 245.4
110	1.461	143.31	0.825 4	110.1	460.97	643.3	2 693.4	533.1	2 232.0
115	1.724	169.11	0.963 5	115.2	482.32	645.2	2 701.3	530.0	2 219.0
120	2.025	198.64	1.119 9	120.3	503.67	647.0	2 708.9	526.7	2 205.2
125	2.367	232.19	1.296	125.4	525.02	648.8	2 716.4	523.5	2 191.8
130	2.755	270.25	1.494	130.5	546.38	650.6	2 723.9	520.1	2 177.6
135	3.192	313.11	1.715	135.6	567.73	652.3	2 731.0	516.7	2 163.3
140	3.685	361.47	1.962	140.7	589.08	653.9	2 737.7	513.2	2 148.7
145	4.238	415.72	2.238	145.9	610.85	655.5	2 744.4	509.7	2 134.0
150	4.855	476.24	2.543	151.0	632.21	657.0	2 750.7	506.0	2 118.5
160	6.303	618.28	3.252	161.4	675.75	659.9	2 762.9	498.5	2 087.1
170	8.080	792.59	4.113	171.8	719.29	662.4	2 773.3	490.6	2 054.0
180	10.23	1 003.5	5.145	182.3	763.25	664.6	2 782.5	482.3	2 019.3
190	12.80	1 255.6	6.378	192.9	807.64	666.4	2 790.1	473.5	1 982.4
200	15.85	1 554.77	7.840	203.5	852.01	667.7	2 795.5	464.2	1 943.5
210	19.55	1 917.72	9.567	214.3	897.23	668.6	2 799.3	454.4	1 902.5
220	23.66	2 320.88	11.60	225.1	942.45	669.0	2 801.0	443.9	1 858.5
230	28.53	2 798.59	13.98	236.1	988.50	668.8	2 800.1	432.7	1 811.6
240	34.13	3 347.91	16.76	247.1	1 034.56	668.0	2 796.8	420.8	1 761.8
250	40.55	3 977.67	20.01	258.3	1 081.45	664.0	2 790.1	408.1	1 708.6
260	47.85	4 693.75	23.82	269.6	1 128.76	664.2	2 780.9	394.5	1 651.7
270	56.11	5 503.99	28.27	281.1	1 176.91	661.2	2 768.3	380.1	1 591.4
280	65.42	6 417.24	33.47	292.7	1 225.48	657.3	2 752.0	364.6	1 526.5
290	75.88	7 443.29	39.60	304.4	1 274.46	652.6	2 732.3	348.1	1 457.4
300	87.6	8 592.94	46.93	316.6	1 325.54	646.8	2 708.0	330.2	1 382.5
310	100.7	9 877.96	55.59	329.3	1 378.71	640.1	2 680.0	310.8	1 301.3
320	115.2	11 300.3	65.95	343.0	1 436.07	632.5	2 648.2	289.5	1 212.1
330	131.3	12 879.6	78.53	357.5	1 446.78	623.5	2 610.5	266.6	1 116.2
340	149.0	14 615.8	93.98	373.3	1 562.93	613.5	2 568.6	240.2	1 005.7
350	168.6	16 538.5	113.2	390.8	1 636.20	601.1	2 516.7	210.3	880.5
360	190.3	18 667.1	139.6	413.0	1 729.15	583.4	2 442.6	170.3	713.0
370	214.5	21 040.9	171.0	451.0	1 888.25	549.8	2 301.9	98.2	411.1
374	225	22 070.9	322.6	501.1	2 098.0	501.1	2 098.0	0	0

十、饱和水蒸气表(按绝对压强顺序排列)

绝对压强 kPa	温度 ℃	蒸汽的密度 kg/m^3	焓 kJ/kg 液体	焓 kJ/kg 蒸汽	汽化热 kJ/kg
1.0	6.3	0.007 73	26.48	2 503.1	2 476.8
1.5	12.5	0.011 33	52.26	2 515.3	2 463.0
2.0	17.0	0.014 86	71.21	2 524.2	2 452.9
2.5	20.9	0.018 36	87.45	2 531.8	2 444.3
3.0	23.5	0.021 79	98.38	2 536.8	2 438.4
3.5	26.1	0.025 23	109.30	2 541.8	2 432.5
4.0	28.7	0.028 67	120.23	2 546.8	2 426.6
4.5	30.8	0.032 05	129.00	2 550.9	2 421.9
5.0	32.4	0.035 37	135.69	2 554.0	2 418.3
6.0	35.6	0.042 00	149.06	2 560.1	2 411.0
7.0	38.8	0.048 64	162.44	2 566.3	2 403.8
8.0	41.3	0.055 14	172.73	2 571.0	2 398.2
9.0	43.3	0.061 56	181.16	2 574.8	2 393.6
10.0	45.3	0.067 98	189.59	2 578.5	2 388.9
15.0	53.5	0.099 56	224.03	2 594.0	2 370.0
20.0	60.1	0.130 68	251.51	2 606.4	2 854.9
30.0	66.5	0.190 93	288.77	2 622.4	2 333.7
40.0	75.0	0.249 75	315.93	2 634.1	2 312.2
50.0	81.2	0.307 99	339.80	2 644.3	2 304.5
60.0	85.6	0.365 14	358.21	2 652.1	2 393.9
70.0	89.9	0.422 29	376.61	2 659.8	2 283.2
80.0	93.2	0.478 07	390.08	2 665.3	2 275.3
90.0	96.4	0.533 84	403.49	2 670.8	2 267.4
100.0	99.6	0.589 61	416.90	2 676.3	2 259.5
120.0	104.5	0.698 68	437.51	2 684.3	2 246.8
140.0	109.2	0.807 58	457.67	2 692.1	2 234.4
160.0	113.0	0.829 81	473.88	2 698.1	2 224.2
180.0	116.6	1.020 9	489.32	2 703.7	2 214.3
200.0	120.2	1.127 3	493.71	2 709.2	2 204.6
250.0	127.2	1.390 4	534.39	2 719.7	2 185.4
300.0	133.3	1.650 1	560.38	2 728.5	2 168.1
350.0	138.8	1.907 4	583.76	2 736.1	2 152.3
400.0	143.4	2.161 8	603.61	2 742.1	2 138.5
450.0	147.7	2.415 2	622.42	2 747.8	2 125.4

续表

绝对压强 kPa	温　度 ℃	蒸汽的密度 kg/m³	焓 kJ/kg		汽 化 热 kJ/kg
			液　体	蒸　汽	
500.0	151.7	2.667 3	639.59	2 752.8	2 113.2
600.0	158.7	3.168 6	670.22	2 761.4	2 091.1
700	164.7	3.665 7	696.27	2 767.8	2 071.5
800	170.4	4.161 4	720.96	2 773.7	2 052.7
900	175.1	4.652 5	741.82	2 778.1	2 036.2
1×10^3	179.9	5.143 2	762.68	2 782.5	2 019.7
1.1×10^3	180.2	5.633 9	780.34	2 785.5	2 005.1
1.2×10^3	187.8	6.124 1	797.92	2 788.5	1 990.6
1.3×10^3	191.5	6.614 1	814.25	2 790.9	1 976.7
1.4×10^3	194.8	7.103 8	829.06	2 792.4	1 963.7
1.5×10^3	198.2	7.593 5	843.86	2 794.5	1 950.7
1.6×10^3	201.3	8.081 4	857.77	2 796.0	1 938.2
1.7×10^3	204.1	8.567 4	870.58	2 797.1	1 926.5
1.8×10^3	206.9	9.053 3	883.39	2 798.1	1 914.8
1.9×10^3	209.8	9.539 2	896.21	2 799.2	1 903.0
2×10^3	212.2	10.033 8	907.32	2 799.7	1 892.4
3×10^3	233.7	15.007 5	1 005.4	2 798.9	1 793.5
4×10^3	250.3	20.096 9	1 082.9	2 789.8	1 706.8
5×10^3	263.8	25.366 3	1 146.9	2 776.2	1 629.2
6×10^3	275.4	30.849 4	1 203.2	2 759.5	1 556.3
7×10^3	285.7	36.574 4	1 253.2	2 740.8	1 487.6
8×10^3	294.8	42.576 8	1 299.2	2 720.5	1 403.7
9×10^3	303.2	48.894 5	1 343.5	2 699.1	1 356.6
10×10^3	310.9	55.540 7	1 384.0	2 677.1	1 293.1
12×10^3	324.5	70.307 5	1 463.4	2 631.2	1 167.7
14×10^3	336.5	87.302 0	1 567.9	2 583.2	1 043.4
16×10^3	347.2	107.801 0	1 615.8	2 531.1	915.4
18×10^3	356.9	134.481 3	1 699.8	2 466.0	766.1
20×10^3	365.6	176.596 1	1 817.8	2 364.2	544.9

十一、某些液体的导热系数

液　体		温度 t ℃	导热系数 λ W/(m·℃)	液　体	温度 t ℃	导热系数 λ W/(m·℃)
醋酸	100%	20	0.171	乙苯	30	0.149
	50%	20	0.35		60	0.142

续表

液　　体		温度 t ℃	导热系数 λ W/(m·℃)	液　　体		温度 t ℃	导热系数 λ W/(m·℃)
丙酮		30	0.177	乙醚		30	0.138
		75	0.164			75	0.135
丙烯醇		25~30	0.180	汽油		30	0.135
氨		25~30	0.50	三元醇	100%	20	0.284
氨水溶液		20	0.45		80%	20	0.327
		60	0.50		60%	20	0.381
正戊醇		30	0.163		40%	20	0.448
		100	0.154		20%	20	0.481
异戊醇		30	0.152		100%	100	0.284
		75	0.151	正庚烷		30	0.140
苯胺		0~20	0.173			60	0.137
苯		30	0.159	正己烷		30	0.138
		60	0.151			60	0.135
正丁醇		30	0.168	正庚醇		30	0.163
		75	0.164			75	0.157
异丁醇		10	0.157	正己醇		30	0.164
氯化钙盐水	30%	30	0.55			75	0.156
	15%	30	0.59	煤油		20	0.149
二硫化碳		30	0.161			75	0.140
		75	0.152	盐酸	12.5%	32	0.52
四氯化碳		0	0.185		25%	32	0.48
		68	0.163		38%	32	0.44
氯苯		10	0.144	水银		28	0.36
三氯甲烷		30	0.138	甲醇	100%	20	0.215
乙酸乙酯		20	0.175		80%	20	0.267
乙醇	100%	20	0.182		60%	20	0.329
	80%	20	0.237		40%	20	0.405
	60%	20	0.305		20%	20	0.492
	40%	20	0.388		100%	50	0.197
	20%	20	0.486	氯甲烷		-15	0.192
	100%	50	0.151			30	0.154
硝基苯		30	0.164	正丙醇		30	0.171
		100	0.152			75	0.164
硝基甲苯		30	0.216	异丙醇		30	0.157
		60	0.208			60	0.155
正辛烷		60	0.14	氯化钠盐水	25%	30	0.57

续表

液　　体		温度 t ℃	导热系数 λ W/(m·℃)	液　　体		温度 t ℃	导热系数 λ W/(m·℃)
		0	0.138~0.156		12.5%	30	0.59
石油		20	0.180	硫酸	90%	30	0.36
蓖麻油		0	0.173		60%	30	0.43
		20	0.168		30%	30	0.52
橄榄油		100	0.164	二氧化硫		15	0.22
正戊烷		30	0.135			30	0.192
		75	0.128	甲苯		30	0.149
氯化钾	15%	32	0.58			75	0.145
	30%	32	0.56	松节油		15	0.128
氢氧化钾	21%	32	0.58	二甲苯	邻位	20	0.155
	42%	32	0.55		对位	20	0.155
硫酸钾	10%	32	0.60		间位	20	0.155

附录图 1 示出几种常用液体的导热系数与温度的关系。

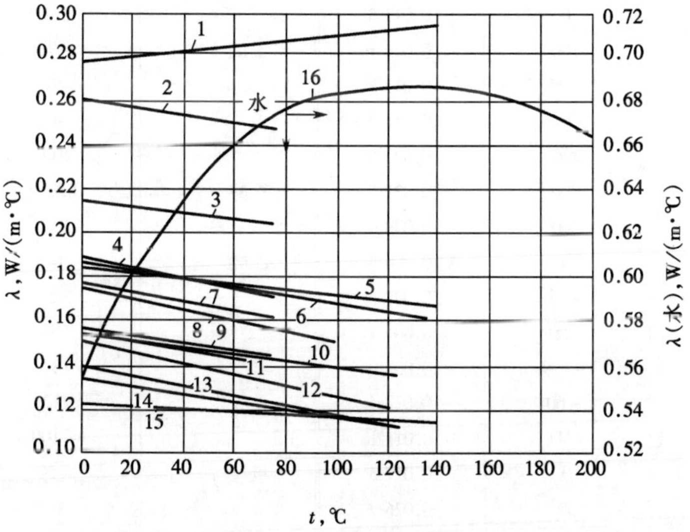

附录图 1　液体的导热系数

1—无水甘油　2—蚁酸　3—甲醇　4—乙醇　5—蓖麻油　6—苯胺
7—醋酸　8—丙酮　9—丁醇　10—硝基苯　11—异丙醇　12—苯
13—甲苯　14—二甲苯　15—凡士林油　16—水(用右边的坐标)

十二、某些气体和蒸气的导热系数

下表中所列出的极限温度数值是实验范围的数值。若外推到其他温度时，建议将所列的数据按 lg λ 对 lg T(λ——导热系数，W/(m·℃)；T——温度，K)作图，或者假定 Pr 数与温度(或压强，在适当范围内)无关。

物　　质	温　度 ℃	导热系数 W/(m·℃)	物　　质	温　度 ℃	导热系数 W/(m·℃)
丙酮	0	0.009 8	四氯化碳	46	0.007 1
	46	0.012 8		100	0.009 0
	100	0.017 1		184	0.011 12
	184	0.025 4	氯	0	0.007 4
空气	0	0.024 2	三氯甲烷	0	0.006 6
	100	0.031 7		46	0.008 0
	200	0.039 1		100	0.010 0
	300	0.045 9		184	0.013 3
氨	-60	0.016 4	硫化氢	0	0.013 2
	0	0.022 2	水银	200	0.034 1
	50	0.027 2	甲烷	-100	0.017 3
	100	0.032 0		-50	0.025 1
苯	0	0.009 0		0	0.030 2
	46	0.012 6		50	0.037 2
	100	0.017 8	甲醇	0	0.014 4
	184	0.026 3		100	0.022 2
	212	0.030 5	氯甲烷	0	0.006 7
正丁烷	0	0.013 5		46	0.008 5
	100	0.023 4		100	0.010 9
异丁烷	0	0.013 8		212	0.016 4
	100	0.024 1	乙烷	-70	0.011 4
二氧化碳	-50	0.011 8		-34	0.014 9
	0	0.014 7		0	0.018 3
	100	0.023 0		100	0.030 3
	200	0.031 3	乙醇	20	0.015 4
	300	0.039 6		100	0.021 5
二硫化物	0	0.006 9	乙醚	0	0.013 3
	-73	0.007 3		46	0.017 1
一氧化碳	-189	0.007 1		100	0.022 7
	-179	0.008 0		184	0.032 7
	-60	0.023 4		212	0.036 2
乙烯	-71	0.011 1		-100	0.016 4
	0	0.017 5	氧	-50	0.020 6
	50	0.026 7		0	0.024 6
	100	0.027 9		50	0.028 4
正庚烷	200	0.019 4		100	0.032 1
	100	0.017 8		0	0.015 1
正己烷	0	0.012 5	丙烷	100	0.026 1
	20	0.013 8		0	0.008 7
氢	-100	0.011 3	二氧化硫	100	0.011 9
	-50	0.014 4		46	0.020 8
	0	0.017 3	水蒸气	100	0.023 7
	50	0.019 9		200	0.032 4
	100	0.022 3		300	0.042 9
	300	0.030 8		400	0.054 5

续表

物质	温度 ℃	导热系数 W/(m·℃)	物质	温度 ℃	导热系数 W/(m·℃)
氮	-100	0.016 4		500	0.076 3
	0	0.024 2			
	50	0.027 7			

十三、某些固体材料的导热系数

(一)常用金属的导热系数

导热系数 W/(m·℃) \ 温度 ℃	0	100	200	300	400
铝	227.95	227.95	227.95	227.95	227.95
铜	383.79	379.14	372.16	367.51	362.86
铁	73.27	67.45	61.64	54.66	48.85
铅	35.12	33.38	31.40	29.77	—
镁	172.12	167.47	162.82	158.17	—
镍	93.04	82.57	73.27	63.97	59.31
银	414.03	409.38	373.32	361.69	359.37
锌	112.81	109.90	105.83	401.18	93.04
碳钢	52.34	48.85	44.19	41.87	34.89
不锈钢	16.28	17.45	17.45	18.49	—

(二)常用非金属材料的导热系数

材料	温度 ℃	导热系数 W/(m·℃)
软木	30	0.043 03
玻璃棉	—	0.034 89 ~ 0.069 78
保温灰	—	0.069 78
锯屑	20	0.046 52 ~ 0.058 15
棉花	100	0.069 78
厚纸	20	0.139 6 ~ 0.348 9
玻璃	30	1.093 2
	-20	0.756 0
搪瓷	—	0.872 3 ~ 1.163
云母	50	0.430 3
泥土	20	0.697 8 ~ 0.930 4
冰	0	2.326
软橡胶	—	0.129 1 ~ 0.159 3
硬橡胶	0	0.150 0
聚四氟乙烯	—	0.241 9
泡沫玻璃	-15	0.004 885
	-80	0.003 489

续表

材料	温度 ℃	导热系数 W/(m·℃)
泡沫塑料	—	0.046 52
木材（横向）	—	0.139 6～0.174 5
（纵向）	—	0.383 8
耐火砖	230	0.872 3
	1 200	1.639 8
混凝土	—	1.279 3
绒毛毡	—	0.046 5
85%氧化镁粉	0～100	0.069 78
聚氯乙烯	—	0.116 3～0.174 5
酚醛加玻璃纤维	—	0.259 3
酚醛加石棉纤维	—	0.294 2
聚酯加玻璃纤维	—	0.259 4
聚碳酸酯	—	0.190 7
聚苯乙烯泡沫	25	0.041 87
	-150	0.001 745
聚乙烯	—	0.329 1
石墨	—	139.56

十四、液体的黏度和密度

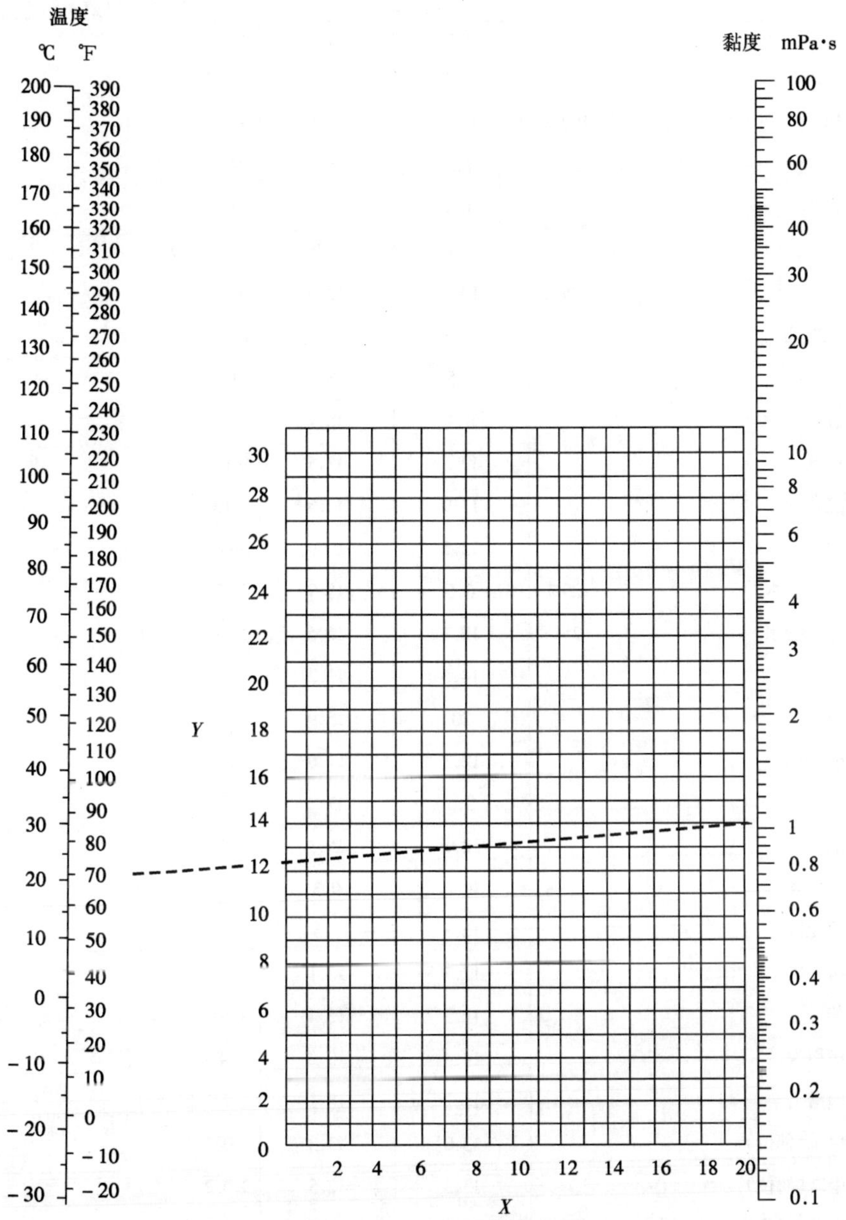

附录图 2　液体黏度共线图

液体黏度共线图的坐标值及液体的密度列于下表中：

序　号	液　　体		X	Y	密　　度(20 ℃) kg/m³
1	乙醛		15.2	14.8	783(18 ℃)
2	醋酸	100%	12.1	14.2	1 049*

* 醋酸的密度不能用加和方法计算。

续表

序号	液体		X	Y	密度(20 ℃) kg/m³
3		70%	9.5	17.0	1 069
4	醋酸酐		12.7	12.8	1 083
5	丙酮	100%	14.5	7.2	792
6		35%	7.9	15.0	948
7	丙烯醇		10.2	14.3	854
8	氨	100%	12.6	2.0	817(−79 ℃)
9		26%	10.1	13.9	904
10	醋酸戊酯		11.8	12.5	879
11	戊醇		7.5	18.4	817
12	苯胺		8.1	18.7	1 022
13	苯甲醚		12.3	13.5	990
14	三氯化砷		13.9	14.5	2 163
15	苯		12.5	10.9	880
16	氯化钙盐水	25%	6.6	15.9	1 228
17	氯化钠盐水	25%	10.2	16.6	1 186(25 ℃)
18	溴		14.2	13.2	3 119
19	溴甲苯		20	15.9	1 410
20	乙酸丁酯		12.3	11.0	882
21	丁醇		8.6	17.2	810
22	丁酸		12.1	15.3	964
23	二氧化碳		11.6	0.3	1 101(−37 ℃)
24	二硫化碳		16.1	7.5	1 263
25	四氯化碳		12.7	13.1	1 595
26	氯苯		12.3	12.4	1 107
27	三氯甲烷		14.4	10.2	1 489
28	氯磺酸		11.2	18.1	1 787(25 ℃)
29	氯甲苯(邻位)		13.0	13.3	1 082
30	氯甲苯(间位)		13.3	12.5	1 072
31	氯甲苯(对位)		13.3	12.5	1 070
32	甲酚(间位)		2.5	20.8	1 034
33	环己醇		2.9	24.3	962
34	二溴乙烷		12.7	15.8	2 495
35	二氯乙烷		13.2	12.2	1 256
36	二氯甲烷		14.6	8.9	1 336
37	草酸乙酯		11.0	16.4	1 079
38	草酸二甲酯		12.3	15.8	1 148(54 ℃)

续表

序号	液体		X	Y	密度(20 ℃) kg/m³
39	联苯		12.0	18.3	992(73 ℃)
40	草酸二丙酯		10.3	17.7	1 038(0 ℃)
41	乙酸乙酯		13.7	9.1	901
42	乙醇	100%	10.5	13.8	789
43		95%	9.8	14.3	804
44		40%	6.5	16.6	935
45	乙苯		13.2	11.5	867
46	溴乙烷		14.5	8.1	1 431
47	氯乙烷		14.8	6.0	917(6 ℃)
48	乙醚		14.5	5.3	708(25 ℃)
49	甲酸乙酯		14.2	8.4	923
50	碘乙烷		14.7	10.3	1 933
51	乙二醇		6.0	23.6	1 113
52	甲酸		10.7	15.8	1 220
53	氟里昂-11(CCl_2F)		14.4	9.0	1 494(17 ℃)
54	氟里昂-12(CCl_2F_2)		16.8	5.6	1 486(20 ℃)
55	氟里昂-21($CHCl_2F$)		15.7	7.5	1 426(0 ℃)
56	氟里昂-22($CHClF_2$)		17.2	4.7	3 870(0 ℃)
57	氟里昂-113($CCl_2F\cdot CClF_2$)		12.5	11.4	1 576
58	甘油	100%	2.0	30.0	1 261
59		50%	6.9	19.6	1 126
60	庚烷		14.1	8.4	684
61	己烷		14.7	7.0	659
62	盐酸	31.5%	13.0	16.6	1 157
63	异丁醇		7.1	18.0	779(26 ℃)
64	异丁酸		12.2	14.4	949
65	异丙醇		8.2	16.0	789
66	煤油		10.2	16.9	780 ~ 820
67	粗亚麻仁油		7.5	27.2	930 ~ 938(15 ℃)
68	水银		18.4	16.4	13 546
69	甲醇	100%	12.4	10.5	792
70		90%	12.3	11.8	820
71		40%	7.8	15.5	935
72	乙酸甲酯		14.2	8.2	924
73	氯甲烷		15.0	3.8	952(0 ℃)
74	丁酮		13.9	8.6	805
75	萘		7.9	18.1	1 145

续表

序号	液体		X	Y	密度(20 ℃) kg/m³
76	硝酸	95%	12.8	13.8	1 493
77		60%	10.8	17.0	1 367
78	硝基苯		10.6	16.2	1 205(15 ℃)
79	硝基甲苯		11.0	17.0	1 160
80	辛烷		13.7	10.0	703
81	辛醇		6.6	21.1	827
82	五氯乙烷		10.9	17.3	1 671(25 ℃)
83	戊烷		14.9	5.2	630(18 ℃)
84	酚		6.9	20.8	1 071(25 ℃)
85	三溴化磷		13.8	16.7	2 852(15 ℃)
86	三氯化磷		16.2	10.9	1 574
87	丙酸		12.8	13.8	992
88	丙醇		9.1	16.5	804
89	溴丙烷		14.5	9.6	1 353
90	氯丙烷		14.4	7.5	890
91	碘丙烷		14.1	11.6	1 749
92	钠		16.4	13.9	970
93	氢氧化钠	50%	3.2	25.8	1 525
94	四氯化锡		13.5	12.8	2 226
95	二氧化硫		15.2	7.1	1 434(0 ℃)
96	硫酸	110%	7.2	27.4	1 980
97		98%	7.0	24.8	1 836
98		60%	10.2	21.3	1 498
99	二氯二氧化硫		15.2	12.4	1 667
100	四氯乙烷		11.9	15.7	1 600
101	四氯乙烯		14.2	12.7	1 624(15 ℃)
102	四氯化钛		14.4	12.3	1 726
103	甲苯		13.7	10.4	886
104	三氯乙烯		14.8	10.5	1 436
105	松节油		11.5	14.9	861 ~ 867
106	醋酸乙烯		14.0	8.8	932
107	水		10.2	13.0	998

十五、101.33 kPa 压强下气体的黏度

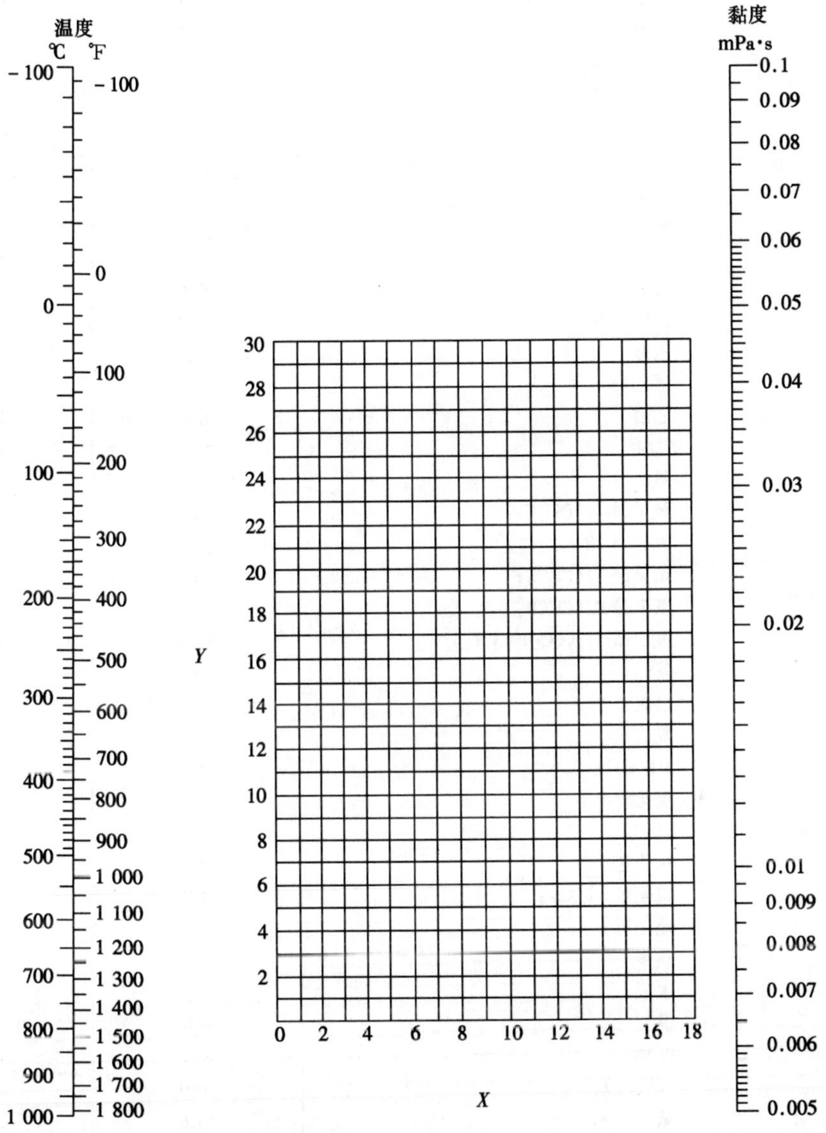

附录图 3　气体黏度共线图

气体黏度共线图的坐标值列于下表中：

序　　号	气　　　　体	X	Y
1	醋酸	7.7	14.3
2	丙酮	8.9	13.0
3	乙炔	9.8	4.9
4	空气	11.0	20.0
5	氨	8.4	16.0
6	氩	10.5	22.4
7	苯	8.5	13.2
8	溴	8.9	19.2

续表

序　　号	气　　体	X	Y
9	丁烯(butene)	9.2	13.7
10	丁烯(butylene)	8.9	13.0
11	二氧化碳	9.5	18.7
12	二硫化碳	8.0	16.0
13	一氧化碳	11.0	20.0
14	氯	9.0	18.4
15	三氯甲烷	8.9	15.7
16	氰	9.2	15.2
17	环已烷	9.2	12.0
18	乙烷	9.1	14.5
19	乙酸乙酯	8.5	13.2
20	乙醇	9.2	14.2
21	氯乙烷	8.5	15.6
22	乙醚	8.9	13.0
23	乙烯	9.5	15.1
24	氟	7.3	23.8
25	氟里昂-11(CCl_3F)	10.6	15.1
26	氟里昂-12(CCl_2F_2)	11.1	16.0
27	氟里昂-21($CHCl_2F$)	10.8	15.3
28	氟里昂-22($CHClF_2$)	10.1	17.0
29	氟里昂-113(CCl_2F-$CClF_2$)	11.3	14.0
30	氦	10.9	20.5
31	已烷	8.6	11.8
32	氢	11.2	12.4
33	$3H_2 + 1N_2$	11.2	17.2
34	溴化氢	8.8	20.9
35	氯化氢	8.8	18.7
36	氰化氢	9.8	14.9
37	碘化氢	9.0	21.3
38	硫化氢	8.6	18.0
39	碘	9.0	18.4
40	水银	5.3	22.9
41	甲烷	9.9	15.5
42	甲醇	8.5	15.6
43	一氧化氮	10.9	20.5
44	氮	10.6	20.0
45	五硝酰氯	8.0	17.6
46	一氧化二氮	8.8	19.0
47	氧	11.0	21.3
48	戊烷	7.0	12.8
49	丙烷	9.7	12.9
50	丙醇	8.4	13.4
51	丙烯	9.0	13.8
52	二氧化硫	9.6	17.0
53	甲苯	8.6	12.4
54	2,3,3-三甲(基)丁烷	9.5	10.5
55	水	8.0	16.0
56	氙	9.3	23.0

十六、液体的比热容

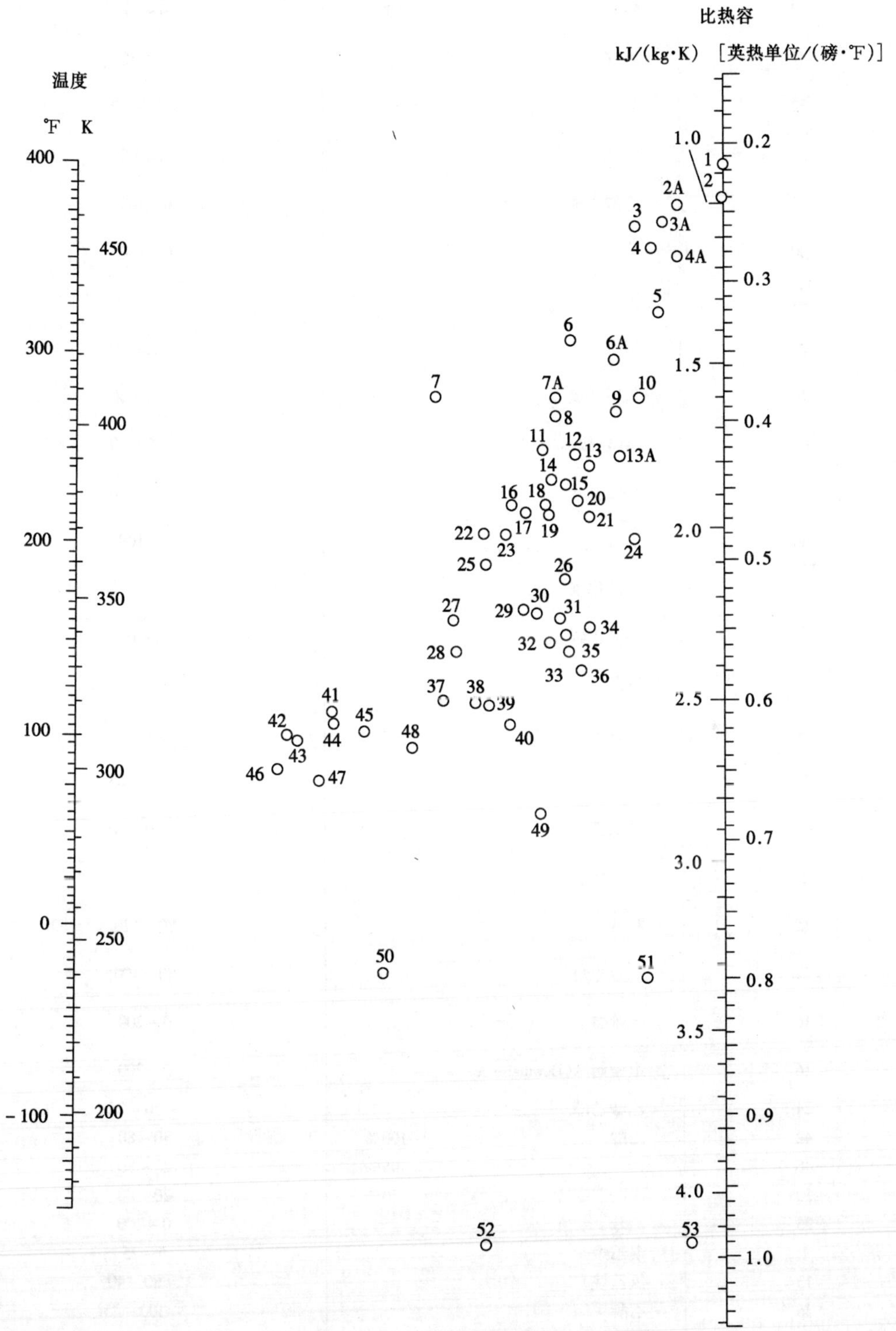

附录图 4　液体比热容共线图

液体比热容共线图的编号列于下表中：

号　　数	液　　体		温　度　范　围,℃
29	醋酸	100%	0~80
32	丙酮		20~50
52	氨		-70~50
37	戊醇		-50~25
26	乙酸戊酯		0~100
30	苯胺		0~130
23	苯		10~80
27	苯甲醇		-20~30
10	苯甲基氧		-30~30
49	$CaCl_2$ 盐水	25%	-40~20
51	NaCl 盐水	25%	-40~20
44	丁醇		0~100
2	二硫化碳		-100~25
3	四氯化碳		10~60
8	氯苯		0~100
4	三氯甲烷		0~50
21	癸烷		-80~25
6A	二氯乙烷		-30~60
5	二氯甲烷		-40~50
15	联苯		80~120
22	二苯甲烷		80~100
16	二苯醚		0~200
16	道舍姆 A(Dowtherm A)		0~200
24	乙酸乙酯		-50~25
42	乙醇	100%	30~80
46		95%	20~80
50		50%	20~80
25	乙苯		0~100
1	溴乙烷		5~25
13	氯乙烷		-80~40
36	乙醚		-100~25
7	碘乙烷		0~100
39	乙二醇		-40~200

续表

号数	液体		温度范围,℃
2A	氟里昂-11(CCl_3F)		-20~70
6	氟里昂-12(CCl_2F_2)		-40~15
4A	氟里昂-21($CHCl_2F$)		-20~70
7A	氟里昂-22($CHClF_2$)		-20~60
3A	氟里昂-113(CCl_2F-$CClF_2$)		-20~70
38	三元醇		-40~20
28	庚烷		0~60
35	已烷		-80~20
48	盐酸	30%	20~100
41	异戊醇		10~100
43	异丁醇		0~100
47	异丙醇		-20~50
31	异丙醚		-80~20
40	甲醇		-40~20
13A	氯甲烷		-80~20
14	萘		90~200
12	硝基苯		0~100
34	壬烷		-50~125
33	辛烷		-50~25
3	过氯乙烯		-30~140
45	丙醇		-20~100
20	吡啶		-51~25
9	硫酸	98%	10~45
11	二氧化硫		-20~100
23	甲苯		0~60
53	水		-10~200
19	二甲苯(邻位)		0~100
18	二甲苯(间位)		0~100
17	二甲苯(对位)		0~100

十七、101.33 kPa 压强下气体的比热容

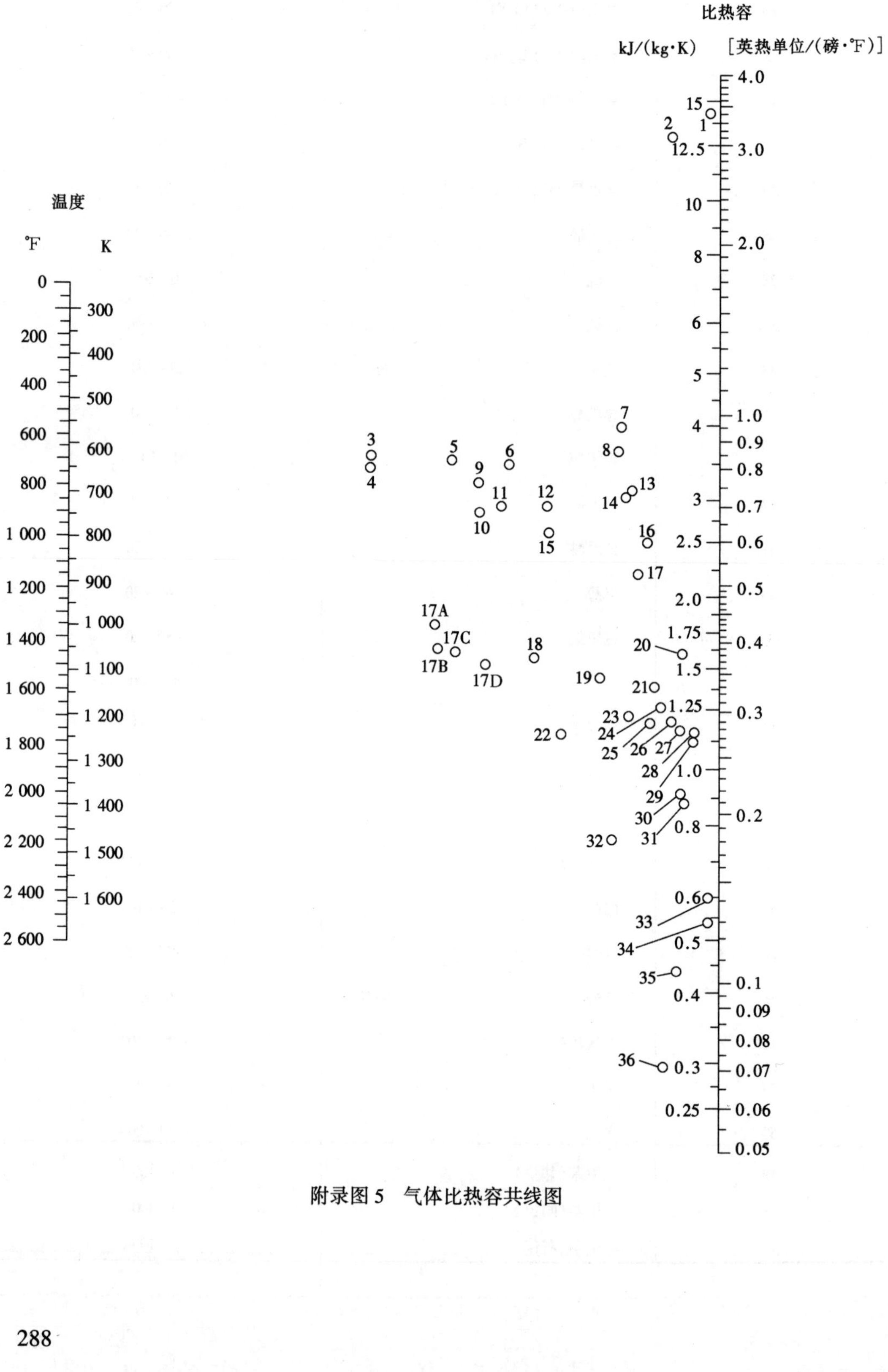

附录图 5　气体比热容共线图

气体比热容共线图的编号列于下表中：

号　数	气　体	温度范围(K)
10	乙炔	273 ~ 473
15	乙炔	473 ~ 673
16	乙炔	673 ~ 1 673
27	空气	273 ~ 1 673
12	氨	273 ~ 873
14	氨	873 ~ 1 673
18	二氧化碳	273 ~ 673
24	二氧化碳	673 ~ 1 673
26	一氧化碳	273 ~ 1 673
32	氯	273 ~ 473
34	氯	473 ~ 1 673
3	乙烷	273 ~ 473
9	乙烷	473 ~ 873
8	乙烷	873 ~ 1 673
4	乙烯	273 ~ 473
11	乙烯	473 ~ 873
13	乙烯	873 ~ 1 673
17*B*	氟里昂-11(CCl_3F)	273 ~ 423
17*C*	氟里昂-21($CHCl_2F$)	273 ~ 423
17*A*	氟里昂-22($CHClF_2$)	278 ~ 423
17*D*	氟里昂-113(CCl_2F-$CClF_2$)	273 ~ 423
1	氢	273 ~ 873
2	氢	873 ~ 1 673
35	溴化氢	273 ~ 1 673
30	氯化氢	273 ~ 1 673
20	氟化氢	273 ~ 1 673
36	碘化氢	273 ~ 1 673
19	硫化氢	273 ~ 973
21	硫化氢	973 ~ 1 673
5	甲烷	273 ~ 573
6	甲烷	573 ~ 973
7	甲烷	973 ~ 1 673
25	一氧化氮	273 ~ 973
28	一氧化氮	973 ~ 1 673
26	氮	273 ~ 1 673
23	氧	273 ~ 773
29	氧	773 ~ 1 673
33	硫	573 ~ 1 673
22	二氧化硫	273 ~ 673
31	二氧化硫	673 ~ 1 673
17	水	273 ~ 1 673

十八、汽化热(蒸发潜热)

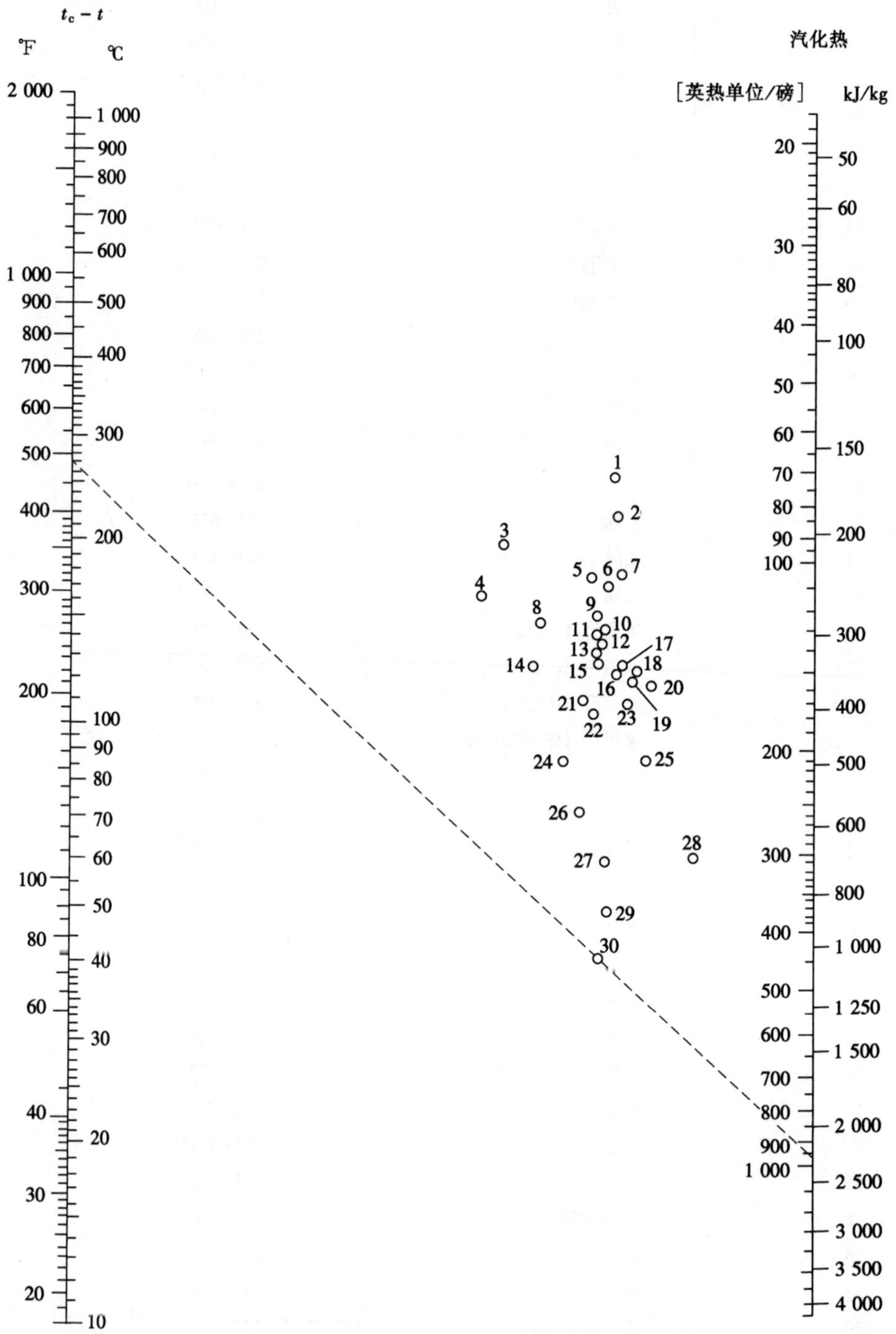

附录图 6　汽化热共线图

汽化热共线图的编号列于下表中：

号　　数	化　　合　　物	温度差范围($t_c - t$) ℃	临界温度 t_c ℃
18	醋酸	100 ~ 225	321
22	丙酮	120 ~ 210	235
29	氨	50 ~ 200	133
13	苯	10 ~ 400	289
16	丁烷	90 ~ 200	153
21	二氧化碳	10 ~ 100	31
4	二硫化碳	140 ~ 275	273
2	四氯化碳	30 ~ 250	283
7	三氯甲烷	140 ~ 275	263
8	二氯甲烷	150 ~ 250	216
3	联苯	175 ~ 400	527
25	乙烷	25 ~ 150	32
26	乙醇	20 ~ 140	243
28	乙醇	140 ~ 300	243
17	氯乙烷	100 ~ 250	187
13	乙醚	10 ~ 400	194
2	氟里昂-11(CCl_3F)	70 ~ 250	198
2	氟里昂-12(CCl_2F_2)	40 ~ 200	111
5	氟里昂-21($CHCl_2F$)	70 ~ 250	178
6	氟里昂-22($CHClF_2$)	50 ~ 170	96
1	氟里昂-113(CCl_2F-$CClF_2$)	90 ~ 250	214
10	庚烷	20 ~ 300	267
11	已烷	50 ~ 225	235
15	异丁烷	80 ~ 200	134
27	甲醇	40 ~ 250	240
20	氯甲烷	70 ~ 250	143
19	一氧化二氮	25 ~ 150	36
9	辛烷	30 ~ 300	296
12	戊烷	20 ~ 200	197
23	丙烷	40 ~ 200	96
24	丙醇	20 ~ 200	264
14	二氧化硫	90 ~ 160	157
30	水	100 ~ 500	374

【例】 求 100 ℃水蒸气的汽化热。

解:从表中查出水的编号为 30,临界温度 t_c 为 374 ℃,故

$$t_c - t = 374 - 100 = 274\ ℃$$

在温度标尺上找出相应于 274 ℃的点,将该点与编号 30 的点相连,延长与汽化热标尺相交,由此读出 100 ℃时水的汽化热为 2 257 kJ/kg。

十九、液体的表面张力

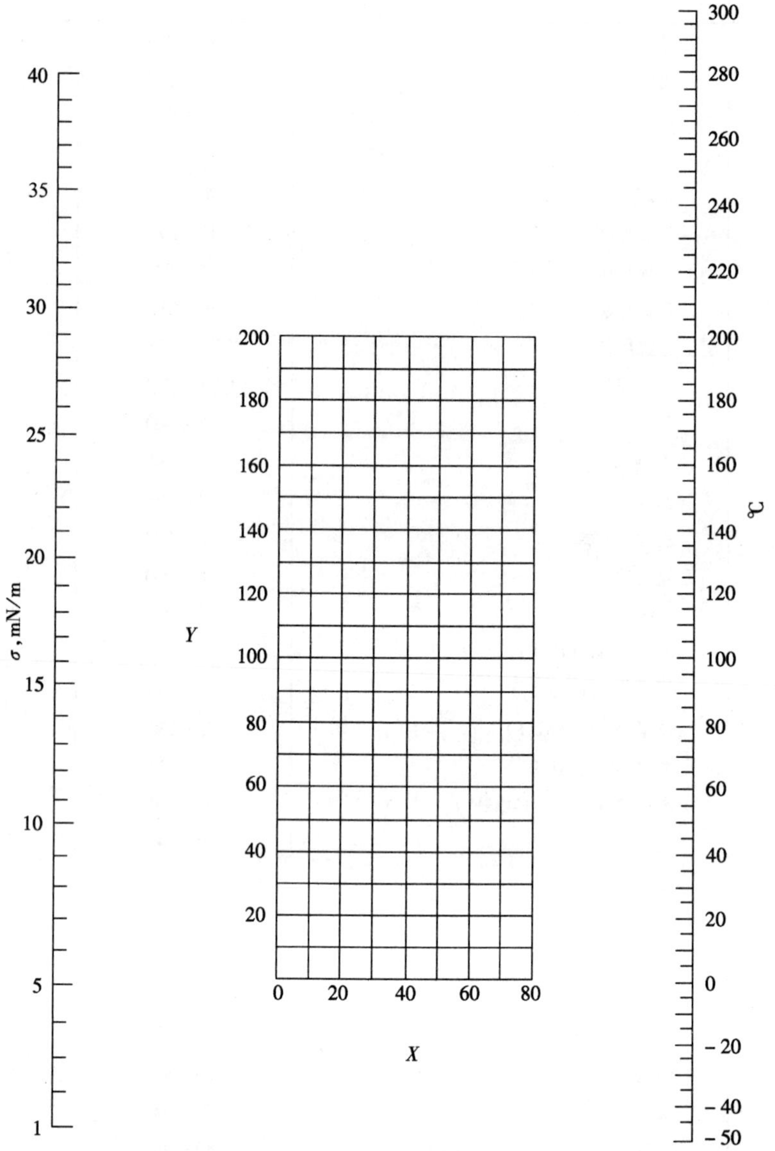

附录图 7　液体的表面张力

液体表面张力共线图坐标值列于下表中：

号	液体名称	X	Y	号	液体名称	X	Y
1	环氧乙烷	42	83	7	乙醛	33	78
2	乙苯	22	118	8	乙醛肟	23.5	127
3	乙胺	11.2	83	9	乙酰胺	17	192.5
4	乙硫醇	35	81	10	乙醯醋酸乙酯	21	132
5	乙醇	10	97	11	二乙醇缩乙醛	19	88
6	乙醚	27.5	64	12	间二甲苯	20.5	118

续表

号	液体名称	X	Y	号	液体名称	X	Y
13	对二甲苯	19	117	58	苯乙酮	18	163
14	二甲胺	16	66	59	苯乙醚	20	134.2
15	二甲醚	44	37	60	苯二乙胺	17	142.6
16	1,2-二氯乙烯	32	122	61	苯二甲胺	20	149
17	二硫化碳	35.8	117.2	62	苯甲醚	24.4	138.9
18	丁酮	23.6	97	63	苯甲酸乙酯	14.8	151
19	丁醇	9.6	107.5	64	苯胺	22.9	171.8
20	异丁醇	5	103	65	苯(基)甲胺	25	156
21	丁酸	14.5	115	66	苯酚	20	168
22	异丁酸	14.8	107.4	67	苯骈吡啶	19.5	183
23	丁酸乙酯	17.5	102	68	氨	56.2	63.5
24	丁(异)酸乙酯	20.9	93.7	69	氧化亚氮	62.5	0.5
25	丁酸甲酯	25	88	70	草酸乙二酯	20.5	130.8
26	丁(异)酸甲酯	24	93.8	71	氯	45.5	59.2
27	三乙胺	20.1	83.9	72	氯仿	32	101.3
28	三甲胺	21	57.6	73	对氯甲苯	18.7	134
29	1,3,5-三甲苯	17	119.8	74	氯甲烷	45.8	53.2
30	三苯甲烷	12.5	182.7	75	氯苯	23.5	132.5
31	三氯乙醛	30	113	76	对氯溴苯	14	162
32	三聚乙醛	22.3	103.8	77	氯甲苯(吡啶)	34	138.2
33	乙烷	22.7	72.2	78	氰化乙烷(丙腈)	23	108.6
34	六氢吡啶	24.7	120	79	氰化丙烷(丁腈)	20.3	113
35	甲苯	24	113	80	氰化甲烷(乙腈)	33.5	111
36	甲胺	42	58	81	氰化苯(苯腈)	19.5	159
37	间甲酚	13	161.2	82	氰化氢	30.6	66
38	对甲酚	11.5	160.5	83	硫酸二乙酯	19.5	139.5
39	邻甲酚	20	161	84	硫酸二甲酯	23.5	158
40	甲醇	17	93	85	硝基乙烷	25.4	126.1
41	甲酸甲酯	38.5	88	86	硝基甲烷	30	139
42	甲酸乙酯	30.5	88.8	87	萘	22.5	165
43	甲酸丙酯	24	97	88	溴乙烷	31.6	90.2
44	丙胺	25.5	87.2	89	溴苯	23.5	145.5
45	对异丙基甲苯	12.8	121.2	90	碘乙烷	28	113.2
46	丙酮	28	91	91	茴香脑	13	158.1
47	异丙醇	12	111.5	92	醋酸	17.1	116.5
48	丙醇	8.2	105.2	93	醋酸甲酯	34	90
49	丙酸	17	112	94	醋酸乙酯	27.5	92.4
50	丙酸乙酯	22.6	97	95	醋酸丙酯	23	97
51	丙酸甲酯	29	95	96	醋酸异丁酯	16	97.2
52	二乙(基)酮	20	101	97	醋酸异戊酯	16.4	130.1
53	异戊醇	6	106.8	98	醋酸酐	25	129
54	四氯化碳	26	104.5	99	噻吩	35	121
55	辛烷	17.7	90	100	环己烷	42	86.7
56	亚硝酰氯	38.5	93	101	磷酰氯	26	125.2
57	苯	30	110				

二十、壁面污垢热阻(污垢系数)($m^2 \cdot K/W$)

(一)冷却水

加热流体的温度,℃	115 以下		115 ~ 205	
水的温度,℃	25 以下		25 以上	
水的流速,m/s	1 以下	1 以上	1 以下	1 以上
海水	0.8598×10^{-4}	0.8598×10^{-4}	1.7197×10^{-4}	1.7197×10^{-4}
自来水、井水、湖水、软化锅炉水	1.7197×10^{-4}	1.7197×10^{-4}	3.4394×10^{-4}	3.4394×10^{-4}
蒸馏水	0.8598×10^{-4}	0.8598×10^{-4}	0.8598×10^{-4}	0.8598×10^{-4}
硬水	5.1590×10^{-4}	5.1590×10^{-4}	8.598×10^{-4}	8.598×10^{-4}
河水	5.1590×10^{-4}	3.4394×10^{-4}	6.8788×10^{-4}	5.1590×10^{-4}

(二)工业用气体

气体名称	热阻,$m^2 \cdot K/W$
有机化合物	0.8598×10^{-4}
水蒸气	0.8598×10^{-4}
空气	3.4394×10^{-4}
溶剂蒸气	1.7197×10^{-4}
天然气	1.7197×10^{-4}
焦炉气	1.7197×10^{-4}

(三)工业用液体

液体名称	热阻,$m^2 \cdot K/W$
有机化合物	1.7197×10^{-4}
盐水	1.7197×10^{-4}
熔盐	0.8598×10^{-4}
植物油	5.1590×10^{-4}

(四)石油分馏物

馏出物名称	热阻,$m^2 \cdot K/W$
原油	$3.4394 \times 10^{-4} \sim 12.098 \times 10^{-4}$
汽油	1.7197×10^{-4}
石脑油	1.7197×10^{-4}
煤油	1.7197×10^{-4}
柴油	$3.4394 \times 10^{-4} \sim 5.1590 \times 10^{-4}$
重油	8.598×10^{-4}
沥青油	17.197×10^{-4}

二十一、101.33 kPa压强下溶液的沸点升高与浓度的关系

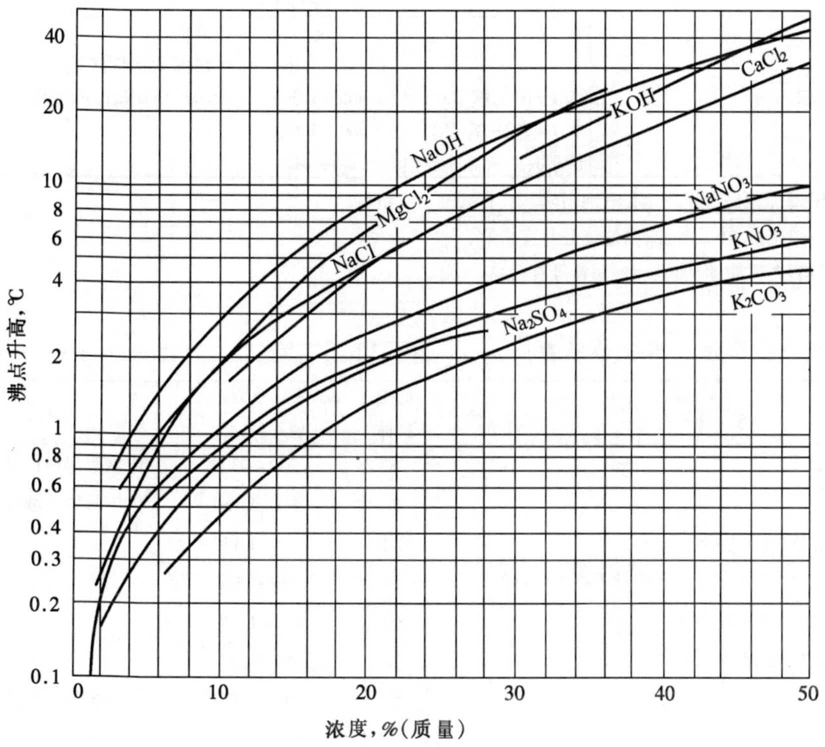

附录图 8　溶液的沸点升高与浓度的关系

二十二、管壳式换热器总传热系数 K_o 的推荐值

(一)管壳式换热器用作冷却器时的 K_o 值范围

高温流体	低温流体	总传热系数范围 W/(m^2·K)	备注
水	水	1 400～2 840	污垢系数 0.52 m^2·K/kW
甲醇、氨	水	1 400～2 840	
有机物黏度 0.5×10^{-3} Pa·s 以下①	水	430～850	
有机物黏度 0.5×10^{-3} Pa·s 以下①	冷冻盐水	220～570	
有机物黏度 $(0.5\sim1)\times10^{-3}$ Pa·s②	水	280～710	
有机物黏度 1×10^{-3} Pa·s 以上③	水	28～430	
气体	水	12～280	
水	冷冻盐水	570～1 200	
水	冷冻盐水	230～580	传热面为塑料衬里
硫酸	水	870	传热面为不透性石墨,两侧对流传热系数均为 2 440 W/(m^2·K)
四氯化铁	氯化钙溶液	76	管内流速 0.005 2～0.011 m/s
氯化氢气(冷却除水)	盐水	35～175	传热面为不透性石墨
氯气(冷却除水)	水	35～175	传热面为不透性石墨
焙烧 SO_2 气体	水	230～465	传热面为不透性石墨

续表

高　温　流　体	低温流体	总传热系数范围 W/(m^2·K)	备　　注
氮	水	66	计算值
水	水	410～1 160	传热面为塑料衬里
20%～40%硫酸	水 t=60～30 ℃	465～1 050	冷却洗涤用硫酸的冷却
20%盐酸	水 t=110～25 ℃	580～1 160	
有机溶剂	盐水	175～510	

①为苯、甲苯、丙酮、乙醇、丁酮、汽油、轻煤油、石脑油等有机物；

②为煤油、热柴油、热吸收油、原油馏分等有机物；

③为冷柴油、燃料油、原油、焦油、沥青等有机物。

(二)管壳式换热器用作冷凝器时的 K_o 值范围

高　温　流　体	低温流体	总传热系数范围 W/(m^2·K)	备　　注
有机质蒸气	水	230～930	传热面为塑料衬里
有机质蒸气	水	290～1 160	传热面为不透性石墨
饱和有机质蒸气(大气压下)	盐水	570～1 140	
饱和有机质蒸气(减压下且含有少量不凝性气体)	盐水	280～570	
低沸点碳氢化合物(大气压下)	水	450～1 140	
高沸点碳氢化合物(减压下)	水	60～175	
21%盐酸蒸气	水	110～1 750	传热面为不透性石墨
氨蒸气	水	870～2 330	水流速 1 m/s～1.5 m/s
有机溶剂蒸气和水蒸气混合物	水	350～1 160	传热面为塑料衬里
有机质蒸气(减压下且含有大量不凝性气体)	水	60～280	
有机质蒸气(大气压下且含有大量不凝性气体)	盐水	115～450	
氟里昂液蒸气	水	870～990	水流速 1.2 m/s
汽油蒸气	水	520	水流速 1.5 m/s
汽油蒸气	原油	115～175	原油流速 0.6 m/s
煤油蒸气	水	290	水流速 1 m/s
水蒸气(加压下)	水	1 990～4 260	
水蒸气(减压下)	水	1 700～3 440	
氯乙醛(管外)	水	165	直立式,传热面为搪瓷玻璃
甲醇(管内)	水	640	直立式
四氯化碳(管内)	水	360	直立式
缩醛(管内)	水	460	直立式
糠醛(管外)(有不凝性气体)	水	220	直立式
糠醛(管外)(有不凝性气体)	水	190	直立式
糠醛(管外)(有不凝性气体)	水	125	直立式
水蒸气(管外)	水	610	卧式

二十三、管子规格

(一)输送流体用无缝钢管规格(摘自 GB 8163—87)

1.热轧(挤压、扩)钢管的外径和壁厚

外径 mm	壁厚, mm																																		
	2.5	3	3.5	4	4.5	5	5.5	6	6.5	7	7.5	8	8.5	9	9.5	10	11	12	13	14	15	16	17	18	19	20	22	(24)	25	(26)	28	30	32	(34)	(35)	36
32																																				
38																																				
42																																				
45																																				
50																																				
54																																				
57																																				
60																																				
63.5																																				
68																																				
70																																				
73																																				
76																																				
83																																				
89																																				
95																																				
102																																				
108																																				
114																																				
121																																				
127																																				
133																																				
140																																				
146																																				
152																																				
159																																				
168																																				
180																																				
194																																				
203																																				
219																																				
245																																				
273																																				
299																																				
325																																				
351																																				
377																																				
402																																				
426																																				
450																																				
(465)																																				
480																																				
500																																				
530																																				
(550)																																				
560																																				
600																																				
630																																				

注:1.钢管通常长度为 3~12 m。
2.钢管由 10MnV、20MnV、09MnV 和 16MnV 制造。
3.括号内数值不推荐使用。

2.冷拔(轧)钢管的外径和壁厚

外径 mm \ 壁厚,mm	0.25	0.3	0.4	0.5	0.6	0.8	1.0	1.2	1.4	1.5	1.6	1.8	2.0	2.2	2.5	2.8	3.0	3.2	3.5	4	4.5	5	5.5	6	6.5	7	7.5	8	8.5	9	9.5	10	11	12	13	14
6																																				
7																																				
8																																				
9																																				
10																																				
11																																				
12																																				
(13)																																				
14																																				
(15)																																				
16																																				
(17)																																				
18																																				
19																																				
20																																				
(21)																																				
22																																				
(23)																																				
(24)																																				
25																																				
27																																				
28																																				
29																																				
30																																				
32																																				
34																																				
(35)																																				
36																																				
38																																				
40																																				
42																																				
44.5																																				
45																																				
48																																				
50																																				
51																																				
53																																				
54																																				
56																																				
57																																				
60																																				
63																																				
65																																				
(68)																																				
70																																				
73																																				
75																																				
76																																				
80																																				
(83)																																				
85																																				
89																																				
90																																				
95																																				
100																																				
(102)																																				
108																																				
110																																				
120																																				

注:(1)通常长度为3~10 m。
(2)括号内数值不推荐使用。

（二）流体输送用不锈钢无缝钢管规格（摘自 GB/T 14976—94）

1.热轧（挤、扩）钢管的外径和壁厚，mm

外径 \ 壁厚	4.5	5	6	7	8	9	10	11	12	13	14	15	16	17	18	
68	◎	◎	◎	◎	◎	◎	◎	◎	◎							
70	◎	◎	◎	◎	◎	◎	◎	◎	◎							
73	◎	◎	◎	◎	◎	◎	◎	◎	◎							
76	◎	◎	◎	◎	◎	◎	◎	◎	◎							
80	◎	◎	◎	◎	◎	◎	◎	◎	◎							
83	◎	◎	◎	◎	◎	◎	◎	◎	◎							
89	◎	◎	◎	◎	◎	◎	◎	◎	◎							
95	◎	◎	◎	◎	◎	◎	◎	◎	◎	◎	◎					
102	◎	◎	◎	◎	◎	◎	◎	◎	◎	◎	◎					
108	◎	◎	◎	◎	◎	◎	◎	◎	◎	◎	◎					
114		◎	◎	◎	◎	◎	◎	◎	◎	◎	◎					
121		◎	◎	◎	◎	◎	◎	◎	◎	◎	◎					
127		◎	◎	◎	◎	◎	◎	◎	◎	◎	◎					
133		◎	◎	◎	◎	◎	◎	◎	◎	◎	◎					
140			◎	◎	◎	◎	◎	◎	◎	◎	◎	◎	◎			
146			◎	◎	◎	◎	◎	◎	◎	◎	◎	◎	◎			
152			◎	◎	◎	◎	◎	◎	◎	◎	◎	◎	◎			
159			◎	◎	◎	◎	◎	◎	◎	◎	◎	◎	◎			
168				◎	◎	◎	◎	◎	◎	◎	◎	◎	◎	◎	◎	
180					◎	◎	◎	◎	◎	◎	◎	◎	◎	◎	◎	
194					◎	◎	◎	◎	◎	◎	◎	◎	◎	◎	◎	
219					◎	◎	◎	◎	◎	◎	◎	◎	◎	◎	◎	
245							◎	◎	◎	◎	◎	◎	◎	◎	◎	
273									◎	◎	◎	◎	◎	◎	◎	
325									◎	◎	◎	◎	◎	◎	◎	
351									◎	◎	◎	◎	◎	◎	◎	
377									◎	◎	◎	◎	◎	◎	◎	
426									◎	◎	◎	◎	◎	◎	◎	

注：◎表示热轧规格。钢管的通常长度为 2～12 m。

2.冷拔(轧)钢管的外径和壁厚,mm

外径 \ 壁厚	0.5	0.6	0.8	1.0	1.2	1.4	1.5	1.6	2.0	2.2	2.5	2.8	3.0	3.2	3.5	4.0	4.5	5.0	5.5	6.0	6.5	7.0	7.5	8.0	8.5	9.0	9.5	10	11	12	13	14	15
6	●	●	●	●	●	●	●	●	●																								
7	●	●	●	●	●	●	●	●	●																								
8	●	●	●	●	●	●	●	●	●																								
9	●	●	●	●	●	●	●	●	●	●	●																						
10	●	●	●	●	●	●	●	●	●	●	●																						
11	●	●	●	●	●	●	●	●	●	●	●																						
12	●	●	●	●	●	●	●	●	●	●	●	●	●																				
13	●	●	●	●	●	●	●	●	●	●	●	●	●																				
14	●	●	●	●	●	●	●	●	●	●	●	●	●	●	●																		
15	●	●	●	●	●	●	●	●	●	●	●	●	●	●	●																		
16	●	●	●	●	●	●	●	●	●	●	●	●	●	●	●	●																	
17	●	●	●	●	●	●	●	●	●	●	●	●	●	●	●	●																	
18	●	●	●	●	●	●	●	●	●	●	●	●	●	●	●	●	●																
19	●	●	●	●	●	●	●	●	●	●	●	●	●	●	●	●	●																
20	●	●	●	●	●	●	●	●	●	●	●	●	●	●	●	●	●																
21	●	●	●	●	●	●	●	●	●	●	●	●	●	●	●	●	●	●															
22	●	●	●	●	●	●	●	●	●	●	●	●	●	●	●	●	●	●															
23	●	●	●	●	●	●	●	●	●	●	●	●	●	●	●	●	●	●															
24	●	●	●	●	●	●	●	●	●	●	●	●	●	●	●	●	●	●	●														
25	●	●	●	●	●	●	●	●	●	●	●	●	●	●	●	●	●	●	●	●													
27	●	●	●	●	●	●	●	●	●	●	●	●	●	●	●	●	●	●	●	●													
28	●	●	●	●	●	●	●	●	●	●	●	●	●	●	●	●	●	●	●	●	●												
30	●	●	●	●	●	●	●	●	●	●	●	●	●	●	●	●	●	●	●	●	●	●											
32	●	●	●	●	●	●	●	●	●	●	●	●	●	●	●	●	●	●	●	●	●	●											
34	●	●	●	●	●	●	●	●	●	●	●	●	●	●	●	●	●	●	●	●	●	●											
35	●	●	●	●	●	●	●	●	●	●	●	●	●	●	●	●	●	●	●	●	●	●											
36	●	●	●	●	●	●	●	●	●	●	●	●	●	●	●	●	●	●	●	●	●	●											
38	●	●	●	●	●	●	●	●	●	●	●	●	●	●	●	●	●	●	●	●	●	●											
40	●	●	●	●	●	●	●	●	●	●	●	●	●	●	●	●	●	●	●	●	●	●											
42	●	●	●	●	●	●	●	●	●	●	●	●	●	●	●	●	●	●	●	●	●	●	●										
45	●	●	●	●	●	●	●	●	●	●	●	●	●	●	●	●	●	●	●	●	●	●	●	●	●								
48	●	●	●	●	●	●	●	●	●	●	●	●	●	●	●	●	●	●	●	●	●	●	●	●	●								
50	●	●	●	●	●	●	●	●	●	●	●	●	●	●	●	●	●	●	●	●	●	●	●	●	●	●							
51	●	●	●	●	●	●	●	●	●	●	●	●	●	●	●	●	●	●	●	●	●	●	●	●	●	●							
53	●	●	●	●	●	●	●	●	●	●	●	●	●	●	●	●	●	●	●	●	●	●	●	●	●	●	●						
54	●	●	●	●	●	●	●	●	●	●	●	●	●	●	●	●	●	●	●	●	●	●	●	●	●	●	●	●					
56	●	●	●	●	●	●	●	●	●	●	●	●	●	●	●	●	●	●	●	●	●	●	●	●	●	●	●	●					
57	●	●	●	●	●	●	●	●	●	●	●	●	●	●	●	●	●	●	●	●	●	●	●	●	●	●	●	●					
60	●	●	●	●	●	●	●	●	●	●	●	●	●	●	●	●	●	●	●	●	●	●	●	●	●	●	●	●					
63							●	●	●	●	●	●	●	●	●	●	●	●	●	●	●	●	●	●	●	●	●	●					
65							●	●	●	●	●	●	●	●	●	●	●	●	●	●	●	●	●	●	●	●	●	●					

续表

外径 \ 壁厚	0.5	0.6	0.8	1.0	1.2	1.4	1.5	1.6	2.0	2.2	2.5	2.8	3.0	3.2	3.5	4.0	4.5	5.0	5.5	6.0	6.5	7.0	7.5	8.0	8.5	9.0	9.5	10	11	12	13	14	15
68							●	●	●	●	●	●	●	●	●	●	●	●	●	●	●	●	●	●	●	●	●	●	●	●			
70								●	●	●	●	●	●	●	●	●	●	●	●	●	●	●	●	●	●	●	●	●	●	●			
73											●	●	●	●	●	●	●	●	●	●	●	●	●	●	●	●	●	●	●	●			
75											●	●	●	●	●	●	●	●	●	●	●	●	●	●	●	●	●	●					
76											●	●	●	●	●	●	●	●	●	●	●	●	●	●	●	●	●	●	●	●			
80											●	●	●	●	●	●	●	●	●	●	●	●	●	●	●	●	●	●	●	●	●	●	●
83											●	●	●	●	●	●	●	●	●	●	●	●	●	●	●	●	●	●	●	●	●	●	●
85											●	●	●	●	●	●	●	●	●	●	●	●	●	●	●	●	●	●	●	●	●	●	●
89											●	●	●	●	●	●	●	●	●	●	●	●	●	●	●	●	●	●	●	●	●	●	●
90													●	●	●	●	●	●	●	●	●	●	●	●	●	●	●	●	●	●	●	●	●
95													●	●	●	●	●	●	●	●	●	●	●	●	●	●	●	●	●	●	●	●	●
100													●	●	●	●	●	●	●	●	●	●	●	●	●	●	●	●	●	●	●	●	●
102															●	●	●	●	●	●	●	●	●	●	●	●	●	●	●	●	●	●	●
108															●	●	●	●	●	●	●	●	●	●	●	●	●	●	●	●	●	●	●
114															●	●	●	●	●	●	●	●	●	●	●	●	●	●	●	●	●	●	●
127															●	●	●	●	●	●	●	●	●	●	●	●	●	●	●	●	●	●	●
133															●	●	●	●	●	●	●	●	●	●	●	●	●	●	●	●	●	●	●
140															●	●	●	●	●	●	●	●	●	●	●	●	●	●	●	●	●	●	●
146															●	●	●	●	●	●	●	●	●	●	●	●	●	●	●	●	●	●	●
159															●	●	●	●	●	●	●	●	●	●	●	●	●	●	●	●	●	●	●

注:●表示冷拔(轧)钢管规格,通常长度为 2 ~ 8 m。

二十四、泵规格(摘录)

(一)IS 型单级单吸离心泵性能表(摘录)

型号	转速 n r/min	流量		扬程 H m	效率 η %	功率,kW		必需气蚀余量 $(NPSH)_r$ m	质量(泵/底座) kg
		m^3/h	L/s			轴功率	电机功率		
IS50—32—125	2 900	7.5 12.5 15	2.08 3.47 4.17	22 20 18.5	47 60 60	0.96 1.13 1.26	2.2	2.0 2.0 2.5	32/46
IS50—32—160	2 900	7.5 12.5 15	2.08 3.47 4.17	34.3 32 29.6	44 54 56	1.59 2.02 2.16	3	2.0 2.0 2.5	50/46
IS50—32—200	2 900	7.5 12.5 15	2.08 3.47 4.17	82 80 78.5	38 48 51	2.82 3.54 3.95	5.5	2.0 2.0 2.5	52/66

续表

型　号	转速 n r/min	流量		扬程 H m	效率 η %	功率,kW		必需气蚀余量 (NPSH)r m	质量(泵/底座) kg
		m³/h	L/s			轴功率	电机功率		
IS50—32—250	2 900	7.5 12.5 15	2.08 3.47 4.17	21.8 20 18.5	23.5 38 41	5.87 7.16 7.83	11	2.0 2.0 2.5	88/110
IS65—50—125	2 900	7.5 12.5 15	4.17 6.94 8.33	35 32 30	58 69 68	1.54 1.97 2.22	3	2.0 2.0 3.0	50/41
IS65—50—160	2 900	15 25 30	4.17 6.94 8.33	53 50 47	54 65 66	2.65 3.35 3.71	5.5	2.0 2.0 2.5	51/66
IS65—40—200	2 900	15 25 30	4.17 6.94 8.33	53 50 47	49 60 61	4.42 5.67 6.29	7.5	2.0 2.0 2.5	62/66
IS65—40—250	2 900	15 25 30	4.17 6.94 8.33	82 80 78	37 50 53	9.05 10.89 12.02	15	2.0 2.0 2.5	82/110
IS65—40—315	2 900	15 25 30	4.17 6.94 8.33	127 125 123	28 40 44	18.5 21.3 22.8	30	2.5 2.5 3.0	152/110
IS80—65—125	2 900	30 50 60	8.33 13.9 16.7	22.5 20 18	64 75 74	2.87 3.63 3.98	5.5	3.0 3.0 3.5	44/46
IS80—65—160	2 900	30 50 60	8.33 13.9 16.7	36 32 29	61 73 72	4.82 5.97 6.59	7.5	2.5 2.5 3.0	48/66
IS80—50—200	2 900	30 50 60	8.33 13.9 16.7	53 50 47	55 69 71	7.87 9.87 10.8	15	2.5 2.5 3.0	64/124
IS80—50—250	2 900	30 50 60	8.33 13.9 16.7	84 80 75	52 63 64	13.2 17.3 19.2	22	2.5 2.5 3.0	90/110
IS80—50—315	2 900	30 50 60	8.33 13.9 16.7	128 125 123	41 54 57	25.5 31.5 35.3	37	2.5 2.5 3.0	125/160
IS100—80—125	2 900	60 100 120	16.7 27.8 33.3	24 20 16.5	67 78 74	5.86 7.00 7.28	11	4.0 4.5 5.0	49/64
IS100—80—160	2 900	60 100 120	16.7 27.8 33.3	36 32 28	70 78 75	8.42 11.2 12.2	15	3.5 4.0 5.0	69/110

续表

型　号	转速 n r/min	流量		扬程 H m	效率 η %	功率,kW		必需气蚀余量 $(NPSH)_r$ m	质量(泵/底座) kg
		m^3/h	L/s			轴功率	电机功率		
IS100—65—200	2 900	60 100 120	16.7 27.8 33.3	54 50 47	65 76 77	13.6 17.9 19.9	22	3.0 3.6 4.8	81/110
IS100—65—250	2 900	60 100 120	16.7 27.8 33.3	87 80 74.5	61 72 73	23.4 30.0 33.3	37	3.5 3.8 4.8	90/160
IS100—65—315	2 900	60 100 120	16.7 27.8 33.3	133 125 118	55 66 67	39.6 51.6 57.5	75	3.0 3.6 4.2	180/295
IS125—100—200	2 900	120 200 240	33.3 55.6 66.7	57.5 50 44.5	67 81 80	28.0 33.6 36.4	45	4.5 4.5 5.0	108/160
IS125—100—250	2 900	120 200 240	33.3 55.6 66.7	87 80 72	66 78 75	43.0 55.9 62.8	75	3.8 4.2 5.0	166/295
IS125—100—315	2 900	120 200 240	33.3 55.6 66.7	132.5 125 120	60 75 77	72.1 90.8 101.9	110	4.0 4.5 5.0	189/330
IS125—100—400	1 450	60 100 120	16.7 27.8 33.3	52 50 48.5	53 65 67	16.1 21.0 23.6	30	2.5 2.5 3.0	205/233
IS150—125—250	1 450	120 200 240	33.3 55.6 66.7	22.5 20 17.5	71 81 78	10.4 13.5 14.7	18.5	3.0 3.0 3.5	188/158
IS150—125—315	1 450	120 200 240	33.3 55.6 66.7	34 32 29	70 79 80	15.9 22.1 23.7	30	2.5 2.5 3.0	192/233
IS150—125—400	1 450	120 200 240	33.3 55.6 66.7	53 50 46	62 75 74	27.9 36.3 40.6	45	2.0 2.8 3.5	223/233
IS200—150—250	1 450	240 400 460	66.7 111.1 127.8	20	82	26.6	37		203/233
IS200—150—315	1 450	240 400 460	66.7 111.1 127.8	37 32 28.5	70 82 80	34.6 42.5 44.6	55	3.0 3.5 4.0	262/295
IS200—150—400	1 450	240 400 460	66.7 111.1 127.8	55 50 48	74 81 76	48.6 67.2 74.2	90	3.0 3.8 4.5	295/298

(二)Y型离心油泵性能表

型　　号	流　量	扬　程	转　速	功　率,kW		效　率	气蚀余量	泵壳许用应力	结构形式	备　注
	m^3/h	m	r/min	轴	电机	%	m	Pa		
50Y-60	12.5	60	2 950	5.95	11	35	2.3	1 570/2 550	单级悬臂	泵壳许用应力内的分子表示第一类材料相应的许用应力数;分母表示Ⅱ、Ⅲ类材料相应的许用应力数
50Y-60A	11.2	49	2 950	4.27	8			1 570/2 550	单级悬臂	
50Y-60B	9.9	38	2 950	2.93	5.5	35		1 570/2 550	单级悬臂	
50Y-60×2	12.5	120	2 950	11.7	15	35	2.3	2 158/3 138	两级悬臂	
50Y-60×2A	11.7	105	2 950	9.55	15			2 158/3 138	两级悬臂	
50Y-60×2B	10.8	90	2 950	7.65	11	55	2.6	2 158/3 138	两级悬臂	
65Y-60×2C	9.9	75	2 950	5.9	8			2 158/3 138	两级悬臂	
65Y-60	25	60	2 950	7.5	11			1 570/2 550	单级悬臂	
65Y-60A	22.5	49	2 950	5.5	8			1 570/2 550	单级悬臂	
65Y-60B	19.8	38	2 950	3.75	5.5			1 570/2 550	单级悬臂	
65Y-100	25	100	2 950	17.0	32	40	2.6	1 570/2 550	单级悬臂	
65Y-100A	23	85	2 950	13.3	20			1 570/2 550	单级悬臂	
65Y-100B	21	70	2 950	10.0	15			1 570/2 550	单级悬臂	
65Y-100×2	25	200	2 950	34	55	40	2.6	2 942/3 923	两级悬臂	
65Y-100×2A	23.3	175	2 950	27.8	40			2 942/3 923	两级悬臂	
65Y-100×2B	21.6	150	2 950	22.0	32			2 942/3 923	两级悬臂	
65Y-100×2C	19.8	125	2 950	16.8	20			2 942/3 923	两级悬臂	
80Y-60	50	60	2 950	12.8	15	64	3.0	1 570/2 550	单级悬臂	
80Y-60A	45	49	2 950	9.4	11			1 570/2 550	单级悬臂	
80Y-60B	39.5	38	2 950	6.5	8			1 570/2 550	单级悬臂	
80Y-100	50	100	2 950	22.7	32	60	3.0	1 961/2 942	单级悬臂	
80Y-100A	45	85	2 950	18.0	25			1 961/2 942	单级悬臂	
80Y-100B	39.5	70	2 950	12.6	20			1 961/2 942	单级悬臂	
80Y-100×2	50	200	2 950	45.4	75	60	3.0	2 942/3 923		
80Y-100×2A	46.6	175	2 950	37.0	55	60	3.0	2 942/3 923	两级悬臂	
80Y-100×2B	43.2	150	2 950	29.5	40			2 942/3 923		
80Y-100×2C	39.6	125	2 950	22.7	32				两级悬臂	

注:与介质接触的且受温度影响的零件,根据介质的性质需要采用不同的材料,所以分为三种材料,但泵的结构相同。第Ⅰ类材料不耐硫腐蚀,操作温度在 -20~200 ℃之间;第Ⅱ类材料不耐硫腐蚀,温度在 -45~400 ℃之间;第Ⅲ类材料不耐硫腐蚀,温度在 -45~200 ℃之间。

二十五、4—72—11 型离心通风机规格(摘录)

机号	转数 r/min	全压系数	全压 mmH$_2$O	全压 Pa*	流量系数	流量 m^3/h	效率 %	所需功率 kW
06C	2 240	0.411	248	2 432.1	0.220	15 800	91	14.1
	2 000	0.411	198	1 941.8	0.220	14 100	91	10.0
	1 800	0.411	160	1 569.1	0.220	12 700	91	7.3
	1 250	0.411	77	755.1	0.220	8 800	91	2.53
	1 000	0.411	49	480.5	0.220	7 030	91	1.39
	800	0.411	30	294.2	0.220	5 610	91	0.73
08C	1 800	0.411	285	2 795	0.220	29 900	91	30.8
	1 250	0.411	137	1 343.6	0.220	20 800	91	10.3
	1 000	0.411	88	863.0	0.220	16 600	91	5.52
	630	0.411	35	343.2	0.220	10 480	91	1.51
10C	1 250	0.434	227	2 226.2	0.221 8	41 300	94.3	32.7
	1 000	0.434	145	1 422.0	0.221 8	32 700	94.3	16.5
	800	0.434	93	912.1	0.221 8	26 130	94.3	8.5
	500	0.434	36	353.1	0.221 8	16 390	94.3	2.3
6D	1 450	0.411	104	1 020	0.220	10 200	91	4
	960	0.411	45	441.3	0.220	6 720	91	1.32
8D	1 450	0.44	200	1 961.4	0.184	20 130	89.5	14.2
	730	0.44	50	490.4	0.184	10 150	89.5	2.06
16B	900	0.434	300	2 942.1	0.221 8	121 000	94.3	127
20B	710	0.434	290	2 844.0	0.221 8	186 300	94.3	190

* 为了执行国务院 1984 年 2 月 27 日颁发的“关于在我国统一实行法定计量单位的命令”,编者在原有的 4—72—11 型离心通风机规格中加入以 Pa 表示的全风压(由 mmH$_2$O 换算的)。

二十六、管壳式换热器系列标准(摘自 TB/T 4714,4715—92)

(一)固定管板式的基本参数

(1)列管尺寸为 ϕ 19 mm,管心距为 25 mm

公称直径,mm	273		400			600				800				1 000			
公称压强,kPa	1.60×10^3 2.50×10^3 4.00×10^3 6.40×10^3		0.60×10^3 1.00×10^3 1.60×10^3 2.50×10^3 4.00×10^3														
管程数	1	2	1	2	4	1	2	4	6	1	2	4	6	1	2	4	6
管子总根数	66	56	174	164	146	430	416	370	360	797	776	722	710	1 267	1 234	1 186	1 148
中心排管数	9	8	14	15	14	22	23	22	20	31	31	31	30	39	39	39	38
* 管程流通面积,m²	0.011 5	0.004 9	0.030 7	0.014 5	0.006 5	0.076 0	0.036 8	0.016 3	0.010 6	0.140 8	0.068 6	0.031 9	0.020 9	0.223 9	0.109 0	0.052 4	0.033 8
计算的换热器面积,m²;列管长度,mm 1 500	5.4	4.7	14.5	13.7	12.2	-	-	-	-	-	-	-	-	-	-	-	-
2 000	7.4	6.4	19.7	18.6	16.6	48.8	47.2	42.0	40.8	-	-	-	-	-	-	-	-
3 000	11.3	9.7	30.1	28.4	25.3	74.4	72.0	64.0	62.3	138.0	134.3	125.0	122.9	219.3	213.6	205.3	198.7
4 500	17.1	14.7	45.7	43.1	38.3	112.9	109.3	97.2	94.5	209.3	203.8	189.8	186.5	332.8	324.1	311.5	301.5
6 000	22.9	19.7	61.3	57.8	51.4	151.4	146.5	130.3	126.8	280.7	273.3	254.3	250.0	446.2	434.6	417.7	404.3

* 表中的管程流通面积为各程的平均值,管子三角形排列。

(2)列管尺寸为 ϕ 25 mm,管心距为 32 mm

公称直径,mm	273		400			600				800				1 000			
公称压强,kPa	1.60×10^3 2.50×10^3 4.00×10^3 6.40×10^3		0.60×10^3 1.00×10^3 1.60×10^3 2.50×10^3 4.00×10^3														
管 程 数	1	2	1	2	4	1	2	4	6	1	2	4	6	1	2	4	6
管子总根数	38	32	98	94	76	245	232	222	216	467	450	442	430	749	742	710	698
中心排管数	6	7	12	11	11	17	16	17	16	23	23	23	24	30	29	29	30
* 管程流通面积 m² $\phi25\times2$	0.013 2	0.005 5	0.033 9	0.016 3	0.006 6	0.084 8	0.040 2	0.019 2	0.012 5	0.161 8	0.077 9	0.038 3	0.024 8	0.259 4	0.128 5	0.061 5	0.040 3
$\phi25\times2.5$	0.011 9	0.005 0	0.030 8	0.014 8	0.006 0	0.076 9	0.036 4	0.017 4	0.011 3	0.146 6	0.070 7	0.034 7	0.022 5	0.235 2	0.116 5	0.055 7	0.036 5

续表

公称直径,mm			273		400			600				800				1 000			
计算的换热器面积,m²	列管长度,mm	1 500	4.2	3.5	10.8	10.3	8.4	-	-	-	-	-	-	-	-	-	-	-	-
		2 000	5.7	4.8	14.6	14.0	11.3	36.5	34.6	33.1	32.2	-	-	-	-	-	-	-	-
		3 000	8.7	7.3	22.3	21.4	17.3	55.8	52.8	50.5	49.2	106.3	102.4	100.6	97.9	170.5	168.9	161.6	158.9
		4 500	13.1	11.1	33.8	32.5	26.3	84.6	80.1	76.7	74.6	161.3	155.4	152.7	148.5	258.7	256.3	245.2	241.1
		6 000	17.6	14.8	45.4	43.5	35.2	113.5	107.5	102.8	100.0	216.3	208.5	204.7	119.2	346.9	343.7	328.8	323.3

* 表中的管理流通面积为各程平均值,管子三角形排列。

(二)浮头式(内导流)换热器的基本参数

公称直径 mm	管程数	* 管子总根数		中心排管数		管程流通面积,m²			** 计算的换热器面积,m²					
									管子长度,mm					
									3 000		4 500		6 000	
		管子尺寸,mm												
		ϕ19	ϕ25	ϕ19	ϕ25	$\phi19\times2$	$\phi25\times2$	$\phi25\times2.5$	ϕ19	ϕ25	ϕ19	ϕ25	ϕ19	ϕ25
325	2	60	32	7	5	0.005 3	0.005 5	0.005 0	10.5	7.4	15.8	11.1	-	-
	4	52	28	6	4	0.002 3	0.002 4	0.002 2	9.1	6.4	13.7	9.7	-	-
436 400	2	120	74	8	7	0.010 6	0.012 6	0.011 6	20.9	16.9	31.6	25.6	42.3	34.4
	4	108	68	9	6	0.004 8	0.005 9	0.005 3	18.8	15.6	28.4	23.6	38.1	31.6
500	2	206	124	11	8	0.018 2	0.021 5	0.019 4	35.7	28.3	54.1	42.8	72.5	57.4
	4	192	116	10	9	0.008 5	0.010 0	0.009 1	33.2	26.4	50.4	40.1	67.6	53.7
600	2	324	198	14	11	0.028 6	0.034 3	0.031 1	55.8	44.9	84.8	68.2	113.9	91.5
	4	308	188	14	10	0.013 6	0.016 3	0.014 8	53.1	42.6	80.7	64.8	108.2	86.9
	6	284	158	14	10	0.008 3	0.009 1	0.008 3	48.9	35.8	74.4	54.4	99.8	73.1
700	2	468	268	16	13	0.041 4	0.046 4	0.042 1	80.4	60.6	122.2	92.1	164.1	123.7
	4	448	256	17	12	0.019 8	0.022 2	0.020 1	76.9	57.8	117.0	87.9	157.1	118.1
	6	382	224	15	10	0.011 2	0.012 9	0.011 6	65.6	50.6	99.8	76.9	133.9	103.4
800	2	610	366	19	15	0.053 9	0.063 4	0.057 5	-	-	158.9	125.4	213.5	168.5
	4	588	352	18	14	0.026 0	0.030 5	0.027 5	-	-	153.2	120.6	205.8	162.1
	6	518	316	16	14	0.015 2	0.018 2	0.016 5	-	-	134.2	108.3	181.3	145.5
1 000	2	1 006	606	24	19	0.089 0	0.105 0	0.095 2	-	-	260.6	206.6	350.6	277.9
	4	980	588	23	18	0.043 3	0.050 9	0.046 2	-	-	253.9	200.4	341.6	269.7
	6	892	564	21	18	0.026 2	0.032 6	0.029 5	-	-	231.1	192.2	311.0	258.7

* 排管数按正方形旋转 45°排列计算。

** 计算换热器面积按光管及公称压强 2.5×10^3 kPa 的管板厚度确定。